高等职业教育“十四五”规划畜牧兽医宠物大类新形态纸数融合教材

新形态教材

动物遗传繁育技术

DONG WU YI CHUAN FAN YU JI SHU

主　编　霍海龙　周启扉　刘丽仙

副主编　张　霞　赵　筱　朱劼垚
王洪伟　林海涛　刘小可

编　者　(按姓氏笔画排序)

王国祥　红河职业技术学院
王洪伟　玉溪农业职业技术学院
朱劼垚　西双版纳职业技术学院
刘　永　云南开放大学
刘小可　达州职业技术学院
刘兴能　云南农业职业技术学院
刘丽仙　楚雄师范学院
闫世雄　云南开放大学
张　霞　吕梁学院
张旺宏　云南农业职业技术学院
范　俐　云南省农业科学院
林海涛　红河职业技术学院
周启扉　黑龙江农业工程职业学院
周艳萍　玉溪农业职业技术学院
宛　麟　黑龙江农业经济职业学院
赵　筱　云南农业职业技术学院
赵芳露　江西生物科技职业学院
侯明鹏　西双版纳职业技术学院
施红梅　云南开放大学
徐金凤　吉林农业科技学院
唐　玲　西双版纳职业技术学院
隋敏敏　云南农业职业技术学院
霍海龙　云南开放大学

华中科技大学出版社
http://press.hust.edu.cn
中国·武汉

内容简介

本书是高等职业教育“十四五”规划畜牧兽医宠物大类新形态纸数融合教材。

本书共三篇，十二个模块，并设有十三个实训，充分展示了近年来国内外动物遗传繁育技术的最新研究成果。全书内容丰富，通俗易懂，理论联系实际，可操作性强，并且融入了思政元素，在学习专业技能的同时可激发学生的爱国情怀。

本书可供高职高专、成人教育畜牧兽医类及相关专业学生使用，也可作为企业管理人员、技术人员及养殖人员的培训教材和参考书。

图书在版编目(CIP)数据

动物遗传繁育技术 / 霍海龙，周启扉，刘丽仙主编. -- 武汉 ：华中科技大学出版社，2024. 9. -- ISBN 978-7-5772-1141-1

Ⅰ. Q953

中国国家版本馆 CIP 数据核字第 2024VL6499 号

动物遗传繁育技术 霍海龙 周启扉 刘丽仙 主编

Dongwu Yichuan Fanyu Jishu

策划编辑：罗 伟

责任编辑：罗 伟

封面设计：廖亚萍

责任校对：朱 霞

责任监印：周治超

出版发行：华中科技大学出版社(中国·武汉) 电话：(027)81321913

武汉市东湖新技术开发区华工科技园 邮编：430223

录 排：华中科技大学惠友文印中心

印 刷：武汉科源印刷设计有限公司

开 本：889mm×1194mm 1/16

印 张：19.5

字 数：586 千字

版 次：2024 年 9 月第 1 版第 1 次印刷

定 价：59.80 元

华中出版

本书若有印装质量问题，请向出版社营销中心调换

全国免费服务热线：400-6679-118 竭诚为您服务

高等职业教育“十四五”规划
畜牧兽医宠物大类新形态纸数融合教材

编审委员会

网络增值服务

使用说明

欢迎使用华中科技大学出版社资源网

1 教师使用流程

（1）登录网址：https://bookcenter.hustp.com/index.html （注册时请选择教师用户）

注册 → 登录 → 完善个人信息 → 等待审核

（2）审核通过后，您可以在网站使用以下功能：

浏览教学资源　建立课程　管理学生　布置作业　查询学生学习记录等

教师

2 学生使用流程

（建议学生在PC端完成注册、登录、完善个人信息的操作）

（1）PC 端学生操作步骤

①登录网址：https://bookcenter. hustp. com/index. html （注册时请选择普通用户）

注册 → 完善个人信息 → 登录

②查看课程资源：（如有学习码，请在个人中心－学习码验证中先验证，再进行操作）

首页课程（选择课程）› 课程详情页 › 查看课程资源

（2）手机端扫码操作步骤

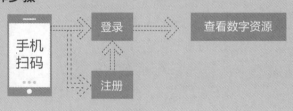

手机扫码 → 登录 → 查看数字资源

手机扫码 → 注册 → 登录

出版说明

随着我国经济的持续发展和教育体系、结构的重大调整，尤其是2022年4月20日新修订的《中华人民共和国职业教育法》出台，高等职业教育成为与普通高等教育具有同等重要地位的教育类型，人们对职业教育的认识发生了本质性转变。作为高等职业教育重要组成部分的农林牧渔类高等职业教育也取得了长足的发展，为国家输送了大批"三农"发展所需要的高素质技术技能型人才。

为了贯彻落实《国家职业教育改革实施方案》《"十四五"职业教育规划教材建设实施方案》《高等学校课程思政建设指导纲要》和新修订的《中华人民共和国职业教育法》等文件精神，深化职业教育"三教"改革，培养适应行业企业需求的"知识、素养、能力、技术技能等级标准"四位一体的发展型实用人才，实践"双证融合、理实一体"的人才培养模式，切实做到专业设置与行业需求对接、课程内容与职业标准对接、教学过程与生产过程对接、毕业证书与职业资格证书对接、职业教育与终身学习对接，特组织全国多所高等职业院校教师编写了这套高等职业教育"十四五"规划畜牧兽医宠物大类新形态纸数融合教材。

本套教材充分体现新一轮数字化专业建设的特色，强调以就业为导向、以能力为本位、以岗位需求为标准的原则，本着高等职业教育培养学生职业技术技能这一重要核心，以满足对高层次技术技能型人才培养的需求，坚持"五性"和"三基"，同时以"符合人才培养需求，体现教育改革成果，确保教材质量，形式新颖创新"为指导思想，努力打造具有时代特色的多媒体纸数融合创新型教材。本套教材具有以下特点。

(1)紧扣最新专业目录、专业简介、专业教学标准，科学、规范，具有鲜明的高等职业教育特色，体现教材的先进性，实施统编精品战略。

(2)密切结合最新高等职业教育畜牧兽医宠物大类专业课程标准，内容体系整体优化，注重相关教材内容的联系，紧密围绕执业资格标准和工作岗位需要，与执业资格考试相衔接。

(3)突出体现"理实一体"的人才培养模式，探索案例式教学方法，倡导主动学习，紧密联系教学标准、职业标准及职业技能等级标准的要求，展示课程建设与教学改革的最新成果。

(4)在教材内容上以工作过程为导向，以真实工作项目、典型工作任务、具体工作案例等为载体组织教学单元，注重吸收行业新技术、新工艺、新规范，突出实践性，重点体现"双证融合、理实一体"的教材编写模式，同时加强课程思政元素的深度挖掘，教材中有机融入思政教育内容，对学生进行价值引导与人文精神滋养。

(5)采用"互联网+"思维的教材编写理念，增加大量数字资源，构建信息量丰富、学习手段灵活、学习方式多元的新形态一体化教材，实现纸媒教材与多媒体资源的融合。

(6)编写团队权威，汇集了一线骨干专业教师、行业企业专家，打造一批内容设计科学严谨、深入浅出、图文并茂、生动活泼且多维、立体的新型活页式、工作手册式、"岗课赛证融通"的新形态纸数融合教材，以满足日新月异的教与学的需求。

本套教材得到了各相关院校、企业的大力支持和高度关注，它将为新时期农林牧渔类高等职业教育的发展做出贡献。我们衷心希望这套教材能在相关课程的教学中发挥积极作用，并得到读者的青睐。我们也相信这套教材在使用过程中，通过教学实践的检验和实践问题的解决，能不断得到改进、完善和提高。

高等职业教育“十四五”规划畜牧兽医宠物大类
新形态纸数融合教材编审委员会

前言

动物遗传繁育技术是高等农业职业院校畜牧兽医专业的一门专业必修课。本书根据《教育部关于全面提高高等职业教育教学质量的若干意见》及《关于加强高职高专教育教材建设的若干意见》等文件精神编写而成。

本书在编写过程中紧密围绕“培养高素质技术技能型人才”的育人目标，通过行业、企业调研，与专家和技术人员商讨，切实了解到动物遗传繁育对整个畜牧生产过程的重要性。本书着重分析了畜牧兽医类职业岗位所需要的知识、能力、素质，参考了职业标准、行业规范，以职业能力培养为主线，以岗位技能培养为重点，在保持科学性和先进性的基础上，重点突出实用性和可操作性。

本书共三篇，十二个模块，并设有十三个实训，充分展示了近年来国内外动物遗传繁育技术的最新研究成果。全书内容丰富，通俗易懂，理论联系实际，可操作性强，并且融入了思政元素，在学习专业技能的同时可激发学生的爱国情怀。

本书编写人员年龄梯度和职称梯度都较为合理，在编写过程中也得到了很多企业和高校专家的鼎力支持，在此一并致以诚挚的谢意。

由于编者水平有限，本书难免存在一些错漏之处，恳请读者和同行批评指正。

编　者

目录

上篇　动物遗传基础

模块一　遗传的物质基础

模块二　质量性状的遗传规律

中篇　动物繁殖基础

模块五　动物生殖生理

模块六　动物生殖激素

模块七　动物繁殖技术

模块八　动物繁殖管理与繁殖障碍防治

下篇　育种篇

模块九　品种资源及保护

模块十　性状的选择

模块十一　种畜选择与选配

模块十二　品种与品系的培育方法

实　　训

上篇　动物遗传基础

模块一　遗传的物质基础

扫码看 PPT

项目一　染色质与染色体

学习目标

- 掌握染色质和染色体的概念和区别。
- 了解染色体的结构和组成。
- 了解染色体的类型。

任务一　染　色　质

任务知识

一、染色质的化学组成

染色质(chromatin)是指真核细胞分裂间期细胞核内由脱氧核糖核酸(DNA)、组蛋白、非组蛋白及少量核糖核酸(RNA)组成的线性复合结构,是分裂间期细胞遗传物质存在的形式。DNA与组蛋白是染色质的稳定成分,非组蛋白与RNA的含量随细胞生理状态和细胞类型的不同而变化。

(一) 组蛋白

组蛋白(histone,H)是构成真核生物染色质的主要蛋白成分,是富含带正电荷的赖氨酸(Lys)和精氨酸(Arg)的碱性蛋白质。组蛋白通过带正电荷的氨基($—NH_2$,N)端区域与带负电荷的DNA骨架链相互作用。组蛋白在功能上可分为两组。

一组是核心组蛋白(core histone),包括H2A、H2B、H3、H4。核心组蛋白是一类小分子蛋白质,相对分子质量为10000～20000。这4种组蛋白有通过羧基(—COOH,C)端的疏水氨基酸相互作用形成聚合体的趋势,而N端带正电荷的氨基酸向四面伸出,以便与DNA分子结合,从而帮助DNA卷曲形成核小体的稳定结构。这4种组蛋白没有种属和组织特异性,在进化上具有高度保守性。

另一组是H1,其相对分子质量较大,约为23000。H1中的氨基酸分布与核心组蛋白截然相反,其碱性区域不在N端,而在C端,它与DNA的结合很强烈。H1主要是与非组蛋白相结合并与核心组蛋白相互作用,导致染色质的超螺旋化,产生高级结构。H1具有一定的种属和组织特异性,在连接核小体并维持染色质的高级结构方面有重要作用。在鸡、鸭、鹅等禽类的网织红细胞和成熟红细胞中,H1被H5所取代,H5对DNA模板的转录活性有抑制作用。

(二) 非组蛋白

非组蛋白(nonhistone)主要是指染色体上与特异DNA序列相结合的蛋白质,所以又称序列特异性DNA结合蛋白(sequence specific DNA binding proteins),主要包括与DNA和组蛋白的代谢、复制、重组、转录调控等密切相关的各种酶类,以及形成染色质高级结构的支架蛋白(scaffold protein)和具有基因调控作用的高迁移率组蛋白(high-mobility group protein,HMG protein)。此外,还有一类可促进DNA包装进精子头部的鱼精蛋白(protamine)。

Note

非组蛋白具有如下特性：①多样性与组织特异性：不同物种、不同组织细胞中，非组蛋白的种类和数量都不相同，非组蛋白的组织特异性与基因的选择性表达有关。②与DNA结合的特异性：非组蛋白能够通过氢键和离子键，在DNA双螺旋结构的大沟部分识别并结合特异的DNA序列，这些DNA序列在不同生物的基因组间具有进化上的保守性。③功能多样性：非组蛋白参与染色质高级结构的形成和基因表达的调控，如帮助DNA分子折叠以形成不同的结构域，从而有利于协助启动DNA复制、控制基因转录和调节基因表达。

二、染色质的类型

染色质根据其形态特征和染色性能可分为两种类型，即常染色质(euchromatin)和异染色质(heterochromatin)。

(一) 常染色质

常染色质是指在分裂间期细胞核内，被碱性染料着色浅、染色质纤维折叠压缩程度低、处于较为伸展状态的染色质，多存在于核质中。构成常染色质的DNA主要是单一序列DNA和中度重复序列DNA。

(二) 异染色质

异染色质是指在分裂间期细胞核内，被碱性染料着色深、染色质纤维折叠压缩程度高、处于聚缩状态的染色质。异染色质常以高度有序的结构形式存在于细胞核的周边部位。异染色质又分为结构异染色质(constitutive heterochromatin)和兼性异染色质(facultative heterochromatin)。

结构异染色质是指在整个细胞周期中，除复制以外，均处于聚缩状态的DNA包装在整个细胞周期中基本没有较大变化的异染色质。结构异染色质常具有如下特征：①在中期染色体上多定位于着丝粒、端粒、次缢痕及染色体臂内某些节段；②主要由相对简单、高度重复的DNA序列构成；③具有显著的遗传惰性，不转录也不编码蛋白质；④在复制行为上比常染色质复制晚、聚缩早；⑤占有较大部分核DNA，在功能上参与染色质高级结构的形成，作为核DNA的转座元件，可引起遗传变异。

(三) 兼性异染色质

兼性异染色质是指在某些类型细胞或一定的发育阶段，由原来的常染色质聚缩，并丧失基因转录活性而变为异染色质的染色质。兼性异染色质的总量常随细胞类型不同而变化，一般胚胎细胞含量很少，而高度分化的细胞含量较多，说明随着细胞分化，较多的基因渐次以聚缩状态关闭活性，因此，染色质通过紧密折叠而压缩可能是关闭基因活性的一种途径。例如，雄性哺乳动物细胞的单个X染色体呈常染色质状态，而雌性哺乳动物体细胞的细胞核内，两条X染色体中的一条在发育早期随机发生异染色质化而失活，失活的X染色体在配子发生时又可复活。在上皮细胞核内，这个易固缩的X染色体称为性染色质或巴氏小体(Barr body)，在多形核白细胞的细胞核内，此X染色体形成特殊的“鼓槌”结构。因此，检查羊水中胚胎细胞的巴氏小体可以鉴别胎儿的性别。

三、染色质包装的结构模型

(一) 染色质的基本结构单位

核小体是染色质的基本结构单位，由DNA与H1、H2A、H2B、H3和H4共5种组蛋白构成。两分子的H2A、H2B、H3和H4形成一个组蛋白八聚体，约200 bp的DNA分子盘绕在组蛋白八聚体构成的核心结构外面1.75圈形成一个核小体的核心颗粒(core particle)(图1-1-1)。核小体的核心颗粒再由DNA(约60 bp)和H1共同构成的连接区连接起来形成串珠状的染色质细丝。这时染色质的压缩包装比(packing ratio)为6左右，即DNA由伸展状态压缩到了原来的约1/6。不同组织、不同类型的细胞，以及同一细胞里染色体的不同区段中，盘绕在组蛋白八聚体核心外面的DNA长度是不同的，平均长度为200 bp。如真菌的可以短至154 bp，而海胆精子的可以长达260 bp，但一般的变动范围在180～200 bp之间。在这200 bp中，146 bp直接盘绕在组蛋白八聚体核心外面，这些DNA不易被核酸酶消化，其余的DNA用于连接下一个核小体。连接相邻2个核小体的DNA分子

Note

上结合了另一种 H1。H1 包含一组密切相关的蛋白质，其数量相当于核心组蛋白的一半，所以很容易从染色质中抽提出来。所有的 H1 被除去后也不会影响到核小体的结构，这表明 H1 是位于蛋白质核心之外的。

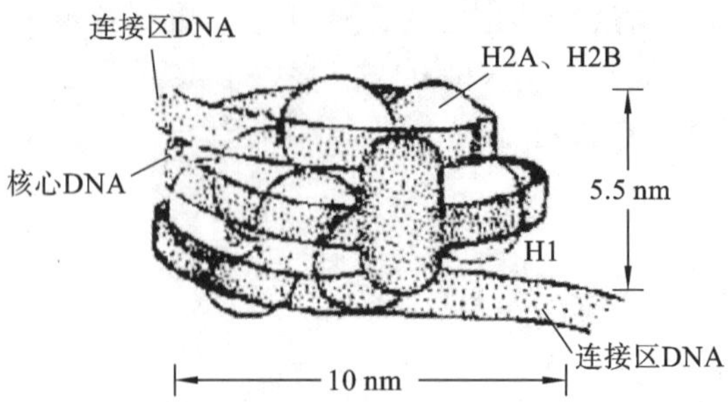

图 1-1-1　核小体的核心颗粒结构示意图

（二）染色质的高级结构

直径约为 10 nm 的核小体串珠结构是形成染色质的一级结构。核小体串珠结构进一步螺旋化，每周螺旋 6 个核小体，形成外径 30 nm、内径 10 nm 的螺旋管（solenoid）结构，这是染色质的二级结构。螺旋管进一步螺旋化，形成直径为 400 nm 的圆筒状超螺旋管（super solenoid），其为染色质的三级结构。超螺旋管进一步螺旋折叠，形成长 2～10 μm 的染色单体（chromatid），其为染色质的四级结构。由于染色质 DNA 的多级螺旋化，几厘米长的 DNA 可形成几微米长的染色单体，染色单体长度约为原来的 1/8400（图 1-1-2）。

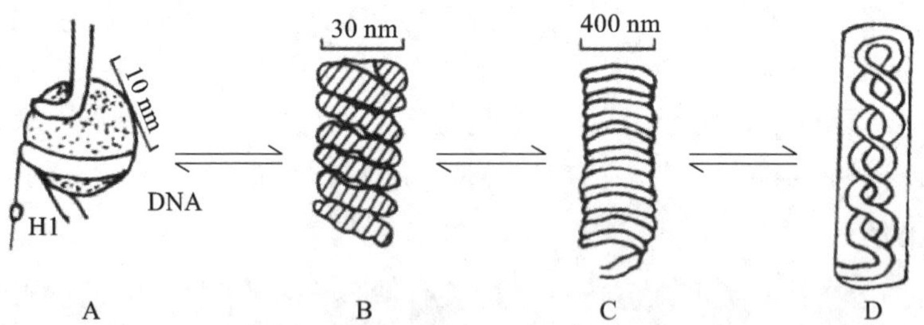

A.核小体；B.螺旋管；C.超螺旋管；D.染色单体

图 1-1-2　染色体四级结构模式图

注：图中标注的长度仅为示意，相互之间没有比例关系。

任务二　染　色　体

任务知识

染色体（chromosome）是指细胞在有丝分裂或减数分裂过程中，由染色质聚缩而成的棒状结构，其是细胞内具有遗传性质的物质，是遗传物质基因的载体。

一、染色体的形态结构

细胞分裂过程中，染色体的形态和结构会发生一系列规律性变化，其中以中期染色体形态表现最为明显和典型，于光学显微镜（简称光镜）下可见到典型的染色体形态结构。染色体一般呈棒状，它由两条相同的姐妹染色单体（sister chromatid）构成，彼此以着丝粒（centromere）相连。染色体的主要成分是 DNA 和蛋白质。在电子显微镜下观察，染色体为高度折叠的螺旋化结构。每一条染色单体由一条完整的 DNA 大分子与组蛋白结合成的纤丝构成。这种纤丝螺旋化形成的线圈结构，称为螺旋管。如果把纤丝的核小体称为染色体的一级结构，则螺旋管是二级结构，螺旋管进一步螺旋化形成的圆筒称为超螺旋管，是染色体的三级结构，超螺旋管高度折叠和螺旋化就形成了染色体的四级结构。

（一）着丝粒

中期染色体的两条姐妹染色单体的连接处，有一向内凹陷、着色较浅的缢痕，称为主缢痕(primary constriction)。着丝粒是指中期染色体的两条姐妹染色单体的连接处，其位于染色体的主缢痕处。着丝粒将两条染色单体分为短臂(p)和长臂(q)，由高度重复的异染色质组成，其主要成分为 DNA 和蛋白质。着丝粒和动粒是存在于主缢痕的两个特殊结构。根据着丝粒在染色体上所处的位置不同，可将染色体分为 4 种类型：①中着丝粒染色体(metacentric chromosome)，两臂长度相等或大致相等；②近中着丝粒染色体(submetacentric chromosome)，细胞分裂后期移动时呈 L 形；③近端着丝粒染色体(acrocentric chromosome)，具有微小短臂，细胞分裂后期移动时呈棒状；④端着丝粒染色体(telocentric chromosome)，着丝粒位于染色体一端(图 1-1-3)。

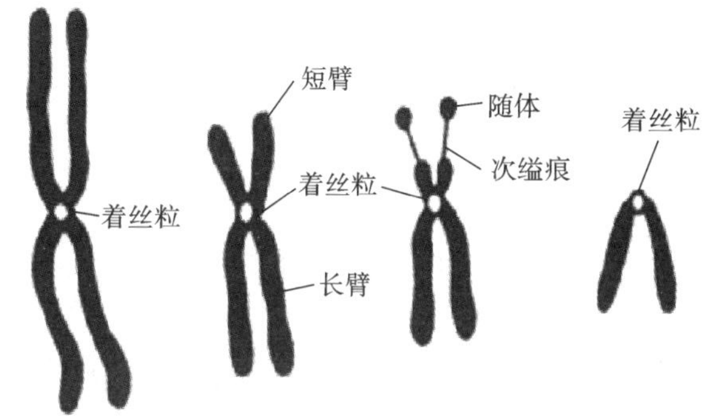

图 1-1-3 染色体形态模式图

（二）次缢痕

除主缢痕外，染色体上其他的浅染缢缩部位称为次缢痕(secondary constriction)。其数目、位置和大小是染色体的重要形态特征，可作为鉴定染色体的标志。

（三）随体

随体(satellite)是指位于染色体末端的球形染色体节段，通过次缢痕区与染色体主体部分相连。随体的有无和大小等也是染色体的重要形态特征，有随体的染色体称为 Sat 染色体。

（四）核仁组织区

核仁组织区(nucleolar organizing region，NOR)位于染色体的次缢痕区。染色体核仁组织区是 rRNA 基因所在部位，与分裂间期细胞核仁的形成有关。

（五）端粒

端粒(telomere)是染色体端部的特殊结构，是一条完整染色体所不可缺少的。端粒通常由富含鸟嘌呤(G)的短的 DNA 串联重复序列和端粒蛋白构成。端粒蛋白又称端粒酶(telomerase)，由 RNA 和蛋白质组成，具有逆转录酶的性质。端粒与维持染色体的完整性和个体性、染色体在核内的空间分布及减数分裂同源染色体配对有关。

二、染色体的数目

生物的细胞核内都有特定数目的染色体，其数目多少，依生物品种不同而异。各种生物细胞内染色体数目都是相对稳定的，体细胞的染色体数目一般比性细胞的多 1 倍，如果性细胞染色体数目用 n 表示，则体细胞的染色体数目为 $2n$。部分动物的染色体数目见表 1-1-1。

Note

表 1-1-1 部分动物的染色体数目

动物名称	染色体数目(2n)
人类(*Homo sapiens*)	46
猕猴(*Macaca mulatta*)	42
黄牛(*Bos taurus*)	60
猪(*Sus scrofa*)	38
犬(*Canis familiaris*)	78
猫(*Felis domesticus*)	38
马(*Equus caballus*)	64
驴(*Equus asinus*)	62
山羊(*Capra hircus*)	60
绵羊(*Ovis aries*)	54
小家鼠(*Mus musculus*)	40
大家鼠(*Rattus norvegicus*)	42
水貂(*Mustela vison*)	30
豚鼠(*Cavia cobaya*)	64
兔(*Oryctolagus cuniculus*)	44
家鸽(*Columba livia*)	约 80
鸡(*Gallus domesticus*)	约 78
火鸡(*Meleagris gallopavo*)	约 80
鸭(*Anas platyrhynchos*)	约 80
家蚕(*Bombyx mori*)	56
家蝇(*Musca domestica*)	12
黑腹果蝇(*Drosophila melanogaster*)	8
蜜蜂(*Apis mellifera*)	♀32 ♂16
蚊(*Culex pipiens*)	6
僧帽佛蝗(*Phlaeoba infumata*)	♀24 ♂23
水螅(*Hydra vulgaris*)	32

任务三 染色体分析技术

任务知识

(一) 核型分析

核型(karyotype)是指染色体组在有丝分裂中期的表型,包括染色体的数目、大小、形态特征等。按照染色体的数目、大小和着丝粒位置、臂比、次缢痕、随体等形态特征,对生物细胞核内的染色体进行配对、分组、归类、编号等分析的过程称为染色体的核型分析(karyotype analysis)。如猪染色体核型分析,即将猪染色体分为 A、B、C、D 四组。染色体核型分析技术可用于诊断由染色体异常引起的

Note

遗传性疾病、研究动物育种、研究物种间的亲缘关系、探讨物种进化机制、鉴定远缘杂种、追踪鉴别外源染色体或染色体片段等方面，具有十分重要的利用价值。将一个染色体组的全部染色体逐个按其特征绘制下来，再按长短、形态等特征排列起来的图像称为核型模式图或染色体组型。

（二）染色体显带

1. 染色体显带技术 经过某种特殊的处理或特异的染色后，染色体上可显示出一系列连续的明暗条纹，称为染色体显带。染色体显带技术是在染色体非显带技术基础上发展起来的技术，其优点是能显于染色体本身更细微的结构。染色体显带技术极大地促进了细胞遗传学的发展，有助于更准确地识别每条染色体及染色体结构异常，适用于各种细胞染色体标本，同时也为基因定位的研究提供了基础。染色体显带技术根据其产生带型的分布与特点，可以分为两大类：一类是产生的染色带遍及整条染色体，包括G显带技术、Q显带技术和R显带技术，以及显示DNA复制形式的技术；另一类是只能使少数特定染色体区段或结构显色，包括显示着丝粒的C显带技术、显示端粒的T显带技术以及显示核仁组织区的N显带技术。几种常见染色体显带技术的比较见表1-1-2。

表1-1-2 几种常见染色体显带技术的比较

显带技术	方法与特点
G显带技术	目前使用最广泛的一种技术，操作简单，条纹清晰，标本可长期保存，重复性好。其方法是将染色体标本经胰蛋白酶、NaOH、柠檬酸盐或尿素等试剂处理后，再经吉姆萨染料染色，显示出的深浅交替的条纹便是G带。染色体的G带在普通光学显微镜下即可观察
Q显带技术	染色体标本经氮芥喹丫因等荧光染料处理后显示的条纹为Q带。在荧光显微镜下，可见标本的染色体臂上有明暗相间的条纹，该条纹对每条染色体都是特征性的。Q带明显，显带效果稳定。Q带与G带的带型基本相同，G带的深染带相当于Q带的亮带，而浅染带相当于Q带的暗带。但荧光持续时间短，标本不能长期保存，必须立即观察并显微摄影
R显带技术	染色体标本经热(80～90 ℃)磷酸盐处理后，用吉姆萨染料染色显示的条纹为R带。R带的条纹与G带相反，即G带深染部分在R带中呈浅染。对于G、Q显带的染色体，两臂末端均为浅带或不显示荧光，在R带则被染色
C显带技术	染色体标本经热碱[$Ba(OH)_2$或NaOH]处理后，用吉姆萨染料染色后每一条染色体的着丝粒区特异性着色，第1、9、16号染色体的次缢痕区和Y染色体长臂远端1/2～2/3的区段也呈深染状态，这就是C带
T显带技术	R显带技术的改进，专门显示染色体端粒的带型
N显带技术	对核仁组织区进行特异染色的技术，如硝酸银染色

1975年后，又出现了染色体高分辨显带技术，该技术利用细胞分裂前中期、晚前期的染色体可获得更多的分裂象和带。人类细胞分裂中期一套单倍染色体一般可显示320条带，而利用高分辨显带技术可显示550～850条带，甚至成千上万条带。随后，又相继出现了限制性内切酶显带技术、利用DNA探针通过荧光原位杂交(fluorescence in situ hybridization，FISH)进行染色体显带的技术等。值得一提的是，由后者进一步发展、完善起来的与传统的染色体显带技术相区别的新一代基因组光学显带方式，可制作更为精细的染色体条形码。将显带染色体显微切割技术和分离克隆技术相结合，可研究染色体某几个具体条纹的DNA性质，这是联系细胞遗传学与分子遗传学的重要桥梁。

2. 染色体带型的表示方法 通过染色体显带技术，在被染色体着丝粒分隔的短臂(p)和长臂(q)上，均有一系列连续的深浅、宽窄不同的染色体带。为了给每一条带命名，可以用染色体长、短臂上的明显特征作为界标(landmark)，将染色体区分为着色不同的区(region)、带(band)。界标是识别染色体的恒定而显著的细胞特征，包括两臂的端粒、着丝粒和某些非常显著的染色带；区是指两个相邻界标之间的染色体区域；带是指显带技术所显示的染色体上的一系列连续深、浅(或明、暗)部分。

一条染色体以着丝粒为界标，而区和带则沿着染色体的长臂和短臂，由着丝粒向外编号。在表示某一特征的带时，通常需包括以下四项：①染色体号；②臂的符号；③区号；④在该区内的带号。以上四项依次列出，不需要间隔或标点符号。在将带再划分为亚带，甚至次亚带时，只在带后加一小数点。如7p22表示第7号染色体短臂的第2号区2号带，7q14.1表示第7号染色体长臂的第1号区4号带1号亚带，7q31.31表示第7号染色体长臂的第3号区1号带3号亚带1号次亚带。

课后习题

简答题

1. 简述染色体的结构和组成。
2. 简述染色体显带技术的种类和该技术的应用价值。

项目二　细胞分裂

学习目标

- 了解细胞的活动进程。
- 掌握细胞周期的构成。
- 掌握细胞的基本结构单位。
- 掌握细胞分裂的过程和方式。
- 掌握减数分裂的过程。

任务一　细胞概述

任务知识

一、细胞学说

（一）细胞学说的建立和完善

细胞学说是关于细胞是动物和植物结构与生命活动的基本单位的学说。德国生物学家马蒂亚斯·雅各布·施莱登（Matthias Jakob Schleiden）于1838年在前人研究成果的基础上提出：细胞是一切植物的基本构造；细胞不仅本身是独立的生命，并且是植物体生命的一部分，并维系着整个植物体的生命。第二年，也就是1839年，泰奥多尔·施旺（Theodor Schwann）受到施莱登的启发，结合自身的动物细胞研究成果，提出“所有动物也是由细胞组成的”，对施莱登提出的“所有的植物都是由细胞组成的”观点进行了补充，把细胞学说扩大到动物界，提出一切动物组织均由细胞组成，从而建立了生物学中统一的细胞学说。这就是“细胞学说”的基础。把细胞作为生命活动的基础单位，以及作为动植物界生命现象的共同基础的这种概念立即被普遍接受。19世纪40年代，许多研究者纠正了他们其中的一些错误观点，特别是植物学家耐格里和霍夫迈斯特以及动物学家克里克尔、莱迪希和罗伯特·雷马克，他们证明新细胞是靠分裂形成的，细胞核先在母细胞内一分为二，然后是母细胞分裂为两个子细胞。1855年，德国病理学家魏尔肖（Virchow）提出了另一个重要的理论：所有的细胞都必定来自已存在的活细胞。这个理论的提出彻底否定了传统的生命自然发生说的观点，至此，以上的研究结果共同形成了比较完备的细胞学说。

细胞学说论证了整个生物界在结构上的统一性，以及在进化上的共同起源。这一学说的建立推动了生物学的发展，并为辩证唯物论提供了重要的自然科学依据。革命导师恩格斯曾把细胞学说与能量守恒和转换定律、达尔文的生物进化论并誉为19世纪三大最重大的自然科学发现。

（二）细胞学说的内容

细胞学说的内容包括：

（1）细胞是一个有机体，一切动植物都是由细胞发育而来，并由细胞和细胞产物所构成；

Note

(2) 所有细胞在结构和组成上基本相似；

(3) 新细胞是由已存在的细胞分裂而来；

(4) 生物的疾病是因为其细胞机能失常；

(5) 细胞是生物体结构和功能的基本单位；

(6) 生物体是通过细胞的活动来反映其功能的；

(7) 细胞是一个相对独立的单位，既有它自己的生命，又对与其他细胞共同组成的整体生命起作用。

生命活动离不开细胞，即使像病毒那样没有细胞结构的生物，也只有依赖细胞才能生活。生物的繁殖是以细胞为基础的，细胞的增殖是以细胞分裂的方式进行的。细胞分裂是实现生物体的生长、繁殖和世代之间遗传物质连续传递的必不可少的途径。生物的一切生命活动都是在细胞中进行的，生物的遗传变异也必须通过细胞才能实现，细胞的结构与分裂方式必然影响遗传物质的组成、分布和遗传信息的传递。

二、细胞的种类

（一）真核细胞

真核细胞(eukaryotic cell)是指含有真核(被核膜包围的核)的细胞。其染色体数目在 1 个以上，能进行有丝分裂，还能进行原生质流动和变形运动。而光合作用和氧化磷酸化作用则分别在叶绿体与线粒体中进行。除细菌和蓝藻植物的细胞以外，所有的动物细胞以及植物细胞都属于真核细胞。由真核细胞构成的生物称为真核生物。在真核细胞的核中，DNA 与组蛋白等蛋白质共同组成染色体，在核内可看到核仁。在细胞质内，膜系统很发达，存在着内质网、高尔基体、线粒体和溶酶体等细胞器(organelles)，分别行使特异的功能。

真核生物包括我们熟悉的动植物以及微小的原生动物、单细胞海藻、真菌、苔藓等。真核细胞具有一个或多个由双膜包裹的细胞核，遗传物质包含于核中，并以染色体的形式存在。染色体由少量的组蛋白及某些富含精氨酸和赖氨酸的碱性蛋白质构成。真核生物进行有性繁殖，并进行有丝分裂。

（二）原核细胞

原核细胞(prokaryotic cell)是指没有核膜且不进行有丝分裂、减数分裂、无丝分裂的细胞。原核细胞由于没有核膜，遗传物质集中在一个没有明确界限的低电子密度区，称为拟核(nucleoid)。DNA 为裸露的环状分子，通常没有结合蛋白，环的直径约为 2.5 nm，周长为几十纳米。这种细胞不发生原生质的流动，观察不到变形虫样运动。鞭毛(flagellum)呈单一的结构。光合作用、氧化磷酸化作用在细胞膜上进行，没有叶绿体、线粒体等细胞器的分化，只有核糖体。由这种细胞构成的生物，称为原核生物，包括所有的细菌和蓝藻类，即构成细菌和蓝藻等低等生物体的细胞为原核细胞。原核细胞外层原生质中有 70S 核糖体与中间体，缺乏高尔基体(Golgi body)、内质网(endoplasmic reticulum)、线粒体(mitochondrion)和中心体(centrosome)等。转录和翻译(transcription and translation)同时进行，四周质膜内含有呼吸酶。无有丝分裂(mitosis)和减数分裂(meiosis)，DNA 复制后，细胞随即分裂为两个子细胞。

（三）古核细胞

古核细胞也称古细菌(archaebacteria)，是一类很特殊的细菌，多生活在极端的生态环境中。具有原核生物的某些特征，如无核膜及内膜系统，也有真核生物的特征，如以甲硫氨酸作为起始来合成蛋白质，核糖体对氯霉素不敏感，RNA 聚合酶和真核细胞的相似，DNA 具有内含子并结合组蛋白。此外，古核细胞还具有既不同于原核细胞也不同于真核细胞的特征，如细胞膜中的脂类是不可皂化的，细胞壁不含肽聚糖，有的以蛋白质为主，有的含杂多糖，有的类似于肽聚糖，但都不含胞壁酸、D 型氨基酸和二氨基庚二酸。

Note

1. 极端嗜热菌 极端嗜热菌能生长在 90 ℃以上的高温环境。如斯坦福大学科学家发现的一种古细菌，最适生长温度为 100 ℃，80 ℃以下即失活；德国的斯梯特(Stetter)研究组在意大利海底发现的一族古细菌，能生活在 110 ℃以上高温环境中，最适生长温度为 98 ℃，降至 84 ℃即停止生长；美国的 J. A. Baross 发现一些从火山口中分离出的细菌可以生活在 250 ℃的环境中。嗜热菌的营养范围很广，多为异养菌，其中许多能将硫氧化以获得能量。

2. 极端嗜盐菌 极端嗜盐菌生活在高盐度环境中，盐度可达 25%，如死海和盐湖中。极端嗜盐菌的细胞壁由富含酸性氨基酸的糖蛋白组成，这种细胞壁结构的完整由离子键维持，高 Na^+ 浓度对于其细胞壁蛋白质亚单位之间的结合，保持细胞结构的完整性是必需的。当从高盐环境转到低盐环境后，一方面细胞壁蛋白解聚为蛋白质单体，使细胞壁失去完整性，另一方面细胞内、外离子浓度平衡被打破，细胞吸水膨胀，最终引起细胞壁破裂，菌体完全自溶。

3. 极端嗜酸菌与极端嗜碱菌 极端嗜酸菌能生活在 pH 值为 1 以下的环境中，往往也是嗜高温菌，生活在火山地区的酸性热水中，能氧化硫，硫酸作为代谢产物排出体外。多数极端嗜碱菌生活在盐碱湖或碱湖、碱池中，生活环境 pH 值可达 11.5 以上，最适 pH 值为 8～10。

三、细胞的基本结构

细胞是构成生物机体形态结构和生命活动的基本单位。细胞按结构分为原核细胞和真核细胞，由此可把生物划分为原核生物和真核生物。几乎所有的原核生物都由单个原核细胞构成，如细菌、支原体，它们的遗传物质无膜包裹，不形成完整的细胞核。真核生物可以分为单细胞生物和多细胞生物，由具有完整细胞核、遗传物质有膜包裹的真核细胞构成。畜禽等高等动物是由真核细胞构成的多细胞生物，它们的每个细胞都是一个相对独立的、高度分化的结构和功能单位，这些细胞分工合作，相互协调，共同完成有机体生命活动。

细胞的大小受核质比例、细胞表面积与体积的比例和胞内物质传递的速度等因素影响。支原体细胞是最小、最简单的原核细胞，直径为 0.1～0.3 μm。组成高等动物的真核细胞，直径为 20～30 nm。原核生物的细胞较真核生物的细胞小。生物个体的增大、器官体积的增大，并非细胞体积的增大，而是细胞数目的增加。动植物细胞的结构如图 1-2-1 所示。

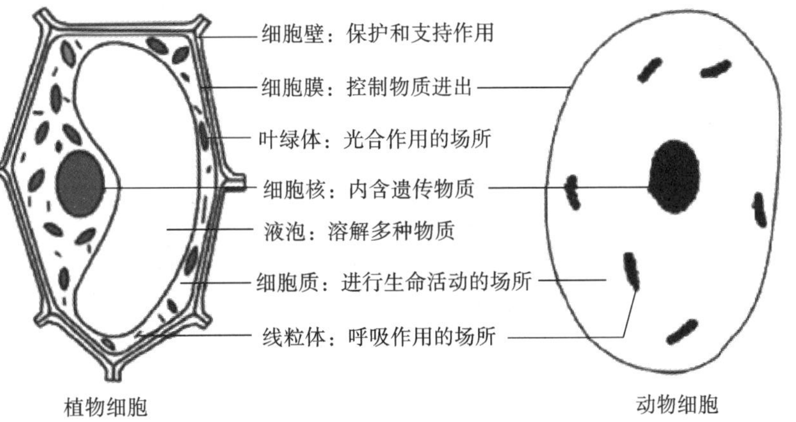

图 1-2-1 动植物细胞的结构

尽管细胞的形态和大小差异很大，但构成畜禽等高等动物的真核细胞一般具有细胞膜、细胞质和细胞核等结构。

（一）细胞壁

组成细菌、真菌、植物的细胞都具有细胞壁(cell wall)，而原生生物则仅一部分细胞具有此构造。

1. 植物细胞壁 植物细胞壁主要成分是纤维素，纤维素经过有系统的编织形成网状的外壁，可分为中胶层、初生细胞壁、次生细胞壁。中胶层是植物细胞刚分裂完成的子细胞之间最先形成的间隔，主要成分是果胶质（一种多糖），随后在中胶层两侧形成初生细胞壁，初生细胞壁主要由果胶质、木质素和少量的蛋白质构成。次生细胞壁主要由纤维素组成的纤维排列而成，如同一条一条的线以接近直角的方式排列，再以木质素等多糖类连接。

2. 真菌细胞壁 真菌细胞壁由几丁质、纤维素等多糖类组成，其中几丁质含有糖类和氨，柔软，有弹性，与钙盐混杂则硬化，形成节肢动物的外骨骼。几丁质不溶于水、乙醇、弱酸溶液和弱碱溶液等液体，有保护功能。

3. 细菌细胞壁 细菌细胞壁的组成以肽聚糖为主。

（二）细胞膜

细胞壁的内侧紧贴的一层极薄的膜，称为细胞膜(cell membrane)。水和氧气等小分子物质能够自由通过这层由蛋白质分子和磷脂双分子层组成的薄膜，而某些离子和大分子物质则不能自由通过。因此，细胞膜除了起着保护细胞内部的作用以外，还具有控制物质进出细胞的作用：既不让有用物质任意渗出细胞，也不让有害物质轻易进入细胞。此外，它还能进行细胞间的信息交流。

细胞膜在光学显微镜下不易分辨。用电子显微镜观察，可以知道细胞膜主要由蛋白质分子和脂类分子构成。细胞膜中间是磷脂双分子层，这是细胞膜的基本骨架。在磷脂双分子层的外侧和内侧，有许多球形的蛋白质分子，它们以不同深度镶嵌在磷脂双分子层中，或者覆盖在磷脂双分子层的表面。这些磷脂分子和蛋白质分子大都是可以流动的，可以说，细胞膜具有一定的流动性。细胞膜的这种结构特点，对于它完成各种生理功能是非常重要的。

（三）细胞质

细胞膜包着的黏稠、透明的物质称为细胞质(cytoplasm)。在细胞质中，往往还能看到一个或几个液泡，其中充满着的液体称为细胞液。在成熟的植物细胞中，液泡合并为一个中央大液泡，其体积占整个细胞的大半。细胞质被挤压为一层。细胞膜、液泡膜和介于这两层膜之间的细胞质合称为原生质层。

植物细胞的原生质层相当于一层半透膜（图 1-2-2）。当细胞液浓度小于外界溶液浓度时，细胞液中的水分就透过原生质层进入外界溶液中，使细胞壁和原生质层都出现一定程度的收缩。由于原生质层比细胞壁的伸缩性大，当细胞不断失水时，原生质层与细胞壁分离，也就是发生了质壁分离。当细胞液浓度大于外界溶液浓度时，外界溶液中的水分透过原生质层进入细胞液中使原生质层复原，即质壁分离的复原。

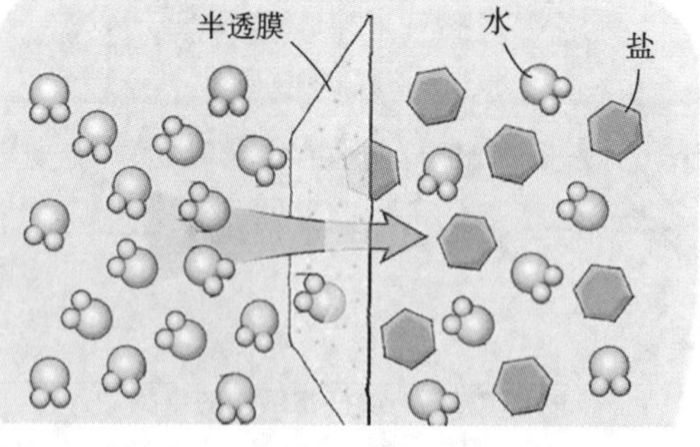

图 1-2-2 半透膜

细胞质不是凝固静止的，而是缓缓地运动着的。在只具有一个中央大液泡的细胞内，细胞质往往围绕液泡循环流动，这样便促进了细胞内物质的转运，也加强了细胞器之间的相互联系。细胞质运动是一种消耗能量的生命现象。细胞的生命活动越旺盛，细胞质流动越快，反之，则越慢。细胞死亡后，其细胞质的流动也就停止了。

Note

（四）细胞器

细胞中还有一些细胞器，它们具有不同的结构，执行着不同的功能，共同完成细胞的生命活动。这些细胞器的结构需用电子显微镜（简称电镜）观察。在电子显微镜下观察到的细胞结构称为亚显微结构。

1. 线粒体 线粒体（mitochondrion）是一些线状、小杆状或颗粒状的结构，在活细胞中可被詹纳斯绿（Janus green）染成蓝绿色。在电子显微镜下观察，线粒体表面是由双层膜构成的。内膜向内形成的一些隔称为线粒体嵴（cristae）。线粒体内有丰富的酶系统。线粒体是细胞呼吸的中心，它是生物体借氧化作用产生能量的一个主要机构，它能将营养物质（如葡萄糖、脂肪酸、氨基酸等）氧化从而产生能量，储存在三磷酸腺苷（adenosine triphosphate，ATP）的高能磷酸键上，为细胞其他生理活动供给能量，因此有人说线粒体是细胞的“动力工厂”。

2. 叶绿体 叶绿体（chloroplast）是绿色植物细胞中重要的细胞器，其主要功能是进行光合作用。叶绿体由双层膜、基粒（类囊体）和基质三部分构成。类囊体是一种扁平的小囊状结构，在类囊体薄膜上，有进行光合作用必需的色素和酶。许多类囊体叠合而成基粒。基粒之间充满着基质，其中含有与光合作用有关的酶。基质中还含有 DNA。

3. 内质网 内质网（endoplasmic reticulum）是细胞质中由膜构成的网状管道系统，广泛分布在细胞质基质内。它与细胞膜及核膜相通连，对细胞内蛋白质及脂质等物质的合成和运输起着重要的作用。内质网根据其表面有无附着核糖体可分为粗面内质网和滑面内质网。粗面内质网表面附着有核糖体，具有运输蛋白质的功能，滑面内质网内含许多酶，与糖脂类和固醇类激素的合成与分泌有关。

4. 高尔基体 高尔基体（Golgi body）是位于细胞核附近的网状囊泡，是细胞内的运输和加工系统，能将粗面内质网运输的蛋白质加工、浓缩和包装成分泌泡和溶酶体。

5. 核糖体 核糖体（ribosome）是椭球形的粒状小体，有些附着在内质网膜的外表面（供给膜上及膜外蛋白质），有些游离在细胞质基质中（供给膜内蛋白质，不经过高尔基体，直接在细胞质基质内的酶作用下形成空间构型），是合成蛋白质的重要基地。

6. 中心体 中心体（centrosome）存在于动物细胞和某些低等植物细胞中，因为它的位置靠近细胞核，所以称为中心体。每个中心体由两个互相垂直的中心粒及其周围的物质组成，动物细胞的中心体与有丝分裂有密切关系。中心粒（centriole）的位置是固定的，具有极性结构。在分裂间期细胞中，经固定、染色后所显示的中心粒仅仅是 1 或 2 个小颗粒。而在电子显微镜下观察，中心粒是一个柱状体，长度为 0.3～0.5 μm，直径约为 0.15 μm，它是由 9 组小管状的亚单位组成的，每个亚单位一般由 3 个微管构成。这些管的排列方向与柱状体的纵轴平行。

7. 液泡 液泡（vacuole）是植物细胞中的泡状结构。成熟植物细胞中的液泡很大，可占整个细胞体积的 90%。液泡的表面有液泡膜。液泡内有细胞液，其中含有糖类、无机盐、色素和蛋白质等物质，可以达到很高的浓度。因此，它对细胞内的环境起着调节作用，可以使细胞保持一定的渗透压，保持膨胀的状态。动物细胞同样有小液泡。

8. 溶酶体 溶酶体为囊状小体或小泡，内含多种水解酶，具有自溶和异溶作用。自溶作用是指溶酶体消化分解细胞内损坏和衰老的细胞器的过程，异溶作用是指溶酶体消化和分解被细胞吞噬的病原微生物及其细胞碎片的过程。溶酶体是细胞内具有单层膜和囊状结构的细胞器。其内含有很多种水解酶类，能够分解很多种物质。

9. 微丝和微管 在细胞质内除上述结构外，还有微丝（microfilament）和微管（microtubule）等结构，它们的主要机能不只是对细胞起骨架支持作用，以维持细胞的形态，如在红细胞中微管成束平行排列于盘形细胞的周缘，又如上皮细胞微绒毛中的微丝；它们也参加细胞的运动，如有丝分裂的纺锤丝，以及纤毛、鞭毛的微管。此外，细胞质内还有各种内含物，如糖原、脂类、结晶、色素等。

（五）细胞核

细胞质中含有一个近似球形的细胞核（nucleus），它是由更加黏稠的物质构成的。细胞核通常位

Note

于细胞的中央,成熟植物细胞的细胞核往往被中央大液泡推挤到细胞的边缘。细胞核中有一种物质,易被洋红、苏木精、甲基绿、龙胆紫溶液等碱性染料染成深色,称为染色质(chromatin)。生物体用于传递遗传信息的物质即遗传物质,就在染色质上。当细胞进行有丝分裂时,染色质在分裂间期螺旋缠绕成染色体。

多数细胞只有一个细胞核,有些细胞含有两个或多个细胞核,如肌细胞、肝细胞等。细胞核可分为核膜、染色质、核液和核仁四部分。核膜与内质网相通连,染色质位于核膜与核仁之间。染色质主要由蛋白质和 DNA 组成。在有丝分裂时,染色质复制,DNA 也随之复制为两份,平均分配到两个子细胞中,使得后代细胞染色体数目恒定,从而保证了后代遗传特性的稳定。此外,RNA 是 DNA 在复制时形成的单链,它传递信息,控制合成蛋白质,其中有转移核糖核酸(tRNA)、信使核糖核酸(mRNA)和核糖体核糖核酸(rRNA)。细胞核的机能是保存遗传物质,控制生化合成和细胞代谢,决定细胞或机体的性状表现,把遗传物质从细胞(或个体)一代一代传下去。但细胞核不是孤立地起作用的,而是和细胞质相互作用、相互依存而表现出细胞统一的生命过程。细胞核控制细胞质,细胞质对细胞的分化、发育和遗传也起重要的作用。

任务二　细胞周期

任务知识

一、细胞的活动进程

(一)细胞分裂

细胞分裂是指一个细胞分裂为两个细胞的过程。分裂前的细胞称母细胞,分裂后形成的新细胞称子细胞。细胞分裂通常包括细胞核分裂和细胞质分裂两步。细胞在核分裂过程中,母细胞把遗传物质传给子细胞。在单细胞生物中,细胞分裂就是个体的繁殖,在多细胞生物中,细胞分裂是个体生长、发育和繁殖的基础。

(二)细胞分化

细胞分化是指分裂后的细胞,在形态、结构和功能上向着不同方向变化的过程。细胞分化后形成不同的组织,分化前和分化后的细胞不属于同一类型。那些形态相似、结构相同,具有一定功能的细胞群称为组织。不同的组织,按一定的顺序组成器官。各种器官协调配合,形成系统。各种器官和系统组成生命体。细胞的癌变是细胞的一种不正常的分化方式。每个正常细胞的细胞核内都有原癌基因。发生癌变的细胞原本是正常细胞,由于受到外界致癌因子[致癌因子包括物理致癌因子(主要指辐射,如紫外线、X 射线等)、化学致癌因子(如黄曲霉毒素、亚硝酸盐等)、生物致癌因子(如 Rous 肉瘤病毒、乙肝病毒等)]作用,导致细胞内原癌基因被激活,激活的原癌基因控制细胞发生癌变。癌变的细胞在细胞形态、结构、功能上都发生了一定的变化。

(三)细胞死亡

细胞死亡是细胞衰老的结果,是细胞生命现象的终止,包括急性死亡(细胞坏死)和程序化死亡(细胞凋亡)。细胞死亡最显著的现象是原生质的凝固。事实上细胞死亡是一个渐进的过程,要确定一个细胞何时死亡是较困难的。除非用固定液等人为因素在一瞬间使其死亡。那么,怎样鉴定一个细胞是否死亡了呢?通常采用活体染色法来鉴定。如用中性红染色时,活细胞中只有液泡系被染成红色,如果染料扩散,细胞质和细胞核都被染成红色,则表明这个细胞已死亡。细胞衰老的研究只是整个衰老生物学研究中的一部分。所谓衰老生物学[biology of senescence,或称老年学(gerontology)]是研究生物衰老现象、过程和规律的学科。其任务是揭示生物(人类)衰老的特征,探索发生衰老的原因和机理，寻找推迟衰老的方法，根本目的在于延长生物（人类）的寿命。多细胞有机体的细胞依寿命长短不同可划分为两类，即干细胞和功能细胞。干细胞在整个一生中都保持分裂能力，直到达到最高分裂次数便衰老死亡，如表皮生发层细胞、造血干细胞等。

（四）细胞凋亡

细胞凋亡（apoptosis）是一个主动的由基因决定的自动结束生命的过程，也常常被称为程序性细胞死亡（programmed cell death，PCD）。凋亡细胞将被吞噬细胞吞噬。这一假说是基于 Hayflick 界限提出的，1961 年 Hayflick 根据人胚胎细胞的传代培养实验提出，细胞在发育的一定阶段出现正常的自然死亡，它与细胞的病理死亡有根本的区别。细胞凋亡在多细胞生物个体发育的正常进行、自稳平衡的保持以及抵御外界各种因素的干扰等方面都起着非常关键的作用。例如：蝌蚪尾的消失，骨髓和肠的细胞凋亡，脊椎动物神经系统的发育，发育过程中手和足的成形等。

二、细胞周期的构成

生命是从一代向下一代传递的连续过程，因此是一个不断更新、不断从头开始的过程。细胞的生命开始于产生它的母细胞的分裂，结束于它的子细胞的形成，或是细胞的自身死亡。通常将子细胞形成作为一次细胞分裂结束的标志，细胞周期是指从一次细胞分裂形成子细胞开始到下一次细胞分裂形成子细胞为止所经历的过程，分为分裂间期与分裂期两个阶段。在细胞分裂过程中，细胞的遗传物质复制并均等地分配给两个子细胞。

一个细胞周期包括分裂期（简称 M 期）和位于两次分裂期之间的分裂间期（interphase）。根据分裂间期 DNA 的合成特点，又可将分裂间期人为地划分为先后连续的 3 个时期：G_1 期、S 期和 G_2 期。G_1 期是从上一次细胞分裂结束到 DNA 合成前的间隙期，主要进行 RNA 和蛋白质的合成，行使细胞的正常功能，并为进入 S 期进行物质和能量的准备。S 期为 DNA 合成期，进行 DNA 的复制，使细胞核中的 DNA 含量增加 1 倍。G_2 期是从 DNA 合成到细胞开始分裂前的间隙期，有少量 DNA 和蛋白质合成，为细胞进入分裂期准备物质条件。通常将含有 G_1 期、S 期、G_2 期和 M 期 4 个不同时期的细胞周期称为标准的细胞周期（standard cell cycle）（图 1-2-3）。细胞周期时间长短因细胞种类不同而异。同种细胞之间，细胞周期时间长短相同或相似；不同种细胞之间，细胞周期时间长短各不相同。一般而言，细胞周期时间长短主要差别在 G_1 期，其次为 G_2 期，而 S 期和 M 期相对较为恒定。

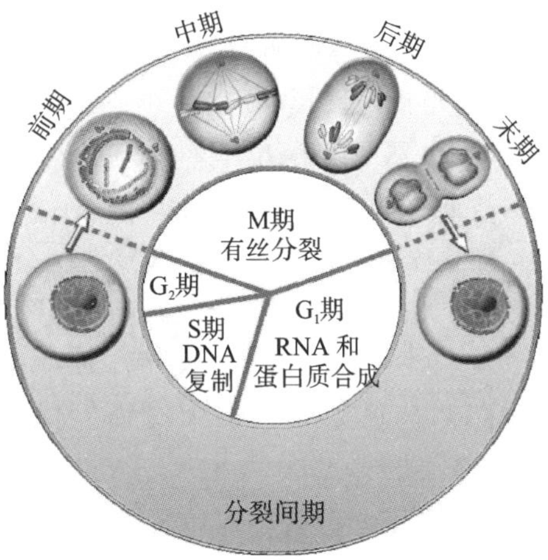

图 1-2-3　细胞周期

任务三　细胞分裂概述

任务知识

一、细胞分裂的定义

细胞分裂（cell division）是指活细胞增殖及其数量由一个变为两个的过程。分裂前的细胞称母细胞（mother cell），分裂后形成的新细胞称子细胞（daughter cell）。

二、细胞分裂的过程

细胞分裂过程一般包括细胞核分裂和细胞质分裂两步。在细胞核分裂过程中母细胞把遗传物质传给子细胞。在单细胞生物中细胞分裂就是个体的繁殖，在多细胞生物中细胞分裂是个体生长、发育和繁殖的基础。1855 年德国学者魏尔肖（Virchow）提出"一切细胞来自细胞"的著名论断，即认为个体的所有细胞都是由原有细胞分裂产生的，除细胞分裂外还没有证据说明细胞繁殖有其他途经。

三、细胞分裂的方式

（一）原核细胞的分裂

目前关于原核细胞的分裂方式还了解不多，只对少数细菌的分裂有些具体认识。原核细胞既无核膜，也无核仁，只有由环状 DNA 分子构成的核区，又称拟核，具有类似细胞核的功能。拟核的 DNA 分子连在质膜上或连在质膜内陷形成的质膜体上，质膜体又称间体。随着 DNA 的复制，间体也复制成两个。以后，两个间体由于其间的质膜的生长而逐渐分开，于是与它们相连接的两个 DNA 环被拉开，每一个 DNA 环与一个间体相连。在被拉开的两个 DNA 环之间，细胞膜向中央长入，形成隔膜，最终使一个细胞分为两个细胞。

（二）真核细胞的分裂

按细胞核分裂的状况，真核细胞的分裂可分为 3 种，即有丝分裂、减数分裂和无丝分裂。有丝分裂是真核细胞分裂的基本形式。减数分裂是在进行有性生殖的生物中导致生殖母细胞中染色体数目减半的分裂过程。它是有丝分裂的一种变形，由相继的两次分裂组成。无丝分裂又称直接分裂，其典型过程是核仁首先伸长，在中间缢裂分开，随后核也伸长并在中部从一面或两面向内凹进横溢，使核变成肾形或哑铃形，然后断开一分为二。差不多同时细胞也在中部缢裂分成两个子细胞，由于在分裂过程中不形成由纺锤丝构成的纺锤体或中心体发出的星射线，不发生由染色质浓缩成染色体的变化，故此种分裂被命名为无丝分裂。

1. 有丝分裂 有丝分裂是真核细胞分裂的主要方式。细胞进行有丝分裂具有周期性，即连续分裂的细胞，从一次分裂完成时开始，到下一次分裂完成时为止，为一个细胞周期。高等动物细胞的有丝分裂包括两个相互连续的过程：细胞核分裂和细胞质分裂。根据细胞核分裂过程中细胞形态结构的变化，可将其划分为 4 个时期：前期（prophase）、中期（metaphase）、后期（anaphase）和末期（telophase）（图 1-2-4）。

（1）前期：有丝分裂的起始阶段，细胞核染色质在前期经过不断的浓缩、螺旋化、折叠和包装，由原来漫长的弥漫样分布的线性染色质逐渐变短变粗形成光学显微镜下可辨的染色体，并且在晚前期可观察到由着丝粒相连的姐妹染色单体结构。与此同时，伴随着核仁逐渐消失和核膜裂解，在中心体周围，微管开始大量装配，形成两个放射状星体并向两极移动，开始形成纺锤体（spindle）。

（2）中期：中期的开始以核膜破裂消失为标志，此时，染色体进一步凝集浓缩、变短变粗，形成明显的 X 形染色体结构，且染色体逐渐向赤道方向运动。所有的染色体排列到赤道板（equatorial plate）上，纺锤体呈现典型的纺锤状。中期是研究染色体形态特征和进行染色体计数的最佳时期。

（3）后期：每条染色体的着丝粒发生纵裂，两条姐妹染色单体相互分离，形成子代染色体，并分别由纺锤丝牵引向两极运动，移向细胞两极的两组染色体形态和数目相同。

（4）末期：子代染色体到达两极。染色体开始去浓缩，并逐渐伸展分散，形成染色质。同时，核膜、核仁也开始重新装配，形成两个子代细胞核，RNA 合成功能也逐渐恢复。

综上所述，有丝分裂的主要特点是染色体复制一次，细胞分裂一次，遗传物质均分到两个子细胞中。每个子细胞具有与亲代细胞在数目和形态上完全相同的染色体。细胞的有丝分裂既维持了个体正常生长发育，又保证了物种遗传的稳定性。

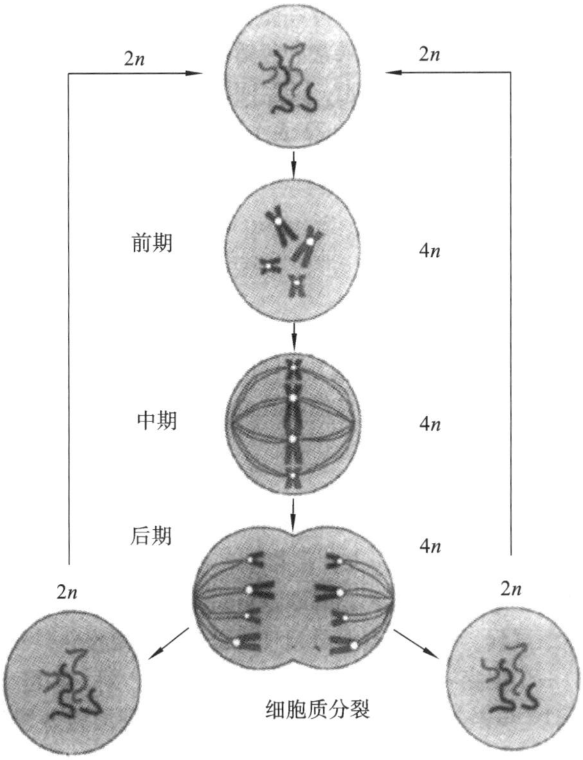

图 1-2-4 真核细胞有丝分裂模式图

2. 无丝分裂 细胞无丝分裂的过程比较简单，一般是细胞核先延长，核的中部向内凹进，缢裂成为两个细胞核，接着整个细胞从中部缢裂成两部分，形成两个子细胞。因为在分裂过程中没有出现纺锤丝和染色体的变化，所以称为无丝分裂。例如，蛙的红细胞的无丝分裂如图 1-2-5 所示。

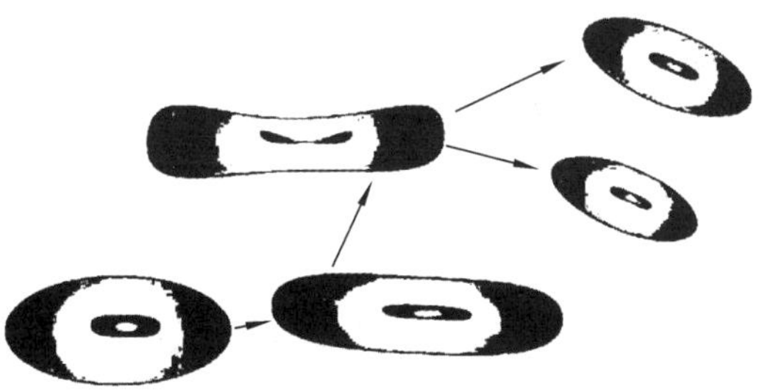

图 1-2-5 蛙的红细胞的无丝分裂

任务四 高等动物性细胞的形成

任务知识

减数分裂发生于有性生殖细胞形成过程中的成熟期。减数分裂的主要特点是细胞仅进行一次 DNA 复制，却连续分裂两次，结果是产生的配子中的染色体数目减半，只含有单倍染色体。构成减数分裂过程的两次细胞分裂，分别称为减数分裂期Ⅰ(meiosis Ⅰ)和减数分裂期Ⅱ(meiosis Ⅱ)，它们又都可划分为前期、中期、后期和末期，减数分裂期Ⅰ的 4 个时期称为前期Ⅰ、中期Ⅰ、后期Ⅰ和末期Ⅰ，减数分裂期Ⅱ的 4 个时期称为前期Ⅱ、中期Ⅱ、后期Ⅱ和末期Ⅱ(图 1-2-6)。

Note

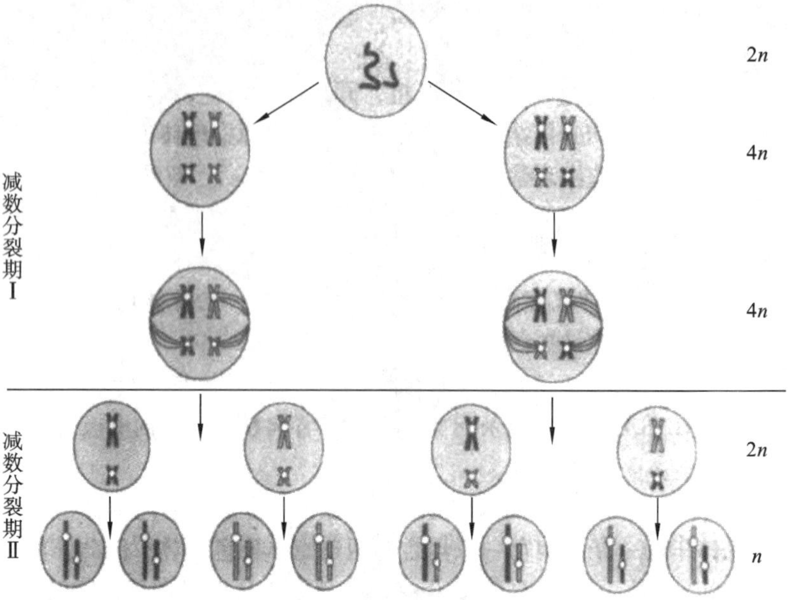

图 1-2-6 减数分裂

一、减数分裂期Ⅰ

（一）前期Ⅰ

根据细胞形态变化，可以将前期Ⅰ分为 5 个亚期（substage），即细线期、偶线期、粗线期、双线期和终变期。

1. 细线期（leptotene） 染色质丝凝缩成细长的纤维样染色体，但两条染色单体的臂并不分离，仍呈细的单线状，在光学显微镜下看不到双线样染色体结构；在细纤维样染色体上出现深染的、由染色质丝盘曲而成的一系列大小不同的颗粒状染色粒（chromomere）；染色体端粒通过接触斑与核膜相连，有利于同源染色体的配对，而染色体其他部位则以袢环状延伸到核质中。

2. 偶线期（zygotene） 主要发生同源染色体（homologous chromosome）配对（pairing）现象。同源染色体是指大小、形态结构相同，分别来自父母双方的一对染色体。同源染色体彼此靠拢并精确配对的过程称为联会（synapsis）。在联会过程中，配对的同源染色体间形成了一种蛋白质的复合结构，称为联会复合体（synaptonemal complex）。一对同源染色体通过联会所形成的复合结构，称为二价体（bivalent）。二价体中每条染色体含有两条染色单体（chromatids），它们互称姐妹染色单体；而二价体中的非同源染色体的两条染色单体则互称非姐妹染色单体。一个二价体由两条同源染色体组成，包括 4 条染色单体，故又称为四分体（tetrad）。在偶线期，四分体结构并不清晰。此外，偶线期还合成了一些在 S 期未合成的约 0.3%的 DNA，即偶线期 DNA（zygDNA）。

3. 粗线期（pachytene） 染色体进一步变短、变粗，同源染色体中的非姐妹染色单体间发生等位基因之间部分 DNA 片段的交换（crossing-over）和重组，产生了新的等位基因组合。在粗线期也合成小部分尚未合成的 DNA，称为 P-DNA，P-DNA 长 100～1000 bp，编码一些与 DNA 剪切（nicking）和修复（repairing）有关的酶类，同时，还合成减数分裂期专有的组蛋白，并将体细胞类型的组蛋白部分或全部置换下来。在许多动物的卵母细胞发育过程中，粗线期还会发生 rDNA 扩增，即编码 rRNA 的 DNA 片段从染色体上释放出来，形成环状的染色体外 DNA，游离于核质中，并大量复制。

4. 双线期（diplotene） 染色体进一步缩短变粗，同源染色体之间的联会复合体解体，同源染色体相互排斥而分离，此时，四分体结构清晰可见。由于同源染色体非姐妹染色单体在粗线期交换，所以在不同二价体的不同部位出现数目不等的交叉（chiasma）。双线期持续时间一般较长，时间长短在不同物种间变化也很大。两栖类卵母细胞的双线期可持续近 1 年，而人类卵母细胞的双线期从胚胎期的第 5 个月开始，短者可持续十几年，到性成熟期结束，长者可达四五十年，直到生育期结束。

Note

5. 终变期(diakinesis) 染色体高度凝缩，形成短棒状结构，二价体均匀地分布在整个细胞核内，是减数分裂时期进行染色体计数的较好时期。

(二) 中期Ⅰ

核仁、核膜消失，纺锤体开始形成标志着中期Ⅰ的开始。此时，所有二价体都排列在赤道板上，每条同源染色体的着丝粒随机朝向两极，纺锤丝与着丝粒相连并将其拉向两极。

(三) 后期Ⅰ

二价体的同源染色体相互分离并移向两极。细胞的每一极都只能得到一对同源染色体中的一条，但每一条均含有两条姐妹染色单体，因此，原来细胞中 $2n$ 条染色体，经过后期Ⅰ的分离，每一极只获得 n 条染色体，从而导致子细胞的染色体数目减半。此外，因同源染色体移向两极是一个随机的过程，因而到达两极的染色体会出现许许多多的排列方式，例如，人有 23 对染色体，理论上将会产生 2^{23} 种不同的排列方式，即使不发生基因重组，得到遗传上完全相同配子的概率也只有 1/8400000，再加上基因重组和精子与卵子的随机结合，除非是同卵双生个体，几乎不可能得到遗传上完全相同的后代。

(四) 末期Ⅰ

染色体到达两极，解旋松展；核仁、核膜重新出现，随之细胞质分裂形成两个子细胞；有些生物在染色体到达两极后，并不进行细胞质分裂，不是完全恢复到分裂间期阶段，而是立即准备进行第二次减数分裂。

二、减数分裂期Ⅱ

末期Ⅰ结束后，进入一个短暂的减数分裂间期(interkinesis)，但此时不再进行 DNA 复制。第二次减数分裂过程与有丝分裂过程非常相似，主要是间期Ⅰ复制的姐妹染色单体彼此分离，包括前、中、后、末四个时期。所需强调的是，每个次级性母细胞中只有 n 条染色体，每条染色体由两条染色单体组成。经过第二次减数分裂，1 个初级性母细胞共形成 4 个子细胞，每个子细胞的染色体数目都为 n。

(一) 前期Ⅱ

每个二分体凝缩，中心体向两极移动，组装纺锤体，核膜消失。

(二) 中期Ⅱ

二分体通过着丝粒与纺锤丝连结，排列形成赤道板。

(三) 后期Ⅱ

着丝粒纵裂，姐妹染色单体分离，并移向两极，每一极各含有 n 个单分体(monad)，即 n 条染色体。

(四) 末期Ⅱ

各染色体移至两极后解旋伸展，核膜重新组装，核仁重现，纺锤体消失，细胞质分裂。

经过上述两次连续分裂，形成 4 个子细胞，每一个子细胞的染色体数目只有母细胞的一半，即形成了单倍体(n)的生殖细胞。雌、雄生殖细胞结合(受精)，使染色体数目恢复为二倍体($2n$)，这便是新生命的开始。

三、减数分裂的意义

减数分裂的遗传学意义：减数分裂是有性生殖生物形成配子(gametes)的必经阶段，它对于保证物种的遗传稳定性和创造物种的遗传变异具有重要的意义。

(一) 保持物种染色体数目的恒定性

性母细胞($2n$)经减数分裂产生的 4 个子细胞，以后发育成雌生殖细胞或雄生殖细胞，各具有单倍染色体(n)，这样经雌、雄生殖细胞结合成的合子，染色体数目又恢复成二倍($2n$)。

Note

（二）为生物变异提供了重要的物质基础

在减数分裂的后期Ⅰ，各对同源染色体的两个成员彼此分离，分别向两极移动，但哪一条同源染色体移向哪一极完全是随机的，这就有可能产生多种染色体组合的子细胞。n 对染色体就可能有 2^n 种组合。例如有 2 对染色体，分别用 A、A′与 B、B′代表，可产生 $2^2=4$ 种组合，即 AB、A′B′、AB′和 A′B。玉米有 10 对染色体，可能产生 $2^{10}=1024$ 种组合。不仅如此，在粗线期还会发生非姐妹染色单体间片段的互换，这就进一步增加了子细胞在遗传组成上的多样性。因而减数分裂为生物的变异提供了物质基础，为自然选择和人工选择提供了丰富的材料，有利于生物的进化和新品种的选育。

课后习题

简答题

1. 细胞的活动进程有哪些？
2. 简述细胞分裂的过程。
3. 简述细胞减数分裂的基本过程。
4. 简述细胞分裂的意义。

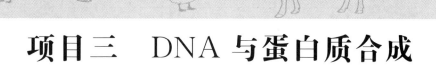

项目三 DNA 与蛋白质合成

学习目标

- 掌握核酸的种类和作用。
- 了解 DNA 的基本结构。
- 掌握 DNA 复制的过程和特点。
- 掌握转录的概念和基本过程。
- 掌握蛋白质的合成条件和基本过程。
- 掌握中心法则的内容。

任务一 核酸是遗传物质

任务知识

核酸是脱氧核糖核酸(DNA)和核糖核酸(RNA)的总称,是由许多核苷酸(nucleotide)单体聚合成的生物大分子化合物,为生命的基本物质之一。核酸是一类生物聚合物,是所有已知生命形式必不可少的组成物质,是所有生物分子中最重要的物质,广泛存在于所有动植物细胞、微生物体内。

一、核酸的种类

核苷酸是组成核酸的基本单位,即组成核酸分子的单体。一个核苷酸分子是由一分子含氮碱基、一分子五碳糖和一分子磷酸组成的。根据五碳糖的不同可以将核酸分为 DNA 和 RNA 两大类。表 1-3-1 展示了 DNA 和 RNA 在结构组成以及功能等方面的差异。

表 1-3-1 DNA 和 RNA 比较

比较项目	DNA	RNA
名称	脱氧核糖核酸	核糖核酸
结构	规则的双螺旋结构	通常为单链结构
基本单位	脱氧核糖核苷酸	核糖核苷酸
五碳糖	脱氧核糖	核糖
含氮碱基	A(腺嘌呤) G(鸟嘌呤) C(胞嘧啶) T(胸腺嘧啶)	A(腺嘌呤) G(鸟嘌呤) C(胞嘧啶) U(尿嘧啶)
分布	主要存在于细胞核,少量存在于线粒体和叶绿体	主要存在于细胞质

续表

比较项目	DNA	RNA
功能	携带遗传信息，在生物体的遗传、变异和蛋白质的生物合成中具有极其重要的作用	作为遗传物质，只存在于RNA病毒中；不作为遗传物质，在DNA控制蛋白质合成过程中起作用。mRNA是蛋白质合成的直接模板，tRNA能携带特定氨基酸，rRNA是核糖体的组成成分。催化作用：酶的一种

二、核酸类似物

核酸类似物是与天然存在的RNA和DNA类似（结构相似）的化合物，用于医学和分子生物学研究。核酸类似物在组成核酸的核苷酸分子以及组成核苷酸的碱基、五碳糖和磷酸基团的分子方面发生了改变。通常，这些改变使得核酸类似物中的碱基配对和碱基堆积性质发生了改变。比如通用碱基可与所有四个经典碱基配对，又如磷酸-糖骨架类似物（如PNA）甚至可形成三重螺旋。

核酸类似物包括肽核酸（PNA）、吗啉代、锁核酸（LNA）以及乙二醇核酸（GNA）和苏糖核酸（TNA）。因为分子主链发生了改变，故它们与天然存在的DNA或RNA有明显的不同。

三、核酸的作用

DNA是储存、复制和传递遗传信息的主要物质基础。RNA在蛋白质合成过程中起重要作用。其中，转运核糖核酸简称tRNA，起着携带和转移活化氨基酸的作用；信使核糖核酸简称mRNA，是合成蛋白质的模板；核糖体核糖核酸简称rRNA，是细胞合成蛋白质的主要场所——核糖体的组成成分。此外，现在已发现许多其他种类的功能RNA，如microRNA等。核酸类似物主要用于医学和分子生物学研究。

任务二　核酸的分子结构

任务知识

核酸是一种高分子化合物，是由许多单核苷酸聚合而成的多核苷酸链，基本单位是核苷酸。核苷酸由碱基、戊糖和磷酸三部分构成。DNA中的戊糖为D-2-脱氧核糖（deoxyribose），RNA中的戊糖为D-核糖（ribose），两者的差异在于戊糖第二个碳原子上的基团，前者是氢原子，后者是羟基。DNA中含有4种碱基，即腺嘌呤（adenine，A）、鸟嘌呤（guanine，G）、胞嘧啶（cyanine，C）和胸腺嘧啶（thymine，T）；RNA分子中的4种碱基为A、G、C和尿嘧啶（uracil，U）（图1-3-1）。

多个单核苷酸通过磷酸二酯键按线性顺序连接形成一条多核苷酸链或脱氧多核苷酸链，即RNA或DNA分子中1个磷酸分子一端与1个核苷糖组分的3′-碳原子上的羟基形成1个酯键，另一端与相邻核苷的糖组分上的5′-羟基形成另一个酯键。核酸长链分子的一个末端核苷酸的第五位碳原子上有一个游离磷酸基团，另一末端核苷酸的第三位碳原子上有一个游离羟基，习惯上把DNA分子序列上含有游离磷酸基团的末端核苷酸写在左边，称5′-端，另一端写在右边，称为3′-端。把接在某个核苷酸左边的序列称为5′-方向或上游（upstream），而把接在右边的序列称为3′-方向或下游（downstream）。

Note

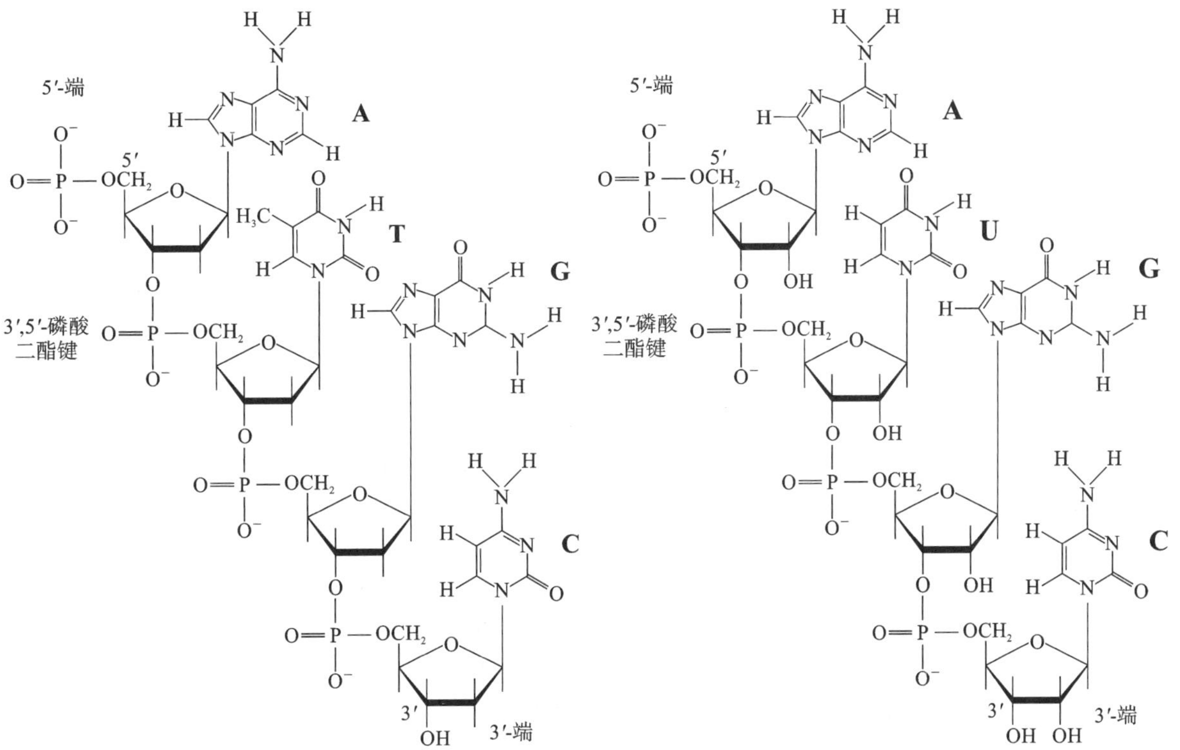

(a) 四聚脱氧核糖核苷酸　　(b) 四聚核糖核苷酸

图 1-3-1　DNA 和 RNA 分子结构示意图

一、DNA

（一）DNA 的一级结构

DNA 的一级结构是指 DNA 分子中 4 种核苷酸的连接方式和排列顺序。由于 4 种核苷酸的核糖和磷酸组成是相同的，所以用碱基序列代表不同 DNA 分子的核苷酸序列。核苷酸序列对 DNA 高级结构的形成有很大的影响，如反向重复的 DNA 片段易形成发夹结构，B-DNA 中多聚（G-C）区易出现左手螺旋 DNA（Z-DNA）等。

除少数生物，如某些噬菌体或病毒的 DNA 分子以单链形式存在外，绝大部分生物的 DNA 分子由两条单链构成，通常以线状或环状的形式存在。1943 年，英国的 Chargaff 应用先进的纸层析及紫外分光光度计对各种生物 DNA 的碱基组成进行了定量测定，发现虽然不同的 DNA 的碱基组成显著不同，但腺嘌呤（A）和胸腺嘧啶（T）、鸟嘌呤（G）和胞嘧啶（C）的物质的量总是相等的，即 $n(A)=n(T)$、$n(G)=n(C)$，因此，嘌呤的总含量和嘧啶的总含量是相等的，即 $n(A)+n(G)=n(C)+n(T)$，这一规律称为 Chargaff 当量规律。它揭示了 DNA 分子中 4 种碱基的互补配对关系，即 DNA 两条链上的碱基之间不是任意配对的，A 只能与 T 配对，G 只能与 C 配对，碱基之间的这种一一对应的关系称为碱基互补配对原则。根据这一原则，可以从 DNA 某一条链的碱基序列推测另一条链的碱基序列。

从 DNA 分子的结构来看，尽管组成 DNA 分子的碱基只有 4 种，且它们的配对方式也只有 2 种，但是，碱基在 DNA 长链中的排列顺序是千变万化的，这就构成了 DNA 分子的多样性。例如，如果一个 DNA 分子片段由 100 个核苷酸组成，一个碱基对组合的可能性有 4 种，那么这条 DNA 分子片段中碱基的可能排列方式就有 100^4 种。实际上，每条 DNA 长链中碱基的总数远远超过 100 个，最小的 DNA 分子也包含了数千碱基对，所以 DNA 分子碱基序列的排列方式几乎是无限的。DNA 分子的极其巨大性和沿其分子纵向排列的碱基序列的极其多样性，保证了 DNA 分子具有巨大的信息储存和变异的可能性，而每个 DNA 分子所具有的特定的碱基排列顺序构成了 DNA 分子的特异性，不同的 DNA 链可以编码出完全不同的多肽。

DNA 是生物界中主要的遗传物质，其碱基序列包含着遗传信息所要表达的内容，碱基序列的变

Note

化可能引起遗传信息很大的改变，因而 DNA 序列的测定对于阐明 DNA 的结构和功能具有十分重要的意义。随着分子生物学技术的不断发展与完善，核苷酸序列的测定已成为分子生物学的常规测定方法，尤其是 20 世纪 90 年代以来，多色荧光标记技术和高通量全自动 DNA 测序仪的发展和应用，使 DNA 测序工作更加快速和准确，也为人类和动物基因组计划的实施提供了技术支持和保障。

（二）DNA 的二级结构

DNA 的二级结构是指两条核苷酸链反向平行盘绕所形成的双螺旋结构。它分为两大类：一类是右手螺旋，如 A-DNA、B-DNA、C-DNA 等；另一类是局部的左手螺旋，即 Z-DNA。

1953 年，沃森（Watson）和克里克（Crick）根据 DNA 的 X 射线衍射资料、碱基的结构、Chargaff 当量规律等方面的资料，提出了著名的 DNA 双螺旋模型（图 1-3-2）。在此模型中，DNA 分子的两条反向平行的多核苷酸链围绕同一中心轴构成右手螺旋结构，核苷酸的磷酸基团与脱氧核糖在外侧，通过磷酸二酯键相连而构成 DNA 分子的骨架，脱氧核糖的平面与纵轴大致平行。核苷酸的碱基叠于双螺旋的内侧，两条链之间的碱基按照互补配对原则通过氢键相连：A 与 T 之间形成 2 个氢键，G 与 C 之间形成 3 个氢键。碱基的环为平面的且与螺旋的中轴垂直，螺旋轴心穿过氢键的中点。双螺旋的直径是 2 nm，螺距为 3.4 nm，上下相邻碱基的垂直距离为 0.34 nm，交角为 36°，每个螺旋含 10 个碱基对。DNA 双螺旋的两条链间有螺旋形的凹槽，其中一条较浅，称小沟（minor or narrow groove），另一条较深，称大沟（major or wide groove），大沟常是多种 DNA 结合蛋白所处的空间。DNA 双螺旋模型的提出，为合理地解释遗传物质的各种功能，阐释生物的遗传变异和自然界色彩纷呈的生命现象奠定了理论基础，揭开了分子遗传学的序幕，具有划时代的意义。

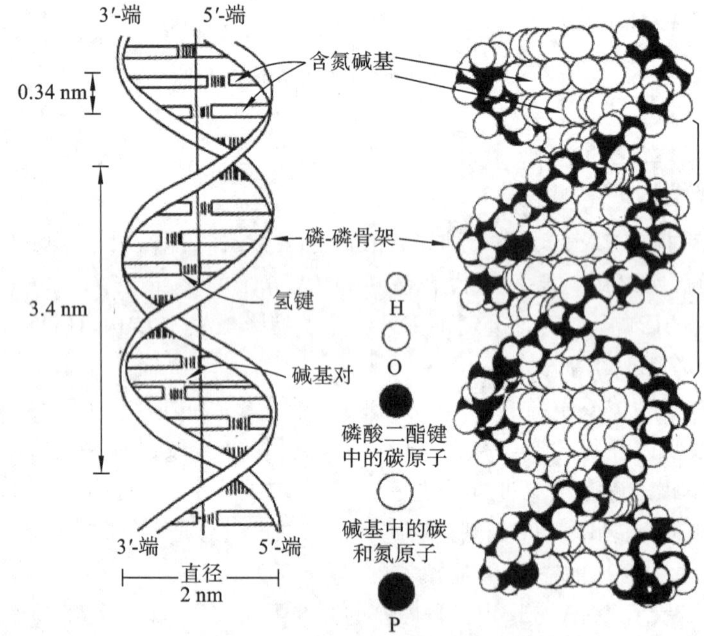

图 1-3-2　DNA 双螺旋模型

DNA 双螺旋结构有多种构象，Watson 和 Crick 所描述的仅是其中的一种，称为 B-DNA。B-DNA是溶液和生物机体中最常见的一种形式，水溶液及细胞中天然状态的 DNA 大多为 B-DNA，但若湿度改变等，则会引起 DNA 构象的变化，如当所处环境的相对湿度低于 75%时，B-DNA 可转变为 A-DNA。A-DNA 的碱基对平面不与双螺旋的轴垂直，倾斜约 20°，螺距降为 2.8 nm，每一螺旋含 11 个碱基对，大沟变窄变深，小沟变宽变浅。由于大、小沟是 DNA 行使功能时蛋白质的识别位点，所以由 B-DNA 变为 A-DNA 后，蛋白质对 DNA 分子的识别也会发生相应的变化。一般来说，A-T丰富的 DNA 片段常为 A-DNA。若 DNA 链中一条链被相应的 RNA 链所替换，则这个 DNA 会转变成 A-DNA。当 DNA 处于转录状态时，DNA 模板链与它转录所得的 RNA 链间形成的双链就是 A-DNA。由此可见，A-DNA 构象对基因的表达有重要意义。除了 A-DNA 和 B-DNA 外，已知的双螺旋构象还有 C-DNA、D-DNA、E-DNA、T-DNA、X-DNA 和 Z-DNA 等(表 1-3-2)。

表 1-3-2 A、B、C、Z 型双螺旋的特性

双螺旋类型	直径/mm	螺距/nm	每轮碱基对数	碱基间距/nm	存在的条件		沟型	
					相对湿度/(%)	盐种类	大沟	小沟
A	2.3	0.28	11	0.256	75	Na^+、K^+、Cs^+	窄,深	宽,浅
B	1.9	0.34	10	0.337	92	Na^+ 低盐	宽,中等深	窄,中等深
C	1.9	0.31	9.33	0.331	66	U^+	宽,中等深	窄,中等深
Z	1.8	0.37	12	0.38	43	Na^+、Mg^{2+} 高盐	平浅	窄,深

在已知的 7 种 DNA 双螺旋构象中,A、B、C、D、E、T 型双螺旋均为右手螺旋,而 Z-DNA 则是左手螺旋。1972 年,Pohl 等发现人工合成的嘌呤与嘧啶相间排列的六聚多核苷酸 d(GCGCGC)在高盐的条件下,旋光性会发生改变。1979 年,A. Rich 对六聚体 d(CGCGCG)单晶做了分辨率达 0.09 nm 的 X 射线衍射分析,发现六聚体形成的是左手螺旋,而不是正常的右手螺旋。由于这种结构中磷酸二酯键的连接不再呈光滑状,而呈锯齿形(zigzag),因而这种 DNA 构象被命名为 Z-DNA(zigzag DNA)。Z-DNA 每个螺旋含有 12 个碱基对,双螺旋中不存在深沟,只有一条浅沟,碱基对平面也不像 B-DNA 中那样位于双链的中间,双螺旋的轴心也在碱基对之外,不再穿过碱基对之间的氢键,而位于氢键之外靠近胞嘧啶的一侧。现在认为,在适当离子存在条件下,当 DNA 分子中存在任何不少于 6 个嘌呤和嘧啶交替排列的序列时,都能形成 Z-DNA。在已知的 DNA 构象中,B-DNA 是活性最高的 DNA 构象,B-DNA 变构成为 A-DNA 后,仍有活性,但若局部变构为 Z-DNA,则活性明显降低。利用 Z-DNA 抗体结合方法,鉴定出在 SV40 增强子(enhancer)顺序中含有 Z-DNA,增强子对基因的转录有明显的促进作用,因而 Z-DNA 的存在被认为与基因的表达调控有关。

(三) DNA 的高级结构

DNA 的高级结构是指 DNA 双螺旋进一步扭曲盘旋所形成的特定空间结构。超螺旋结构是 DNA 高级结构的主要形式,超螺旋又可分为负超螺旋和正超螺旋两种。正超螺旋与右手螺旋方向一致,使双螺旋结构更加紧密,负超螺旋作用与正超螺旋相反。它们在拓扑异构酶(topoisomerase)作用等特殊条件下,可以相互转变,自然状态的共价闭合环状 DNA(covalently closed circular DNA, cccDNA),如质粒 DNA,一般呈负超螺旋状态。某些属平面芳香族分子的药物或染料,如溴化乙锭等可以插入 DNA 分子相邻的两个碱基之间,促进产生正超螺旋,其螺旋部分是右手螺旋。闭合环状 DNA 若被切开一条单链,或在双链上交错切割,便会形成开环状 DNA(open circular DNA, ocDNA),若两条链均断开,则结构呈线状。在电泳作用下,相同相对分子质量的超螺旋 DNA 的迁移率比线状 DNA 大,线状 DNA 分子的迁移率比开环 DNA 大,据此可以判断细菌中所制备的质粒结构是否被破坏。

二、RNA

原核生物和真核生物含有多种不同的 RNA 分子,其中最主要的有信使 RNA、核糖体 RNA 和转运 RNA 三种类型。

(一) 信使 RNA

信使 RNA(messenger RNA,mRNA)是蛋白质结构基因转录的单链 RNA,作为蛋白质合成的模板,它载有决定各种蛋白质中氨基酸序列的遗传密码信息,在蛋白质生物合成过程中起着传递信息的作用。mRNA 分子的种类繁多,分子大小变异范围大,小的只有几百个核苷酸,大的接近两万个核苷酸。原核生物和真核生物 mRNA 的结构有很大差别:在原核生物中,通常是几种不同的 mRNA 连在一起,相互之间由一段短的非编码蛋白质的间隔序列分开,这种 mRNA 称为多顺反子 mRNA(polycistronic mRNA);在真核生物中,mRNA 则为一条 RNA 多聚链。真核生物的 mRNA 具有一些共同的结构特征,如 5′-端有一个特殊的帽子结构,即 7-甲基鸟苷;3′-端有一段长约 200 个

Note

核苷酸的多腺苷酸尾[poly(A)tail]。mRNA 占细胞内 RNA 总量的 5%～10%，其寿命通常不长，容易被 RNA 酶降解。

（二）核糖体 RNA

核糖体(ribosome)是蛋白质合成的场所，由核糖体 RNA(ribosomal RNA，rRNA)和蛋白质组成。rRNA 占细胞中 RNA 总量的 75%～80%，核糖体和 rRNA 的大小一般用沉降系数(S)来表示(一般用正体 S)，原核细胞和真核细胞的核糖体均由大、小两个亚基构成。大肠杆菌核糖体的大、小亚基为 50S 和 30S，包含 16S、23S 和 5S 三种 rRNA；真核生物的核糖体包括 40S 和 60S 两个亚基，脊椎动物含有 18S、28S、5.8S 和 5S 四种 rRNA。

（三）转运 RNA

转运 RNA(transfer RNA，tRNA)是一类小分子 RNA，相对分子质量约为 2500，沉降系数为 4，每一条 tRNA 含有 70～90 个核苷酸。tRNA 在翻译过程中起着转运各种氨基酸至核糖体，按照 mRNA 的密码顺序合成蛋白质的作用。每个细胞中至少有 50 种 tRNA，占细胞内 RNA 总量的 10%～15%。tRNA 分子由于其内部某些区域的碱基具有互补性，通过这些碱基的互补配对，形成三叶草形的二级结构(图 1-3-3)。该二级结构分为 4 个功能部位，即反密码子(anticodon)臂、氨基酸臂、二氢尿嘧啶臂(DHU 臂)和 TψC 臂。在反密码子臂上有 3 个不配对的碱基，称为反密码子，它在蛋白质合成时识别 mRNA。所有的 tRNA 分子在氨基酸臂的 3′-端都具有 CCA 序列，tRNA 在此部位与相应的氨基酸结合形成氨基酰-tRNA(aminoacyl-tRNA)，将携带的氨基酸转移到核糖体，然后通过反密码子与 mRNA 密码子的碱基配对，来决定氨基酸在多肽链中的位置。tRNA 的高级结构呈 L 形。

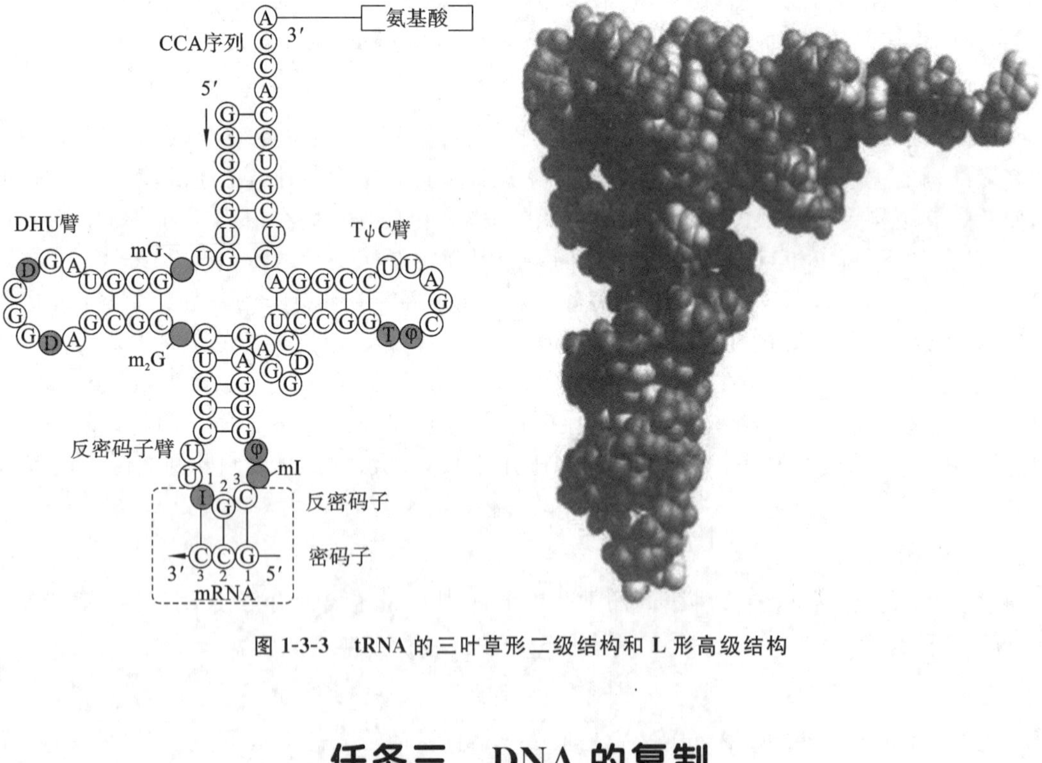

图 1-3-3　tRNA 的三叶草形二级结构和 L 形高级结构

任务三　DNA 的复制

任务知识

DNA 复制是指在细胞分裂以前，DNA 双链进行的复制过程，一个原始 DNA 分子产生两个相同

DNA 分子的生物学过程。这一过程是通过名为半保留复制的机制来顺利完成的。DNA 复制发生在所有以 DNA 为遗传物质的生物体中，是生物遗传的基础。

一、DNA 复制过程

DNA 复制主要包括引发、延伸、终止三个阶段。下面简要说明原核生物 DNA 复制过程。

（一）引发

DNA 复制始于基因组中的特定位置（复制起点），即启动蛋白的靶标位点。启动蛋白识别富含 AT 的序列，因为 AT 碱基对只有两个氢键（而 CG 碱基对中有三个），因此更易于 DNA 双链的分离。一旦复制起点被识别，启动蛋白就会募集其他蛋白质形成前复制复合物，解开双链 DNA，形成复制叉。复制叉的形成是多种蛋白质及酶参与的较复杂的过程。这些酶包括单链 DNA 结合蛋白（single-stranded-binding protein，SSBP）和 DNA 解链酶（DNA helicase）。SSBP 牢固结合在单链 DNA 上，保证 DNA 解链酶解开的单链在复制完成前保持单链结构，以四聚体形式存在于复制叉处，等待复制后脱下来并重新循环。SSBP 仅保持单链的存在，不起解旋作用。DNA 解链酶通过水解 ATP 获得能量来解开双链 DNA。

DNA 解链过程：DNA 在复制前不仅呈双螺旋状态，而且处于超螺旋状态，而超螺旋状态的存在是解链前的必需结构状态。参与解链的蛋白质除 DNA 解链酶外，还有一些特定蛋白质，如大肠杆菌中的 DNA 蛋白等。一旦 DNA 局部双链解开，就需要 SSBP 稳定解开的单链，防止局部恢复成双链。

两条单链 DNA 复制的引发过程有所差异。由于 DNA 聚合酶只能以 $5'\rightarrow3'$ 方向合成子代 DNA 链，因此两条亲代 DNA 链作为模板时的聚合方式是不同的。以 $3'\rightarrow5'$ 方向的亲代 DNA 链为模板的子代 DNA 链在合成时基本上是连续进行的，这一条链被称为前导链（leading strand）。而以 $5'\rightarrow3'$ 方向的亲代 DNA 链为模板的子代 DNA 链在合成时则是不连续的，这条链被称为后随链（lagging strand）。在 DNA 复制过程中，由后随链形成的一些子代 DNA 短链称为冈崎片段（Okazaki fragment）。冈崎片段的长度，在原核生物中为 1000～2000 个核苷酸，而在真核生物中约为 100 个核苷酸。不论是前导链还是后随链，都需要一段 RNA 引物来开始子链 DNA 的合成。前导链从复制起点开始，按 $5'\rightarrow3'$ 方向持续合成，不形成冈崎片段。

（二）延伸

多种 DNA 聚合酶（DNA polymerase，DNA Pol）在 DNA 复制过程中扮演不同的角色。在大肠杆菌中，DNA Pol Ⅲ是主要负责 DNA 复制的聚合酶。它在复制分支上组装成复制复合体，具有极高的持续性，在整个复制周期中保持活性。而 DNA Pol Ⅰ是负责用 DNA 替换 RNA 引物的酶。DNA Pol Ⅰ不仅具有聚合酶活性，还具有 $5'\rightarrow3'$ 外切核酸酶活性，并利用其外切核酸酶活性降解 RNA 引物。在 DNA 复制中，DNA Pol Ⅰ的主要功能是创建许多短 DNA 片段，而不是产生非常长的片段。在真核生物中，DNA Pol α 有助于启动复制，因为它与引物酶形成复合物。DNA Pol ε 和 DNA Pol δ 负责前导链的合成。DNA Pol δ 还负责引物的去除，DNA Pol ε 也参与复制期间 DNA 的修复。

在复制叉附近，形成了由两套 DNA PolⅢ全酶分子、引发体和螺旋构成的复合体，大小类似于核糖体，称为 DNA 复制体（replisome）。DNA 复制体在 DNA 前导链模板和后随链模板上移动时，便合成了连续的 DNA 前导链和由许多冈崎片段组成的后随链。在 DNA 合成延伸过程中，主要是 DNA PolⅢ的作用。当冈崎片段形成后，DNA PolⅠ通过其 $5'\rightarrow3'$ 外切酶活性切除冈崎片段上的 RNA 引物，并利用后一个冈崎片段作为引物，从 $5'\rightarrow3'$ 合成 DNA。最后，两个冈崎片段由 DNA 连接酶连接起来，形成完整的 DNA 后随链。

（三）终止

真核生物在染色体的多个点开始 DNA 复制，因此复制叉在染色体的许多点处相遇并终止。由于真核生物具有线性染色体，DNA 复制无法到达染色体的最末端。由于这个问题，在染色体末端的 DNA 在每个复制周期中都会丢失。端粒是接近末端的重复 DNA 区域，有助于防止基因丢失。端粒缩短是体细胞中的正常过程，它导致子代 DNA 染色体的端粒变短。因此，在 DNA 丢失阻止进一步

Note

分裂之前，细胞只能分裂一定次数。在生殖细胞中，端粒酶延伸端粒区域的重复序列以防止降解。

DNA 复制的终止发生在特定的基因位点，即复制终止位点。该位点的终止位点序列被与该序列结合的阻止 DNA 复制的蛋白质识别并结合，阻止了复制叉前进，导致复制终止。细菌的 DNA 复制末端位点结合蛋白又称 Ter 蛋白。

因为细菌具有环状染色体，所以当两个复制叉在亲本染色体的另一端相遇时，复制终止。大肠杆菌通过使用终止序列来调节该过程，当该序列被 Tus 蛋白结合时，仅允许复制叉向一个方向通行。结果是复制叉总是在染色体的终止区域内相遇，导致复制终止。

二、DNA 复制的特点

（一）半保留复制

DNA 复制时，以亲代 DNA 的每一条单链为模板，合成两个完全相同的子代 DNA 双链。每个子代 DNA 分子中都含有一条亲代 DNA 链，这种现象称为 DNA 的半保留复制。DNA 以半保留方式进行复制，这一机制于 1958 年由 M. Meselson 和 F. Stahl 完成的实验证明。

（二）有一定的复制起点

DNA 复制需要在特定的位点起始，这些位点具有特定的核苷酸排列顺序，称为复制起点（ori）。在原核生物中，通常存在一个复制起点，而在真核生物中则存在多个。

（三）需要引物（primer）

DNA 聚合酶必须以一段具有 3′-端自由羟基（3′-OH）的 RNA 作为引物，才能开始合成子代 DNA 链。RNA 引物的长度，在原核生物中通常为 50～100 个核苷酸，而在真核生物中约为 10 个核苷酸。

（四）双向复制

DNA 复制以复制起点为中心，向两个方向进行。但在某些低等生物中，也可以进行单向复制。

（五）半不连续复制

在一个复制叉中，前导链是连续合成的，而后随链不是连续合成的。

任务四　蛋白质的合成

任务知识

一、生物信息的传递——从 DNA 到 RNA

（一）转录的概念

转录（transcription）是遗传信息从 DNA 流向 RNA 的过程。它是指以 DNA 为模板，以 ATP、UTP、GTP 和 CTP 为原料，按照碱基互补配对原则，在 RNA 聚合酶的作用下合成 RNA 的过程，是基因表达的第一步。

转录过程中，一个基因会被读取并被复制为 mRNA。特定的 DNA 片段作为遗传信息的模板，以依赖 DNA 的 RNA 聚合酶作为催化剂，通过碱基互补配对原则合成前体 mRNA。RNA 聚合酶通过与一系列组分构成动态复合体，完成转录的起始、延伸、终止等过程。生成的 mRNA 携带的密码子，在进入核糖体后可以实现蛋白质的合成。转录仅以 DNA 的一条链作为模板，被选为模板的单链称为模板链，或称无义链；另一条单链称为非模板链，即编码链，因为编码链与转录生成的 RNA 序列（除 T 变为 U 外）一致，所以又称有义链。DNA 上的转录区域称为转录单位。

（二）转录的基本过程

Note

无论是原核细胞还是真核细胞，RNA 链的合成都具有以下几个特点：RNA 是按 5′→3′方向合成的，以 DNA 双链中的无义链(模板链)为模板，在 RNA 聚合酶催化下，以 4 种三磷酸核苷(NTP)为原料，根据碱基互补配对原则(A-U、T-A、G-C)，各核苷酸间通过形成磷酸二酯键相连，不需要引物的参与，合成的 RNA 带有与 DNA 编码链(有义链)相同的序列(除 T 变为 U 外)。转录的基本过程包括模板识别、转录起始、转录延伸和转录终止。

1. 模板识别 模板识别(template recognition)阶段主要指 RNA 聚合酶与启动子 DNA 双链相互作用并与之相结合的过程。启动子(promoter)是基因转录起始所必需的一段 DNA 序列，是基因表达调控的上游顺式作用元件之一。真核细胞中模板的识别与原核细胞有所不同。真核生物的 RNA 聚合酶不能直接识别基因的启动子区域，因此需要一些被称为转录调控因子的辅助蛋白质按特定顺序结合于启动子上，RNA 聚合酶才能与之结合，形成复杂的转录前起始复合物(transcriptional preinitiation complex，TPIC)，以保证有效的转录起始。

2. 转录起始 转录起始(transcription initiation)阶段不需要引物。RNA 聚合酶结合在启动子上后，会使启动子附近的 DNA 双链解旋并解链，形成转录泡，以促使底物核糖核苷酸与模板 DNA 的碱基配对。转录起始即 RNA 链上第一个核苷酸键的产生。该过程大致分为以下三个阶段。

阶段一：RNA 聚合酶全酶识别启动子，并与启动子可逆性结合形成封闭复合物(closed complex)。此时，DNA 链仍处于双链状态。

阶段二：伴随着 DNA 构象上的重大变化，封闭复合物转变成开放复合物(open complex)，聚合酶全酶所结合的 DNA 序列中有一小段双链被解开。对于强启动子来说，从封闭复合物到开放复合物的转变是不可逆的，且是快反应。

阶段三：开放复合物与最初的两个 NTP 相结合，并在这两个 NTP 之间形成磷酸二酯键，随后转变成包括 RNA 聚合酶、DNA 和新生 RNA 的三元复合物(ternary complex)。一般情况下，形成的三元复合物可以进入两条不同的反应途径。一是通过合成并释放 2～9 个核苷酸的短 RNA 转录物，即所谓的流产式起始。转录起始后直到形成有 9 个核苷酸的短链的过程是通过启动子阶段，此时 RNA 聚合酶一直处于启动子区，新生的 RNA 链与 DNA 模板链的结合不够牢固，很容易从 DNA 模板链上脱落，导致转录重新开始。一旦 RNA 聚合酶成功地合成有 9 个以上核苷酸的链并离开启动子区，转录就进入正常的延伸阶段。因此，通过启动子的时间代表一个启动子的强弱。通过启动子的时间越短，表明该基因转录起始的频率越高。二是当 RNA 聚合酶聚合新生 RNA 链达到 9～10 个核苷酸时，α 亚基被释放，转录前起始复合物通过上游启动子区，并生成由核心酶、DNA 和新生 RNA 所组成的转录延伸复合物。

聚合酶全酶的作用是启动子的选择和转录的起始，特别是 RNA 聚合酶全酶(由 RNA 聚合酶和 σ 因子组成)，主要负责识别启动子序列，只有当 RNA 聚合酶全酶与启动子结合后，才能启动转录过程。而核心酶则在 RNA 链的延伸中发挥作用。

除了 RNA 聚合酶之外，真核生物转录起始过程中至少还需要 7 种辅助因子参与(表 1-3-3)，这些蛋白辅助因子统称为转录因子(transcription factor，TF)。因为不少辅助因子本身就包含多个亚基，所以转录起始复合物的相对分子质量特别大。

表 1-3-3 真核生物转录起始过程中的基本转录因子

转录因子	功能
TBP	与启动子上的 TATA 框结合
TFⅡ-B	与 TBP 结合，吸引 RNA 聚合酶Ⅱ和 TFⅡ-F 到启动子区上
TFⅡ-F	结合 RNA 聚合酶Ⅱ并在 TFⅡ-B 帮助下阻止聚合酶与非特异性 DNA 序列结合
TFⅡ-E	吸引 TFⅡ-H，有 ATP 酶及解链酶活性
TFⅡ-H	在启动子区解开 DNA 双链，使 RNA 聚合酶Ⅱ磷酸化，接纳核苷酸切除修复体系
TFⅡ-A	使 TBP 及 TFⅡ-B 与启动子的结合更加稳定
TFⅡ-D	与各种调控因子相互作用

Note

3. 转录延伸 当RNA聚合酶催化新生的RNA链增长至9～10个核苷酸时，σ因子从转录复合物中的RNA聚合酶全酶上脱落，RNA聚合酶随之离开启动子。此后，核心酶沿模板DNA链移动，使新生RNA链不断伸长，这一过程即转录延伸(transcription elongation)。

进入延伸阶段后，DNA和RNA聚合酶分子都会发生构象变化。RNA聚合酶从起始阶段的全酶构象转变为延伸阶段的核心酶构象。核心酶与DNA模板的结合是较为松弛的非特异性结合，这有利于核心酶沿着DNA模板向前移动。当σ因子存在时，β和β′亚基的构象是与DNA专一性结合所必需的。不含σ因子的核心酶则失去了对特异性序列的识别和结合能力。

RNA的合成是一个连续的过程。一旦进入延伸阶段，底物NTP便不断被添加到新生RNA链的3′-端。随着RNA聚合酶的移动，DNA双螺旋持续解开，暴露出新的单链DNA模板，使得新生RNA链的3′-端不断延伸，并在解链区形成RNA-DNA杂合物。在解链区后方，DNA模板链和原先与其配对的非模板链重新结合，恢复为双螺旋结构，RNA链则被逐步释放。

4. 转录终止 当RNA链延伸至转录终止位点时，RNA聚合酶便不再形成新的磷酸二酯键。此时，RNA-DNA杂合物分离，转录泡瓦解，DNA恢复为双链状态。随后，RNA聚合酶和RNA链都被从模板上释放出来，这一过程即转录终止(transcription termination)。

二、生物信息的传递——从mRNA到蛋白质

(一) 蛋白质合成的过程

蛋白质是基因表达的最终产物，其生物合成过程比DNA复制和转录更为复杂，主要包括以下几个步骤。

1. 翻译的起始 核糖体与mRNA结合，并与氨基酰-tRNA生成起始复合物。

2. 肽链的延伸 核糖体沿mRNA从5′-端向3′-端移动，开始了从N端向C端的多肽合成。这是蛋白质合成过程中速度最快的阶段。

3. 肽链的终止及释放 核糖体从mRNA上解离，准备进行新一轮的合成反应。

(二) 蛋白质合成的场所

核糖体是蛋白质合成的主要场所，mRNA是蛋白质合成的模板，tRNA是模板与氨基酸之间的接合体。在合成的各个阶段，还有许多蛋白质、酶和其他生物大分子参与。例如，在真核生物细胞中有70种以上的核糖体蛋白质，20种以上的氨基酰-tRNA合成酶(aminoacyl-tRNA synthetase)，10多种起始因子、延伸因子及终止因子，50种左右的tRNA，以及各种rRNA、mRNA和100种以上的翻译后加工酶参与蛋白质合成和加工过程。蛋白质合成是一个需能反应，需要各种高能化合物的参与。据统计，在真核生物中，有将近300种生物大分子与蛋白质的生物合成有关，细胞用于合成代谢的总能量的90%被消耗在蛋白质合成过程中，而参与蛋白质合成的各种组分约占细胞干重的35%。

在真核生物细胞核内合成的mRNA，只有被运送到细胞质基质才能被翻译生成蛋白质。所谓翻译，是指将mRNA链上的核苷酸从一个特定的起始位点开始，按照每3个核苷酸代表1个氨基酸的原则，依次合成一条多肽链的过程。尽管蛋白质合成过程十分复杂，但合成速度却高得惊人。例如，大肠杆菌只需要5 s就能合成一条由100个氨基酸残基组成的多肽链，而且每个细胞中成百上千个蛋白质的合成都是有条不紊地协同进行的。

(三) 遗传密码

储存在DNA上的遗传信息通过mRNA传递到蛋白质上，mRNA与蛋白质之间的联系是通过破译遗传密码实现的。mRNA上每3个核苷酸决定蛋白质多肽链上的1个氨基酸，这3个核苷酸称为一个密码，也叫三联子密码，即密码子(cordon)。翻译时从起始密码子(initiation codon)AUG开始，沿着mRNA从5′→3′的方向连续阅读密码子，直至遇到终止密码子(termination codon)，生成一条具有特定序列的多肽链——蛋白质(图1-3-4)。新生成的多肽链中氨基酸的组成和排列顺序取决于其DNA(基因)的碱基组成及顺序，因此，作为基因产物的蛋白质最终是受基因控制的。

遗传密码是在20世纪60年代通过设计出色的生物化学和遗传学实验阐明的，它是科学史上的

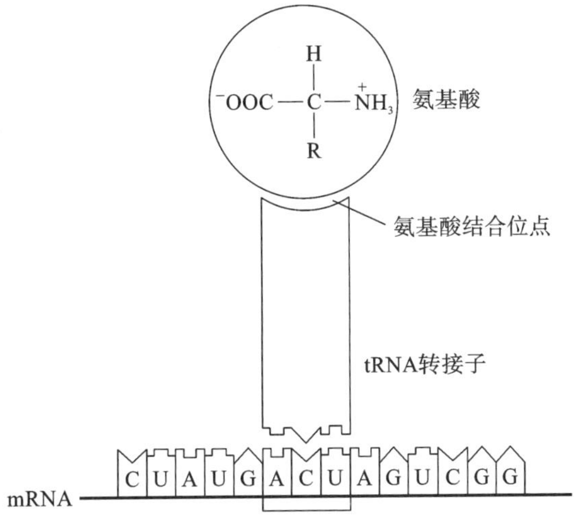

图 1-3-4 mRNA 遗传密码三联子

杰出成就之一。它不仅为研究蛋白质的生物合成提供了理论依据，也证实了中心法则的正确性。20世纪70年代以来，分子生物学技术（如DNA、RNA序列测定技术及氨基酸序列测定技术）的进步，使遗传密码的存在得到验证。

（四）tRNA

tRNA在蛋白质合成中处于关键地位，它不仅为每个密码子翻译成氨基酸提供了接合体，还为准确无误地将所需氨基酸运送到核糖体上提供了运送载体，因此，它又被称为第二遗传密码。虽然tRNA分子各自的序列不同，但所有的tRNA都具有共同的特征：存在经过特殊修饰的碱基，tRNA的3′-端都以CCA-OH结束，该位点是tRNA与相应氨基酸结合的位点。

（五）核糖体

核糖体是指导蛋白质合成的大分子机器。在生物细胞内，核糖体像一个能沿mRNA模板移动的工厂，执行着蛋白质合成的功能。它是由几十种蛋白质和几种rRNA组成的亚细胞颗粒。一个细菌细胞内约有20000个核糖体，而真核细胞内可达10^6个，在未成熟的蟾蜍卵细胞内则高达10^{12}个。这些颗粒既能以游离状态存在于细胞内，也能与内质网结合，形成微粒体。核糖体和它的辅助因子为蛋白质生物合成提供了必要的条件。

运载肽链起始或延伸必需氨基酸的氨基酰-tRNA，往往以令人难以置信的速度进入核糖体，在起始或延伸因子的作用下，与mRNA模板和延伸中的肽链相互作用，卸去所运载的氨基酸后立即退出核糖体，以保证新一轮合成反应的顺利进行。

核糖体RNA约占原核细胞总蛋白量的10%，占细胞内总RNA量的80%。在真核细胞内，核糖体RNA所占的比例虽然有所下降，但仍然占总RNA量的绝大部分，是细胞总蛋白的一个重要组成部分。无论原核细胞还是真核细胞，核糖体的含量都与细胞蛋白质合成活性直接相关。

任务五　中心法则

任务知识

中心法则（central dogma）又译为分子生物学的中心教条（the central dogma of molecular biology），指的是遗传信息从DNA传递给RNA，再从RNA传递给蛋白质，即完成遗传信息的转录和翻译过程。中心法则是遗传信息在细胞内生物大分子间传递的基本法则。包含在脱氧核糖核酸

Note

(DNA)或核糖核酸(RNA)分子中的具有功能意义的核苷酸顺序，称为遗传信息。遗传信息的传递包括核酸分子间的传递、核酸和蛋白质分子间的传递。在某些病毒中，RNA 自我复制(如烟草花叶病毒等)和以 RNA 为模板逆转录成 DNA 的过程(某些致癌病毒)是对中心法则的补充。

1957 年，克里克最初提出的中心法则为 DNA→RNA→蛋白质。它说明遗传信息在不同生物大分子之间的传递是单向的、不可逆的，只能从 DNA 到 RNA(转录)，再从 RNA 到蛋白质(翻译)。这两种形式的信息传递在所有生物的细胞中都得到了证实。1970 年，特明和巴尔的摩在一些 RNA 致癌病毒中发现它们在宿主细胞中的复制过程是先以病毒的 RNA 分子为模板合成一个 DNA 分子，再以该 DNA 分子为模板合成新的病毒 RNA。前一个步骤被称为逆转录，是中心法则提出后的新发现。因此，克里克在 1970 年重申了中心法则的重要性，并提出了更为完整的图解形式(图 1-3-5)。

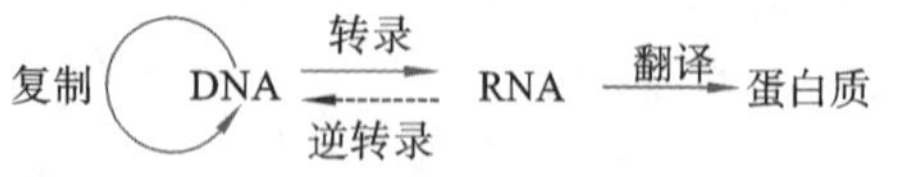

图 1-3-5　中心法则图解

这里遗传信息的传递可以分为两类：第一类用实线箭头表示，包括 DNA 的复制、RNA 的转录和蛋白质的翻译，即 DNA→DNA(复制)，DNA→RNA(转录)，RNA→蛋白质(翻译)。这三种遗传信息的传递方向普遍存在于所有生物细胞中。第二类用虚线箭头表示，是特殊情况下遗传信息的传递，包括 RNA 的复制、RNA 逆转录为 DNA 和从 DNA 直接翻译为蛋白质。即 RNA→RNA(复制)，RNA→DNA(逆转录)，DNA→蛋白质。RNA 复制只在 RNA 病毒中存在。逆转录最初在 RNA 致癌病毒中被发现，后来在人的白细胞和胎盘滋养层中也测出了与逆转录有关的酶活性。至于遗传信息从 DNA 到蛋白质的直接传递，仅在理论上具有可能性，在活细胞中尚未发现。

克里克认为在图解中没有箭头指向的信息传递是不可能存在的，即蛋白质→蛋白质，蛋白质→RNA，蛋白质→DNA。中心法则的中心论点是遗传信息一旦传递到蛋白质分子之后，既不能从蛋白质分子传递到蛋白质分子，也不能从蛋白质分子逆传递到核酸分子。克里克认为这是因为核酸和蛋白质的分子结构完全不同，在核酸分子之间的信息传递通过沃森-克里克式的碱基配对实现。但从核酸到蛋白质的信息传递则在现存生物细胞中都需要通过一个极为复杂的翻译机构，这个机构不能进行反向翻译。因此如果需要使遗传信息从蛋白质向核酸传递，那么细胞中应有另一套反向翻译机构，而这套机构在现存的细胞中是不存在的。中心法则合理地说明了在细胞的生命活动中两类大分子的联系和分工：核酸的功能是储存和传递遗传信息，指导和控制蛋白质的合成；蛋白质的主要功能是进行新陈代谢活动和作为细胞结构的组成成分。

RNA 的自我复制和逆转录过程，在病毒单独存在时是不能进行的，只有寄生到宿主细胞后才发生。逆转录酶在基因工程中是一种很重要的酶，它能以已知的 mRNA 为模板合成目的基因。在基因工程中，这是获得目的基因的重要手段。

以 DNA 为模板合成 RNA 是生物界 RNA 合成的主要方式，但有些生物，如某些病毒，它们的遗传信息储存在 RNA 分子中。当这些病毒进入宿主细胞后，它们通过复制进行传代。在依赖 RNA 的 RNA 聚合酶催化下，它们合成 RNA 分子。当以 RNA 为模板时，在 RNA 复制酶的作用下，它们按照 5′→3′方向合成互补的 RNA 分子。但 RNA 复制酶中缺乏校正功能，因此 RNA 复制时错误率很高，这与逆转录酶的特点相似。

课后习题

简答题

1. 简述 DNA 和 RNA 的概念。
2. 简述 DNA 复制的基本过程。
3. 简述中心法则的内容，并以图解的形式画出。
4. 简述转录的基本过程。

项目四　基因与性状表达

学习目标

- 掌握基因的本质及结构。
- 掌握基因的功能和表达调控。

任务一　基因概述

任务知识

具有遗传效应的 DNA 片段称为基因。基因在染色体上有固定的位置，并呈直线排列。基因储存遗传信息，并具有复制功能。通过遗传信息的转录和翻译，基因指导蛋白质的合成，控制生物的性状。因此，基因是决定性状的功能单位，同时也是突变单位和交换单位。基因支持生命的基本构造和性能，储存着生命的种族、血型、孕育、生长、凋亡等过程的全部信息。环境和遗传的互相依赖，演绎着生命的繁衍、细胞分裂和蛋白质合成等重要生理过程。生物体的生、长、衰、病、老、死等一切生命现象都与基因有关，基因也是决定生命健康的内在因素。

任务二　基因的结构

任务知识

一、结构基因

基因中编码 RNA 或蛋白质的碱基序列称为结构基因。

（一）原核生物的结构基因

原核生物的结构基因是连续的，其 RNA 的合成不需要剪接加工。

（二）真核生物的结构基因

真核生物的结构基因由外显子（编码序列）和内含子（非编码序列）两部分组成。

二、非结构基因

非结构基因是结构基因两侧的一段不编码蛋白质的 DNA 片段，也称为侧翼序列，参与基因表达的调控。

（一）顺式作用元件

顺式作用元件是能影响基因表达，但不编码 RNA 和蛋白质的 DNA 序列。其中包括：

1. 启动子 启动子是RNA聚合酶特异性识别、结合并启动转录的DNA序列，具有方向性，位于转录起始位点的上游。

2. 上游启动子元件 上游启动子元件是TATA框上游的一些特定DNA序列，反式作用因子可与这些元件结合，调控基因的转录效率。

3. 反应元件 反应元件是能与激活的信息分子受体结合，并调控基因表达的特定DNA序列。

4. 增强子 增强子是与反式作用因子结合并增强转录活性的DNA序列，在基因的任意位置都有效，无方向性。

5. 沉默子 沉默子是基因表达的负性调控元件，与反式作用因子结合，抑制转录活性。

6. 多腺苷酸尾 多腺苷酸尾是结构基因末端的保守AAUAAA序列及下游GT或T富含区，被多腺苷酸化特异因子识别，在mRNA的3′-端加上约200个腺苷酸(A)。

（二）反式作用因子

反式作用因子是一类能识别并结合特定顺式作用元件，并影响基因转录的蛋白质或RNA。

任务三　基因的作用与性状表达

任务知识

一、基因的功能

（一）结构基因

结构基因决定蛋白质的氨基酸顺序，它们是编码RNA或蛋白质的一段DNA序列。这些基因将携带的特定遗传信息转录给mRNA，再以mRNA为模板合成特定的蛋白质。

（二）操纵基因

操纵基因控制结构基因的活性。它们位于结构基因的一端，与阻遏蛋白结合后，具有开启或关闭结构基因转录的能力。操纵基因与若干个紧密相邻的结构基因连成一组，两者合起来称为操纵子，它们作用于生物合成途径的不同阶段。

（三）调节基因

调节基因位于操纵子附近，经过转录、翻译合成阻遏蛋白。阻遏蛋白通过与操纵基因结合，阻止结构基因的表达。调节基因在保证生物体(或细胞)开启或关闭某个代谢程序时起重要作用。

（四）启动基因

启动基因位于调节基因与操纵基因之间。RNA聚合酶结合到启动基因后，与之相连的若干结构基因就作为一个转录单位，形成mRNA。

二、基因表达的调控

基因表达是指在基因指导下进行的蛋白质合成过程，即将编码在DNA中的遗传信息通过转录和翻译转化为特定蛋白质分子的结构信息。蛋白质是基因表达的产物，是细胞和生物体遗传性状的表现。因此，任何直接影响转录和翻译过程的启动、关闭和速率的因素及其作用，都称为基因表达的调控。

基因表达的调控是一种多级调控，主要在转录水平和翻译水平两个层次上进行，其中转录水平的调控较为重要。转录水平的调控是控制从DNA模板转录形成mRNA的速度；翻译水平的调控是控制从mRNA翻译形成多肽链的速度，这是一种快速调控基因表达的方式。基因表达调控的最大特征是按照预定的发育程序实现受控的发育途径。例如，任何生物的体细胞都含有该物种的全部遗传信息，但不同的体细胞有很大差别。这是因为在细胞分化过程中，不同组织中细胞的某些基因处于活动状态，而另一些基因处于关闭状态。细胞分化并没有改变遗传信息的组成，而是通过基因表达的调控来实现基因活动的高有序性和特异性。

课后习题

简答题

1. 简述基因的结构和作用。
2. 举例说明基因与性状表达的关系。

Note

项目五　基因工程

学习目标

- 掌握基因工程的定义。
- 掌握基因工程的实施步骤。
- 了解基因工程的研究进展及安全性。

任务一　基因工程概述

任务知识

一、基因工程的定义

基因工程(genetic engineering)是20世纪70年代开始发展起来的一门技术，是现代生物技术的核心。基因工程又称遗传工程和DNA重组技术，以分子遗传学为理论基础，以分子生物学和微生物学的现代方法为手段，将不同来源的基因按照预先设计的蓝图，在体外构建杂种DNA分子，然后导入活细胞，以改变生物原有的遗传特性而获得新品种、生产新产品。基因工程技术为基因的结构和功能研究提供了有力的手段。

科学技术的进步，特别是20世纪90年代人类基因组计划的实施，掀起了人类对自身研究的科技浪潮。基因工程的新技术、新方法层出不穷，基因工程技术手段正向自动化、规模化、高智能的方向不断发展。

二、基因工程的支撑技术及要素

基因工程的实现依赖于多种技术的支撑，包括核酸凝胶电泳技术、核酸分子杂交技术、细菌转化转染技术、DNA序列分析技术、寡核苷酸合成技术、基因定点突变技术和聚合酶链反应技术等。基因工程将来自不同生物的基因与具有自主复制能力的载体DNA在体外人工连接，构成新的重组DNA，然后送入受体生物中去表达，从而产生遗传物质的转移和重新组合。基因工程的要素包括外源DNA、载体分子、工具酶和受体细胞等。

任务二　基因工程的实施步骤

任务知识

一、提取目的基因

Note

获取目的基因是实施基因工程的第一步。例如，植物的抗病(抗病毒、抗细菌)基因、种子的储藏蛋白基因，以及人的胰岛素基因、干扰素基因等，都是目的基因。要从庞大的“基因海洋”中获得特定的目的基因是十分不易的。科学家们经过不懈的探索，想出了许多办法，主要有两条途径：一是通过直接分离的方法从供体细胞的 DNA 中获取基因；二是通过人工方法合成基因。

（一）直接分离法

直接分离基因最常用的方法是“鸟枪法”，也称为“散弹射击法”。鸟枪法的具体操作是使用限制性内切酶将供体细胞中的 DNA 切成许多片段，将这些片段分别载入运载体，然后通过运载体分别转入不同的受体细胞，让供体细胞提供的 DNA（即外源 DNA）的所有片段在各个受体细胞中大量复制（在遗传学中称为扩增，如使用 PCR 技术），从中筛选出含有目的基因的细胞，再用一定的方法把带有目的基因的 DNA 片段分离出来。许多抗虫、抗病毒的基因都可以通过上述方法获得。

“鸟枪法”的优点是操作简便，但缺点是工作量大，具有一定的盲目性。由于真核细胞的基因含有不表达的 DNA 片段，通常需要使用人工合成法。

（二）人工合成法

人工合成基因的方法主要有两种。一是以目的基因转录的 mRNA 为模板，通过逆转录成互补的单链 DNA，然后在酶的作用下合成双链 DNA，从而获得所需的基因。二是根据已知的蛋白质的氨基酸序列，推测出相应的 mRNA 序列，然后按照碱基互补配对原则，推测出基因的核苷酸序列，再通过化学方法，以单核苷酸为原料合成目的基因。例如，人的血红蛋白基因、胰岛素基因等就可以通过人工合成基因的方法获得。

二、目的基因与运载体结合

基因表达载体的构建（即目的基因与运载体结合）是实施基因工程的第二步，也是基因工程的核心环节。

将目的基因与运载体结合的过程，实际上是不同来源 DNA 的重新组合。如果以质粒作为运载体，首先要用特定的限制性内切酶切割质粒，使质粒出现缺口，露出黏性末端。然后用同一限制性内切酶切断目的基因，使其产生相同的黏性末端（部分限制性内切酶可切割出平末端，也具有相同效果）。将切下的目的基因片段插入质粒的切口处，首先通过碱基互补配对原则，使两个黏性末端吻合在一起，碱基之间形成氢键，再加入适量的 DNA 连接酶，催化两条 DNA 链之间磷酸二酯键的形成，从而将相邻的 DNA 连接起来，形成一个重组 DNA 分子。例如，人的胰岛素基因就是通过这种方法与大肠杆菌中的质粒 DNA 分子结合，形成重组 DNA 分子（也称为重组质粒）。

三、将目的基因导入受体细胞

将目的基因导入受体细胞是实施基因工程的第三步。目的基因片段与运载体在生物体外连接形成重组 DNA 分子后，下一步是将重组 DNA 分子引入受体细胞中进行扩增。

基因工程中常用的受体细胞有大肠杆菌、枯草杆菌、土壤农杆菌、酵母和动植物等的细胞。

用人工方法使体外重组的 DNA 分子转移到受体细胞，主要是模仿细菌或病毒侵染细胞的途径。例如，如果运载体是质粒，受体细胞是细菌，一般是将细菌用氯化钙处理，以增加细菌细胞壁的通透性，使含有目的基因的重组质粒进入受体细胞。目的基因导入受体细胞后，就可以随着受体细胞的繁殖而复制，由于细菌的繁殖速度非常快，故在很短时间内就能够获得大量的目的基因。

四、目的基因的检测和表达

目的基因导入受体细胞后，是否能够稳定维持和表达其遗传特性，需要通过检测与鉴定才能确定。这是实施基因工程的第四步。

以上步骤完成后，在所有受体细胞中，真正能够摄入重组 DNA 分子的受体细胞数量是很少的。因此，必须通过一定的手段检测受体细胞中是否导入了目的基因。检测方法有很多种，例如，大肠杆菌的某种质粒具有青霉素抗性基因，当这种质粒与外源 DNA 组合在一起形成重组质粒，并被转入受体细胞后，就可以根据受体细胞是否具有青霉素抗性来判断受体细胞是否获得了目的基因。重组

Note

DNA 分子进入受体细胞后，受体细胞必须表现出特定的性状，才能说明目的基因完成了表达过程。

任务三　基因工程的研究进展

任务知识

基因工程已广泛应用于医药、农业，并且与环境保护有着密切的关系。

1. 基因治疗　基因治疗是指将外源正常基因导入靶细胞，以纠正或补偿因基因缺陷和异常引起的疾病，从而达到治疗目的的一种方法。

2. 基因工程药物　利用重组 DNA 技术，将生物体内具有生物活性的基因在大肠杆菌、酵母和哺乳动物细胞中进行体外表达，生产出所需的蛋白质，再经过分离、纯化获得用于治疗或其他用途的蛋白质纯品。目前市场上的胰岛素、干扰素、白细胞介素-2、生长激素、促红细胞生成素等基因工程药物，均为重组蛋白质或肽类。基因工程药物因疗效好、副作用小、应用范围广泛，已成为各国政府和企业投资研究开发的热点。

3. 转基因植物　经过 20 多年的研究和开发，转基因技术已广泛应用于农作物品种改良、提高产量、提高抗病虫害能力等方面，培育出了许多品质优良的转基因植物。目前，世界上已有百余种转基因植物进入商品化生产，例如水稻、玉米、棉花、大豆、油菜、烟草、甜菜、亚麻、马铃薯、番茄、南瓜等。

4. 转基因动物　转基因动物指在基因组中稳定整合人工导入外源基因的动物。在改良动物生产现状、提高抗病力及生产药物蛋白等方面，转基因动物具有广阔的应用前景。目前，已有转基因的小鼠、鱼、鸡、牛、羊、猪等多种动物问世。

5. 环境保护　以基因工程技术为代表的现代生物技术，在环境保护研究和应用领域发挥了显著作用，主要体现在植物修复技术和用于污染控制的基因工程菌的构建等方面。

任务四　基因工程的安全性

任务知识

关于转基因生物的安全性，目前没有科学性的共识。尽管如此，基因工程农作物已被大规模种植，生物医学应用也日益增加。转基因生物还被用于工业和环境恢复，但公众对此知之甚少。最近几年，越来越多的证据显示，转基因生物存在生态和健康方面的潜在危害和风险，也可能对农民产生不利影响。

基因工程细菌可能影响土壤生物，导致植物死亡。1999 年出版的研究资料证明了基因工程微生物释放到环境中可能导致广泛的生态破坏。当把克氏杆菌的基因工程菌株与沙土和小麦作物一起加入微观体中时，捕食线虫类生物的细菌和真菌数量明显增加，导致植物死亡。而加入非基因工程的亲本菌株时，仅捕食线虫类生物的细菌数量增加，而植物不会死亡。没有植物的情况下，将任何一种菌株引入土壤都不会改变线虫类生物群落。克氏杆菌是一种常见的能使乳糖发酵的土壤细菌。基因工程细菌可被用于在发酵桶中将农业废物转换为乙醇，亦可用于土壤改良。

研究表明，在某些条件下，一些土壤生态系统中的基因工程细菌可长期存活，足以刺激土壤生物产生变化，影响植物生长和营养循环进程。虽然目前仍不清楚这种就地观测的程度，但是基因工程细菌引起植物死亡的发现也表明，使用这种土壤改良方法可能存在杀伤农作物的风险。

Note

另一起引人注目的事件是致命基因工程鼠痘病毒的偶然产生。澳大利亚研究员在研发相对无害的鼠痘病毒基因工程时意外创造出了一种可彻底消灭老鼠的杀手病毒。研究员们将白细胞介素-4基因(在身体中自然产生)插入鼠痘病毒中,以促进抗体的产生,并创造出用于控制鼠害的疫苗。非常意外的是,插入的基因完全抑制了老鼠的免疫系统。通常,鼠痘病毒仅导致轻微的症状,但加入白细胞介素-4基因后,该病毒在9天内使所有老鼠死亡。更糟糕的是,这种基因工程病毒对疫苗有着异乎寻常的抵抗力。虽然经改良的鼠痘病毒对人类无影响,但由于它与天花关系十分密切,人们担心基因工程可能被用于生物战。一名研究员在谈及他们决定发表研究成果的原因时说,“我们想警告公众,现在有了这种有潜在危险的技术”,“我们还想让科学界明白,必须小心行事,制造高危致命生物并不困难”。

杀虫剂使用的增加大部分是由于转基因植物,尤其是转基因大豆使用的杀虫剂增加。这一点可追溯到对转基因植物的严重依赖性以及杂草管理中单一除草剂(草甘膦)的使用。某些杂草甚至出现了遗传抗性,迫使许多农民在转基因植物上喷洒更多的除草剂以进行适当控制。抗草甘膦的杉叶藻于2000年在美国的转基因大豆中首次出现,在转基因棉花中也已鉴别出此种物质。

其他研究显示,转基因植物本身也可能对其使用的除草剂产生抗性,引发严重的自生自长作物问题(同一块地里早先种植的作物种子长成的植物后来变成杂草),并迫使进一步使用除草剂。加拿大科学家证实了抗多种除草剂的转基因油菜的迅速演化,这种作物因花粉长距离传播而融合了不同公司研制的单价抗除草剂特性。

此外,科学家还在2002年确认了人为导入的基因可从转基因(Bt)向日葵移动到附近的野生向日葵,使杂化野生向日葵对化学药品更具抗性。与未转基因的情况相比,杂化物的种子多了50%,且种子健康,即使在干旱条件下也是如此。

北卡罗来纳州立大学的研究显示,Bt油菜与相关杂草、鸟食草之间的交叉物可产生抗虫性杂合物,使杂草控制更加困难。

所有这些事件都强调了预防方法和严格的生物安全管理的重要性。预防原则在《卡塔赫纳生物安全议定书》这一主要管理转基因微生物的国际法律中已得到重申。尤其是第10(6)条声称,如果缺乏科学定论,缔约方可限制或禁止转基因生物的进口,以避免其对生物多样性及人类健康的不利影响或将这种影响降到最低。

课后习题

简答题

1. 简述基因工程的概念。
2. 列出基因工程的实施步骤。
3. 结合实际生活,谈谈你对基因工程安全性的看法。

Note

模块二　质量性状的遗传规律

扫码看 PPT

项目一　分离定律

学习目标

- 掌握分离定律的基本内容。
- 掌握等位基因之间的相互作用。
- 掌握复等位基因的定义。

现代遗传学建立在粒子遗传理论的基础上。它有三个基本定律，即分离定律、自由组合定律、连锁交换定律。分离定律和自由组合定律是由奥地利生物学家孟德尔(Mendel)在进行了长达 8 年的植物杂交实验(experiments on plant hybridization)后于 1865 年提出的。但是，这两个定律的重要性在当时并未引起人们足够的重视，直至 1900 年被重新发现，才被统称为孟德尔定律，遂成为现代遗传学的基础。

任务一　分离定律

任务知识

一、分离定律的内容

(一) 一对相对性状的杂交实验

孟德尔用纯种高茎豌豆与纯种矮茎豌豆作亲本(用 P 表示)进行杂交(cross)。他发现，无论用高茎豌豆作母本(正交)，还是作父本(反交)，杂交后的第一代(简称子一代，用 F1 表示)总是高茎的(图 2-1-1)。孟德尔带着疑惑，用 F1 自交，结果在第二代(简称子二代，用 F2 表示)植株中，不仅有高茎的植株，也有矮茎的植株。孟德尔认为矮茎性状在 F1 中只是隐而未现。

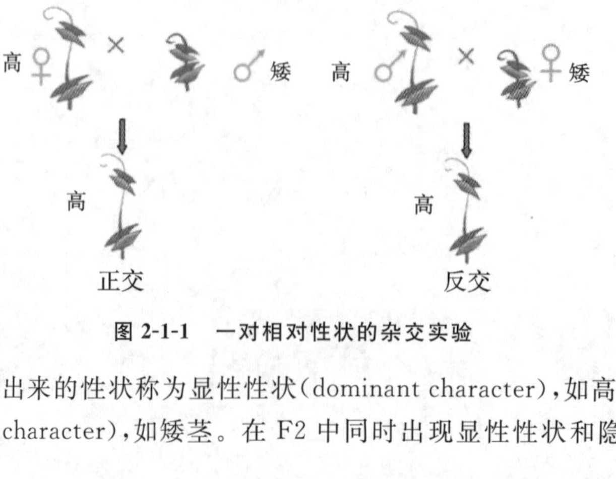

图 2-1-1　一对相对性状的杂交实验

孟德尔把 F1 中显现出来的性状称为显性性状(dominant character)，如高茎；未显现出来的性状称为隐性性状(recessive character)，如矮茎。在 F2 中同时出现显性性状和隐性性状的现象称为性状分离。

孟德尔没有停留在对实验现象的观察与描述上，而是对 F2 中不同相对性状个体的数量进行了统计，分析 F2 中高茎植株与矮茎植株之间的数量关系。结果发现，在所得的 1064 株 F2 植株中，787 株是高茎，277 株是矮茎，高茎与矮茎的数量比接近 3∶1。孟德尔还对豌豆的其他 6 对相对性状进行了杂交实验，实验结果如表 2-1-1 所示。

表 2-1-1　孟德尔豌豆杂交实验结果

性　　状	F2 的表现				
	显性	显性植株数	隐性	隐性植株数	显性∶隐性
种子的形状	圆粒	5474	皱粒	1850	2.96∶1
茎的高度	高茎	787	矮茎	277	2.84∶1
子叶的颜色	黄色	6022	绿色	2001	3.01∶1
种皮的颜色	灰色	705	白色	224	3.15∶1
豆荚的形状	饱满	882	不饱满	299	2.95∶1
豆荚的颜色（未成熟）	绿色	428	黄色	152	2.82∶1
花的位置	腋生	651	顶生	207	3.14∶1

（二）分离假说的提出

孟德尔在观察和统计分析的基础上，果断摒弃了前人融合遗传的观点，并通过严谨的推理和大胆的想象，对分离现象的原因提出了如下假说（图 2-1-2）。

（1）生物的性状是由遗传因子（genetic factor）决定的。这些因子就像一个个独立的颗粒，既不会相互融合，也不会在传递中消失。每个因子决定着一种特定的性状，其中决定显性性状的为显性遗传因子，用大写字母（如 D）来表示；决定隐性性状的为隐性遗传因子，用小写字母（如 d）来表示。

（2）体细胞中遗传因子是成对存在的。例如，纯种高茎豌豆的体细胞中有成对的遗传因子 DD，纯种矮茎豌豆的体细胞中有成对的遗传因子 dd。这样，遗传因子组成相同的个体叫作纯合子。因为 F1 自交的后代中出现了隐性性状，所以在 F1 细胞中必然含有隐性遗传因子，而 F1 表现的是显性性状，因此 F1 体细胞中的遗传因子应该是 Dd。遗传因子组成不同的个体叫作杂合子。

（3）生物体在形成生殖细胞——配子时，成对的遗传因子彼此分离，分别进入不同的配子中。配子中只含有每对遗传因子中的一个。

（4）受精时，雌雄配子的结合是随机的。例如，含遗传因子 D 的配子既可以与含遗传因子 D 的配子结合，又可以与含遗传因子 d 的配子结合。

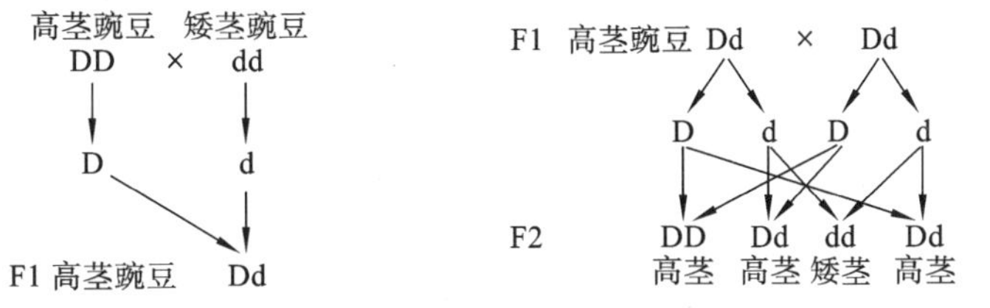

图 2-1-2　高茎豌豆与矮茎豌豆杂交实验的分析图解

（三）分离假说的验证

孟德尔巧妙地设计了测交（test cross）实验，用杂种 F1 高茎豌豆（Dd）与隐性纯合子矮茎豌豆（dd）杂交。在得到的 64 株后代中，30 株是高茎，34 株是矮茎，这一对相对性状的分离比接近 1∶1（图 2-1-3）。测交实验的结果验证了他的假说。

（四）分离定律的得出

孟德尔对一对相对性状的实验结果及其解释，被后人归纳为孟德尔第一定律，又称分离定律（law of segregation）：在生物的体细胞中，控制同一性状的遗传因子成对存在，不相融合；在形成配

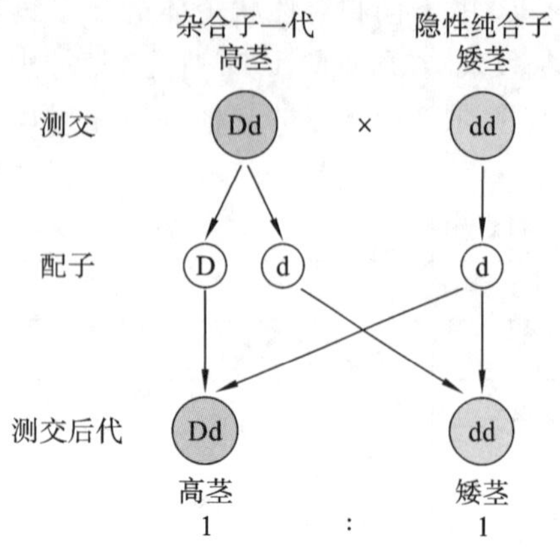

图 2-1-3　一对相对性状测交实验分析图解

子时，成对的遗传因子发生分离，分离后的遗传因子分别进入不同的配子中，随配子遗传给后代。

二、分离定律的应用

掌握分离定律有助于正确理解生物遗传现象。在动植物良种培育工作中，利用分离定律可促进个体基因的分离和个体基因型的纯合化，从而选出符合育种目标且遗传上稳定的类型。例如，有些作物（如小麦）的抗病性是由显性基因控制的（用 R 表示抗病基因，r 表示感病基因）。抗病植株的基因型为 RR 或 Rr，为选出抗病的纯合植株，需要对选出的抗病植株自交后进行考察，观察其后代是否发生分离，如不分离，则能选出 RR 型纯合株，以确保其后代具有抗病性。分离定律也是医学和优生学的理论基础。据统计，目前已发现的遗传病有几千种，遗传病患者占总人口的 10%，其中大部分为单基因遗传病。应用分离定律可探索这类遗传病的发病特点，以便进行准确诊断和采取相应的防治措施。例如，人的结肠息肉病是一种单基因显性遗传病，可能导致癌变，先证者往往是杂合子，如果与非病患者婚配，根据分离定律可预测其子女的发病率为 1/2，因此应及早对先证者的子女进行钡餐透视检查，并采取措施以避免结肠癌变。

任务二　等位基因相互作用

任务知识

一、基因与性状

生物的形态、结构、生理特征称为性状。例如，人的眼睑形态就是一种性状，这种性状有不同的表现形式：重睑（俗称双眼皮）和单睑（俗称单眼皮），其中单睑为隐性，重睑为显性。我们把它们称为相对性状（同种生物同一性状的不同表现类型）。性状又是由基因控制的，控制显性性状的为显性基因（用大写字母表示，如 A），控制隐性性状的为隐性基因（用小写字母表示，如 a）。基因在体细胞中成对存在，所以一个个体的基因型就有 AA、Aa、aa，不过也有染色体变异导致存在多个基因的情况。

二、等位基因的定义

等位基因是指位于一对同源染色体的相同位置上，控制同一性状不同形态的基因。不同的等位基因产生例如发色或血型等遗传特征的变化。等位基因控制相对性状的显隐性关系及遗传效应，可将等位基因区分为不同的类别。在个体中，等位基因的某个形式（显性的）可能比其他形式（隐性的）表达得更多。例如，人类 RH 血型基因位于第 1 号染色体短臂的第 3 号区 5 号带，而位于两条 1 号染色体相同位置的 Rh 和 RH 就是一对等位基因。当一个生物体带有一对完全相同的等位基因时，该生物体就该基因而言是纯合的（homozygous），也可称为纯种（pure bred）；如果一对等位基因不相同，则该生物体是杂合的（heterozygous），也可称为杂种（hybrid）。等位基因各自编码蛋白质产物，决定某一性状，并可因突变而失去功能。

三、等位基因间的相互作用

等位基因之间存在相互作用。当一个等位基因决定生物性状的作用强于另一等位基因，并使生物只表现出其自身的性状时，就出现了显隐性关系。作用强的是显性，作用被掩盖而不能表现的为隐性。

一对呈显隐性关系的等位基因中，如果显性完全掩盖隐性，则称为完全显性（complete dominance）；如果两者相互作用而出现介于两者之间的中间性状，如红花基因和白花基因的杂合子的花为粉红色，则称为不完全显性（incomplete dominance）；在某些情况下，一对等位基因的作用相等，互不相让，杂合子就表现出两个等位基因各自决定的性状，则称为共显性（codominance）。

任务三 复等位基因

任务知识

一、复等位基因的定义

如果一个基因存在多种等位基因形式，则这种基因称为复等位基因（multiple allele）。在任何一个杂合的二倍体个体中，只存在复等位基因中的两个不同的等位基因。在种群中，同源染色体的相同位点上，可以存在两种以上的等位基因，遗传学上把这种等位基因称为复等位基因。

二、复等位基因的形成

复等位基因是由基因突变形成的。一个基因可以向不同的方向突变，从而形成一个以上的等位基因。基因突变的多方向性是复等位基因存在的基础。在完全显性中，显性基因的纯合子和杂合子的表型是相同的。在不完全显性中，杂合子的表型是显性和隐性两种纯合子的中间状态。这是由于杂合子中的一个基因无功能，而另一个基因存在剂量效应。因此，在不完全显性中，杂合子的表型兼有显性和隐性两种纯合子的表型，这是由于杂合子中的两个等位基因都得到表达。

任务四 致死基因

任务知识

致死基因（lethal gene）是指能导致个体或细胞死亡的基因，分为显性致死基因和隐性致死基因。基因的致死作用在杂合子中即可显现的致死基因，称为显性致死基因；致死作用仅在纯合子或半合子时才能显现，即其致死作用具有隐性效应的特点，但这与基因自身的显性和隐性无关，这类致死基因称为隐性致死基因。

例如，决定小鼠黄色毛色的显性基因 A，在杂合子 Aa 中表型为黄色，但纯合子 AA 会导致小鼠在胚胎期死亡。其致死效应类似于一个隐性基因的性质，因此称此显性基因 A 为隐性致死基因。当黄色 Aa 与黄色 Aa 杂交时，其子代的表型比例应为 AA∶Aa∶aa＝0∶2（黄色）∶1（灰色），其中纯合子 AA 个体死亡。

课后习题

简答题

1. 简述分离定律的基本概念。
2. 简述分离定律的应用价值。
3. 简述等位基因的相互作用。

Note

项目二　自由组合定律

学习目标

- 掌握自由组合定律的基本内容。
- 掌握非等位基因的概念。
- 掌握非等位基因的相互作用类型。
- 掌握多因一效和一因多效的定义和意义。

任务一　自由组合定律

任务知识

一、两对相对性状的杂交实验

孟德尔完成了豌豆一对相对性状的研究之后，又产生了新的疑问：一对相对性状的分离对其他相对性状是否会产生影响？他通过观察花园里的豌豆植株发现：就子叶颜色和种子形状来说，只有两种类型，一种是黄色圆粒的，另一种是绿色皱粒的。决定子叶颜色的遗传因子对决定种子形状的遗传因子有何影响？黄色的豌豆一定是饱满的、绿色的豌豆一定是皱缩的吗？带着上述疑问，孟德尔开展了两对相对性状的杂交实验。

孟德尔用纯种黄色圆粒豌豆和纯种绿色皱粒豌豆作亲本进行杂交，无论正交还是反交，子一代(F1)都是黄色圆粒的。这表明黄色和圆粒都是显性性状，绿色和皱粒都是隐性性状。孟德尔又将F1 自交，在产生的子二代(F2)中，出现了黄色圆粒和绿色皱粒，F2 中还出现了亲本所没有的性状组合，即黄色皱粒和绿色圆粒(图 2-2-1)。孟德尔同样对 F2 中不同类型性状的数量进行了统计：在总共得到的 556 粒种子中，黄色圆粒、黄色皱粒、绿色圆粒和绿色皱粒的数量依次是 315、101、108 和 32，它们的数量比接近 9∶3∶3∶1。

孟德尔对每一对相对性状单独进行分析，结果发现每一对相对性状的遗传都遵循了分离定律。分析表明，无论是豌豆种子的形状还是颜色，只看一对相对性状，依然遵循分离定律。那么，将两对相对性状的遗传一并考虑，它们之间是何关系？

二、对自由组合现象的解释

假设豌豆的圆粒和皱粒分别由遗传因子 R、r 控制，黄色和绿色分别由遗传因子 Y、y 控制，这样，纯种黄色圆粒和纯种绿色皱粒豌豆的遗传因子组成分别是 YYRR 和 yyrr，它们产生的 F1 的遗传因子组成是 YyRr，表现为黄色圆粒。孟德尔做出的解释如下：F1 在产生配子时，每对遗传因子彼此分离，不同对的遗传因子可以自由组合。这样 F1 产生的雌配子和雄配子各有 4 种，即 YR、Yr、yR、yr，它们之间的数量比为 1∶1∶1∶1。受精时，雌雄配子的结合是随机的。雌雄配子的结合方式有 16 种；遗传因子的组合形式有 9 种（YYRR、YYRr、YyRR、YyRr、YYrr、Yyrr、yyRR、yyRr、

Note

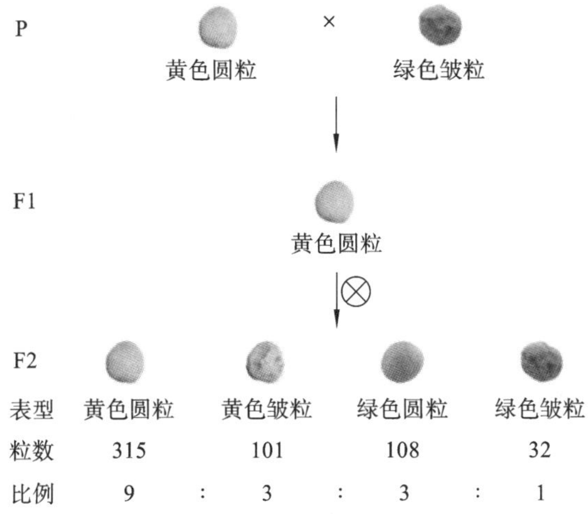

图 2-2-1 两对相对性状的杂交实验

yyrr);性状表现为 4 种(黄色圆粒、黄色皱粒、绿色圆粒、绿色皱粒),它们之间的数量比为 9∶3∶3∶1(图 2-2-2)。

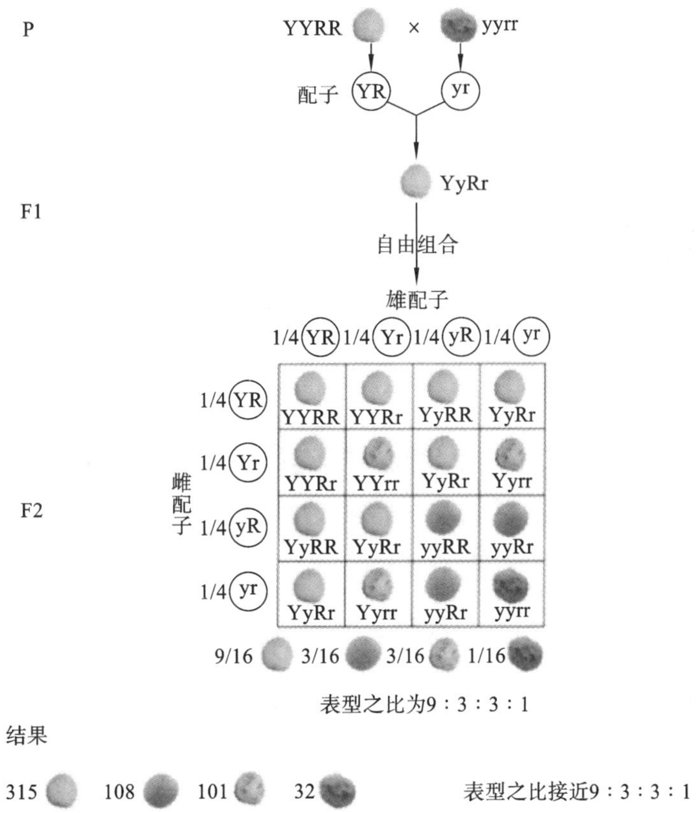

图 2-2-2 自由组合

三、对自由组合现象解释的验证

为了验证上述解释是否正确,孟德尔又设计了测交实验,将杂种 F1(YyRr)与隐性纯合子(yyrr)杂交(图 2-2-3),无论是以 F1 作母本还是父本,结果都符合预期(表 2-2-1)。

扫码看彩图

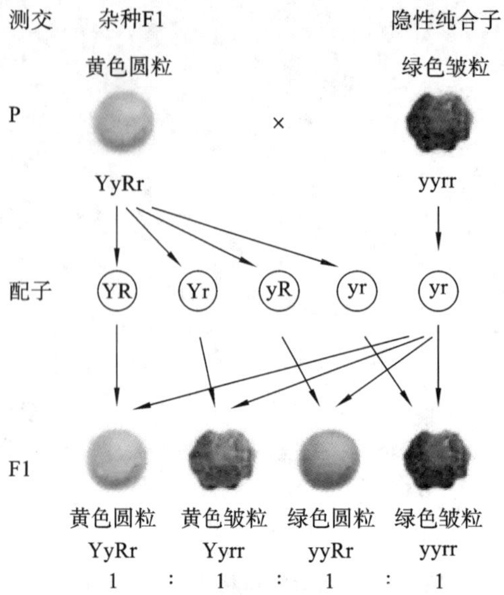

图 2-2-3　测交实验

表 2-2-1　测交实验结果

项　　目		黄色圆粒	黄色皱粒	绿色圆粒	绿色皱粒
实际籽粒数	F1 作母本	31	27	26	26
	F1 作父本	24	22	25	26
不同性状的数量比		1∶1∶1∶1			

四、自由组合定律的得出

孟德尔在他所研究的豌豆七对相对性状中，任取两对相对性状进行杂交实验，结果都是一样的。这种情况在其他生物体中也可观察到，后人将这一遗传规律称为孟德尔第二定律，也称自由组合定律(law of independent assortment)，即控制不同性状的遗传因子的分离和组合是互不干扰的；在形成配子时，决定同一性状的成对的遗传因子彼此分离，决定不同性状的遗传因子自由组合。

任务二　非等位基因相互作用

任务知识

一、非等位基因的定义

非等位基因是位于同源染色体的不同位置上或非同源染色体上的基因，如高茎基因 D 与红花基因 C。

二、非等位基因相互作用类型

非等位基因相互作用主要有六种类型：互补效应(也称互补作用)、累加效应、重叠效应(也称叠加效应)、显性上位作用、隐性上位作用和显性抑制作用。

(一) 互补效应

两对独立遗传基因分别处于纯合显性或杂合显性状态时共同决定一种性状的发育，当只有一对基因是显性或两对基因都是隐性时，则表现为另一种性状，F2 的分离比为 9∶7。

Note

（二）累加效应

两种显性基因同时存在时产生一种性状，单独存在时能分别表示相似的性状，两种基因均为隐性时又表现为另一种性状，F2 的分离比为 9∶6∶1。

（三）重叠效应

两对或多对独立基因对表现型能产生相同的影响，F2 的分离比为 15∶1。

（四）显性上位作用

起遮盖作用的基因是显性基因，F2 分离比为 12∶3∶1。

（五）隐性上位作用

在两对相互作用的基因中，其中一对隐性基因对另一对基因具有上位作用，F2 的分离比为 9∶3∶4。

（六）显性抑制作用

在两对独立基因中，其中一对显性基因本身并不控制性状的表现，但对另一对基因的表现有抑制作用，F2 的分离比为 13∶3。

任务三　多因一效与一因多效

任务知识

一、定义

多对基因共同控制一种性状的表达和发育称为多因一效。一个基因影响若干性状的发育称为一因多效。

二、意义

从遗传和进化的角度来讲，多因一效形成了生物多样性，不同的生物过程（比如多种基因）参与到同一种表型上，就出现了多样性，从而降低了单因素所带来的局限性。一因多效可以理解为单一因子参与多个生命过程。将多种过程联系起来，从而形成了一系列生物轴，生物的活动都不是单一过程支配的，比如激素分泌和表型上，就存在一些共同参与的基因表达过程，一方面促进行为的统一性，另一方面形成正负反馈避免生理生化过程的失稳。因此，这两个基因作用方式并不存在冲突，而是从不同角度共同促进生命活动。

课后习题

简答题

1. 简述自由组合定律的基本内容。
2. 简述非等位基因的定义和非等位基因相互作用类型。
3. 简述一因多效和多因一效的定义。
4. 简述一因多效和多因一效对生物遗传和进化的意义。

Note

项目三　连锁交换定律

学习目标

- 掌握连锁和交换的基本定义。
- 掌握交换率的计算方法。
- 掌握基因定位的方法和意义。

任务一　连锁与交换

任务知识

自从 1900 年分离定律和自由组合定律被重新发现以后，人们在动植物中进行了广泛的实验，获得了大量的数据，丰富了孟德尔定律，但也有许多实验结果并不符合自由组合定律的预期结果，这使得人们进行了更深入的思考和探索。性状的遗传要符合自由组合定律就必须具备一个前提条件，即决定这两对性状的两对基因必须位于不同对同源染色体上。如果两个非等位基因位于同一条染色体上，即两对基因位于同一对同源染色体上，彼此连锁在一起，这两对基因就不能独立分离并自由组合，那么 F2 中两对性状组合类型的比例也就不符合 9∶3∶3∶1。位于同一对染色体上的基因称为连锁基因(linked gene)。高等生物有数以万计的基因，而染色体却只有有限的几对或几十对，因此每一对染色体上必定包含了许多对基因，所以连锁遗传现象是普遍存在的，摩尔根(Morgan)用果蝇进行了大量的实验，并由此提出了遗传学中的第三个遗传定律——连锁遗传定律。

位于同一染色体上的基因一起遗传的现象称为连锁。由于同源染色体之间发生交换而使原来在同一染色体上的基因不再一起遗传的现象称为交换，在原核生物中多称为重组。连锁和交换是生物界的普遍现象。

连锁对于生命的延续是十分必要的。因为一个细胞中有许多基因，如果它们各个分散，便很难设想在细胞分裂过程中如何使每一个子细胞都准确地获得每一个基因。交换对于生物的进化有重要意义，它可以使配子中的基因组合变化无穷，从而带来生物个体间的多样性，为自然选择提供更大的可能性。

交换一般是对等的，但也有不对等的。不对等交换导致少量染色体重复，这被认作生物进化中新基因的主要来源之一。此外，交换与育种工作也有密切的关系。

任务二　交　换　率

任务知识

交换率又称重组率(recombination fraction)，是指重组型配子数占总配子数的百分率。计算公式如下：

$$重组率=(重组型配子数÷总配子数)\times 100\%$$

两个特定基因间的重组率是相对恒定的。重组率的大小反映了基因之间连锁强度的大小。重组率一般小于50%，重组率为0时，表示基因连锁紧密，无重组现象发生，即完全连锁；当重组率接近50%时，表示连锁强度非常小，有可能属于独立分配遗传。重组率的测定应该在正常条件下进行，且样本量应尽可能大，这样才能得到一个比较准确的结果。因为生物体的年龄、性别及实验温度都可能影响重组的发生。

摩尔根根据他的大量实验结果，提出基因在染色体上呈直线排列的设想，并且基因在染色体上的距离与基因间的重组率成正比。因此摩尔根又提出了基因在染色体上的相对距离可以用去掉百分号的重组率来表示。

任务三 基因定位

任务知识

基因定位是指基因所属连锁群或染色体以及基因在染色体上的位置的测定，是遗传学研究中的重要环节。“定位”有两层含义，即基因在哪一条染色体上和基因在该染色体上的哪个位置。

一、基因连锁群的测定

生物体的性状有成千上万个，而决定这些性状的基因也有成千上万个，但染色体的数目却是有限的，因此每条染色体上聚集着成群的基因。位于一对同源染色体上的多个基因称为一个基因连锁群。研究发现，许多生物的基因连锁群的数目恰好等于该生物体细胞中的染色体对数。例如，黑腹果蝇的基因连锁群和染色体对数分别为4和4，豌豆分别为7和7，玉米分别为10和10，小鼠分别为21和(19+1+1)(这里的两个1分别表示X染色体和Y染色体)，人分别为24和(22+1+1)(这里的两个1分别表示X染色体和Y染色体)。但家蚕和家兔的基因连锁群的数目均少于染色体对数(家蚕分别为22和28，家兔分别为11和22)，这可能是人们对这两类生物还未进行深入研究的缘故，也可能是其他原因，但无论如何，至今尚未发现基因连锁群数目超过体细胞染色体对数的例子。测定基因所属连锁群的方法有很多，下面介绍主要的几种。

(一) 性连锁法

哺乳动物中如果某一性状仅出现在雄性动物中，则可以肯定控制该性状的基因定位于Y染色体上；若某一性状明显表现为伴性遗传，则其基因可定位在X染色体上。

(二) 标记染色体连锁法

标记染色体连锁法主要通过系谱分析阐明标记染色体与某一基因的连锁关系而将该基因定位于染色体上。例如，人的Duffy血型基因与人1号染色体长臂靠近着丝粒的区域变长之间有连锁关系，通过系谱分析得知，该染色体结构的变化是可遗传的，因此可将Duffy基因定位于1号染色体上。

(三) 经典的非整倍体测交法

经典的非整倍体测交法主要用于能产生三倍体的植物中。

(四) 非整倍体的酶剂量测定法

酶基因一般是共显性的，每一个等位基因所产生的酶剂量可以定量测定，而酶剂量与染色体数目之间是一种平行关系，因此，非整倍体的酶剂量测定法就是找出酶剂量与染色体之间的连锁关系。

（五）四分体分析法

四分体分析法主要用于子囊菌类的基因连锁分析。

（六）细胞学基因定位法

当异常染色体的发生与某一基因的异常表达呈平行关系时，则可确定该基因与该染色体的连锁关系。

（七）近着丝粒距离基因定位法

近着丝粒距离基因定位法主要是计算某一基因与另一距着丝粒很近的已知基因之间的重组率的大小来确定该基因与已知基因间的连锁关系。

（八）体细胞杂交定位法

在人工条件下，亲缘关系较远的两类动植物的细胞可以发生融合，融合后的细胞往往会专一丢失某一亲本的染色体，例如，人、鼠杂交细胞常常丢失人的染色体，而丢失的基因往往是随机的，因此，可利用这种方法来定位人和其他哺乳动物的基因。该方法又可细分为如下几种方法。

1. 同线性测定法 同线性是指一组基因在不同物种的同一染色体上的物理共定位，它表示同一染色体上的基因间的关系。当人-鼠杂交细胞随机地、不完全地丢失人的某些染色体时，根据所培养的细胞株是否能表达出某些基因产物来判断这些基因与染色体的关系。

2. 体细胞杂交选择定位法 例如，已知人的 TK（胸腺嘧啶核苷激酶）基因位于人的 17 号染色体，而在人-鼠杂交细胞对 TK 进行选择时，发现半乳糖苷酶基因也同时出现，而除去对 TK 的选择，半乳糖苷酶基因也同时消失，因此，可以推断半乳糖苷酶基因也位于 17 号染色体上。

3. 蛋白质分析定位法 Cox 等制备了一对人-鼠杂交细胞系，其中 A 细胞系比 B 细胞系多 1 条人 X 染色体，分别对这两个细胞系产生的蛋白质进行电泳分析，发现多 1 条人 X 染色体的细胞系多出 5 种蛋白质，其中 2 种蛋白质是葡萄糖-6-磷酸脱氢酶和次黄嘌呤鸟嘌呤磷酸核糖转移酶，因此，可以推断这两种酶的基因定位于 X 染色体上。

4. 核酸分子杂交定位法 核酸分子单链通过碱基对之间的互补以非共价键结合成双链，这是核酸分子杂交的基础。用克隆的人的 β-球蛋白 DNA 作探针与含有人的各种染色体的人-鼠杂交细胞进行杂交，只有含有人的 11 号染色体的杂交细胞呈杂交阳性，因此，可以认为肌球蛋白基因位于人的 11 号染色体上。

此外，还可以用直接观察法或染色体显带技术来直接判断动植物基因连锁群。

二、基因在染色体上位置的测定

根据重组率的测定方法，基因在染色体上的定位方法又可以分为两点测验法和三点测验法两种。摩尔根于 1911 年指出重组率反映了基因在染色体上距离的远近。遗传学家斯特蒂文特（Sturtevant）于 1913 年提出将基因的重组率作为基因间的距离，即 1% 的重组率就是两基因在染色体上的一个遗传单位。遗传单位又称图距单位（map unit，m. u.），也有人用厘摩（centimorgan，cM）来表示图距单位。1% 的重组率（去掉%）=1 cM。例如，果蝇黑体和残翅的重组率为 18.08%，即黑体和残翅这两个基因的相对距离为 18.08 个遗传单位，即 18.08 cM。

两点测验法就是利用杂交所产生的 F1 与双隐性个体进行测交，计算两对基因之间的重组率，得出基因距离，这是基因定位最基本的方法。但该方法仅能测得两对基因的相对距离，这两对基因的顺序无从得知，因此，若想知道基因间的顺序，则必须将这两对基因与第三对基因分别进行测交，再分别计算这两对基因与第三对基因的重组率。例如，有 Aa、Bb、Cc 三对基因是连锁的，用三次两点测验法得到 Aa 与 Bb 的重组率为 2.5%，Aa 与 Cc 的重组率为 3.6%，Bb 与 Cc 的重组率为 6.1%，则可知这三对基因的顺序为 Bb—Aa—Cc 或 Cc—Aa—Bb。

摩尔根发现果蝇的白眼（w）、黄体（y）、粗翅脉（bi）三个性状均为伴性遗传性状，经测交计算得 w 与 y 间的重组率为 1.5%，即 w 与 y 的基因距离为 1.5 cM；w 与 bi 间的重组率为 5.4%，即 w 与 bi

Note

的基因距离为 5.4 cM。那么 w、y、bi 是如何排列的？是 w—y—bi 还是 y—w—bi？这只有再测定 y 与 bi 间的重组率才能确定。经测定，y 与 bi 间的重组率为 6.9%，即 y 与 bi 的基因距离为 6.9 cM。因此，可推测三者的顺序为 y—w—bi。

当两个基因间的距离大于 5 cM 时，两点测验法所测得的重组率会偏小，这是因为当两个基因座间的距离变大后，在这中间可能发生双交换(double crossing over)，即两次交换，其结果是染色体节段的两次交换使基因座实际上没有发生交换，而重组率的计算是基于基因必须发生交换才能得到的，因此，双交换能形成重组的染色体，但不能形成重组的配子，所以测得的重组率会偏小。

两点测验法必须做三次测交才能知道三对基因的顺序，若要知道这三对基因在染色体上的排列方向，则必须让它们与第四对基因一一完成测交，因此，两点测验法比较耗时。

三点测验法是在两点测验法的基础上发展起来的一种方法，它只需一次杂交即可知道三对基因之间的距离和排列顺序。

因为大部分突变体都是隐性突变，而其原型都为显性，所以原型都被称为野生型，野生型用“＋”表示。在实验动植物的三点测交中，三个基因都分别进行了两两交换，这样的交换被称为单交换，仅发生单交换的三点测交，其测交后代只有 6 种表型。但杂交实验表明，在三点测交中，其测交后代往往会出现 8 种表型，这说明三个基因不仅发生了两两的单交换，同时也发生了双交换。

将具有黄体(y)、白眼(w)、短翅(m)的雌果蝇与灰体(＋)、红眼(＋)、长翅(＋)的雄果蝇交配，其 F1 为灰体、红眼、长翅(＋＋＋/ywm)，取 F1 雌果蝇与三隐性雄果蝇测交，测交后代有 8 种表型。

任务四　连锁交换定律的应用

任务知识

一、育种

育种工作中的一个重要课题是取得种内杂交亲本的优良基因组合。如果要求组合在一起的两个基因座之间紧密连锁，那么在杂交 F1 的减数分裂中通过交换而出现所要求的基因组合的配子将是稀少的。这就需要从较多的子代中进行选择才可能得到所要求的基因组合。根据已知的连锁关系，可以预测在多大的子代群体中才能发现所要求的基因组合，从而减小育种工作的盲目性。育种工作的另一个重要课题是通过远缘杂交从野生植物中引进耐旱、抗虫、抗病等基因。要引进这些基因就必须使野生植物的染色体和栽培植物的染色体发生交换。可是由于长期进化的结果，即使某一栽培植物和某一野生植物来自同一祖先，它们的染色体也不过是部分同源的，因而不易发生交换。因此必须研究如何促进部分同源染色体的交换才能取得预期的效果。小麦的 ph 基因阻碍小麦-冰草杂种减数分裂中部分同源染色体的联合。设法使 ph 基因缺失或受到抑制，就能使部分同源染色体间发生交换。通过这一方法，人们已经将冰草的至少三个抗病基因引入小麦中。

二、产前诊断

一位妇女从她的父亲那得到带有血友病(hemophilia)基因(hm)和葡萄糖-6-磷酸脱氢酶(G6PD)座位的同工酶 A 基因，由于已知这两个基因的距离为 5 cM，如果通过羊水检查发现同工酶 A 基因的存在，并且由核型分析知道胎儿是男性，则可以预测这一胎儿患有血友病的概率为 95%，因为 G6PD 基因和 hm 基因之间发生交换的概率为 5%。相反，如果羊水检查中不能查出同工酶 A 基因的存在，那么这一胎儿患有血友病的概率为 5%，因为不携带同工酶 A 基因的 X 染色体中，只有 5% 携带 hm 基因。

三、理论意义

鉴于交换和重组在遗传学及生产实践中的意义，长期以来其都是遗传学研究中的中心课题。近年来交换分子机制的研究受到特别关注。在这方面，噬菌体的简单体制和子囊菌的一次减数分裂所产生的四分体以一定顺序排列在子囊中等特点在交换的研究中尤其受到重视并被利用。在λ噬菌体整合到大肠杆菌染色体的过程中，发生交换的部位称为噬菌体附着位点（attP）和细菌附着位点（attB）。两个附着位点完全同源，并且实际上发生交换的部位只有15个核苷酸对。这一简单的体制适合进行重组过程的分子遗传学研究。子囊菌和其他生物中影响减数分裂的突变型也被广泛用于研究交换过程。已经发现一些影响交换的突变型与DNA损伤修复有关，而DNA损伤修复又与基因突变有关，甚至与癌变和衰老有关。所以对交换分子机制及其与基本生命活动的关系的研究，都将是今后的重要课题。

课后习题

简答题

1. 简述连锁和交换的概念。
2. 简述交换率（重组率）的测定方法。
3. 简述基因定位的基本原理和常用方法。
4. 简述连锁交换定律的应用方向。

Note

项目四　性别决定与伴性遗传

学习目标

- 掌握生物的性别决定类型。
- 掌握伴性遗传的基本概念。
- 掌握伴性遗传的基本规律。

任务一　性别决定

任务知识

生物体普遍存在着性别差异。高等动植物群体雌、雄个体间存在很大的差别，高等植物的性别差异主要表现在花上，而低等生物的性别差异则表现在交配类型上。在有性生殖的动物群体中，性别比一般为1∶1，这是典型的孟德尔比率，说明性别也是一种性状，且和其他性状一样受遗传物质的控制，但生物的性别是一个十分复杂的问题，因此，性别决定也因生物种类的不同而存在很大的差异。在多数二倍体真核生物中，决定性别的关键基因位于一对染色体上，这一对染色体称为性染色体(sex chromosome)，除此之外的染色体称为常染色体(autosome)，一套常染色体通常用A表示。常染色体的各对同源染色体一般都是同型的，但性染色体可以有很大的差别。

一、XY型性别决定

雄性个体有2条异型性染色体、雌性个体有2条相同性染色体的类型，称为XY型性别决定。这类生物中，雌性是同配性别，即体细胞中含有2条相同的性染色体，记作XX；雄性的体细胞中则含有2条异型性染色体，其中一条和雌性的X染色体一样，也记作X，另一条异型性染色体记作Y，因此体细胞中含有XY2条性染色体。XY型性别决定在动物中占绝大多数。全部哺乳动物，大部分爬行类和两栖类动物，以及雌雄异株的植物属于XY型性别决定。植物中有女娄菜、菠菜、大麻等。

在哺乳动物的性别决定中，X染色体和Y染色体所起的作用是不等的。Y染色体的短臂上有一个睾丸决定基因，有决定“雄性”的强烈作用，而X染色体几乎不起作用。合子中只要有Y染色体就发育成雄性，仅有X染色体(XO)则发育成雌性。雌雄异株的女娄菜体内，Y染色体携带决定雄性的基因，具有决定雄株的作用。决定雌株的基因大部分在X染色体上，也有一些在常染色体上。但对于果蝇来说，Y染色体上没有决定性别的基因，在性别决定中失去了作用。X染色体是雌性的决定者。例如，染色体异常形成的性染色体组成为XO的果蝇将发育为雄性，而性染色体为XXY的果蝇则发育为雌性。

二、XO型性别决定

蝗虫、蟋蟀、螳螂等直翅目昆虫，雌性个体性染色体是成对的，为2A+XX型，而雄性个体仅有1

Note

条X染色体，为2A+XO型。因此，雌性个体所产生的配子只有一种，即A+X，而雄性个体产生A+X和A+O两种配子。

三、ZW型性别决定

鸟类动物、鳞翅目昆虫、部分两栖类和爬行类动物、鱼类动物的性别决定刚好与XY型相反。以鸡为例，其体细胞内有38对常染色体和1对性染色体，公鸡的性染色体是同型的，用ZZ表示，而母鸡的性染色体大小不一，大的用Z表示，小的用W表示。因此在ZW型生物中，雄性个体为同配性别，而雌性个体则为异配性别。雄性个体所产生的A+Z配子与雌性个体产生的A+Z配子结合，发育成雄性个体，而与雌性个体产生的A+W配子结合，则发育成雌性个体，其比例也是1∶1。因为ZW型生物中雌性个体为异配性别，所以雌性鸟类组织中也存在HY抗原。

四、其他类型性别决定

（一）染色体的单双倍数决定性别

蜜蜂的性别由细胞中的染色体倍数决定。雄蜂由未受精的卵发育而成，为单倍体。雌蜂由受精卵发育而成，是二倍体。营养差异决定了雌蜂是发育成可育的蜂王还是不育的工蜂。若整个幼虫期以蜂王浆为食，则幼虫发育成体型大的蜂王。若幼虫期仅食2～3天蜂王浆，则幼虫发育成体型小的工蜂。单倍体雄蜂进行的减数分裂十分特殊，第一次减数分裂出现单极纺锤体，染色体全部移向一极，两个子细胞中，一个正常，含16条染色体（单倍体），另一个是无核的细胞质芽体。正常的子细胞经第二次减数分裂产生两个单倍体（$n=16$）精细胞，发育成精子。膜翅目昆虫中的蜜蜂、胡蜂、蚂蚁等都属于此种类型。

（二）环境条件决定性别

有些动物的性别是由其生活史中发育早期阶段的温度、光照或营养状况等环境条件决定的。比如：海生蠕虫后螠，其成熟雌虫将卵产在海水中，刚发育的幼虫没有性分化，之后自由生活的幼虫将落入海底，发育成雌虫；如果幼虫落到雌虫的口吻上，便会下滑经内壁进入子宫发育成雄虫。如果把已经落在雌虫口吻上的幼虫移去，让其继续自由生活，它就会发育成中间性，畸形程度取决于幼虫在雌虫口吻上停留的时间。许多线虫的性别取决于环境的营养条件，它们一般在性别未分化的幼龄期侵入寄主体内，感染率低时营养条件好，发育成的成体基本上都是雌性的，而感染率高时营养条件差，发育成的成体通常是雄性的。大多数龟类无性染色体，其性别取决于孵化时的温度。如果乌龟卵在20～27 ℃条件下孵化则发育成雄性个体，在30～35 ℃条件下孵化则发育成雌性个体。鳄类在30 ℃以下孵化则几乎全为雌性，高于32 ℃时雄性占多数。我国特产的“活化石”扬子鳄，若巢穴建于潮湿阴暗的弱光处，则可孵化出较多雌鳄，若巢穴建于阳光暴晒处，则可产生较多的雄鳄。

（三）基因决定性别

某些植物既可以是雌雄同株，也可以是雌雄异株，这类植物的性别往往是由某些基因决定的。如葫芦科的喷瓜，其性别由三个复等位基因决定，即aB、a+、ab。三个复等位基因的显隐性关系为aB>a+>ab。aB基因决定发育为雄株，a+基因决定发育为雌雄同株，ab基因决定发育为雌株。性别的类型由5种基因型所决定：aBa+和aBab为雄株；a+a+和a+ab为雌雄同株；abab为雌株。纯合的aBaB不存在，因为雌性个体不可能提供aB配子。玉米也可因2对基因的转变，产生雌雄同株和雌雄异株的差异。

（四）性反转现象

在一定条件下，动物的雌雄个体相互转化的现象称为性反转。鱼类的性反转是比较常见的，如黄鳝的性腺，从胚胎到性成熟先发育为卵巢，只能产生卵子，但产卵后卵巢会慢慢转化为精巢，只产生精子。所以，每条黄鳝一生中都要经过雌雄两个阶段。成熟的雌剑尾鱼会出其不意地变成

Note

雄性，老的雌鳗鱼有时也会转变成雄性。鸡也有性反转现象，且可用激素使性未分化的鸡胚转变性别。

任务二 伴性遗传及其应用

任务知识

一、伴性遗传的定义

伴性遗传(sex-linked inheritance)是指在遗传过程中，子代部分性状由性染色体上的基因控制，这种由性染色体上的基因所控制性状的遗传方式就称为伴性遗传，又称性连锁(遗传)或性环连。许多生物有伴性遗传现象。

1910年，摩尔根等在无数红眼果蝇中发现了一只白眼雄蝇。他将这只白眼雄蝇与野生红眼雌蝇交配，F1全是红眼果蝇。再将F1的雌雄个体相互交配，则F2果蝇中有3/4为红眼，1/4为白眼，但所有白眼果蝇都是雄性的。这表明，白眼性状与性别相联系。这种与性别相关的性状的遗传方式就是伴性遗传。摩尔根等对这种遗传方式的解释如下：果蝇是XY型性别决定动物，控制白眼的隐性基因(w)位于X染色体上，而Y染色体上没有它的等位基因。如果这种解释是对的，那么白眼雄蝇就应产生两种精子：一种含有X染色体，其上有白眼基因(w)；另一种含有Y染色体，其上没有相应的等位基因。F1杂合子(Ww)雌蝇则应产生两种卵子：一种所含的X染色体上有红眼基因(W)；另一种所含的X染色体上有白眼基因(w)。后者若与白眼雄蝇回交，则应产生1/4红眼雌蝇，1/4红眼雄蝇，1/4白眼雌蝇，1/4白眼雄蝇。实验结果与预期的一样，表明白眼基因(w)位于X染色体上。

二、伴性遗传的发生规律

(1) 当同配性别的性染色体(哺乳动物等XX为雌性，鸟类ZZ为雄性)传递纯合子显性基因时，F1雌雄个体都为显性性状。F2显性性状与隐性性状的分离比为3∶1；性别分离比为1∶1。其中隐性个体的性别与祖代隐性个体一样，即1/2的“外孙”与其“外祖父”具有相同的表型特征。

(2) 当同配性别的性染色体传递纯合子隐性基因时，F1表现为交叉遗传，即母本的性状传递给雄性子代，父本的性状传递给雌性子代，F2中，性状与性别的比例均表现为1∶1。

(3) 存在于Y染色体差别区段上的基因(特指哺乳动物)所决定的性状，或由W染色体所携带的基因所决定的性状，仅由父本传递给其雄性子代。表现为特殊的Y连锁(或W连锁)遗传。

(4) 伴X显性遗传病，女性患者多于男性患者；伴X隐性遗传病，男性患者多于女性患者。

三、伴性遗传的应用

(一) 推测后代发病率，指导优生优育

伴性遗传可以用于遗传咨询，为人类的优生优育服务。优生优育是让每一个家庭生育出健康的后代。遗传咨询是预防遗传病发生的主要手段之一。医生通过了解咨询者的家族史，分析遗传病的传递方式，推算后代的发病率，从而提出防治遗传病的对策、方法和建议。

(二) 根据性状推断后代性别，指导生产实践

在生产实践中常有因性别不同而利用价值各异的情况。例如，多养母奶牛可增加产奶量，多养母鸡能增加产蛋量，多养雄蚕可以提高蚕丝产量等。因此，可以根据性连锁遗传理论，将某些与性别相关联的性状作为标记性状，可以对幼小动物进行早期性别鉴定，从而保留所需要性别的动物，为人类的生产创收。

课后习题

简答题

1. 生物的性别决定类型有哪些?
2. 简述伴性遗传的发生规律及应用价值。

Note

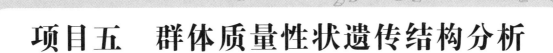

项目五　群体质量性状遗传结构分析

学习目标

- 掌握群体的基本概念。
- 掌握哈迪-温伯格定律的内容和应用。
- 掌握基因频率和基因型频率的定义及计算。

任务一　哈迪-温伯格定律

任务知识

一、群体的概念

群体是指一个种、一个亚种、一个变种、一个品种或一个其他同类生物类群的所有成员的总和。群体中的每一个成员称为个体。例如大熊猫，不管在什么地方，只要是大熊猫，都属于大熊猫这个群体，每一头大熊猫都是这个群体中的一个个体。但不同类群生物个体的总和不能称作群体，如羚羊和鹿组成的个体群。

群体遗传学中所指的群体一般指孟德尔式群体(Mendelian population)。所谓孟德尔式群体，是指具有共同的基因库，并由有性交配个体所组成的繁殖群体。这里所说的基因库，是指一个群体中全部个体所共有的全部基因。

在群体遗传学研究中，如果没有特殊说明，一般指孟德尔式群体。孟德尔式群体是以有性繁殖为前提的，因而其对象是具有二倍体的个体，并限于进行有性繁殖的高等生物，完全无性繁殖的生物体不发生孟德尔分离现象，结果形成无性繁殖系或无性繁殖系群，其基因的分离规律就不能用孟德尔的方法进行研究和鉴别。所以这些纯系不能算作孟德尔式群体，对于单倍体的微生物等原核生物，一般也不称孟德尔式群体。

二、哈迪-温伯格定律的概述

哈迪-温伯格定律(Hardy-Weinberg law)又称遗传平衡定律。1908 年，英国数学家哈迪(Hardy)最早发现并证明这一定律，同年，德国医生温伯格(Weinberg)也独立证明此定律，故得名哈迪-温伯格定律。其是指在理想状态下，各等位基因的频率在遗传中是稳定不变的，即保持着基因平衡。其条件如下：①种群足够大；②种群个体间随机交配；③没有突变；④没有选择；⑤没有迁移；⑥没有遗传漂变。

哈迪-温伯格定律主要用于描述群体中等位基因频率以及基因型频率之间的关系。

(1) 一个无穷大的群体在理想情况下进行随机交配，经过多代，仍可保持基因频率与基因型频率处于稳定的平衡状态。

(2) 在一对等位基因的情况下，显性基因频率(p)与隐性基因频率(q)的关系如下：

Note

$$(p+q)^2=1$$

二项式展开得

$$p^2+2pq+q^2=1$$

式中，p^2 为显性纯合子的比例，$2pq$ 为杂合子的比例，q^2 为隐性纯合子的比例。

三、哈迪-温伯格定律的应用

哈迪-温伯格定律揭示了群体基因频率和基因型频率的遗传规律，据此可使群体的遗传性能保持相对稳定，这是畜禽保种的理论依据。

根据哈迪-温伯格定律，在畜禽育种中可采用先打破群体原有的遗传平衡，再建立新的遗传平衡的方法，提高原品种性状或创造新品种，这是品种选育、品系繁育和杂交育种的理论依据。

哈迪-温伯格定律揭示了在一个随机交配群体中基因频率与基因型频率间的关系，从而为在不同情况下计算不同群体的基因频率和基因型频率提供了方法，据此可使育种更具预见性。

任务二　基因频率和基因型频率的计算

任务知识

在个体中，遗传组成用基因型表示，而在群体中，遗传组成用基因型频率和基因频率表示。不同群体的同一基因往往有不同频率，不同基因组合反映了各群体性状的表现特点。

一、基因型频率

基因型频率(genotype frequency)是指群体中某一基因型个体数占群体总数的比例。计算公式如下：

基因型频率＝某一基因型个体数÷群体总数

二、基因频率

基因频率(gene frequency)是指群体中某一基因个数占群体基因总数的比例。计算公式如下：

基因频率＝某一基因个数÷群体基因总数

三、基因型频率与基因频率的性质

(1) 同一位点的各基因频率之和等于1。

(2) 群体中同一性状的各种基因型频率之和等于1。

(3) 基因频率的变化范围在0～1之间。

(4) 基因型频率的变化范围也在0～1之间。

任务三　影响群体遗传结构的因素

任务知识

基因频率和基因型频率的平衡仅在一定条件下成立，即大群体，随机交配，无突变，无选择，无迁移。然而在自然界中，不管是家畜(本书中所有家畜均为广义用法，包括家禽)群体，还是野生动物或植物群体，没有一个群体的遗传组成(即基因频率和基因型频率)是不变的，其变化有其原因，研究变化的原因，对于阐明生物群体进化的遗传机制和加快畜禽改良速度都有重要意义。影响群体遗传结构的因素，也正是我们改良畜禽遗传品质的措施所在。

影响群体遗传结构的因素有迁移、突变、选择、遗传漂变和随机交配的偏移。其中前三项能够导致基因频率有方向性变化，即发生可以预测增减的变化；遗传漂变能导致基因频率无方向性变化；随机交配的偏移只改变基因型频率，不改变基因频率。

一、迁移

迁移实际上就是两个基因频率不同群体的混杂。产生迁移的原因：①混群；②杂交；③引种。遗传物质的引入在畜禽育种中是很重要的。目前，广泛采取的导入杂交就属于迁移的范畴，以增大群体中优秀基因的频率。

二、突变

基因突变对群体遗传结构的改变有以下两个重要作用：第一，可以形成新的基因，即等位基因和复等位基因，为选择提供材料，如果突变与选择方向一致，基因频率改变的速度就会加快；第二，突变可直接改变基因频率，当 A→a 时，A 的频率减小，a 的频率增大。

三、选择

在人类和自然界的干预下，某一群体的基因在世代传递过程中，某种基因型个体的比例所发生变化的现象称为选择。选择是引起生物群体基因频率发生方向性变化的重要因素。在畜禽育种中，选择是选种的重要手段，通过选择，将符合人类要求的性状选留下来，使基因频率逐代增大，从而改变群体的遗传品质。

在某种环境条件下，某已知基因型的个体将其基因传递到其后代基因库中的相对能力称为适合度。某一基因型个体在下一代淘汰的个体数占总后代数的比例称为选择系数或淘汰率，用 s 表示。因此，适合度就等于 $1-s$，当 $s=0$ 时，即全部留种时，适合度就等于 1。

四、遗传漂变

由某一代基因库中抽样形成下一代个体的配子时所发生的随机波动而引起基因频率变化的现象称为基因的随机漂移或遗传漂变。或者说，用随机抽样的方法建立小群体时，由抽样误差引起基因频率随机波动的现象。例如，某一猪群体中肛门闭锁的基因频率为 0.001，正常基因频率为0.999，原群 $D=0.998$，$H=2pq=0.002$。我们从这个群体中购买 2 头猪，这 2 头猪可能是显性纯合子（概率为 0.996），也可能是杂合子（概率为 0.00004），也可能有 1 头为杂合子，1 头为纯合子（概率为 0.001996）。用它们建立的群体产生的基因频率的变化如表 2-5-1 所示。

表 2-5-1　抽样产生的基因频率的变化

抽样：2 个	抽样概率	新群体基因频率
均为 AA	$D^2=0.998^2\approx 0.996$	$p=1, q=0$
均为 Aa	$H^2=0.001998^2=0.00004$	$p=0.5, q=0.5$
1 个 AA，1 个 Aa	$D\times H=0.001994$	$p=0.75, q=0.25$

五、随机交配的偏移

平衡群体的交配制度是随机交配，但实际上生物群体常常出现的是非随机交配，尤其在当今人工授精技术得到广泛应用的条件下更是如此。非随机交配类型有以下四种。

1. 同型交配　同型交配指相同表型或基因型个体间的交配方式，如 AA×AA、Aa×Aa 或 aa×aa的交配。

2. 异型交配　异型交配指不同表型或基因型个体间的交配方式，如 AA×aa、AA×Aa 或 Aa×aa的交配。

3. 同质交配　同质交配指表型相同或相似个体间的交配方式，也就是说，在体质、类型、生物学特性、生产性能及产品品质等方面相同或相似的个体间的交配。

Note

4. 异质交配 异质交配指不同表型个体间的交配方式。

课后习题

简答题

1. 简述群体的基本概念。
2. 结合生产实际简述哈迪-温伯格定律的应用方向。
3. 简述影响群体遗传结构的因素。

Note

模块三　数量性状的遗传方式

扫码看 PPT

项目一　数 量 性 状

学习目标

- 掌握数量性状的概念。
- 掌握数量性状遗传的特点。

任务一　数量性状的特征

任务知识

一、质量性状遗传与数量性状遗传

我们已熟悉一些性状的遗传规律，如豌豆的红花与白花及圆粒与皱粒，牛的无角与有角，鸡羽毛的芦花与非芦花等。这些相对性状之间有明显的区别，通常没有中间过渡类型，即使有中间过渡类型，仍然可以进行明确的区分归类，不易混淆。因而，可将有明显界限、易分类、呈不连续变异的质量性状的遗传称为质量性状遗传。质量性状遗传受少数基因控制，不易受环境条件的影响，相对性状大多有显性与隐性的区别，其遗传表现完全符合三大遗传定律。

生物的另一些性状（如植株高矮、奶牛的产奶量、蛋鸡的产蛋量、肉猪的日增重、饲料利用率等）有中间过渡类型，从低到高、从大到小、由轻到重的表现呈连续变异，在杂种后代中难以计算不同类型的比例，这类性状往往受多个基因控制，易受环境影响，其遗传方式称为数量性状遗传。与畜牧业生产有关的一些经济性状的遗传往往属于数量性状遗传。因此，进一步学习数量性状遗传的特点、遗传机制及遗传参数，对于指导畜禽育种有十分重要的意义。

二、数量性状遗传的特点

数量性状遗传的主要特点如下。

（1）数量性状遗传的变异呈连续性。例如，奶牛的产奶量通常在 3000～7000 kg 范围内，在这一范围内各种产奶量的个体都有，即有很多中间过渡类型，表现为连续性变异。

（2）数量性状遗传通常不存在显隐性关系。例如，奶牛产奶量的高低分不出哪个是显性，哪个是隐性。

（3）数量性状遗传对环境条件比较敏感。相同基因型的个体易受环境条件（如温度、光照、营养等）的影响而发生数量上的变异。从遗传角度分析，相同基因型的奶牛产奶量应该一致，但在实际生产中存在一定程度的差异，这显然是由环境条件对不同个体的影响造成的。

基于数量性状遗传的特点，在对其进行遗传变异的研究中必须做到以下几点：①以群体作为研究对象；②对性状要进行准确的度量；③必须运用生物统计方法进行分析；④在统计分析的基础上，弄清性状的遗传力及性状间的相互关系。对数量性状遗传的深入研究，可为畜禽品质的改良提供可靠依据，为畜禽的选种和杂交育种提供正确而有效的方法，从而加快品种改良的进程。

尽管数量性状遗传与质量性状遗传存在明显的区别，但并不是完全分隔的，两者相互渗透、紧密联系。

任务二 数量性状与质量性状的比较

任务知识

动物的性状可分为两大类：一类性状可明确地区分成若干种相对性状，并可用形容词进行描述，如猪的毛色有黑色、白色、棕色之分，称为质量性状；另一类性状则不然，由于其变异呈连续性，无法用形容词描述，只能用工具进行测定，并用数量来表示，如猪在特定日龄的体重、体尺等，称为数量性状。

畜禽的大多数经济性状都是数量性状，如产蛋量、产奶量、饲料利用率、胴体瘦肉率，以及毛皮动物的毛长、毛细度和毛密度等，所以数量性状在畜牧业中显得特别重要。

课后习题

简答题

简述质量性状和数量性状的遗传特点。

Note

项目二　数量性状遗传

学习目标

- 掌握数量性状的遗传方式。
- 掌握数量性状遗传多基因假说的基本内容。

任务一　数量性状遗传的多基因假说

任务知识

数量性状遗传的基本理论是由瑞典学者尼尔逊于1908年根据小麦籽粒颜色遗传实验所总结出来的，称为多基因遗传假说，其理论要点如下。

（1）数量性状遗传是许多微效基因或多基因的联合效应所造成的，因而也称多基因遗传。控制某一数量性状遗传的基因越多，杂种后代基因型分离比例就越复杂，表型变异幅度就越大。

（2）决定数量性状遗传的多对基因，通常不存在显隐性关系，但存在有效基因与无效基因的区别。有效基因对某一性状的形成有一定效应，而无效基因则没有效应。多个有效基因的效应相等，且有累加作用，有效基因越多，性状的发育程度就越大，所以有效基因又称加性基因。

（3）多基因的遗传行为同样符合遗传的基本定律，既有分离和重组，也有连锁和交换。例如，小麦籽粒颜色遗传。将一个籽粒呈深红色的小麦品种同白色品种杂交，F1结出中等红色的籽粒。F1自交，F2中有1/16呈白色，4/16呈淡红色，6/16呈粉色，4/16呈中等红色，1/16呈深红色。由此可以看出，籽粒颜色取决于R基因的数目，R基因越多，籽粒越红，即累加作用越强。

任务二　数量性状的遗传方式

任务知识

数量性状的遗传有以下几种方式。

一、中间型遗传

中间型遗传是指在一定条件下，两个不同品种杂交，其F1的平均表型值介于两亲本的平均表型值之间的遗传现象。群体足够大时，个体性状的表现呈正态分布。F2的平均表型值与F1平均表型值相近，但变异范围比F1要大一些。胴体瘦肉率、蛋重等属于中间型遗传性状。例如，甲品种猪的胴体瘦肉率为60％，乙品种猪的胴体瘦肉率为50％，两者杂交，其F1的胴体瘦肉率接近55％，这就是中间型遗传。

二、杂种优势

杂种优势是指两个遗传组成不同的亲本杂交，其 F1 在产量、繁殖力、抗病力等数量性状的表型值超过双亲平均值的遗传现象。但 F2 杂种优势下降，以后各代杂种优势逐渐下降并趋于消失。例如，太湖猪平均窝产仔数为 14 头，大约克猪平均窝产仔数为 10 头，两者杂交后 F1 平均窝产仔数为 13 头，表现出明显的杂种优势。

三、超亲遗传

两个品种或品系杂交，F1 表现为中间类型，而在以后的世代中，可能出现超过原始亲本的个体，这种现象称为超亲遗传。例如，将一个较高的植株品种和一个较矮的植株品种杂交，在杂种后代中可能出现更高或更矮的植株。

课后习题

简答题

简述数量性状的遗传方式。

项目三　数量性状基因座

学习目标

➤ 掌握数量性状基因座的基本概念。
➤ 掌握数量性状基因座定位的基本内容和方法。

任务一　数量性状基因座的概念

任务知识

数量性状基因座(quantitative trait locus,QTL)是指控制数量性状的基因在基因组中的位置。对 QTL 的定位必须使用遗传标记,人们通过寻找遗传标记与感兴趣的数量性状之间的联系,将一个或多个 QTL 定位到位于同一染色体的遗传标记,换句话说,遗传标记和 QTL 是连锁的。近年来,QTL 定位的应用较为广泛,在人类基因上与疾病有关基因的定位甚多;在植物中,模式植物抗逆性基因的定位较多。

任务二　数量性状基因座定位的统计方法

任务知识

QTL 定位就是采用类似单基因定位的方法将 QTL 定位在遗传图谱上,确定 QTL 与遗传标记间的距离(以重组率表示)。根据标记数目的不同,QTL 定位方法可分为单标记分析法、双标记分析法和多标记分析法。根据统计分析方法的不同,QTL 定位方法可分为方差与均值分析法、回归及相关分析法、矩估计及最大似然法等。根据标记区间数,QTL 定位方法可分为零区间作图法、单区间作图法和多区间作图法。此外,还有将不同方法结合起来的综合分析方法,如 QTL 复合区间作图法(CIM)、多区间作图法(MIM)、多 QTL 作图法、多性状作图法(MTM)等。

一、区间作图法

Lander 和 Botstein (1989)等提出,建立在个体数量性状观测值与双侧标记基因型变量的线性模型的基础上,利用最大似然法对相邻标记构成的区间内任意一点可能存在的 QTL 进行似然比检验,进而获得其效应的极大似然估计。其遗传假设是,数量性状遗传变异只受一对基因控制,表型变异受遗传效应(固定效应)和剩余误差(随机效应)控制,不存在基因型与环境的相互作用(简称互作)。区间作图法(interval mapping,IM)可以估算 QTL 加性效应值和显性效应值。

Note

与单标记分析法相比,区间作图法具有以下优点:①能从支撑区间推断 QTL 的可能位置;②可利用标记连锁图在全染色体组系统地搜索 QTL，如果一条染色体上只有一个 QTL，则 QTL 的位置和效应估计趋于渐进无偏；③QTL 检测所需的个体数大大减少。

区间作图法也存在以下不足：①QTL 回归效应为固定效应；②无法估算基因型与环境的互作效应，无法检测复杂的遗传效应（如上位效应等）；③当相邻 QTLs 相距较近时，由于其作图精度不高，QTLs 间相互干扰可能导致出现 Ghost QTL；④一次只应用两个标记进行检查，效率较低。

二、复合区间作图法

复合区间作图法（composite interval mapping，CIM）是曾昭邦提出的结合了区间作图法和多元回归优点的一种 QTL 作图方法。其遗传假定是数量性状受多基因控制。该方法拟合了其他遗传标记，即在对某一特定标记区间进行检测时，将与其他 QTL 连锁的标记也拟合在模型中以控制背景遗传效应。

复合区间作图法的主要优点如下：①由于仍采用 QTL 似然图来显示 QTL 的可能位置及显著程度，从而保留了区间作图法的优点；②假设不存在上位性和 QTL 与环境的互作效应，QTL 的位置和效应的估计是渐进无偏的；③选择多个标记（即进行的是区间检测），在较大程度上控制了背景遗传效应，从而提高了作图的精度和效率。

复合区间作图法存在的不足如下：①由于将两侧标记用作区间作图，对相邻标记区间的 QTL 估计会引起偏离；②与区间作图法一样，将回归效应视为固定效应，不能分析基因型与环境的互作效应及复杂的遗传效应（如上位效应等）；③当标记密度过大时，很难选择标记的条件因子。

三、基于混合线性模型的复合区间作图法

朱军（1998）提出了用随机效应的预测方法获得基因型效应及基因型与环境互作效应，然后用区间作图法或复合区间作图法进行遗传主效应及基因型与环境互作效应的 QTL 定位分析。该方法的遗传假定是数量性状受多基因控制，它将群体均值及 QTL 的各项遗传效应看作固定效应，而将环境、QTL 与环境、分子标记等效应看作随机效应。由于基于混合线性模型的复合区间作图法（MCIM）将效应值估计和定位分析相结合，既可无偏地分析 QTL 与环境的互作效应，又提高了作图的精度和效率。此外该模型可以扩展到分析具有加性×加性、加性×显性、显性×显性上位的各种遗传主效应及其与环境互作效应的 QTL。利用这些效应值的估计，可预测基于 QTL 主效应的普通杂种优势和基于 QTL 与环境互作效应的互作杂种优势，因而其具有广阔的应用前景。

课后习题

简答题

1. 简述数量性状基因座的基本概念。
2. 简述 QTL 定位的基本方法。
3. 简述 QTL 定位的作用。

Note

模块四　性状的变异

扫码看 PPT

项目一　染色体变异

学习目标

- 掌握染色体变异的类型和定义。
- 掌握染色体变异的应用方向。

任务一　染色体数目变异

任务知识

一、染色体数目变异的定义

染色体数目变异是指染色体数目发生不正常的改变。染色体数目的改变会给人类和动植物带来不利影响，但人们也可以利用染色体数目变异培育新的品种。

二、染色体组

在动物细胞染色体中，每一种染色体都有一个大小、形态、结构相同的同源染色体，每一种同源染色体之一构成的一套染色体，称为一个染色体组。一套染色体上带有相应的一套基因，所以，也称为一个基因组(genome)。

三、染色体数目变异的类型

在动物正常的细胞中具有完整的两套染色体，即含有两个染色体组，这样的生物称为二倍体($2n$)。但由于内外环境条件的影响，物种的染色体组或其数目可能发生变化，这种变化可归纳为整倍体变异和非整倍体变异。

(一) 整倍体变异

整倍体(euploid)变异是指细胞核中染色体以染色体组为单位成倍增减的现象。自然界中，多数物种是体细胞内含有两个完整染色体组的二倍体。遗传学上将一个配子的染色体，称为染色体组(也称基因组)。凡是细胞核中含有染色体组的完整倍数者，称为整倍体。含有一个染色体组的称为单倍体(n)，含有两个染色体组的称为二倍体($2n$)，含有三个染色体组的称为三倍体($3n$)，依此类推。自然界中绝大多数物种是二倍体。体细胞内含有超过三个染色体组的统称为多倍体。根据染色体组的来源，多倍体可分为两类：来源相同并超过两个染色体组的称为同源多倍体；来源不同并超过两个染色体组的称为异源多倍体。多倍体由体细胞分裂中只发生染色体分裂而不发生细胞分裂，或者不同倍数性配子受精而形成。

据报道，肉用仔鸡、白来航鸡的非整倍体的发生频率，1 日龄胚占全部染色体畸变率的 3%～17%，4 日龄胚为 7%。高等动物大多数是雌雄异体，而雌雄性细胞同时发生不正常的减数分裂的机会极少，且染色体稍不平衡，就会导致不育，故动物界的多倍体是很少见的。

（二）非整倍体变异

非整倍体变异是指细胞核中染色体在正常体细胞的整倍染色体组的基础上，发生个别染色体增减的现象。通常以二倍体（$2n$）染色体数目为基准，增加或减少若干个染色体，染色体数目不是整倍数，所以称为非整倍体。如二倍体缺少一对同源染色体称为缺体（$2n-2$），二倍体的某对同源染色体多一条染色体称为三体（$2n+1$），两对同源染色体各多一条为双三体（$2n+1+1$）。

在非整倍体变异中，三体是较普遍的一种类型。一般二倍体的生物都有三体型个体。在荷斯坦牛、瑞士褐牛等牛群中都发现过常染色体三体的病例，皆伴有下腭不全的症状。

四、染色体数目变异在育种上的应用

利用染色体数目变异的育种技术包括单倍体育种、多倍体育种和增减个别染色体，从而选育特殊的育种材料。该技术在植物育种方面已获得广泛应用。我国利用多倍体育种方法，已培育出许多农作物新品种，如三倍体无籽西瓜、多倍体小黑麦等。在动物育种方面，有研究者应用秋水仙素处理青蛙、鲫鱼、鲤鱼、兔子等动物的性细胞，获得了三倍体个体，但它们往往不育。所以目前多倍体育种方法在家畜生产实践方面还没有得到有效应用。

任务二　染色体结构变异

任务知识

染色体结构变异是指在自然突变或人工诱变的条件下使染色体的某区段发生改变，从而改变基因的数目、位置和顺序。染色体结构变异可分为 4 种类型，即缺失、重复、倒位和易位。

一对同源染色体中一条是正常的而另一条发生了结构变异，含有这类染色体的个体或细胞称为结构杂合子（structural heterozygote）。一对同源染色体都产生了相同结构变异的个体或细胞，称为结构纯合子（structural homozygote）。

染色体结构变异的根本原因：在某种外因和内因的作用下，染色体发生一个或一个以上的断裂，而且新的断面具有黏性，彼此容易黏合。实验证明，只有新的断面，才有重新黏合的能力。因此，已经游离的染色体断片和颗粒，一般是不能再黏合的。如果一个染色体发生断裂，而在原来的位置又立即黏合，就像正常的染色体一样，则不会发生结构变异。一对同源染色体在双线期发生等位基因间的交换就是通过上述过程发生断裂交换的。当断面以不同方式黏合，则可形成染色体缺失、重复或倒位。但两对同源染色体各有一条染色体断裂后，如果它们的断裂区段间还能单向黏合或相互黏合，则形成易位。

一、缺失

缺失（deletion）是指一个正常染色体上某片段的丢失，因而该片段上所载的基因也随之丢失。

（一）缺失的类型

按照区段发生的部位不同，缺失可分为以下几种类型。

1. 中间缺失（interstitial deletion）　染色体中部缺失了某片段的现象称为中间缺失。这种缺失较为普遍，也较稳定，故较常见。

2. 末端缺失（terminal deletion）　染色体末端节段丢失的现象称为末端缺失。由于丢失了端粒，故一般很不稳定，比较少见，常和其他染色体断裂片段重新愈合形成双着丝粒染色体或易位，也可能自身头尾相连，形成环状染色体（ring chromosome）。双着丝粒染色体在有丝分裂中有可能形成染色体桥（chromosome bridge）。

Note

发生缺失后，携带着丝粒的一段染色体仍可继续存留在新细胞里，没有着丝粒的另一段断片将随细胞分裂而丢失。

一对同源染色体中若一条染色体发生缺失，另一条染色体正常，则形成缺失杂合子。若一对同源染色体都发生相同的缺失，则形成缺失纯合子。

（二）缺失产生的原因

缺失产生的原因可能有以下几种。

（1）染色体损伤断裂后发生末端缺失，非重建性愈合可产生中间缺失或形成环状染色体。

（2）染色体纽结：染色体发生纽结时，若在纽结处产生断裂和非重建愈合，则可能形成中间缺失。

（3）不等交换：在联会时略有参差的一对同源染色体之间发生不等交换（unequal crossover），结果产生了重复和缺失。

（4）转座因子可以引起染色体的缺失和倒位。

（三）缺失的遗传与表型效应

缺失将会产生以下几种效应。

1. 致死或出现异常 由于染色体缺失使它上面所载的基因也随之丢失，所以缺失常常造成生物的死亡或出现异常，但其严重程度取决于缺失片段的大小、所载基因的重要性以及属于缺失纯合子还是缺失杂合子。缺失小片段染色体比缺失大片段染色体对生物的影响小，有时虽不致死，但也会导致严重异常现象；有时缺失的片段虽小，但所载的基因直接关系到生命的基本代谢，同样也会导致生物的死亡；一般缺失纯合子比缺失杂合子对生物的生活力影响更大。人类的猫叫综合征（cri du chat syndrome）就是由 5 号染色体短臂缺失所致。

2. 假显性或拟显性（pseudodominance） 显性基因的缺失使同源染色体上隐性非致死等位基因的效应得以显现，这种现象称为假显性或拟显性。一个典型的例子就是果蝇的缺刻翅，即在果蝇翅的边缘有缺刻，胸部小刚毛分布错乱。这是由于一条 X 染色体 C 区的 2-11 区域缺失，缺失的区域除了含有控制翅形及刚毛分布的基因外，还含有控制眼色的基因。

（四）缺失的应用

缺失常作为一种研究手段进行某些功能基因的定位研究，以及探测某些调控元件和蛋白质的结合位点等。如人类决定睾丸分化的基因（SRY 基因）就是通过研究几例 Y 染色体上某片段缺失而发生性反转的病例发现的。

二、重复

重复（duplication）是指一个正常染色体上增加了与本身相同的某一片段的现象。

（一）重复的类型

重复按发生的位置和顺序不同，可分为以下几种类型。

1. 顺接重复（tandem duplication） 重复片段按原有的顺序相连接，即重复片段所携带的遗传信息的顺序和方向与染色体上原有的顺序和方向相同。

2. 反接重复（reverse duplication） 重复片段按颠倒顺序连接，即重复片段所携带的遗传信息的顺序和方向与原来的顺序和方向相反。

3. 同臂重复 重复片段在同一条染色体臂上。

4. 异臂重复 重复片段在不同染色体臂上。

若一对同源染色体中的一条染色体发生重复，另一条染色体正常，则形成重复杂合子；若一对同源染色体都发生相同的重复，则形成重复纯合子。

（二）重复产生的原因

Note

1. 断裂-融合桥的形成 染色体由于断裂而丢失端粒，可自身首尾连接形成环状染色体，复制后若姐妹染色单体之间发生交换，则在有丝分裂后期可以形成染色体桥。由于附着在纺锤丝上的着丝粒不断向两极移动使染色体桥断裂，就会导致染色体重复和缺失。

2. 产生反接重复和缺失　若一对同源染色体中的一条发生纽结和断裂，可能会产生反接重复和缺失。

3. 不等交换　一对同源染色体非姐妹染色单体间发生了不等交换，会导致染色体的缺失和重复。

（三）重复的遗传与表型效应

1. 影响基因的重组率　重复会破坏正常的连锁群，影响固有基因的重组率。

2. 位置效应　一个基因随着染色体畸变而改变它和相邻基因的位置关系，所引起表型改变的现象称为位置效应(position effect)。重复的发生改变了原有基因间的位置关系。

3. 剂量效应　由于基因数目的不同，而表现的不同表型差异的现象称为剂量效应。重复杂合子和重复纯合子所含的某些等位基因不是1对，而是3个或4个，常常会引起剂量效应。例如，玉米的糊粉层颜色受第9对染色体上的显性基因C控制，只存在1个C基因时，糊粉层颜色最浅，若该染色体显性基因C区段发生重复，则随着C基因的增多，糊粉层颜色会相应地加深。

4. 表型异常　重复对生物发育和性细胞生活力也是有影响的，但比缺失的损害轻。如果重复的基因或产物很重要，则会引起表型异常。

（四）重复的应用

1. 研究位置效应　在细胞学研究中可通过重复给某一染色体做标记。

2. 用于杂种优势固定　对于一个杂合子A/a来说，A、a会发生分离，不能真实遗传。基因重复用于杂种优势固定并不直接导致A、a发生分离，而是通过特定的遗传机制实现杂种优势的固定。

三、倒位

倒位(inversion)是指一个染色体上某片段的正常排列顺序发生了180°的颠倒。

（一）倒位的类型

倒位按照倒位片段是否包含着丝粒，分为以下两种类型。

1. 臂内倒位(paracentric inversion)　发生在染色体一条臂上不含着丝粒的倒位(图4-1-1)。

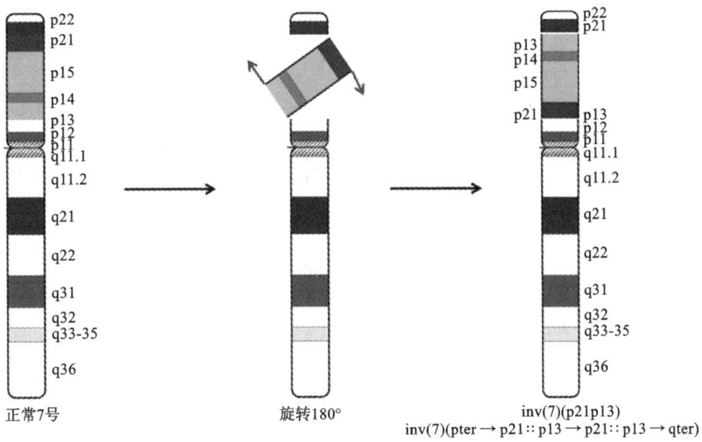

图4-1-1　臂内倒位

2. 臂间倒位(pericentric inversion)　发生在染色体两条臂上并包含着丝粒的倒位(图4-1-2)。

（二）倒位产生的原因

倒位产生的原因主要有以下两方面：①染色体纽结、断裂和重接；②转座因子可以引起染色体的倒位。

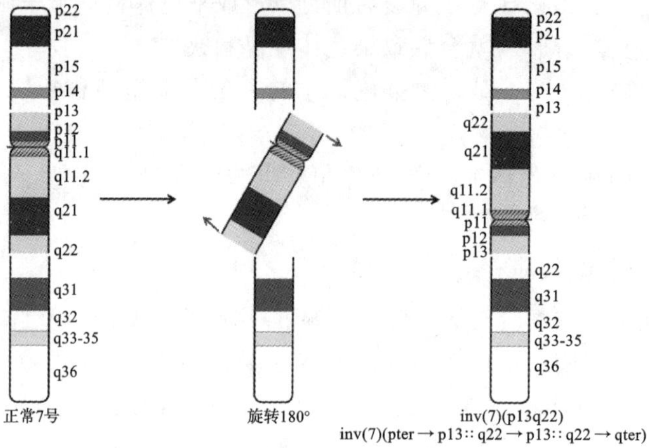

图 4-1-2 臂间倒位

课后习题

简答题

1. 简述染色体变异的概念及种类。
2. 阐述染色体变异在育种中的应用。

项目二　基因突变

学习目标

- 掌握基因突变的基本概念。
- 掌握基因突变发生的时期和频率。
- 掌握基因突变发生的分子机制。

任务一　基因突变的概念

任务知识

基因突变(gene mutation)是基因组 DNA 分子发生的突然的、可遗传的变异现象。从分子水平上看,基因突变是指基因在结构上发生碱基对组成或排列顺序的改变,包括点突变、移码突变和缺失突变等。

任务二　基因突变发生的时期和频率

任务知识

一、基因突变发生的时期

基因突变可以发生在生物体生长发育的任何阶段,既可以发生在性细胞,也可以发生在体细胞。如果基因突变发生在性细胞,则突变能通过配子的有性结合传递给后代,并且在后代的体细胞和性细胞中都存在,这种类型的突变称为种系突变(germinal mutation)。如果突变发生在体细胞,则在有性生殖的动物群体中不能传递给后代,这种类型的突变称为体细胞突变(somatic mutation)。植物的体细胞突变可以通过压条、嫁接等方法繁殖。动物克隆技术出现后,动物体细胞的突变也可以通过克隆技术得以保存与繁殖。

二、基因突变发生的频率

基因突变发生的频率简称突变率(mutation rate)。突变率是指在一定时间内突变可能发生的次数,即突变体(mutant)占总观察个体数的比值。基因突变在自然界是普遍存在的,但在自然条件下,突变率很低,而且随生物种类和基因不同而存在很大差异。如:突变率在人类中为 10^{-6}～10^{-4},在高等动植物中为 10^{-8}～10^{-5},在细菌中为 10^{-10}～10^{-4}。自发突变率也受到生物遗传特征的影响,比如在雄性和雌性果蝇中相同性状的突变率不同。

任务三　基因突变的一般特性

任务知识

一、基因突变的重演性

基因突变的重演性是指相同的基因突变在同种生物的不同个体、不同时间、不同地点重复地发生和出现。例如，果蝇的白眼突变就曾发生过多次；20 世纪 40 年代，短腿安康羊在挪威曾重复出现。

二、基因突变的可逆性

基因突变的可逆性是指基因突变可以从一种相对性状突变为另一种相对性状，又可从另一种相对性状突变为原来的相对性状。正突变(forward mutation)指的是基因从一种状态转变为另一种状态，通常是从显性基因变为隐性基因，表示为 $A\rightarrow a$；反突变(reverse mutation)或回复突变(back mutation)则是指基因从经过突变后的状态回复到原来的状态，通常是从隐性基因变为显性基因，表示为 $a\rightarrow A$。在自然界中，通常正突变多于反突变。

三、基因突变的多向性

基因突变的多向性是指一个基因可以突变成它的不同的复等位基因。它们的生理功能和性状表现各不相同，在遗传上具有对应关系。复等位基因的产生是由基因突变的多向性造成的。复等位基因的存在丰富了生物多样性，扩大了生物的适应范围，也为育种工作提供更多的素材。

四、基因突变的平行性

基因突变的平行性是指亲缘关系相近的物种往往发生相似的基因突变，如牛、马、兔、猴、狐中都发现有白化基因。矮化基因在马、牛、猪等动物中有，形成了矮马、小牛及小型猪的个体，这是基因突变的平行性的表现。根据基因突变的平行性，如果在某属、某种的生物中发现了一种基因突变，就可在同属不同种或亲缘属的其他生物物种中预期获得相似的基因突变。

五、基因突变的有利性和有害性

基因突变的有利性是指基因突变能够创造新的基因，提高生物多样性，为育种工作提供更多的素材。同时，基因突变加选择可以促进生物的进化。所以，在整个生物进化的历史长河中，一种基因突变可能对人类而言是有利的，但就现存的生物或具体到一个个体，基因突变多是有害的，因为在进化过程中，它们的遗传物质及其调控下的代谢过程与环境都已达到相对平衡状态和高度的协调统一状态，一旦某个基因发生突变，便不可避免地造成整个代谢过程的破坏，从而表现为生活力降低、生育反常，极端的会造成当代死亡等。如视网膜色素瘤是显性突变引起的，可使患有该病的儿童死亡。但也有少数基因突变不影响生物的身体机能或者能提高生命力，有利于生物生存，就可被自然和人工选择保留下来。基因突变的有利性与有害性是相对的。例如，残翅昆虫(突变型)的残翅状态对陆地生存者极为不利，而在多风的岛上，其比常态翅昆虫更适合生存。

任务四　基因突变发生的分子机制

任务知识

基因突变按其发生的原因分为自发突变和诱发突变两大类。实验证明，基因突变既可由放射线(包括 α 射线、β 射线、γ 射线、X 射线和紫外线等)引起，也可由一些化学物质引起。现已发现许多化

Note

学物质可引起基因突变，这些化学物质称为化学诱变剂。它们的诱变机制不尽相同。

不管是由物理因素还是由化学因素引起，基因突变实际上是DNA分子上碱基序列、成分和结构发生了改变，归纳起来有碱基替换、移码突变和DNA链的断裂。由此引起转录而来的mRNA结构的改变，进而翻译为不同的氨基酸，组成不同性质的蛋白质，最终导致性状变异和正常生理代谢功能破坏，严重的可造成个体死亡。

一、碱基替换

碱基替换是指在DNA分子中一个碱基对被另一个碱基对所替换的现象。在碱基替换中，一个嘌呤被另一个嘌呤所替换，或一个嘧啶被另一个嘧啶所替换的现象称为转换(transition)，如A代替G或G代替A，以及C代替T或T代替C；一个嘌呤被一个嘧啶所替换，或一个嘧啶被一个嘌呤所替换的现象称为颠换(transversion)。

二、移码突变

移码突变是指在基因组中增加或减少碱基对，使该位点之后的密码子都发生改变的现象。

三、碱基替换与移码突变的遗传效应

（一）碱基替换的遗传效应

碱基替换的遗传效应可分为以下三种情况。

1. 错义突变 错义突变(missense mutation)是指碱基替换使DNA序列发生改变，从而使mRNA上相应的密码子发生改变，导致蛋白质中相应氨基酸发生替换，形成无活性或无功能的蛋白质或多肽，影响生物的生活力或表现。

2. 无义突变 无义突变(nonsense mutation)是指碱基替换后在mRNA上产生了无义密码子(终止密码子)，从而形成不完整的、没有活性的多肽链。

3. 同义突变 同义突变(synonymous mutation)是指碱基替换后在mRNA上产生新的密码子仍然代表原来氨基酸的密码子，这种突变不会造成蛋白质序列和性质发生改变。这是由密码子的兼并现象所决定的，即1个氨基酸有2个及以上密码子。

（二）移码突变的遗传效应

移码突变的遗传效应比碱基替换所造成的突变要大得多，因为在DNA分子链中缺失或插入一个或几个碱基时，将改组原来的DNA链上一段或整条链的密码子，于是在转录时也就改组了mRNA的编码顺序，因而翻译出来的氨基酸顺序也发生相应的改变，这种突变通常产生无功能的蛋白质。

DNA链的断裂往往造成片段和基因的缺失，由于不能产生与生命相关的蛋白质，其对生物的影响是巨大的。

课后习题

简答题

1. 简述基因突变的基本概念。
2. 简述基因突变的发生机制和应用价值。

中篇　动物繁殖基础

模块五　动物生殖生理

扫码看 PPT

项目一　雄性动物生殖生理

学习目标

- 掌握雄性动物和雌性动物生殖系统生殖器官的组成以及各器官的功能。
- 掌握精子的发生以及形态结构。
- 掌握精液的组成和精子的活动。
- 理解影响精子活力的因素。

任务一　雄性动物生殖器官

任务知识

雄性动物生殖器官由睾丸、附睾、输精管、副性腺(包括精囊腺、前列腺和尿道球腺)、尿生殖道、外生殖器(阴茎和包皮)等部分组成。公畜生殖系统的结构如图 5-1-1 所示。

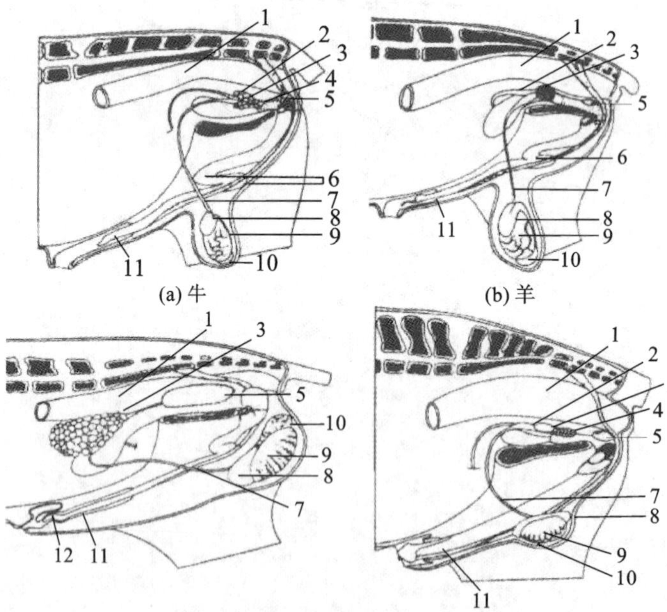

1—直肠；2—输精管壶腹；3—精囊腺；4—前列腺；5—尿道球腺；6—S状弯曲；7—输精管；8—附睾头；9—睾丸；10—附睾尾；11—阴茎游离端；12—包皮憩室

图 5-1-1　公畜生殖系统的结构

一、睾丸

1. 睾丸的形态结构　睾丸成对，位于肛门下方的会阴区，呈卵圆形，两端为头端和尾端，两个缘

Note

为游离缘和附睾缘，长轴自后上方向前下方倾斜，睾丸头位于后端。睾丸游离缘朝向阴囊底，附睾缘的外侧附有附睾。睾丸的表面由一层很薄的固有鞘膜所构成，鞘膜分为壁层和脏层，脏层覆盖睾丸表面，壁层贴附于阴囊壁内面，两层膜间为鞘膜腔，腔内含有少量液体，可使睾丸在阴囊内自由滑动。

睾丸表面是一层致密结缔组织构成的白膜。白膜在睾丸头处进入睾丸长轴延续为睾丸纵隔，睾丸纵隔发出许多睾丸小隔伸向白膜层，将睾丸内部分隔成许多锥体形睾丸小叶。每个睾丸小叶内含2～5条曲细精管(也称生精小管)。曲细精管起于盲端，汇合为直细精管并进入睾丸纵隔中，在睾丸纵隔中互相交织形成睾丸网。睾丸网在睾丸头端延续为数条睾丸输出小管并穿出白膜进入附睾头部。睾丸内部由实质和间质两部分组成。睾丸实质部包括曲细精管、直细精管和睾丸网。

(1) 曲细精管：外径为0.1～0.3 mm，管腔直径为0.08 mm，腔内充满液体。曲细精管是一种特殊的复层上皮管道，上皮细胞可分为生精细胞和支持细胞两种。在性成熟后动物的曲细精管壁上，可见到一些稀疏柱状上皮细胞，其底部附着在管壁的基膜上，顶部伸至管腔，这就是支持细胞。在相邻支持细胞之间，镶嵌有许多不同发育阶段的生精细胞，根据细胞分化程度不同，生精细胞可分为A型精原细胞、B型精原细胞、初级精母细胞、次级精母细胞、精子细胞和精子。曲细精管有生成精子、营养精子、吞噬精子残体等功能。

(2) 直细精管：每一个睾丸小叶内2～5条曲细精管汇合而成的短直细管，其管壁上无生精细胞，不能产生精子。

(3) 睾丸网：各睾丸小叶发出的直细精管在睾丸纵隔内汇合成的导管网。睾丸网管壁内有分泌细胞。直细精管和睾丸网有营养精子和输送精子的功能。

(4) 睾丸间质：位于曲细精管之间的疏松结缔组织，内有很多成群的上皮样间质细胞，可分泌雄激素。

2. 睾丸的生理功能

(1) 生精功能：曲细精管的生精细胞经多次分裂，最终形成精子。

(2) 分泌雄激素：间质细胞能分泌雄激素——睾酮，刺激性腺发育、维持第二性征，激发雄性性欲和性兴奋。

(3) 产生睾丸液：由曲细精管和睾丸网所产生的大量睾丸液，含有较高浓度的Ca^{2+}、Na^{+}等离子和少量的蛋白质，其作用是维持精子的生存和帮助精子向附睾头部移动。

二、附睾

1. 附睾的形态结构 附睾附着于睾丸的背外侧缘。附睾外部可区分为头、体、尾三部分。其前段膨大部为附睾头，此部有血管和神经进入睾丸内，它由睾丸网发出的13～20条睾丸输出管组成，这些睾丸输出管呈螺旋状，借结缔组织联结成若干附睾小叶(亦称血管圆锥)，再由附睾小叶联结成扁平而略呈杯状的附睾头，贴附于睾丸的前端或上缘。各附睾小叶的管汇成一条弯曲的附睾管。附睾体由弯曲的附睾管沿睾丸的附睾缘延伸逐渐变细，最后逐渐过渡为输精管。附睾内部是附睾管和部分睾丸输出管构成的管道系统。

附睾管壁由环形肌纤维和假复层柱状纤毛上皮构成。附睾管大体可分为三部分，起始段具有长而直的静纤毛，管腔狭窄，管内精子数较少；中段静纤毛稍短，且管腔变宽，管内有大量精子存在；末段静纤毛较短，管腔很宽，充满精子。

2. 附睾的生理功能

(1) 促进精子成熟：从睾丸曲细精管生成的精子，刚进入附睾头时颈部常有原生质滴，活动微弱，没有受精能力或受精能力很低。精子在通过附睾的过程中，原生质滴向尾部末端移行并脱离精子，精子逐渐成熟，并获得直线前进的运动能力、受精能力。

(2) 吸收作用：附睾头和附睾体的上皮细胞具有吸收功能，可将来自睾丸较稀薄精液中的水分和电解质经上皮细胞吸收，使附睾尾的精子浓度大大升高，达到每微升400万个以上。

(3) 运输作用：附睾主要通过管壁平滑肌的收缩以及上皮细胞纤毛的摆动，将来自睾丸输出管的精子悬浮液自附睾头运送至附睾尾。

(4) 储存作用:精子主要储存在附睾尾。由于附睾管上皮的分泌作用和附睾中的弱酸性(pH 为 6.2～6.8)、高渗透压、较低温度和厌氧的内环境,精子代谢和活力维持在很低水平,因此精子在附睾内可储存较长时间。例如,精子在附睾尾内储存 60 天仍具有受精能力。但储存过久则出现精子活力降低,或精子畸形和死精子数增多现象。

三、输精管

1. 输精管的形态结构 输精管由附睾管延续而来,与通往睾丸的神经、血管、淋巴管、睾内提肌组成的精索一起通过腹股沟管进入腹腔,转向后进入骨盆腔,绕过同侧的输尿管,向后行至膀胱颈的背面,开口于骨盆部尿生殖道起始部背侧。输精管管壁具有发达的平滑肌纤维,管壁厚而管径小,射精时其强有力的收缩作用可将精子排出。

2. 输精管的生理功能 输精管是生殖道的一部分,交配时,在催产素和神经系统的共同支配下输精管肌肉层发生规律性收缩,使得管内和附睾尾储存的精子排入尿生殖道内。另外,输精管对死亡和老化精子具有分解吸收作用。

四、尿生殖道

尿生殖道是一条起自膀胱颈、伸向阴茎头(也称龟头)的管道,是尿液和精液排出体外的共同通道。它沿骨盆腔腹壁向后移行,绕过坐骨弓后成一锐角弯曲再转向前行,被包于尿道海绵体内,成为阴茎的一部分。

五、副性腺

1. 副性腺的形态结构 精囊腺、前列腺及尿道球腺统称为副性腺。射精时它们的分泌物及输精管壶腹部的分泌物混合在一起形成精清,并将来自输精管和附睾的高密度精子稀释,形成精液。当动物达到性成熟时,副性腺形态和机能得到迅速发育。

2. 副性腺的生理功能

(1) 冲洗尿生殖道:交配前阴茎勃起时,所排出的少量液体主要由尿道球腺所分泌,此液体可以冲洗尿生殖道中残留的尿液,为精液通过创造适宜的环境,使精子在通过尿生殖道时免受尿液危害。

(2) 精子的天然稀释液:从附睾排出的精子周围只有少量液体,与副性腺液混合后,精子即被稀释,从而增大了精液容量。

(3) 活化精子:副性腺的分泌物一般偏碱性。在弱碱性环境中,精子运动加快。另外,副性腺分泌物的渗透压低于附睾液,可使精子吸收适量的水分而增强活力。

(4) 运送精子到体外:精液的射出除借助于附睾管、副性腺壁平滑肌及尿生殖道肌肉的收缩外,在排出过程中,副性腺分泌物的液流起到推动作用。副性腺管壁收缩排出的腺体分泌物与精子混合时,随即运送精子排出体外。精液进入雌性生殖道后,以一部分精清(还包括雌性生殖道的分泌物)为媒介,泳动至受精部位。

(5) 延长精子的存活时间:副性腺分泌物中含有柠檬酸盐及磷酸盐,这些物质具有缓冲作用,可给精子提供良好的环境,从而延长精子的存活时间,维持精子的受精能力。

(6) 供给精子营养物质:副性腺分泌物中含有的果糖是精子进行能量代谢的营养物质。

六、阴茎

1. 阴茎的位置、形态 阴茎为雄性动物的交配器官,其位置起自阴茎根形成的一对阴茎脚,固定在坐骨弓的两侧。

2. 阴茎的结构 阴茎由海绵体、尿道和外膜构成,可分为阴茎根、阴茎体、阴茎头三部。

(1) 阴茎根:阴茎的起始部,很短,靠近左、右坐骨结节处,由阴茎脚开始向阴茎体移行,是分布于阴茎的血管和神经的入口,勃起肌也集中于此。

(2) 阴茎体:阴茎脚的延续,细长,它向前伸展形成阴茎头。从横切面看,阴茎体外表是阴茎外膜,外膜下为白膜,白膜向内形成横隔和正中隔,将阴茎体内部的海绵体组织(勃起组织)分隔为左、右阴茎海绵体和腹侧的尿道海绵体。

(3) 阴茎头:阴茎体的延续部分。

七、阴囊

阴囊是腹壁皮肤形成的囊袋，由皮肤、肉膜、睾外提肌、筋膜和总鞘膜构成。阴囊内部被中隔分为两个腔，两个睾丸分别位于两个腔中。阴囊皮肤带有色素，并生有稀疏的细毛，阴囊正中缝不甚明显。正常情况下，阴囊能维持睾丸于低于体温的温度，这对于维持生精功能至关重要。阴囊皮肤有丰富的汗腺，内膜能调整阴囊壁的厚薄及表面积，并能改变睾丸和腹壁之间的距离。气温升高时，肉膜松弛，睾丸位置降低，阴囊变薄，散热面积增大。气温降低时，阴囊肉膜皱缩，睾提肌收缩，睾丸靠近腹壁且阴囊壁变厚，散热面积减小。另外，进出阴囊动脉和静脉的特殊分布和血液回流也使睾丸温度的调节得到进一步加强。因此，阴囊腔的温度低于腹腔的温度，通常为 34～36 ℃。

任务二　精子的发生和形态结构

任务知识

雄性动物在初情期至性功能减退的整个生殖年龄中，可以全年或季节性地产生大量精子。精子的发生需要经历复杂的分裂和形成过程。在这一过程中，精原细胞最终成为精子，完成染色体数目减半和细胞质及细胞核的变化，形成精子特有的形态与结构。

一、精子的发生

精子在睾丸内形成的全过程称为精子的发生，包括曲细精管上皮的生精细胞由精原细胞经精母细胞到精子细胞的增殖发育过程和精子形成过程。曲细精管在初情期形成管腔，由多层不同发育时期的生精细胞和支持细胞构成生精上皮。它们在精子发生过程中保持紧密联系，并随着分裂过程的持续发生，各发育时期的生精细胞依次从曲细精管外周向管腔迁移，最后形成的精子释入管腔（图 5-1-2）。

精子的发生过程可分为精原细胞增殖、精母细胞减数分裂和精子形成 3 个阶段。

1. 精原细胞增殖　精原细胞位于曲细精管上皮最外层，紧贴基膜，是睾丸中最幼稚的一类细胞，分为 A 型、中间型、B 型 3 种，通过有丝分裂进行增殖。

(1) A 型精原细胞是曲细精管中紧贴基膜的椭圆形细胞，形状较大，细胞质少，核内染色质分布均匀。由精原细胞在初情期前分化所形成的 A_0 型精原细胞是精子发生的干细胞，在精子发生中可以从休眠状态转化为分裂状态，逐级分裂为 A_1 型、A_2 型、A_3 型、A_4 型精原细胞。其中 A_0 型与 A_1 型精原细胞可分裂为两种精原细胞：一种是活跃的精原细胞，继续进行有丝分裂增殖，最后形成初级精母细胞；另一种进入休眠状态，成为下一个精子发生周期的起始细胞（图 5-1-3）。

(2) 中间型精原细胞位于曲细精管的基膜，呈圆形，体积较大，核染色时着色浅，有 1～2 个核仁，细胞质无糖原。它由 A_4 型精原细胞分化而来，并通过有丝分裂方式继续增殖为 B 型精原细胞，成为精母细胞的前体细胞。

(3) B 型精原细胞具有圆形的细胞核和不规则的核仁，体积较小，脱离与基膜的接触。B 型精原细胞将继续发生有丝分裂，最终形成初级精母细胞。

2. 精母细胞减数分裂　初级精母细胞形成后，进入静止期。在此期间，细胞进行 DNA 复制，并积极转录、合成、储存各种必需的蛋白质和酶，为成熟分裂做准备，细胞体积也增加 1 倍。然后经过一次减数分裂形成两个次级精母细胞，染色体减半成为单倍体。次级精母细胞形成后不再复制 DNA，很快进行第二次减数分裂，形成两个单倍体的精子细胞。

3. 精子形成　精子细胞形成后就不再分裂，而是经过复杂的形态结构变化演变为蝌蚪状的精子。在这一形态结构变化过程中，精子细胞的高尔基体形成精子的顶体，细胞核形成精子头部的主要部分，中心小体逐渐形成精子尾部，线粒体成为精子尾部中段的线粒体鞘膜，细胞质则大部分脱落。

Note

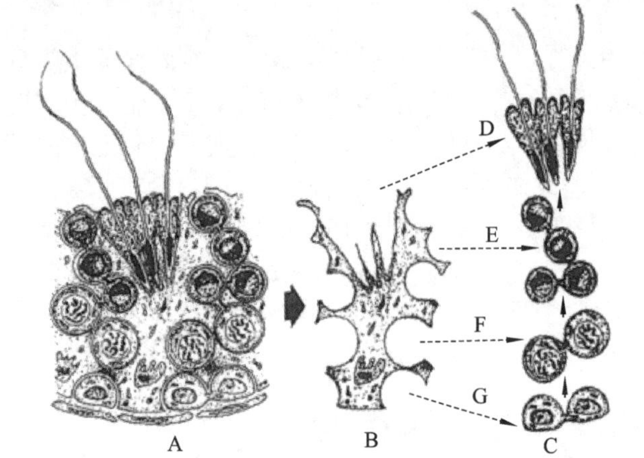

A—曲细精管上皮；B—支持细胞；C—生精细胞；D—变形精细胞；
E—圆形精细胞；F—精母细胞；G—精原细胞

图 5-1-2 曲细精管上皮及精子的发生

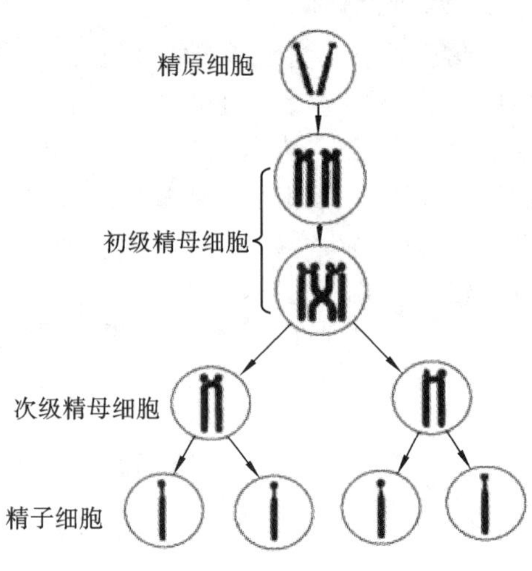

图 5-1-3 精子发生示意图

一个精原细胞经 4 次有丝分裂产生 16 个初级精母细胞，再经过 2 次减数分裂，每个初级精母细胞形成 4 个精子。

在睾丸内形成的精子通过附睾最后经射精排出的最短时间为 9～15 天，公猪为 9～12 天，公牛为 10 天，公绵羊为 13～15 天。这样就可以推算出精子从发生到排出体外的时间，对于各种家畜大约是 2 个月。在畜牧生产实践中，改善公畜生精功能和精液品质的措施，实际上是在 2 个月及以后才能在精液中得到体现。同样，公畜精液品质的突然变化，也应追溯到 2 个月前的某些因素。

二、精子在附睾内的转运、成熟和储存

睾丸生成的精子不具备运动与受精的能力，需要在附睾内的转运过程中完成精子成熟所发生的某些形态与功能等的变化，才能获得受精能力和运动能力，这个过程称为精子成熟。

精子成熟涉及某些形态和功能的变化，包括体积略微缩小、原生质滴的后移和脱落、运动能力和运动方式的变化、受精能力的变化以及代谢方式及膜通透性改变等。

三、精子的形态结构

哺乳动物的精子是形态特殊、结构相似、能运动的雄性生殖细胞。家畜精子形似蝌蚪，分为头、颈、尾三个部分(图 5-1-4)。

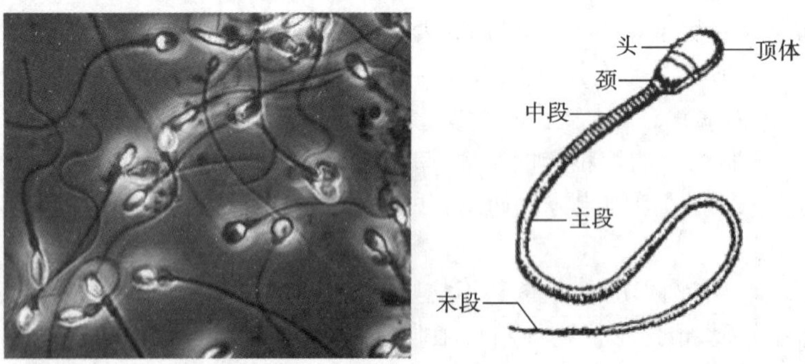

图 5-1-4 精子的形态结构

1. 头部 家畜精子的头部呈扁椭圆形，主要由核构成，其中含有染色质，最重要的成分是 DNA，家畜的遗传信息排列在 DNA 链上。精子头部帽子样结构为顶体，是一个不稳定的特殊结构。其中含有许多种酶，与受精有关。精子的顶体在衰老时容易变性，出现异常或从头部脱落，因此顶体完整率是评价精液品质的指标之一。

2. 颈部 位于头部和尾部之间。其中含有 2～3 个颗粒。核和颗粒之间有一基板，尾部的纤维丝即以此为起点，外界环境不适宜会导致精子颈部畸形。

Note

3. 尾部 尾部是精子的运动器官,尾部呈鞭索状运动,推动精子向前运行。精子尾部可分为中段、主段、末段三个部分。中段由颈部延伸而成,是尾部的粗大部分,由轴丝、致密纤维和线粒体鞘组成。线粒体鞘内含有与精子代谢有关的酶和能源。主段是尾部最长的部分,主要结构为轴丝,轴丝外周由 9 条致密纤维包绕,并由纤维鞘包裹,最外层为质膜。末段很短。

任务三 精液的组成与生理特性

任务知识

一、精液的组成

精液由精子和精浆组成。精浆主要来自雄性动物副性腺的分泌物,此外还有少量的睾丸液和附睾液。精液中精清占大部分,其中 90%~98%为水分(牛 90%、绵羊 85%、猪 95%、马 98%),2%~10%为干物质,干物质中 60%为蛋白质。

二、精浆的主要化学成分

精浆的主要化学成分包括糖类、蛋白质、氨基酸、脂类、有机酸、无机离子、酶类、维生素等。

1. 糖类 大多数哺乳动物的精清中含有糖类。其中最主要的糖类是果糖,果糖是精子可以利用的主要能源,主要来源于精囊腺。果糖的分解产物丙酮酸在射精瞬间给予精子能量。此外,精浆中还有山梨醇和肌醇等糖醇,它们也由精囊腺所分泌。其中山梨醇可被氧化为果糖供精子利用,肌醇在猪的精浆中含量很高,但不能被精子利用。

2. 蛋白质和氨基酸 精浆中的蛋白质含量很低,一般为 3%~7%。精浆中的蛋白质主要是组蛋白,其主要在精子头部和 DNA 结合构成核蛋白,并在精子尾部形成脂蛋白和角质蛋白。射精后精浆中的蛋白质成分在蛋白酶的作用下很快发生变化,使不可透析性氮的浓度降低,同时使非蛋白氮和氨基酸的含量增加。精浆中游离的氨基酸成为精子氧化代谢中用于氧化的基质。精液中的氨基酸主要影响精子的存活时间。精子有氧代谢时可利用精清中的氨基酸作为基质合成蛋白质。

3. 脂类 精浆中的脂类物质大多是磷脂,来源于前列腺。卵磷脂对延长精子寿命和抗低温有一定作用,每 100 mL 精液中脂类的含量为绵羊 1650 mg、牛 350 mg、马 86 mg。脂类在雌性动物生殖道内转化为甘油磷酸被精子利用。

4. 有机酸 哺乳动物精清中含有多种有机酸,主要有柠檬酸、乳酸、前列腺素等,对维持精液正常的 pH 和刺激雌性生殖道平滑肌收缩有重要作用。其中,柠檬酸主要来自精囊腺。有机酸可防止或延缓精液凝固。

5. 无机离子 精浆中的无机离子主要有 Na^+、K^+、Mg^{2+}、Cl^-、PO_4^{3-} 和 HCO_3^- 等,对维持渗透压和 pH 有重要作用。

6. 酶类 精液中有多种酶,大部分来自副性腺,少量由精子渗出。精液中的酶类有水解酶、氧化还原酶、转氨酶等,这些酶对精子的活动、代谢及受精具有重要作用。

7. 维生素 精浆中维生素的种类和含量与动物本身的营养状况和饲料有关。精浆中的维生素主要有维生素 B_1、维生素 B_2、维生素 C、维生素 B_5 和维生素 B_3 等。这些维生素可以影响精子的活力和密度,并使精液呈现某种色泽。

三、精子的代谢和运动

(一) 精子的代谢

精子为维持其生命和运动,必须利用其自身及精清中的营养物进行复杂的代谢过程。这种新陈代谢主要表现在糖酵解、有氧呼吸作用以及脂类和蛋白质的代谢过程。

1. 糖酵解 精清所含的糖类是维持精子存活的主要能量来源。果糖酵解是无氧时精子获得能量的主要途径。果糖经过酵解变成丙酮酸或乳酸，并释放出能量。精子糖酵解的能力在不同动物中有很大差异，如牛的精子可分解果糖、葡萄糖和甘露糖，但几乎不能利用半乳糖和蔗糖。猪精液中果糖含量很少，猪精子在无氧时利用果糖酵解产生乳酸的能力很低。

糖酵解指数是指 10^9 个精子在 37 ℃情况下 1 h 之内分解糖类的量。

2. 有氧呼吸作用 在有氧条件下，精子消耗氧气进行有氧呼吸。精子有氧呼吸产生的能量比糖酵解所产生的能量多 4～10 倍。山梨醇、甘油磷脂酰胆碱、缩醛磷脂、果糖、葡萄糖以及糖酵解的产物丙酮酸和乳酸等均可作为精子有氧呼吸的代谢底物。精子有氧呼吸的过程是按照一般组织的代谢过程即三羧酸循环来进行的。分解的最终产物是 CO_2 和 H_2O，并释放出大量能量，这些能量大多以 ATP 形式存在，主要储存于线粒体鞘。

耗氧量是指 10^9 个精子在 37 ℃情况下 1 h 之内消耗氧气的量。

3. 脂类代谢 在有氧条件下，精子内源性的磷脂可以被氧化，以支持精子的有氧呼吸和活力。精子也可利用精清中的磷脂，磷脂氧化分解为脂肪酸，脂肪酸进一步氧化，释放出能量。但是，精子的代谢以糖类代谢为主，当糖类代谢基质耗竭时，脂类代谢就显得非常重要。脂类代谢产物甘油具有促进精子耗氧和产生乳酸的作用。甘油本身也可被精子氧化代谢。精子也能利用一些低级脂肪酸，如醋酸。

4. 蛋白质代谢 由于氨基酸氧化酶的脱氨作用，精子能使一部分氨基和氨基酸氧化。但是，精子中蛋白质的分解意味着精子品质已变性。在有氧时，牛的精子能使某些氨基酸氧化成氨和过氧化氢，这对精子有毒性作用。精液腐败时就出现这种变化。所以正常精子活力的维持和运动是不需要从蛋白质分解中获取能量的。

（二）精子的活力和运动

活力是精子最显著的特征，精子的活力与精子的受精能力密切相关，故检测精子的活力为评价精液品质的简单而有效的方法。精子的活力表现为不同的运动形式，与精子的代谢密切相关。精子代谢产生的能量，大部分用于其运动，小部分用于维持膜的完整性。

精子运动主要靠其尾部的摆动。尾部粗纤维的收缩是摆动的主要原动力，内侧较细的纤维配合外侧粗纤维将这种有节律的收缩从颈部开始沿着尾部的纵长轴传开。由于尾部的摆动，精子向前泳动。精子尾部轴丝收缩的能量主要来自精子代谢所产生的 ATP。

1. 精子的运动形式 精子在显微镜下可有以下 3 种运动形式。

(1) 直线前进运动：精子按直线方向前进运动，是正常精子在适宜条件下的运动形式。这样的精子能运行到输卵管的壶腹部与卵子完成受精过程，是有效精子。

(2) 旋转运动：精子围绕点做旋转运动，最终导致精子衰竭，是无效精子的运动形式。

(3) 原地摆动：精子在原地做微弱摆动，不发生移位，这种精子没有受精能力。

精子的运动速度与环境温度有关，精子在 37 ℃环境中每秒前进的速度大于在低于 37 ℃环境中的速度，精子的运动速度也受精子密度和精液黏度的影响。

2. 精子的运动特性 精子在液体状态下或在雌性动物的生殖道内运动时具有独特的运动特性。

(1) 向流性：精子的向流性是指精子在流动的液体中向逆流方向运动的特性。精子在雌性动物生殖道内，由于发情母畜的分泌物向外流动，因此精子是逆输卵管方向运行的。

(2) 向触性：精子的向触性是指当精液中有异物时，精子有向异物边缘运动的趋向，表现为精子头部顶住异物进行摆动运动。因此，在精液稀释过程中应尽量减少异物的产生，以免降低精子的活力，造成精液品质下降。

(3) 向化性：精子的向化性是指精子有向某些化学物质运动的特性。雌性动物生殖道内存在的化学物质（如激素）、卵母细胞分泌的化学物质等均可吸引精子向其运动。

四、外界环境因素对精子的影响

对精子有影响的环境因素很多，本任务主要讨论温度、渗透压、pH、光照、电解质、振动和常用的

Note

化学物质对精子存活时间、运动、代谢和受精能力等方面的影响。只有充分了解这些因素的影响过程，才能在精液的稀释和保存中，控制适宜条件，延长精子的存活时间和保持受精能力的时间。

1. 温度 精子在 37 ℃左右的温度下，可保持正常的代谢和运动状态。在进行精子活力检测时，最好在这一温度下进行，否则就失去了客观标准，不同检查温度下的精子活力是没有可比性的。当温度继续上升时，精子的代谢率提高，运动加剧，存活时间缩短。家畜的精子在 45 ℃以上的温度下，在经历一个极短的热僵直过程后迅速死亡。

低温对精子的影响比较复杂。经适当稀释的家畜精液，当温度缓慢下降时，精子的代谢和运动会逐渐减弱，一般在 0～5 ℃基本停止运动，代谢也处于极低的水平，称为精子的“休眠”。但是未经任何处理的精液，急剧降温到 10 ℃以下，精子会因低温打击，出现“冷休克”，而不可逆地丧失其生存的能力。为防止这一现象的出现，在精液处理过程中，向稀释液中加入卵黄、奶类等抗“冷休克”物质和采用缓慢降温的一些技术方法是十分有效的。

2. 渗透压 渗透压指精子内外膜溶液浓度不同，而出现的膜内外压力差。在高渗透压(高浓度)稀释液中，精子膜内的水分会往外渗出，造成精子脱水，严重时精子会干瘪而死亡；在低渗溶液(如蒸馏水)中，水会向精子膜内渗入，引起精子膨胀变形，最后死亡。

3. pH 新鲜精液的 pH 为 7.0 左右，接近中性，可用 pH 试纸或特定的测定仪测得。在一定的范围内，酸性环境对精子的代谢和运动有抑制作用，碱性环境则有激发和促进作用。但超过一定限度均会因不可逆的酸抑制或因加剧代谢和运动而造成精子酸碱中毒死亡。精子适宜的 pH 范围一般为 6.9～7.3，即介于弱酸性至弱碱性之间。在精液保存方面，为了延长保存时间，常利用酸抑制的原理，用向精液中通入 CO_2 或采用其他降低 pH 的方法，抑制精子的代谢和运动。需要输精时，再将 pH 调至适宜的范围。采用这种方法可延长精子在室温条件下的存活时间。此外，在精液的液态保存中，糖酵解产生的乳酸会使精液的 pH 降低，因此在稀释液中加入一定量的缓冲物质以维持 pH 的相对稳定是十分必要的。

4. 光照 阳光直射对精子的代谢和运动有激发作用，可加速精子的代谢和运动，不利于精子的存活。在精液处理和运输时，应尽量避免阳光直射，通常采用棕色玻璃容器收集和储运精液。

5. 电解质 电解质对精子膜的通透性不及非电解质(如糖类物质)，对渗透压的影响较大，浓度较高时，对精子有刺激性和损害作用。电解质对精子的影响与其在精液中电离的离子类型和浓度有关。由于阴离子可影响精子表面的脂类，造成精子的凝聚，其损害作用往往大于阳离子。适量的电解质对精子的正常代谢是必要的。对精子代谢和运动能力影响较大的离子主要是 K^+、Na^+、Ca^{2+} 和 Cl^-，其浓度可能影响精子的代谢和运动能力。某些重金属离子对精子有毒害作用，可致精子死亡。

6. 振动 在采精和精液的运输过程中，振动往往是不可避免的，但轻度的振动对精子的危害不大。在液态精液运输时，应将装精液的容器注满、封严，以防止液面和封盖之间出现空隙。如果有空气存在导致振动，则可加速精子的呼吸作用，对精子的危害更大。

7. 常用的化学物质 常用的消毒药物，即使浓度很低也足以杀死精子，应避免其与精液接触。但某些抗菌药物如抗生素等，在适当的浓度下，不但无毒害作用，而且可以抑制精液中细菌的繁殖，对精液的保存和延长精子的存活时间十分有利，已成为精液稀释中不可缺少的添加剂。

课后习题

一、名词解释

糖酵解　糖酵解指数　呼吸作用　耗氧量

二、简答题

1. 雄性动物的生殖器官包括哪几部分？各器官的生理作用是什么？
2. 简述精子的形态结构。
3. 精子的运动形式有哪些？
4. 影响精子活力的因素有哪些？

Note

项目二 雌性动物生殖生理

学习目标

- ➤ 掌握雌性动物生殖器官的组成及各器官的左和右。
- ➤ 了解雌性动物性机能发育的过程。

任务一 雌性动物生殖器官

任务知识

雌性动物的生殖器官由生殖腺(卵巢)、输卵管、子宫、阴道、外生殖器官(尿生殖前庭、阴唇和阴蒂)组成。卵巢、输卵管、子宫和阴道为内生殖器官,尿生殖前庭、阴唇和阴蒂为外生殖器官。母牛的生殖器官如图 5-2-1 所示。

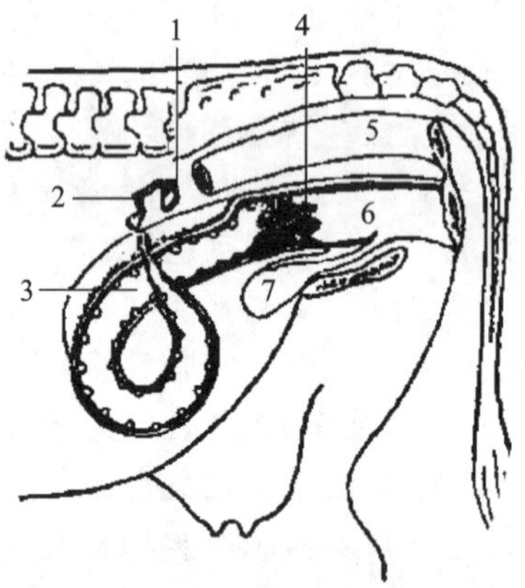

1—卵巢；2—输卵管；3—子宫角；4—子宫颈；5—直肠；6—阴道；7—膀胱

图 5-2-1 母牛的生殖器官

一、卵巢

1. 卵巢的形态结构 卵巢的大小和形状存在个体差异,在同一个体性周期的各期及妊娠期也有显著差异。无卵泡和黄体的卵巢一般呈长卵圆形或蚕豆状,稍扁平,体积较小。由于每个卵巢的形状不同,以重量表示其大小更为适宜。通常左、右卵巢的形状大致相似,卵巢表面及卵巢断面的基质呈同一颜色,大小几乎相同,但重量存在差异。卵巢是成对的实质性器官,是母畜重要的生殖腺体,其形状和大小因畜种、品种不同而异,且随年龄、繁殖周期而出现变化。卵巢借卵巢系膜附着于腰下部两旁。卵巢表面被覆一层单层立方或低柱状的表面上皮,上皮下为致密结缔组织构成的白膜,白膜下为卵巢实质,卵巢实质可分为皮质和髓质两部分(图 5-2-2)。

Note

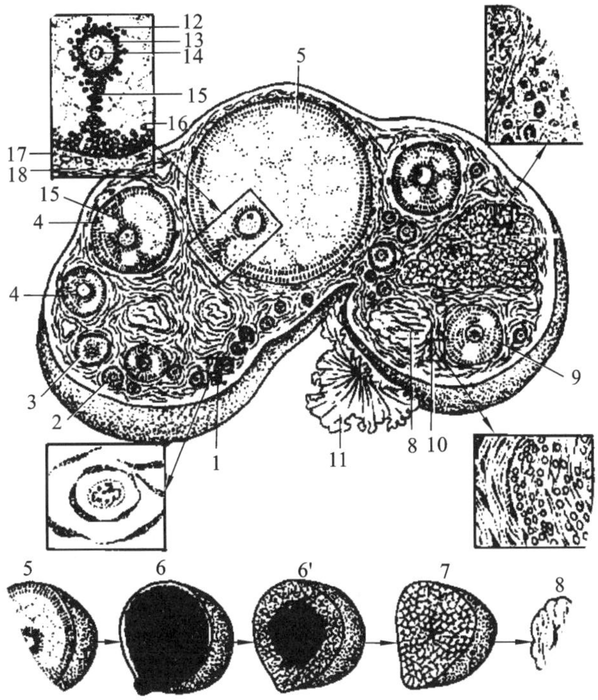

1—原始卵泡；2—初级卵泡；3—次级卵泡；4—三级卵泡；5—成熟卵泡；6—红体；
6'—黄体正在形成，红体逐渐被吸收；7—黄体；8—白体；9—闭锁卵泡；10—间质细胞；
11—输卵管伞；12—放射冠细胞；13—卵；14—细胞核；15—卵丘；16—粒膜细胞；
17—内鞘膜；18—外鞘膜

图 5-2-2　哺乳动物卵巢组织结构模式图

2. 卵巢的生理功能

(1) 卵泡发育和排卵：卵巢皮质中有许多不同发育阶段的卵泡，可分为无腔卵泡（包括原始卵泡、初级卵泡和次级卵泡）和有腔卵泡（三级卵泡和成熟卵泡）。成熟卵泡破裂，排出卵子，在原卵泡处形成黄体。

(2) 分泌激素：在卵泡的发育过程中，卵巢皮质基质细胞所形成的卵泡膜可分为血管性的内膜和纤维性的外膜。内膜可分泌雌激素，引起母畜的发情表现。黄体能分泌孕酮，一定浓度时可抑制母畜发情，是维持妊娠所必需的激素之一。

二、输卵管

1. 输卵管的形态结构　输卵管是一对细长而弯曲的管道，位于卵巢和子宫角之间，是卵子进入子宫必经的通道，可分为漏斗部、壶腹部和峡部三个部分。输卵管管壁由内侧的黏膜层、中间的肌层和外侧的浆膜层构成。壶腹部和峡部不同，壶腹部的黏膜层有很多皱褶，呈树枝状突出于内腔，峡部的黏膜层皱褶少而平滑。输卵管黏膜层为单层柱状上皮细胞，上皮细胞的高度为 15～20 μm，分为有纤毛和无纤毛两种上皮细胞。无纤毛上皮细胞能够分泌黏液，其细胞核位于细胞的中心，分泌颗粒集中于细胞的分泌端，这种细胞在峡部较多，壶腹部较少；有纤毛上皮细胞分布于输卵管伞的内膜及整个输卵管内面，在输卵管腹腔孔至壶腹部分布多，而峡部分布少，其纤毛向子宫角方向摆动，有助于卵子向子宫内运行。输卵管肌层发达，其环形平滑肌纤维在黏膜中呈放射状斜伸。

2. 输卵管的生理功能

(1) 运送卵子和精子：从卵巢排出的卵子先到输卵管，后借纤毛的摆动被运输到漏斗部和壶腹部，再通过输卵管的蠕动、系膜的收缩等，卵子通过壶腹部的黏膜被运送到壶峡连接部。同时，输卵管将精子反向由峡部向壶腹部运送。

(2) 精子获能、受精及卵裂的场所：精子进入母畜生殖道后，先在子宫内获能，然后在输卵管内进一步完成整个获能过程。另外，精子与卵子的结合和卵裂也是在输卵管内进行的。

(3) 分泌功能：当母畜发情时，输卵管分泌细胞分泌的分泌物增多，分泌物主要为黏蛋白和黏多

Note

糖,它既是精子和卵子的运载工具,也是精子、卵子及早期胚胎的培养液。

三、子宫

1. 子宫的形态结构 子宫是一个中空的肌性器官,富于伸展性,是孕育胚胎的器官,借子宫阔韧带附着于腰下部和骨盆腔侧壁,前接输卵管,后接阴道,背侧为直肠,腹侧为膀胱,大部分位于腹腔内,小部分位于骨盆腔内。子宫的形状、大小、位置和结构,因畜种、年龄、个体、发情周期和妊娠时期等不同而有较大差异,可分为子宫角、子宫体和子宫颈三个部分。

2. 子宫的生理功能

(1) 子宫是精子进入生殖道及胎儿发育成熟娩出的通道:母畜发情时,子宫借其肌纤维强有力而有节律的收缩作用,向输卵管方向运送精液,使精子进入输卵管。母畜分娩时,子宫以其强力阵缩而排出胎儿。

(2) 为精子获能提供条件,是胎儿生长发育的场所:子宫内膜的分泌物和渗出物以及内膜生化代谢物既可为精子获能提供环境,又可为孕体提供营养物质。

(3) 调控母畜的发情周期:如果母畜发情未孕,子宫内膜分泌的前列腺素(PG)可使相应一侧卵巢黄体溶解,导致再发情。

(4) 子宫颈是子宫的门户:子宫颈平时处于关闭状态;发情时,子宫颈口稍张开,以利于精子进入子宫;妊娠时,子宫颈收缩很紧,并分泌黏液以堵塞子宫颈管,防止病菌侵入;临近分娩时,子宫颈管扩张,以便排出胎儿。

(5) 子宫颈隐窝是精子的良好储存库:母畜自然交配或人工授精后,子宫颈隐窝首先滤出缺损和不活动的精子,然后不断地释放出其他有活力的正常精子,并被运送到受精部位,从而保证妊娠成功。

四、阴道

1. 阴道的形态结构 阴道呈扁管状,位于骨盆腔内。阴道前接子宫,阴道腔前部因有子宫颈突入(猪例外)而形成环形或半环形的隐窝,称阴道穹隆。在尿道外口前方,黏膜形成环形组织,称为阴瓣。阴道壁可分为黏膜层、肌层和外膜层三层。黏膜层分为上皮层和固有层,肌层为平滑肌,内侧有一薄层纵行肌,中间层的环形肌厚,外侧尚有一薄层纵行肌。内纵行肌和环形肌层包围子宫颈外口部,外纵行肌与子宫体的肌层融合。外膜是疏松结缔组织,与邻近器官的结缔组织相接。

2. 阴道的生理功能 阴道既是交配器官,又是分娩时的产道。交配时储存于子宫颈阴道部的精子不断向子宫颈内运行。阴道的生化和微生物环境能保护上生殖道免受微生物的入侵。阴道还是子宫颈、子宫黏膜和输卵管分泌物的排出管道。

五、外生殖器官

外生殖器官包括尿生殖前庭、阴唇和阴蒂。

1. 尿生殖前庭 尿生殖前庭为阴瓣至阴门裂的一段扁管状的短管,与阴道相似,但较短。前端以阴瓣与阴道分开,后端以阴门与外界相通。

2. 阴唇 阴唇为母畜生殖器官的最末端,分左、右两片而构成阴门。

3. 阴蒂 阴蒂由勃起组织构成,相当于公畜的阴茎,位于阴唇下角的阴蒂凹内,富有神经。

任务二 雌性动物性机能发育

任务知识

雌性动物性机能发育是一个由发生、发展直至衰退停止的过程。这个过程一般分为初情期、性成熟期、初配适龄及繁殖功能停止期。

Note

一、初情期

初情期是指雌性动物初次出现发情和排卵的时期。这个时期，雌性动物生殖系统迅速发育，性活动出现，配种后有受精的可能。但是，不同动物初情期的表现有所不同：有的动物初情期也有卵泡发育，最后卵泡均退化、闭锁；有的动物初情期表现为安静发情，只排卵而没有发情特征。总的来讲，雌性动物初情期生殖器官迅速发育，开始有繁殖后代的功能，但此时生殖器官未发育成熟，性功能也不完全。影响初情期的因素有很多，主要体现在以下几个方面。

1. 品种 体格小的品种初情期早于体格大的品种。如娟姗牛的平均初情期为 8 月龄，荷斯坦牛为 11 月龄。猪地方品种早熟，外来品种晚熟。如太湖猪的初情期一般为 3 月龄，外来猪一般为 5～8 月龄。

2. 营养水平 营养水平高的家畜性成熟提早。在较高营养水平下家畜生长速度较快，初情期出现的时间较早。营养水平较低的家畜初情期出现较晚。但是过肥将会延迟家畜初情期的出现或使家畜根本不发情。

3. 出生季节 家畜若在适宜季节出生，饲料丰富，则生长速度快。相反，出生季节环境恶劣、饲料短缺往往导致初情期延迟。

4. 其他 气候、光照、温度和湿度等因素也会影响初情期的早晚。南方地区、热带温暖地区家畜的初情期出现早，北方地区、寒冷地区家畜的初情期出现迟。

二、性成熟期

性成熟期是指雌性动物生殖器官发育完善，具备正常繁殖后代能力的时期。此时，一方面雌性动物生殖器官和生殖机能成熟，具有协调的生殖内分泌功能，表现完全的发情特征，排出能受精的卵母细胞和出现有规律的发情周期；另一方面雌性动物躯体的其他器官、组织生长发育尚未完成，不宜配种。过早妊娠，不仅会妨碍雌性动物本身的发育，更会对后代的发育产生一定影响，导致后代体重减轻，体质衰弱或发育不良。除上述表现外，雌性动物体格进一步得到发育，体重增加，乳房迅速发育，出现第二性征。

三、初配适龄

性成熟期以后，雌性动物身体进一步发育，并逐渐具有本品种特征。当体重达到成年体重的 50%～70%，就可以进行配种，此时称为初配适龄。过早配种对子代、雌性动物均会产生不良影响。过晚配种又会降低雌性动物利用率。当然，初配时还要考虑到品种、饲养需求等多方面的要求，进行综合考虑，统筹安排。

当雌性动物初配适龄阶段配种受胎，并产下 2～3 胎后，经过发育成熟，即体重达到成年体重时，称为体成熟期。

四、繁殖功能停止期

雌性动物的繁殖能力有一定的年限，年限的长短因品种、饲养管理以及健康情况不同而异。雌性动物达到老年时，生殖器官老化，生理功能逐渐衰退，不再出现发情和排卵。不同动物的繁殖功能停止期有所不同：牛为 13～15 岁，猪为 6～8 岁，山羊为 7～8 岁，兔为 3～4 岁。常见动物性机能发育时间如表 5-2-1 所示。

表 5-2-1 常见动物性机能发育时间

动物种类	初情期	性成熟期	初配适龄	体成熟期	繁殖功能停止期
猪	3～8 月龄	5～8 月龄	8～12 月龄	9～12 月龄	6～8 岁
黄牛	8～12 月龄	10～14 月龄	1.5～2 岁	2～3 岁	13～15 岁
奶牛	6～12 月龄	12～14 月龄	1.3～1.5 岁	—	13～15 岁
羊	4～6 月龄	6～10 月龄	12～18 月龄	12～15 月龄	7～11 岁
兔	4 月龄	5～6 月龄	6～7 月龄	8～12 月龄	3～4 岁
马	12 月龄	15～18 月龄	2.5～3 岁	3～4 岁	18～20 岁

Note

续表

动物种类	初情期	性成熟期	初配适龄	体成熟期	繁殖功能停止期
驴	8～12月龄	18～30月龄	2.4～3岁	3～4岁	—
犬	7～12月龄	8～14月龄	12～24月龄	18～24月龄	8～10岁
猫	7～12月龄	8～13月龄	10～18月龄	18～24月龄	7～8岁

课后习题

简答题

1. 雌性动物生殖器官的功能是什么？
2. 简述影响雌性动物性机能发育的因素。

Note

模块六　动物生殖激素

扫码看 PPT

项目一　生殖激素概述

学习目标

- 掌握生殖激素的概念及作用特点。
- 掌握生殖激素的分类。
- 理解生殖激素的调控机制。

生殖是动物基本的生理活动之一，生殖过程不仅受神经支配，还受生殖激素的调控。机体的生殖激素多种多样，各自有着不同的生理功能，但又相互配合、相互协调，以维持其正常的生殖活动。

一、生殖激素的概念

（一）激素

激素是由动物机体产生，经体液循环或空气传播等方式作用于靶器官或靶细胞，能够调节机体生理功能的一系列微量生物活性物质。

（二）生殖激素

在哺乳动物中，几乎所有激素都与生殖机能有关。有的是直接影响某些生殖环节的生理活动；有的则是维持全身的生长、发育及代谢，间接保证生殖机能的顺利发挥。通常将直接作用于生殖活动，并以调节生殖过程为主要生理功能的激素称为生殖激素。生殖激素由动物内分泌腺（无管腺）产生，故又称为生殖内分泌激素。常见生殖激素的来源和主要生理功能如表 6-1-1 所示。

二、生殖激素的作用特点

1. 生殖激素的作用具有一定的选择性　各种生殖激素均有其一定的靶组织（或器官），必须与靶组织（或器官）中的特异性受体（内分泌激素）或感受器（外激素）结合后才能产生生物学效应。促性腺激素作用于性腺（卵巢和睾丸）。

2. 具有高效能的生物活性　少量或极微量的生殖激素就可引起很大生理变化，如将 1 pg 雌激素直接作用于阴道黏膜或子宫内膜上，阴道或子宫可出现明显的收缩。

3. 生殖激素的作用具有持续性和积累性、半衰期短　生殖激素在血液中受分解酶的作用，其活性丧失速度很快，但其作用具有持续性和积累性。如黄体酮，注射到家畜体内，在 10～20 min 就有 90%从血液中消失，但其作用要在若干小时后甚至若干天内才能显现出来。

生殖激素的生物活性在体内消失 1/2 时所需的时间，称为半衰期、半寿期或半存留期。

4. 生殖激素有协同作用和抗衡作用

(1) 协同作用：母畜在排卵时促卵泡素和促黄体素两者具有协同作用。

(2) 抗衡作用：也称拮抗作用，雌激素能增强子宫兴奋性，而孕激素则抵消这种兴奋作用，使子宫处于安静状态。

表 6-1-1 常见生殖激素的来源和主要生理功能

分类	中文名称	英文缩写	来源	主要生理功能
神经类激素	促性腺激素释放激素	GnRH	下丘脑	促进腺垂体释放 FSH 和 LH
	催乳素释放因子	PRF	下丘脑	促进腺垂体释放 PRL
	催乳素抑制因子	PIF	下丘脑	抑制腺垂体释放 PRL
	促甲状腺素释放激素	TRH	下丘脑	促进腺垂体释放促甲状腺素（TSH）和 PRL
	催产素	OXT	下丘脑	刺激子宫收缩，参与排乳反射
	褪黑素	MLT	下丘脑	抑制哺乳动物性成熟
垂体促性腺激素	促卵泡素	FSH	腺垂体	促进卵泡发育成熟，促进精子发生
	促黄体素	LH	腺垂体	促使卵泡排卵，形成黄体，促进性激素分泌
	催乳素	PRL	腺垂体	促进乳腺发育和泌乳，促进孕酮分泌
性腺激素	睾酮	T	睾丸	维持雄性第二性征，促进副性器官发育和精子发生，促进性欲，促进同化代谢
	雌激素	E	卵巢、胎盘	促进发情行为、第二性征，促进乳腺管道发育，刺激宫缩，对下丘脑和垂体进行反馈调节
	孕酮	P	卵巢、胎盘	促进发情行为，抑制宫缩，维持妊娠，促进子宫腺体和乳腺泡发育
	抑制素	INH	睾丸、卵巢	特异性抑制 FSH 分泌
	松弛素	RLX	卵巢、胎盘	促进软产道松弛
胎盘促性腺激素	孕马血清促性腺激素	PMSG	胎盘	主要作用与 FSH 类似，兼有 LH 的作用
	人绒毛膜促性腺激素	HCG	胎盘	与 LH 类似，兼有 FSH 的作用
其他	前列腺素族	PGs	全身各组织	溶解黄体、促进宫缩等
	外激素类	—	—	不同个体间化学通信物质

三、生殖激素的分类

1. 根据来源和功能不同，生殖激素大致分为 4 类

（1）来自下丘脑的释放（或抑制）激素，可控制垂体合成与释放有关的激素。

（2）来自垂体前叶的促性腺激素，能刺激性腺产生类固醇激素，并能促进配子的成熟与释放。

（3）来自性腺（睾丸和卵巢）的性腺激素，对两性行为以及生殖周期的调节均起着重要的作用。

（4）胎盘激素，胎盘分泌多种激素，有的与垂体促性腺激素类似，有的与性腺激素类似。

除此之外，在体内广泛存在的前列腺素等，虽不是经典的激素，但对动物繁殖有重要调节作用，也被归为生殖激素。

2. 根据化学性质不同，生殖激素可分为 3 类

（1）含氮激素：包括蛋白质、多肽、氨基酸衍生物和胺类等，垂体分泌的所有生殖激素和脑部分泌的大部分生殖激素都属此类。此外，胎盘和性腺以及生殖器官外的其他组织器官也可分泌蛋白质类和多肽类激素。

（2）固醇类：主要由性腺和肾上腺分泌，对动物性行为的产生和生殖激素的分泌有直接或间接作用。

（3）脂肪酸类：主要由子宫、前列腺、精囊腺和某些外分泌腺所分泌。

Note

课后习题

一、名词解释

生殖激素

二、简答题

简述生殖激素的作用特点。

Note

项目二　生殖激素的功能与应用

学习目标

- 掌握常见生殖激素的功能。
- 能应用生殖激素处理常见的生理问题。

动物的生殖活动是一个复杂的过程，所有生殖活动都与生殖激素的功能和作用有着密切的关系。随着生殖科学的迅速发展，人类可利用生殖激素控制动物繁殖过程、消除繁殖障碍，进一步提高动物繁殖潜力，促进规模化养殖，加快品种改良，提高畜牧业生产水平。

一、下丘脑分泌的激素

（一）下丘脑与垂体的关系

下丘脑至垂体并没有直接的神经支配，而是通过来自垂体上动脉的长门脉系统和来自垂体下动脉的短门脉系统将信息传递给垂体。下丘脑分泌的促性腺激素释放激素（GnRH）进入血液后，经垂体门脉系统作用于垂体前叶，促进垂体分泌和释放促黄体素（LH）和促卵泡素（FSH）。GnRH 可以促进垂体分泌 LH 和 FSH，提供外源激素后数分钟，血液中 LH 和 FSH 水平便开始升高。相对而言，GnRH 对 LH 分泌的促进作用比对 FSH 分泌的促进作用更迅速。LH 和 FSH 对 GnRH 的分泌具有反馈性抑制作用（图 6-2-1）。

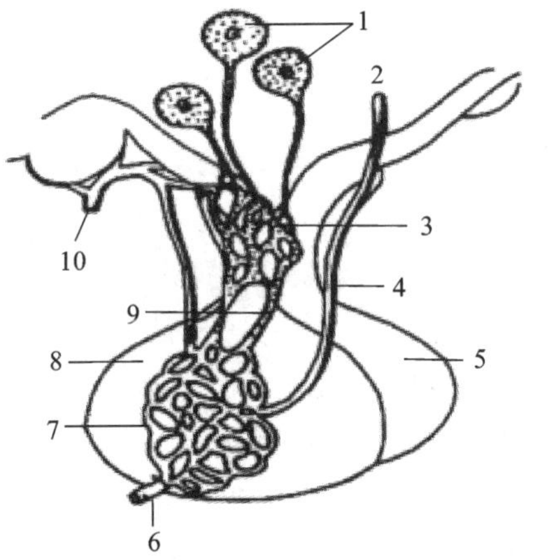

1—下丘脑神经元；2—下丘脑；3—毛细血管丛；4—回流到下丘脑的静脉；5—垂体后叶；6—静脉（通海绵窦）；7—毛细血管丛；8—垂体前叶；9—垂体门脉血管；10—垂体上动脉

图 6-2-1　垂体与下丘脑关系示意图

（二）下丘脑分泌的激素

目前人们已确定下丘脑可分泌 GnRH、催产素（OXT）、生长激素释放激素（GHRH）、催乳素释放因子（PRF）、催乳素抑制因子（PIF）和促甲状腺素释放激素（TRH）等 10 多种释放激素或抑制激素。以调节动物繁殖功能为主要功能的激素有 GnRH 和 OXT。

Note

（三）促性腺激素释放激素(GnRH)

GnRH又称促黄体素释放激素，由分布于下丘脑内侧视前区、下丘脑前部、弓状核、视交叉上核的神经内分泌小细胞分泌，能促进垂体前叶分泌LH和FSH。

1. GnRH分泌的调节　GnRH分泌的激素调节包括3种反馈机制。性腺激素通过体液途径作用于下丘脑，调节GnRH的分泌，称为长反馈调节；垂体促性腺激素通过体液途径对下丘脑GnRH分泌的调节称为短反馈调节；血液中GnRH浓度对下丘脑的分泌活动也有自身引发效应，称为超短反馈调节。

2. GnRH的主要生理功能　GnRH的主要生理功能是促进垂体前叶合成和释放LH和FSH，其中以促进释放LH为主。GnRH对雄性动物有促进精子产生和增强性欲的作用，对雌性动物有诱导发情、排卵及提高配种受胎率的作用。

3. GnRH的临床应用　临床上常用GnRH治疗雄性动物性欲减退和精液品质下降及雌性动物卵泡囊肿和排卵异常等。目前，人工合成的GnRH类似物(图6-2-2)已广泛应用于畜牧生产和兽医临床以提高家畜的繁殖力，其中以促排3号的活性最高。

图6-2-2　GnRH类似物

(1) 诱导发情。母畜产后因受季节、营养、泌乳、疾病的影响，卵巢活动受到抑制，表现为乏情。对母牛肌内注射50～100 mg促排3号，可诱导产后发情。

(2) 促进超数排卵。羊超数排卵时，于第一次配种后注射促排3号可以促进排卵，增加可用胚胎数。

(3) 提高发情期受胎率。母猪配种前2 h或配种后10天内注射GnRH类似物，可提高发情期受胎率(20%～30%)，甚至可增加平均窝产活仔数(2～3只)。

(4) 治疗雌性动物繁殖障碍。应用GnRH类似物促排1号治疗牛卵巢静止和卵泡囊肿，剂量分别为200～400 mg和400～600 mg。

(5) 治疗雄性不育。GnRH能刺激雄性动物垂体细胞分泌间质细胞刺激素(ICSH)，促进睾丸发育、雄激素分泌和精子成熟，因此可用于治疗雄性动物性欲减退、精液品质下降等。

(6) 公畜去势。应用GnRH免疫动物，可诱导机体产生特异性抗体，中和内源性GnRH，使垂体受到GnRH的刺激减弱，从而使性腺发生退行性变化，达到去势目的。如用GnRH主动免疫公兔和公猪，间质细胞出现退行性变化，睾丸重量明显减轻，睾丸萎缩。

(7) 抱窝母鸡催醒。注射GnRH可使抱窝母鸡醒窝，恢复产卵。

（四）催产素(OXT)(图6-2-3)

1. 来源与化学特性　哺乳动物的OXT属蛋白激素，由9个氨基酸组成。OXT主要由下丘脑视上核和室旁核合成，并沿神经束运至垂体后叶，在该处储存和释放。羊卵巢上的大黄体细胞和牛卵巢上的黄体细胞也可分泌OXT。

2. 主要功能

(1) 能强烈地刺激子宫平滑肌收缩，是催产的主要激素，但在生理条件下，它不是发动分娩的主

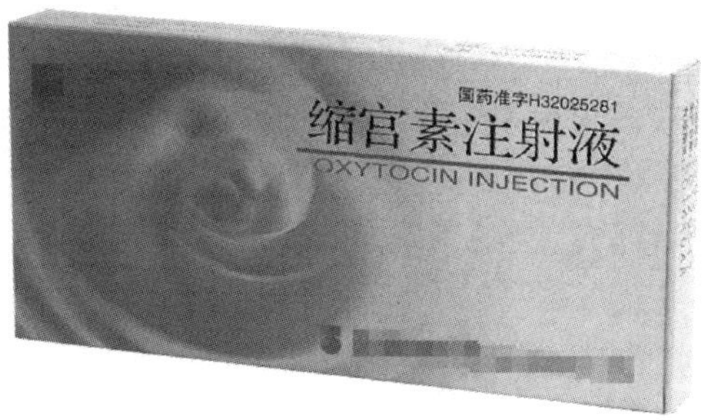

图 6-2-3 催产素

要因素，而是在分娩开始之后继续维持子宫收缩、促进分娩完成的主要激素。

（2）能使输卵管收缩频率增高，有利于两性配子在母畜生殖道的运行。

（3）能有力地刺激乳腺导管的肌上皮细胞收缩，引起排乳。幼畜吮吸乳头的活动刺激了乳头上的神经感受器，反射性地引起垂体后叶释放 OXT，经血液循环到达乳腺导管的肌上皮细胞，使其收缩排乳。

（4）OXT 可以刺激子宫分泌前列腺素，引起黄体溶解而诱导发情。

3. 临床应用

（1）引起子宫收缩。OXT 常用于促进分娩，治疗胎衣不下、子宫脱出、子宫出血，促进子宫内容物（如恶露、子宫积脓等）的排出等。事先用雌激素处理，可提高子宫对 OXT 的敏感性。OXT 用于催产时必须注意用药时期，在产道未完全扩张时大量使用 OXT 易引起子宫撕裂。OXT 用于治疗子宫出血时应与止血药合用。OXT 用于促进子宫积液、积脓，死胎等的排出时，最好与前列腺素配合应用。

（2）同期分娩。母猪妊娠 112 日时注射前列腺素类似物 16 h 后注射 OXT，可在 4 h 内完成分娩。临产母牛注射地塞米松 48 h 后静脉滴注 5～7 mg/kg（体重）OXT 类似物，4 h 后即可分娩。

（3）刺激乳腺泡的肌上皮细胞收缩，使乳腺导管的平滑肌松弛，乳汁从腺泡叶通过乳腺导管进入乳池，促使母畜排乳。

（4）提高受胎率。OXT 可促进输卵管蠕动，对发情、排卵有抑制作用，可促进雌性动物生殖道的收缩。

（5）输精前注射。对马和牛注射 OXT 30～50 IU，对猪和羊注射 OXT 10～20 IU，或将 OXT 添加到精液中可促进子宫收缩，加速精子在雌性动物生殖道中的运行，提高受胎率。

二、垂体促性腺激素

（一）促卵泡素

1. 来源和化学特性 促卵泡素（FSH）（图 6-2-4）又称促卵泡生成素、促滤泡素，是由垂体前叶嗜碱性细胞分泌的一种糖蛋白激素，能溶于水，相对分子质量为 25000～30000。

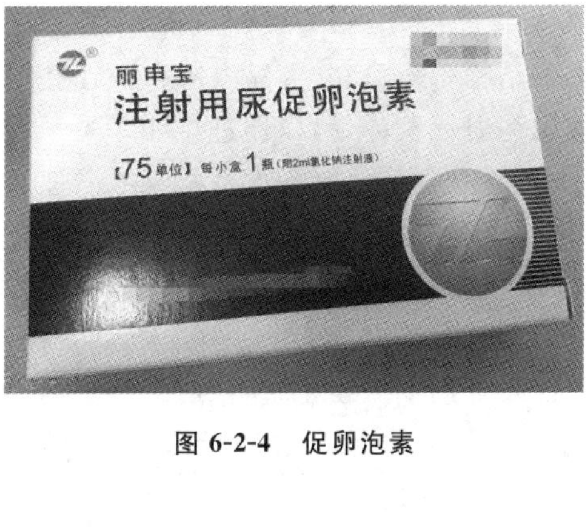

图 6-2-4 促卵泡素

2. 促卵泡素分泌的调节　促卵泡素的合成和分泌受下丘脑 GnRH 和性腺激素的调节，来自下丘脑的 GnRH 脉冲式释放，经垂体门脉系统进入垂体前叶，促进促卵泡素的合成和分泌，而来自性腺的类固醇激素则通过下丘脑对促卵泡素的释放产生负反馈抑制作用。

3. 促卵泡素的生理功能

(1) 促进卵巢生长，增加卵巢重量；刺激卵泡生长发育，在促黄体素(LH)协同作用下，促进排卵和颗粒细胞黄体化。

(2) 促进生精上皮细胞发育和精子产生，与促黄体素协同作用，促进精子形成。

(3) 促进卵泡颗粒细胞的增生和雌激素的合成与分泌。

4. 促卵泡素的临床应用

(1) 促进动物超数排卵。促卵泡素由于半衰期短，使用时必须多次注射才能达到预期效果，一般每日注射 2 次。

(2) 促卵泡素可诱导季节性繁殖的牛、羊在非繁殖季节发情和排卵。

(3) 治疗母畜不发情。促卵泡素可治疗母畜(如牛、羊)因卵巢静止、卵巢发育不全、卵巢萎缩等引起的不发情。

(4) 使动物性成熟提早。促卵泡素与孕激素配合使用可促使接近性成熟的母畜提早发情配种。

(二) 促黄体素

1. 来源和化学特性　促黄体素(LH)(图 6-2-5)由垂体前叶嗜碱性细胞分泌，是一种糖蛋白激素，能溶于水，相对分子质量约为 30000。

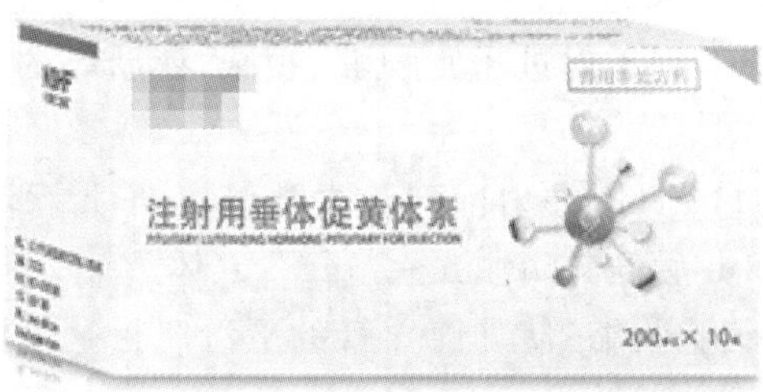

图 6-2-5　促黄体素

2. 促黄体素的生理功能

(1) 促黄体素可促进雌性动物卵泡的成熟和排卵。

(2) 促黄体素可促进排卵后的颗粒细胞黄体化，促使黄体细胞分泌黄体酮，故又称促黄体分泌素。

(3) 促黄体素可刺激卵泡内膜细胞产生雄激素。

(4) 促黄体素刺激雄性动物睾丸间质细胞合成和分泌睾酮，因此促黄体素又叫间质细胞刺激素(ICSH)，对副性腺的发育和精子最后成熟具有重要作用。

3. 促黄体素的临床应用

(1) 诱导排卵。对于非自发性排卵的动物，为获得其卵子或进行人工授精，可在动物发情或进行人工授精时静脉注射促黄体素，动物一般可在 24 h 内排卵。在胚胎移植工作中，为了获得较多的胚胎数，常在供体配种的同时静脉注射促黄体素，以促进排卵。

(2) 预防流产。对于由黄体发育不全引起的胚胎死亡或习惯性流产，可在配种时和配种后连续注射 2～3 次促黄体素，促使黄体发育和分泌，防止流产。

(3) 治疗卵巢疾病。促黄体素对母畜排卵延迟、不排卵和卵泡囊肿有较好疗效。对已知排卵延迟或不排卵的母畜，在配种的同时注射促黄体素，可促进排卵。母畜患卵泡囊肿时应用促黄体素可促使卵泡黄体化，使母畜在下一次发情周期恢复正常。

(4) 治疗公畜不育。促黄体素对公畜性欲减退、精子浓度低下等疾病有一定疗效。

（三）促乳素

1. 来源与化学特性 促乳素(PRL)又名催乳素，由垂体前叶的嗜酸性促乳素细胞分泌，通过垂体门脉系统进入血液循环。哺乳动物的促乳素为 199 个氨基酸残基组成的单链蛋白质，相对分子质量为 22500 左右。

2. 生理功能 促乳素可促使黄体细胞分泌黄体酮(绵羊、大鼠)，促进乳腺发育和泌乳。另外，促乳素可促进鸽子等鸟类的嗉囊发育，分泌嗉囊乳(哺喂雏鸟)。还可增强某些动物的繁殖行为，增强雌性动物的母性行为，如禽类抱窝行为、鸟类反哺行为、家兔产前脱毛选窝行为等。对于雄性动物，促乳素可维持睾酮分泌和刺激性腺分泌等。

三、胎盘促性腺激素

（一）孕马血清促性腺激素

1. 来源与特性 孕马血清促性腺激素(PMSG)(图 6-2-6)主要由马属动物胎盘的子宫内膜杯细胞分泌，是胚胎的代谢产物，存在于血清中。该激素在妊娠第 40 日左右开始出现，以后逐渐增加，在妊娠第 60～80 日时含量达到高峰，此后逐渐下降，至妊娠第 170 日时几乎完全消失。PMSG 是一种糖蛋白激素，含糖量很高(达 41%～45%)。其相对分子质量为 53000。PMSG 不稳定，高温、酸、碱等因素都能使其失活，分离提纯也比较困难。

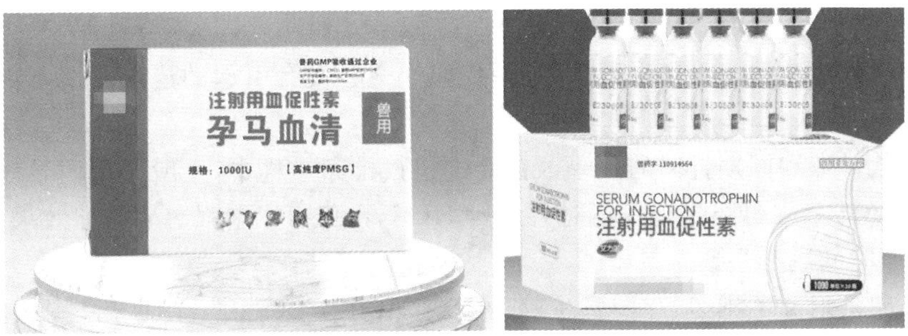

图 6-2-6　孕马血清促性腺激素(PMSG)

2. 生理作用 PMSG 具有类似于促卵泡素和促黄体素的双重活性，但以促卵泡素作用为主。因此 PMSG 对雌性动物有明显的促进卵泡发育、促进排卵和促进黄体形成的作用，对雄性动物有促进曲细精管发育和性细胞分化的作用。

3. 临床应用

(1) 促进超数排卵。用 PMSG 代替价格较贵的促卵泡素进行超数排卵可取得一定效果，但由于 PMSG 半衰期长，在体内不易被清除，一次注射后可在体内存留数天，残留的 PMSG 影响卵泡的最后成熟和排卵，使胚胎回收率下降，因此，近年来在用 PMSG 进行超数排卵处理时，补用 PMSG 抗体(或抗血清)，以中和体内残存的 PMSG，可明显提高超数排卵效果。

(2) 治疗雌性动物乏情、安静发情或不排卵。

(3) 提高母羊的双羔率，诱导肉牛产双胎。

(4) 治疗雄性动物睾丸功能衰退或死精。用于治疗羊和牛睾丸功能衰退或死精症时，PMSG 剂量分别为 500～1200 IU 和 1500 IU。

(5) 诱导非繁殖季节母羊发情、排卵。PMSG 用于诱导羊、牛、马、猪发情时，常用剂量分别为 200～400 IU、1000～1500 IU、1000 IU 和 250～1000 IU。

（二）人绒毛膜促性腺激素

1. 来源与特性 人绒毛膜促性腺激素(HCG)简称绒促性素，由人胎盘绒毛膜滋养层细胞合成和分泌，大量存在于孕妇尿液中，血液中也有。一般在妊娠第 8 日开始分泌，8～9 周时 HCG 含量升至最高，在妊娠第 21～22 周时降至最低。目前的商品制剂(图 6-2-7)主要来自孕妇尿液和流产刮宫液。HCG 是一种糖蛋白激素，相对分子质量为 36700，由 α-亚基和 β-亚基组成。HCG 的化学结构与促黄体素相似。

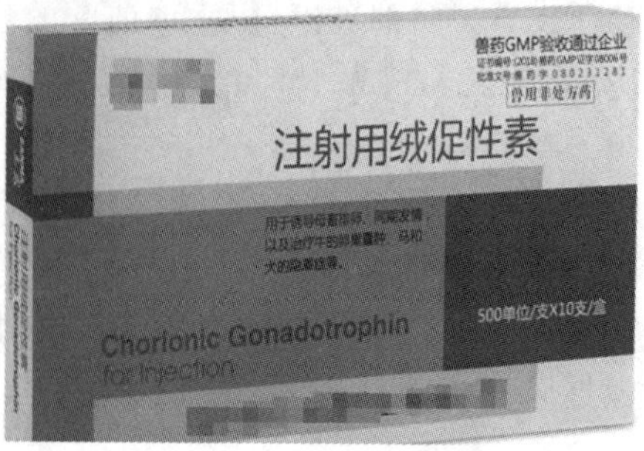

图 6-2-7　人绒毛膜促性腺激素(HCG)

2. 生理功能　HCG 的生理功能与 LH 相似。

(1) 对雌性动物能促进卵泡发育、生长、破裂和生成黄体,并促进黄体酮、雌二醇和雌三醇等的合成,同时可以促进子宫生长。对于雌性动物,HCG 能在卵泡成熟时促进排卵,并形成黄体。大剂量 HCG 能延长黄体存在时间,但卵泡未成熟时并无这些作用。

(2) 对于雄性动物,HCG 能促进睾丸的发育、合成与分泌睾酮和雄激素。对于公畜,HCG 能促进公畜睾丸 ICSH 的分泌,刺激雄激素的产生,还能使隐睾下降。

3. 临床应用

(1) 促进卵泡发育成熟和排卵。HCG 可治疗卵泡交替发育引起的连续发情,还可使马、驴正常排卵。

(2) 增强超数排卵和同期排卵的效果。在促进超数排卵过程中,一般先用诱导卵泡发育的激素制品。如 FSH、PMSG,在母畜出现发情时再注射 HCG,不仅可以增强超数排卵效果,使发情表现同期化,还可使排卵时间趋于一致。

(3) 治疗排卵延迟和不排卵。对马、牛静脉注射 HCG 1000～2000 IU 后,按照卵泡状况不同,马、牛可在 20～60 h 排卵。

(4) 治疗卵泡囊肿或慕雄狂,以恢复动物的正常发情周期。

(5) 促使公畜性腺发育,使公畜出现性兴奋。使用剂量:马、驴、牛,1000～5000 IU;猪、羊,800～2000 IU;阳痿马、牛,1000～3000 IU,一次性肌内注射。

四、性腺激素

性腺激素主要来自公畜的睾丸和母畜的卵巢。由卵巢分泌的性腺激素主要有雌激素、黄体酮和松弛素,由睾丸分泌的性腺激素主要为雄激素睾酮。这些激素除来自性腺外,还可能来自胎盘。肾上腺皮质也可以分泌少量的睾酮、黄体酮等。雌性个体可产生少量雄激素,雄性个体可产生少量雌激素。

一般来说,性腺激素的主要功能是维持副性器官的功能变化以及第二性征,母畜还靠性腺激素维持妊娠(在妊娠初期)。性腺激素除松弛素为多肽类激素外,其他均属类固醇激素,它们的基本化学结构式为环戊烷多氢菲。

(一) 雄激素

1. 来源与特性　雄激素最主要的形式为睾酮,由睾丸间质细胞分泌。肾上腺皮质也可以分泌少量的雄激素,但其量甚微。在睾丸被摘除后,动物不能获得足够的雄激素以维持雄性功能。

2. 生理功能

(1) 对于幼龄动物,雄激素维持生殖器官、副性腺及第二性征的发育。在幼龄时期去势的雄性动物的生殖器官趋于萎缩、退化。

(2) 对于成年动物,雄激素刺激曲细精管发育,启动和维持精子发生,利于精子生成。

(3) 睾酮可作用于中枢神经系统,与雄性动物性行为有关,即维持雄性动物性欲。

（4）睾酮对下丘脑或垂体有反馈调节作用，影响 GnRH、促黄体素和促卵泡素的分泌。

3. 临床应用 雄激素在临床上主要用于治疗公畜性欲不强和性功能减退，但单独使用时不如睾酮与雌二醇联合应用时效果好。常用的药物为丙酸睾酮，皮下注射或肌内注射均可（图 6-2-8）。建议使用剂量：羊不超过 0.1 g，牛不超过 0.3 g。

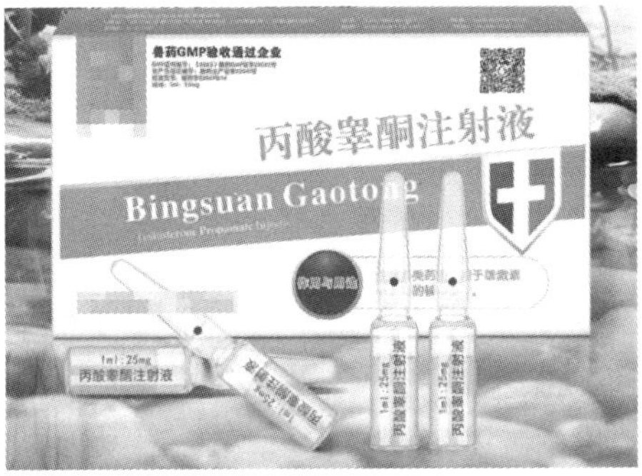

图 6-2-8 丙酸睾酮注射液

（二）雌激素

1. 来源与种类 雌激素主要来源于卵泡内膜细胞和卵泡颗粒细胞，此外，胎盘、肾上腺、睾丸及某些神经元也可分泌雌激素。卵巢中产生的雌激素有雌二醇和雌酮。除天然雌激素外，人们还人工合成了许多雌激素制剂，如己烯雌酚、己雌酚、苯甲酸雌二醇（图 6-2-9）等。17β-雌二醇在雌激素中活性最强，主要由卵巢分泌。

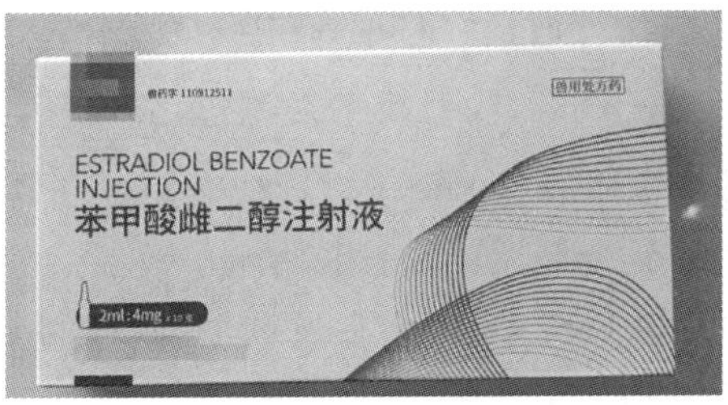

图 6-2-9 苯甲酸雌二醇注射液

2. 生理功能 雌激素是促使雌性动物性器官发育和维持正常雌性功能的主要激素。雌二醇是雌激素的主要功能形式，其功能如下。

（1）促使雌性动物发情和生殖道发生生理变化，如促使阴道上皮增生和角质化，促使子宫颈管松弛并使子宫颈黏液变稀薄。

（2）有的动物（如猪）的胚泡产生的雌激素可作为妊娠信号，有利于胚胎的附植。

（3）雌激素与促乳素协同作用，可促进乳腺导管系统发育。

（4）通过对下丘脑的反馈作用调节 GnRH 和促性腺激素分泌。雌二醇的负反馈作用部位在下丘脑的紧张中枢，正反馈作用部位在下丘脑的周期中枢（引起排卵前促黄体素峰）。因此，雌激素在促进卵泡发育、调节发情周期中起重要作用。

（5）少量雌激素可促使雄性动物发生性行为。在雄性动物的性中枢神经元中，睾酮转化成雌二醇，是引起性行为的机制之一。

（6）对骨代谢的影响。肠、肾、骨等组织有雌激素受体，雌激素作用于这些组织，可促进钙的吸收，减少钙的排泄，抑制骨吸收，促进骨形成，促使长骨骺部软骨成熟，抑制长骨增长。

3. 临床应用 目前有多种雌激素制剂应用于畜牧生产和兽医临床，其中最常用的是己烯雌酚和苯甲酸雌二醇。

（1）治疗母畜不发情。注射己烯雌酚或雌二醇可使雌性动物发情，雌激素虽不能直接作用于卵巢而使卵泡发育，但可通过丘脑下部的反馈作用使促黄体素分泌，间接作用于卵巢，并能提高子宫对垂体后叶素的敏感性而促进子宫收缩。

（2）治疗母畜持久黄体，通过 PGF2α 的合成引起黄体退化。

（3）牛和羊可用雌激素引产，猪可用雌激素进行同期发情。因为雌激素对母猪具有帮助维持黄体的作用，故先用雌激素处理保持黄体期，再统一停用雌激素并注射 PGF2α 即可引起黄体退化，使母猪同期发情。

（4）雌激素与催产素联合使用可治疗母畜子宫疾病，如慢性子宫内膜炎、子宫积液等。

（5）雌激素与孕激素联合使用，可用于奶牛和山羊的人工诱导泌乳。

（三）孕激素

1. 来源 孕激素主要由卵巢中黄体细胞分泌。部分动物（如绵羊和马）在妊娠后期以胎盘分泌为主。此外，颗粒层细胞、肾上腺皮质及睾丸也能产生少量黄体酮。黄体酮（图 6-2-10）是孕激素的主要形式，其代谢后为孕二醇，随尿液排出。

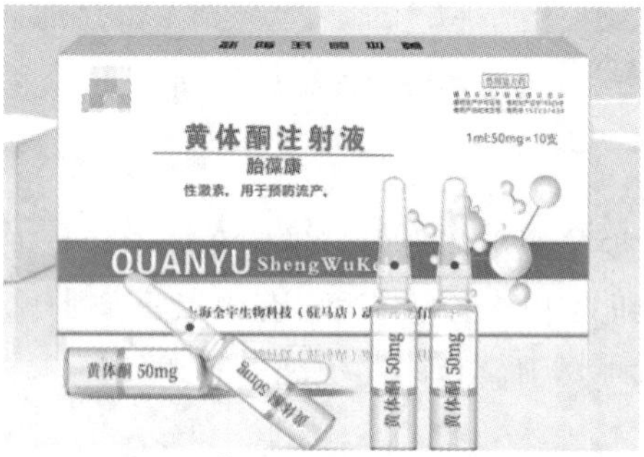

图 6-2-10 黄体酮注射液

2. 生理功能

（1）在黄体早期或妊娠初期，黄体酮可促使子宫形成分泌性子宫内膜，使子宫腺体发育、功能增强、弯曲增多、形成子宫乳，有利于早期胚胎的发育和附植。

（2）维持母体正常妊娠。可抑制子宫肌肉的自发性活动，抑制子宫对催产素的反应，使子宫保持安静，促使子宫颈外口收缩、封闭，利于保胎。

（3）调节发情的作用。少量黄体酮与雌激素协同作用，可促使动物发情；大量黄体酮可与雌激素对抗，抑制母畜发情。

（4）在雌激素刺激乳腺导管发育的基础上，刺激乳腺腺泡系统发育，二者相互协调，并共同促进乳腺发育。

（5）促进生殖道发育。生殖道在雌激素作用下开始发育，但生殖道只有在雌激素与孕激素协同作用的基础上，才能得到更充分的发育。

3. 临床应用 人工合成的孕激素如甲黄体酮、氟黄体酮、18-甲基炔诺酮等效价远远大于黄体酮，它们性质稳定，大部分制剂可口服。人工合成孕激素现多制成油剂用于肌内注射，或制成丸剂用于皮下埋植，或制成乳剂用于阴道栓塞。

孕激素在动物繁殖中的应用非常广泛，它不仅可用于诱导同期发情、超数排卵和治疗繁殖疾病，而且由于其在生物体液中含量较雌二醇高，易于定量分析，故在繁殖状态监控、妊娠诊断及许多繁殖疾病诊断方面也得到了普遍应用。

（1）诱导同期发情。对牛、羊和猪连续给予黄体酮，可抑制垂体促性腺激素的释放，从而抑制发情，一旦停止给予黄体酮，即能反馈性引起促性腺激素释放，使动物在短时间内发情。据此，人们在畜牧实践中已将其应用于诱导牛、绵羊、山羊和猪的同期发情。

（2）诱导超数排卵。连续应用黄体酮 13～16 日，于停用黄体酮当天或停用前 24 h 给予 PMSG 或促卵泡素，在黄体酮停用后 48～96 h，牛可发生超数排卵，在黄体酮停用后 36～48 h，羊开始发情，继而排卵。

Note

(3) 鉴别动物的"性状态"。通过测定动物血液、乳汁或唾液中黄体酮水平，结合直肠检查，可判断母马、母牛是否处于发情期（黄体酮含量低，有卵泡）、间情期（黄体酮含量高，有黄体、无卵泡）或乏情期（黄体酮含量低，既无黄体，又无卵泡）。

(4) 进行妊娠诊断。根据血液、乳汁、乳脂、尿液、唾液、被毛中黄体酮水平的高低对牛、羊、猪进行妊娠诊断，在畜牧生产中的应用已非常广泛。一般是采集配种后 21～25 日（猪、牛、山羊）或 19～23 日（绵羊）的样品，通过放射免疫测定或免疫酶标测定法确定其黄体酮含量。如果未孕，则黄体酮含量接近发情时的水平，如已妊娠则黄体酮含量很高，接近或超过黄体期的水平。

(5) 诊断繁殖障碍疾病。例如，测定母牛配种后一定时间内的黄体酮含量，如果配种后 30 日内黄体酮含量持续升高，此后突然下降，可判断为胚胎死亡。此外，通过黄体酮测定技术还可以了解卵巢功能状态，分析母牛受胎率低的原因。

(6) 用于保胎。在对动物进行运输、妊娠检查或动物遭受强烈应激有流产可能时可注射孕激素抑制子宫肌收缩，用于保胎。但应注意剂量，不能大剂量长期使用，否则效果等同于同期发情处理而造成流产。

(7) 用于防止黄体酮不足时的功能性流产。例如，对卵巢功能障碍的牛，从配种后第 8 日起连续注射黄体酮 7～10 日，每日 100 mg，或每 7～10 日注射长效孕激素 200～600 mg，可避免流产。

（四）松弛素

1. 来源 松弛素（RLX）又称耻骨松弛素，主要由妊娠黄体分泌。松弛素存在于颗粒黄体细胞的细胞质中，一旦需要，可即刻释放入血。某些动物的胎盘、子宫、乳腺、前列腺等也可分泌少量松弛素。猪、牛等动物的松弛素主要来自黄体，而兔主要来自胎盘。在正常情况下，松弛素单独使用作用很小。生殖道和相关组织只有经过雌激素和孕激素的事前作用，松弛素才能显示出较强的功能。

2. 生理功能 松弛素在妊娠期的主要作用是抑制妊娠期子宫肌的收缩，以利于妊娠的维持；在分娩时，松弛素水平降低，催产素释放增加，作用于靶器官的结缔组织，使骨盆韧带扩张、子宫颈变松软，以利于分娩。

3. 临床应用 用于动物子宫镇痛，预防动物流产和早产，诱导动物分娩。

五、其他激素

（一）前列腺素

1934 年，有人分别在人、猴、山羊和绵羊的精液中发现可引起子宫收缩或舒张的物质，当时认为该物质可能由前列腺分泌，故称为前列腺素（PG）。后来人们发现 PG 是一组具有生物活性的不饱和脂肪酸，广泛存在于身体的各个组织和体液中，并非由专一的内分泌腺产生。

1. 生理功能

(1) 溶解黄体。关于 PGF2α 溶解黄体的机制，目前主要有两种说法：其一，PGF2α 使子宫、卵巢血管收缩，造成黄体组织供血不足，导致合成黄体酮的原料供给不足，造成黄体酮合成困难，从而引起黄体退化；其二，PGF2α 直接作用于黄体细胞，抑制黄体酮的合成，该说法由绵羊实验证实。

(2) 对子宫的作用。PGF2α 能促进子宫平滑肌收缩，有利于分娩。

(3) 对输卵管的作用。PG 能影响输卵管活动和受精卵运行，与个体状态有关。PGF 主要使输卵管平滑肌和输卵管口收缩，使卵子在输卵管内停留并有受精时间。PGE 使输卵管松弛，有利于受精卵运行。

(4) 对公畜生殖机能的影响。睾丸不但能分泌睾酮，而且能分泌 PG，PG 能使睾丸被膜、输精管及精囊腺收缩，有利于射精。

2. 临床应用 在生产实践中应用较多的是 PGF2α 及人工合成的类似物，国内外已生产多种 PGF2α 类似物，如氯前列烯醇、氟前列烯醇，15-甲基 PGF2α 等。目前国内应用最广的是氯前列烯醇。PGF2α 及其类似物主要用于以下几个方面。

(1) 调节发情周期，用于同期发情。PG 能显著缩短黄体存在时间，控制各种动物发情周期，促进同期发情和排卵。只有当母畜处于功能黄体期时，PGF2α 才对黄体有溶解作用。

(2) 促进同期分娩或引产。给妊娠 141 日的山羊肌内注射 PGF2α 15 mg，给药 72 h 分娩成功率为 33%，平均分娩时间为 142.5 h。给妊娠 144 日的山羊肌内注射 PGF2α 20 mg，平均 31.5 h 引起分娩。用于排出死胎时，PG 与雌激素配合使用效果较好。

(3) 增加射精量。在采精前给公牛、公马、公兔注射 PGF2α 均可增加其射精量。

(4) 治疗生殖疾病。可用 PG 治疗动物黄体囊肿。对于子宫病理改变导致的持久黄体及子宫积脓，用 PG 治疗效果显著。

(5) 促进产后子宫复原，缩短两次妊娠的间隔时间。

(6) 用于治疗排卵迟缓。发情前或发情初期配合使用 PG，能取得比单独注射促卵泡素更好的效果。

（二）外激素

外激素是生物体向环境释放的在环境中起传递同种个体间信息作用，从而引起对方产生特殊反应的一类生物活性物质。由于来源动物的种类及个体不同，这些物质所产生的生物学效应也有差异。

1. 来源与特性 分泌外激素的腺体分布很广，如皮脂腺、汗腺、唾液腺、下颌腺、泪腺、耳下腺、包皮腺等。有些家畜的尿液和粪便中亦含有外激素。

外激素的性质因分泌物的种类不同而异。如公猪的外激素有两种：一种是由睾丸合成的、有特殊气味的类固醇物质，储存于脂肪中，由包皮腺和唾液腺排出体外；一种是由下颌腺合成的、有麝香气味的物质，由唾液排出。各种外激素都含有挥发性物质。

2. 临床应用 哺乳动物的外激素大致可分为信号外激素、诱导外激素、行为外激素等。其中行为外激素对动物繁殖的影响比较重要。外激素主要应用于以下几个方面。

(1) 用于母畜催情。外激素可用于促进母畜的性成熟和发情。据实验，给断奶后第 2、3 日的母猪鼻子上喷洒合成外激素，能促使其卵巢功能恢复。对青年母畜给予公畜刺激，则能提早发生性成熟，如"公羊效应"。

(2) 用于母猪试情。母猪对公猪的性外激素反应非常明显。例如，使用雄烯酮等合成的公猪性外激素时，发情母猪则表现为静立，发情母猪检出率为 90%以上，而且受胎率和产仔率均比对照组高。

(3) 用于公畜采精调教。使用外激素可加速公畜采精训练，对公猪的作用尤其明显。

(4) 外激素还可以解决猪群的母性行为和识别行为问题，为仔畜寄养提供方便。

拓展阅读

性激素与避孕药

课后习题

简答题

举例阐述常见生殖激素的作用和使用要点。(6 种)

Note

模块七　动物繁殖技术

扫码看 PPT

项目一　发情与发情鉴定

学习目标

- 掌握排卵的过程和发情周期的划分。
- 掌握常见动物的发情鉴定技术及鉴定要点。

任务一　发 情 生 理

任务知识

一、卵泡发育与排卵

在雌性动物的发情周期中，卵巢中的卵泡会经历生长发育、成熟、破裂排卵、形成黄体和退化等一系列过程。

（一）卵泡发育

动物卵巢上的卵泡是由内部卵母细胞和周边的卵泡颗粒细胞组成的。在雌性动物出生前，卵巢已含有大量原始卵泡，出生后随着年龄的增长，卵泡不断减少，绝大多数卵泡闭锁而死亡，少数卵泡发育成熟并排出。在哺乳动物发情周期中，实际发育的卵泡数多于成熟、能排卵的卵泡数，如猪卵巢在卵泡期存在的卵泡数比排卵的卵泡数多2～3倍。

卵泡发育从形态上可分为几个阶段，依次为原始卵泡、初级卵泡、次级卵泡、三级卵泡和成熟卵泡。根据卵泡出现泡腔与否，卵泡又可分为无腔卵泡（或称为腔前卵泡）和有腔卵泡（或称为囊状卵泡），三级卵泡以前的卵泡尚未出现泡腔，统称为无腔卵泡，三级卵泡和成熟卵泡称为有腔卵泡。

1. 原始卵泡　排列在卵巢皮质外周，其内部为一个卵母细胞，周围为一层扁平状的卵泡上皮细胞，没有卵泡膜也没有卵泡腔。

2. 初级卵泡　也排列在卵巢皮质外周，由核心的卵母细胞及其周围的一层或两层柱状卵泡细胞组成，卵泡膜尚未形成，也无卵泡腔。

3. 次级卵泡　随着卵泡的进一步发育，初级卵泡移向卵巢皮质的中央，此时卵泡上皮细胞增殖，使卵泡上皮形成多层柱状细胞。随着卵泡的生长，卵泡细胞分泌的液体积聚在卵黄膜与卵泡细胞之间形成透明带，此时出现小的卵泡腔。

4. 三级卵泡　随着卵泡的发育，颗粒细胞不断增多，卵泡腔增大，卵泡腔内充满由卵泡细胞分泌的卵泡液。由于卵泡液增多，卵母细胞被挤向一边，并被包裹在一团颗粒细胞中，形成半岛突出在卵泡腔中，称为卵丘。其余的颗粒细胞紧贴于卵泡腔的周围，形成颗粒层。

5. 成熟卵泡　又称为格拉夫卵泡。三级卵泡继续生长，卵泡液增多，卵泡腔增大，卵泡扩展到整个卵巢皮质而突出于卵巢的表面。

Note

6. 卵泡的闭锁和退化 卵泡的闭锁和退化主要指颗粒细胞和卵母细胞的一系列形态学变化。其主要特征是染色体浓缩，核膜变皱，颗粒细胞发生固缩，颗粒细胞离开颗粒层悬浮于卵泡液中，卵丘细胞发生分解，卵母细胞发生异常分裂或碎裂，透明带玻璃化并增厚，细胞质碎裂等。闭锁的卵泡被卵巢中纤维细胞所包围，在吞噬作用下最后消失而变成瘢痕。

卵泡闭锁的原因可能是垂体分泌促卵泡素数量不够，或者是卵泡细胞对促卵泡素的反应差，导致卵泡不能充分发育，从而导致发生闭锁。此外，颗粒细胞产生的孕酮对其他一些发育慢的成熟卵泡的生长具有局部抑制作用，使其发生退化和闭锁。

（二）排卵

成熟卵泡破裂，释放卵子的过程，称为排卵。随着卵泡体积的增大，卵泡逐渐突出于卵巢表面，卵泡表面的血管也逐渐增多。最后，在激素的作用下，卵泡成熟破裂，卵子脱离卵丘，卵子伴随着卵泡液被排出体外，由输卵管伞部接纳。

1. 排卵类型 大多数哺乳动物排卵具有一定的周期性，根据卵巢排卵特点和黄体的功能，哺乳动物的排卵可分为两种类型，即自发性排卵和诱发性排卵。

(1) 自发性排卵。卵泡发育成熟后自行破裂排卵并自动形成功能性黄体。

(2) 诱发性排卵。交配行为或者其他途径使子宫颈受到机械性刺激才能引起排卵，动物受胎后形成功能性黄体。若只有交配刺激，精子与卵子并未结合，排卵后形成的黄体不具有分泌黄体酮的功能，称为无功能性黄体。骆驼、兔、猫等属于诱发性排卵。

2. 排卵的过程 排卵前，卵母细胞的细胞质和细胞核发育成熟，卵丘细胞聚合力松懈，颗粒细胞各自分离，卵泡膜变薄形成一个突起的排卵点。随着卵泡的发育和成熟，卵泡液不断增加，卵泡容积增大并突出于卵巢表面，但卵泡内压并未增大。突出的卵泡壁扩张，细胞质分解，卵泡膜血管分布增加、充血，毛细血管通透性增强，血液成分向卵泡腔渗出。卵泡液首先在排卵点缓慢渗出，随着破口进一步扩大，卵母细胞及其周围的放射冠细胞被冲出，被输卵管伞接纳。

3. 排卵时间和排卵数 排卵时间和排卵数因动物种类不同而异。例如，排卵时间：猪是在发情终止前 8 h，兔是在交配刺激后 6～12 h；排卵数：猪 10～25 枚，牛 1 枚，犬 2～12 枚，猫 2～10 枚。

4. 黄体形成与退化 成熟卵泡破裂排卵后，由于卵泡液排出，卵泡壁塌陷皱缩，从破裂的卵泡壁血管流出血液，并聚积于排空的卵泡腔内形成血凝块，称为红体。此后红体因其内的血凝块逐渐被吸收而缩小，颗粒细胞在促黄体素作用下增生肥大，并吸收类脂质而变成黄体细胞，构成黄体的主体部分。同时卵泡内膜分生出血管，布满发育中的黄体表面，随着这些血管的分布，卵泡内膜细胞也移入黄体细胞之间，参与黄体的形成。各种动物黄体的颜色也不一样，黄体是一种暂时性的分泌器官。当黄体退化时，黄体细胞的细胞质空泡化、核萎缩，随着微血管退化，供血减少，黄体体积逐渐变小，黄体细胞的数量也显著减少，颗粒层细胞逐渐被纤维细胞所代替，黄体细胞间被结缔组织侵入并增殖，最后整个黄体被白色结缔组织所代替，形成一个斑痂，颜色变白，称为白体，残留在卵巢上。大多数动物的白体会持续存在到下一周期的黄体期，即此时的功能性新黄体与大部分退化的白体共存。

二、发情的概念

雌性动物生长发育到一定年龄后，在垂体促性腺激素的作用下，卵巢上的卵泡发育并分泌雌激素，引起生殖器官和性行为的一系列变化，并产生性欲，雌性动物所出现的这种周期性的性活动现象称为发情。正常的发情主要有以下三个方面的特征。

1. 卵巢变化 雌性动物卵泡在发情之前已开始生长，至发情前 2～3 日发育迅速，卵泡内膜增生，至发情时卵泡已发育成熟，卵泡液分泌增多，此时，卵泡壁变薄而突出于卵巢表面。在激素的作用下，卵泡壁破裂，卵子被挤压而排出。

2. 生殖道变化 发情时卵泡迅速发育、成熟，雌激素分泌量增多，刺激生殖道，使血流量增加，外阴部充血、水肿、松软，阴蒂充血且有勃起；阴道黏膜充血潮红；子宫和输卵管平滑肌的蠕动加强，子宫颈松弛，分泌功能增强，有黏液分泌。

3. 行为变化 由于卵泡分泌雌激素，并在少量孕酮作用下，雌性动物出现性兴奋、鸣叫，主动寻找或接近雄性动物，愿意接受爬跨与交配，同时出现采食量下降、产乳量下降、体温升高等现象。

三、发情周期

雌性动物初情期后，卵巢出现周期性的卵泡发育和排卵，且整个有机体发生一系列的周期性生理变化，这种变化周而复始（非发情季节和妊娠期间除外），一直到性活动停止的年龄，这种周期性的性活动称为发情周期。

发情周期一般是指从一次发情开始到下一次发情开始的间隔时间，也有人将一次发情的排卵期到下一次排卵期的间隔时间作为一个发情周期。各种动物的发情周期因动物种类不同而异，猪、牛、山羊、马、驴的发情周期平均为 21 日，绵羊为 16～17 日。

根据机体所发生的一系列生理变化，动物的发情周期一般采用四期分法和二期分法来划分。四期分法是根据动物的性欲表现及生殖器官变化，将发情周期分为发情前期、发情期、发情后期和休情期四个阶段；二期分法是根据卵巢组织学变化以及有无卵泡发育和黄体存在，将发情周期分为卵泡期和黄体期。

1. 四期分法

（1）发情前期：卵泡发育的准备时期。此期特征：上一个发情周期所形成的黄体退化萎缩，新的卵泡开始生长发育；雌激素也开始分泌，整个生殖道血液供应开始增加，阴道和阴门黏膜有轻度充血、肿胀；子宫颈略松弛，分泌少量稀薄黏液，阴道黏膜上皮细胞增生。此时，从行为上看，动物尚无明显性欲表现。

（2）发情期：雌性动物性欲达到高潮的时期。此期特征：雌性动物愿意接受爬跨，卵巢上的卵泡迅速发育，雌激素分泌增多，阴道及阴门黏膜充血、肿胀明显，子宫颈口张开，有大量透明稀薄黏液排出。多数哺乳动物是在发情期的末期排卵。

（3）发情后期：排卵后黄体开始形成的时期。此期特征：动物逐渐拒绝交配，转入安静状态，雌激素分泌显著减少，黄体开始形成并分泌黄体酮，黄体酮作用于生殖道，使生殖道的充血、肿胀逐渐消退，黏液量少而稠，子宫颈管逐渐封闭，子宫内膜逐渐增厚，阴道黏膜增生的上皮细胞脱落。

（4）休情期：又称为间情期，是黄体活动时期。此期特征：雌性动物拒绝交配，精神状态恢复正常。休情期的前期，黄体继续发育增大，分泌大量黄体酮作用于子宫，使子宫黏膜增厚，表层上皮呈高柱状，子宫腺体高度发育增生，大而弯曲的分支多，分泌作用强。子宫腺的作用是产生子宫乳供胚胎发育，如果卵子受精，这一阶段将延续下去，动物不再发情。如未妊娠，子宫腺逐渐缩小，腺体分泌活动停止，周期黄体也开始退化萎缩，卵巢有新的卵泡开始发育，进入下一次发情周期的发情前期。

2. 二期分法

（1）卵泡期：黄体进一步退化，卵泡开始发育到排卵为止的时期。卵泡期实际上包括发情前期和发情期两个阶段。

（2）黄体期：从卵泡破裂排卵后形成黄体，到黄体萎缩退化为止的时期。黄体期相当于发情后期和休情期两个阶段。

四、发情季节

不同季节的光照、温度等条件不同，影响着动物的神经系统，进而影响着下丘脑、垂体、性腺相应激素的分泌，从而使动物的性行为活动出现季节性变化。一年中动物仅在一定时期才出现发情表现，这一时期称为发情季节，动物只有在发情季节才能发情排卵。动物的发情行为分为季节性发情和全年发情两类。其中，季节性发情又分为季节性单次发情和季节性多次发情。

（一）季节性发情

Note

雌性动物在一个发情季节中只发情一次，称为季节性单次发情。季节性单次发情多见于犬等。

犬的发情季节为春季(3—5 月)、秋季(9—11 月)两季。马、驴、骆驼、绵羊在一个发情季节有多次发情,称为季节性多次发情动物。马为长日照动物,发情季节在 3—7 月;绵羊为短日照动物,发情季节为 9—11 月。

(二) 全年多次发情

全年多次发情的动物,全年均可发情,无发情季节之分,配种没有明显的季节性。猪、牛、山羊以及地中海品种的绵羊等属此类型。

五、异常发情、乏情以及产后发情

(一) 异常发情

雌性动物性成熟以后,经过一段时间发育,一般会有正常的周期性性活动。异常发情的雌性动物多见于首次发情后、性成熟之前的一段时间内,此时性器官还未发育成熟。有时,环境条件异常也会导致异常发情,如劳役过重、营养不良、内分泌失调、泌乳过多、饲养管理不当、温度等气候条件突变等。常见的异常发情主要有以下几种情况。

1. 安静发情 雌性动物发情时缺乏发情外在表现,但卵巢上有卵泡发育、成熟并排卵。安静发情常见于产后哺乳期、产后第一次发情、体质较差或营养不良、低龄或高龄母畜。雌性动物安静发情的原因是体内有关激素分泌失调,如雌激素分泌不足,发情外在表现就不明显。

2. 短促发情 短促发情指发情期雌性动物发情持续时间短。短促发情多见于低龄母畜,家畜中奶牛发生率较高。其原因可能是神经-内分泌系统功能失调,发育的卵泡过早成熟或者发育受阻,使发情持续时间缩短。

3. 断续发情 雌性动物发情期持续很长时间,且发情行为时断时续,多见于早春或营养不良的母马。其原因是卵泡交替发育,先发育的卵泡中途发生退化,新的卵泡再发育,当雌性动物转入正常发情时,就有可能发生排卵,配种也可能受胎。

4. 持续发情 持续发情是慕雄狂的一种症状,常见于牛和猪,马也可能发生。雌性动物在发情期间有持续强烈的发情行为,但是,多数慕雄狂个体发情周期不正常,发情期长短不同,没有明显的发情外部特征,难以接受爬跨,即使配种也不受胎。

5. 妊娠后发情 妊娠后发情又称为妊娠发情或假发情,指动物在妊娠期仍有发情表现。在妊娠最初 3 个月内,常有 3%～5%的母牛发情,妊娠后发情的主要原因是妊娠黄体分泌黄体酮不足,而胎盘分泌雌激素过多。

(二) 乏情

乏情指已达初情期的雌性动物不发情,卵巢周期性活动处于相对静止状态。乏情多属于一种生理现象,而不是由疾病引起的。主要有以下几种情况。

1. 季节性乏情 动物在进化过程中形成了适应环境的季节性繁殖现象。在非繁殖季节,卵巢卵泡无周期性活动且生殖道无周期性变化。对于有季节性繁殖现象的动物,可以改变环境条件(如温度、光照等),使卵巢功能从静止状态转为活动状态,进而使发情季节提早到来。但注射促性腺激素往往效果不良。

2. 泌乳性乏情 有些动物在产后泌乳期间,由于卵巢周期性活动功能受到抑制而不发情,称为泌乳性乏情。

3. 营养性乏情 营养不良可以抑制发情,且对青年动物的影响比对成年动物更大。如能量水平过低,微量元素和维生素缺乏都会引起哺乳母牛和断乳母猪乏情。

4. 应激性乏情 气候恶劣、畜群密集、劳役过度、长途运输等都可抑制发情、排卵及黄体功能,这些应激因素可使下丘脑-垂体-卵巢轴的功能活动转变为抑制状态。

5. 衰老性乏情 衰老可使动物的下丘脑-垂体-性腺轴的内分泌功能减退,导致垂体促性腺激素分泌减少,不能激发卵巢功能活动而表现为不发情。

6. 妊娠期乏情 妊娠期黄体分泌孕激素的量升高,雌激素含量相对降低,卵泡发育受阻,导致

Note

动物没有发情表现。

7. 生殖道疾病引起的乏情 黄体囊肿、持久性黄体和子宫内膜炎等疾病可干扰雌激素的释放从而导致动物乏情。

（三）产后发情

产后发情指雌性动物分娩后的第一次发情。母猪一般在分娩后3～6日出现发情，但不排卵。一般在仔猪断乳后1周之内出现第一次正常发情。如因仔猪死亡，母猪提前结束哺乳期，则母猪可在断乳后数天发情。母马往往在产驹后6～12日发情，其发情表现一般不太明显，甚至无发情表现。但和母猪不同，母马产驹后第一次发情时，有卵泡发育且可排卵，因此可配种，俗称"配血驹"。

任务二 发情鉴定技术

任务知识

发情鉴定是动物繁殖工作中一个重要的环节。通过发情鉴定，可以判断动物的发情阶段，预测排卵时间，以便确定配种期，及时进行配种或人工授精，从而达到提高受胎率的目的。另外，通过发情鉴定，还可以发现动物发情是否正常，以便发现问题，及时解决问题。各种动物的发情特征有其共性，也有其特异性。因此，在发情鉴定时既要注意共性方面，还要注意各种动物的自身特点。

一、发情鉴定的基本方法

1. 外部观察法 此法是对各种雌性动物进行发情鉴定的最常用的方法，主要通过观察动物的外部表现和精神状态来判断其是否发情或发情程度。发情动物常表现为精神不安，鸣叫，食欲减退，外阴部充血、肿胀、湿润，有黏液流出，对周围的环境和雄性动物反应敏感。不同的动物往往还有特殊的表现，如母猪闹圈、母牛爬跨等。上述表现随发情进程由弱到强，再由强到弱，发情结束后消失。

2. 试情法 此法是根据雌性动物对雄性动物的反应判断雌性动物发情程度的一种方法，适用于各种家畜。试情法常使用有经验的雄性动物试探雌性动物是否发情。如果发情，雌性动物通常愿意接受爬跨，弓腰举尾，后肢张开，频频排尿，有求配动作等。如果雌性动物不在发情期，则表现为远离雄性动物，不接受爬跨，当雄性动物接近时，往往会出现躲避行为甚至踢、咬等抗拒行为。

3. 阴道检查法 此法主要用于牛、马、羊等家畜。检查时将阴道扩张器插入动物阴道，使动物阴道扩张，借助光源，观察阴道黏膜的颜色、充血程度，子宫颈松弛状态，子宫颈外口的颜色、充血肿胀程度及开口大小，分泌液的颜色、黏稠度及量的大小，有无黏液流出等来判断发情程度。要注意的是，检查时，阴道扩张器要洗净并用乙醇全面消毒，以防感染，插入阴道时要小心谨慎，用润滑剂涂抹前端，缓慢旋转插入以免损伤阴道黏膜。此法不能准确判断动物的排卵时间，因此，目前只作为一种辅助性检查手段。

4. 直肠检查法 此法主要应用于牛、马等大家畜。因可直接触摸卵巢，故在畜牧生产上应用广泛。具体方法是检查者将手臂伸进母畜的直肠内，隔着直肠壁用手指触摸卵巢及卵泡发育情况。卵巢的大小、形状、质地，卵泡发育的部位、大小、弹性，卵泡壁的厚薄，卵泡是否破裂，有无黄体等情况均可通过直肠检查法查明。利用直肠检查并结合发情外部特征，可以准确地判断卵泡发育程度及排卵时间，以便准确地判定配种时期。但在采用此法时，检查者必须经反复多次实践，具有比较丰富的经验，才能正确掌握和进行判断。

5. 生殖激素检测法 此法是应用激素测定技术（如放射免疫测定法、酶联免疫测定法等），通过对雌性动物体液（血浆、血清、乳汁、尿液等）中生殖激素（如促卵泡素、促黄体素、雌激素、孕酮等）水平的测定，依据发情周期中生殖激素的变化规律，来判断动物发情程度的一种方法。此法可精确测定出激素的含量，如用放射免疫测定法检测母牛血清中孕酮的含量为0.2～0.48 ng/mL，输精后发情期受胎率可达 51%，但这种方法所应用的仪器和药品试剂较贵，目前尚难普及。

6. 仿生学法 模拟公畜的声音和气味刺激母畜的听觉和嗅觉器官，通过观察其受到刺激后的反应情况，判断母畜是否发情。

在生产实践中采用仿生学法对猪进行发情鉴定的研究较多，结果表明，当公猪不在场，但能听到公猪叫声和嗅到公猪气味，发情母猪中有 90%呈现静立反应。用天然的或人工合成的公猪性外激素，在母猪群内喷雾，可刺激发情母猪，使其出现静立反应。因此，在生产实践中，在利用公猪气味和声音的同时，再配合模拟公猪的形象，可提高母猪发情鉴定的效果。

7. 电测法 此法是用电阻表测定雌性动物阴道黏液的电阻值来进行发情鉴定的方法，可决定最合适的输精时间。用电阻表探索雌性动物阴道黏液电阻值变化的研究开始于 20 世纪 50 年代，经反复研究证实，黏液和黏膜的总电阻变化与卵泡发育程度有关，与黏液中的盐、糖、酶等含量有关。一般来说，在发情期，雌性动物阴道黏液电阻值降低，而在发情周期其他阶段则趋于升高。

8. 生殖道黏液 pH 测定法 在雌性动物的发情周期中，生殖道黏液 pH 呈现一定的变化规律，一般在发情盛期为中性或偏碱性，在黄体期为偏酸性。测定生殖道黏液 pH 似乎不能明显区分发情周期的各个阶段，但是在一定 pH 范围内输精的受胎率较高，因此，在雌性动物发情周期，当雌性动物具有发情表现时，再测 pH 更有参考价值。

二、各种动物发情鉴定要点

这里主要介绍猪、牛、羊的发情鉴定。

（一）猪的发情鉴定

母猪属于全年多次发情的动物，发情期持续时间平均为 2～3 日。母猪的发情鉴定多使用外部观察法、试情法等。

从行为来看：发情母猪食欲减退、躁动不安、咬栏、跳圈、嘶叫、拱门，遇到公猪鼻对鼻或闻公猪会阴或拱公猪肋部，出现爬跨、竖耳、翘尾等行为。

从外阴部表现来看：发情开始时阴部轻度肿胀，随后明显肿胀，阴道湿润、黏膜充血，逐步由浅红色变为桃红色直到暗红色，阴道内黏液流出由多到少、由稀变稠。

从压背或骑背反应来看：双手用力压母猪的背部，母猪不走动，或饲养员骑在母猪背上，母猪不离开，神情“呆滞”，尾巴偏向一侧，后肢撑开，即“静立反射”。

用公猪试情：母猪愿意接近公猪，接受公猪交配。

（二）牛的发情鉴定

母牛发情时外部表现比较有规律，且整个发情期持续时间较短。母牛的发情鉴定方法有外部观察法和直肠检查法等，生产实践中常采用外部观察法结合直肠检查法。

1. 外部观察法 该法主要根据母牛的外部表现来判断发情情况。母牛发情时往往兴奋不安，食欲减退，泌乳的母牛产乳量减少，尾根举起，追逐、爬跨其他母牛并接受其他牛爬跨。

2. 直肠检查法 此法多用于发情表现不明显或者安静发情母牛的鉴定。进行直肠检查时，检查者必须将指甲剪短、磨光，在手臂上涂润滑剂，先用手抚摸肛门，然后将手指并拢成锥形，以缓慢的旋转动作伸入肛门，掏出粪便。再将手伸入直肠，手掌展平，掌心向下，用指腹按压抚摸，在骨盆腔底部，可摸到棒状子宫颈。沿子宫颈再向前摸，在正前方可摸到角间沟。角间沟的两旁为向前、向下弯曲的两侧子宫角。沿着子宫角大弯向下稍向外侧，可摸到卵巢。用手指指腹检查子宫角的形状、大小、反应以及卵巢上卵泡的发育情况，判断母牛的发情情况。

不发情的母牛，子宫颈细而硬，子宫较松弛，子宫收缩反应差。发情母牛子宫颈稍大，较软，由于子宫黏膜水肿，子宫角体积也增大，子宫收缩反应比较明显，子宫角坚实。卵巢上发育的卵泡突出于卵巢表面，光滑，触摸时略有波动，排卵前有一触即破之感，因此，不提倡触摸卵泡。

应注意的是：一般发情正常的母牛采用外部观察法就可准确鉴定发情，必要时采用直肠检查法。直肠检查法需要熟练的技术人员施行，否则很容易触破卵泡，影响母牛受胎。

Note

（三）羊的发情鉴定

羊的发情期短，直肠狭窄且外部发情特点不是特别明显，因此，对羊的发情鉴定以试情法为主，辅以外部观察法。

1. 试情法 将试情公羊放入母羊群，接受试情公羊爬跨的母羊即为发情母羊。试情公羊要选择身体健壮、性欲旺盛、无疾病、年龄2～5岁、性情温驯的公羊。为避免试情公羊偷配母羊，可给试情公羊系上试情布或者结扎输精管。试情布长约40 cm，宽约35 cm，四角系上带子，每当试情时将其拴在试情公羊腹下，遮挡其阴茎，使其无法直接交配。试情公羊应单独喂养，加强饲养管理，远离母羊群，防止偷配。试情一般选择在每日清晨进行，试情公羊进入母羊群后，用鼻去嗅母羊，或用蹄子去挑逗母羊，甚至爬跨到母羊背上，若母羊不动、不拒绝或伸开后腿排尿，即为发情母羊。发情母羊应从羊群中挑出，做上记号。试情时公、母羊比例以1∶40为宜。

2. 外部观察法 从外部直接观察母羊的行为、特征和生殖器官的变化，判断母羊是否发情。母羊发情时表现不安，目光呆滞，食欲减退，哮叫，外阴部红肿但不是特别明显，流出少量黏液。发情母羊被公羊追逐或爬跨时，往往叉开后腿站立不动，接受交配。第一次发情的羊发情不明显，要认真观察，避免错过配种时机。

课后习题

一、名词解释

排卵　发情　乏情

二、简答题

1. 简述排卵的过程。
2. 简述发情周期的划分。
3. 简述发情鉴定技术常见的方法。
4. 叙述牛直肠检查的方法。

项目二　发情控制技术

学习目标

- 掌握常见的发情控制技术。
- 掌握同期发情和超数排卵的处理方法。

发情控制技术是利用人工处理方法提高动物繁殖力的技术。利用发情控制技术，可以打破动物的季节性繁殖，以及生理性和病理性乏情期；由单胎变多胎，以提高年产胎次；使动物由分散发情变为集中发情；实现繁殖的专业化管理，提高优秀种畜的利用率。发情控制的主要方法有诱导发情、同期发情、超数排卵等。

任务一　诱导发情

任务知识

一、概念

诱导发情指利用人工方法，通过某种刺激（如激素处理、改变环境气候、断乳和性刺激）诱发乏情的雌性动物发情，达到缩短繁殖周期、增加胎次的目的。

二、机制

在季节性乏情或泌乳性乏情的情况下，促卵泡素和促黄体素的分泌量不足以维持卵泡发育，卵巢处于静止状态，卵巢上既无黄体存在也无卵泡发育，此时如果对乏情动物进行激素处理、改变环境气候、断乳或给予性刺激等，可以激发卵巢，使卵巢由静止状态转变为活跃状态，促进卵泡的正常生长发育，使雌性动物恢复正常发情和排卵。另外，对于由持久黄体造成的病理性乏情，利用激素消除黄体，使卵巢恢复周期性活动，这种治疗处理从广义上讲也属于诱导发情。

三、方法

诱导发情最直接、最快起效的方法是用激素进行处理。在神经刺激中，异性刺激所产生的效应最明显，生产实践中的"公畜效应"表明此方法具有特殊作用。

1. 猪的诱导发情　对于一般性乏情的母猪，可注射孕马血清促性腺激素（PMSG）或氯地酚（每头 20～40 mg）。对不发情后备母猪肌内注射 800～1000 IU 孕马血清促性腺激素诱导发情，再注射 600～800 IU 人绒毛膜促性腺激素促排，母猪一般在 3～5 日出现发情和排卵。除了使用激素以外，还可以使用公猪尿液、声音等刺激母猪，也有很好的效果。

现代化养猪业提高母猪繁殖力的重要措施之一是早期断乳，这种方法能有效诱导母猪提前发情配种。哺乳期施行早期断乳，可以使母猪从分娩到发情配种的时间缩短，达到 2 年产 5 胎。

2. 牛的诱导发情　对于产后提早配种的母牛，可采用提前断乳的方法或用孕激素进行处理。一般从产后 2 周开始，应用孕激素处理 10 日左右，再注射孕马血清促性腺激素 1000 IU，即可诱导发情。

对于产后泌乳奶牛，可用 GnRH 类似物促排 2 号 5～15 μg 肌内注射，连续 1～3 次(每日 1 次)。

对于持久性黄体或者黄体囊肿的乏情母牛，可肌内注射前列腺素，促使黄体消失，诱导发情。

3. 羊的诱导发情 绵羊通常为 1 年产 1 胎，多数品种产羔后有一段持续很长时间的乏情期，在非发情季节，对乏情母羊用孕激素(孕酮)处理 12～16 日，每次 10～12 mg，随后 1～2 日一次性注射孕马血清促性腺激素 750～1000 IU，即可引起母羊发情排卵。应用促卵泡素或氯地酚也可促使母羊发情排卵，达到 2 年产 3 胎。

对于母羊，在春、夏季非繁殖季节，利用人工暗室模拟秋季，逐渐缩短光照时间，每日光照 8 h、黑暗处理 16 h，处理结束后 7～10 周，母羊开始发情。

在发情季节到来之前数周，在母羊群中放入公羊，通过公羊刺激，乏情母羊可发情。也可使用“补饲催情”的方法，即在母羊临近发情季节，通过补饲精料、增加营养、加强管理来促进母羊发情。

任务二 同期发情

任务知识

自然条件下，单个动物的发情是随机的，而对于具有一定数量、生殖机能正常且未妊娠、正处于繁殖季节的群体来说，每日会有一定数量的动物出现发情。但是，大多数动物处于黄体期或非发情期。同期发情就是对群体母畜应用人工的方法，使其在一定时间内集中发情。

一、概念

同期发情又称为同步发情，是利用某些激素制剂人为地控制并调整一群处于不同发情状态母畜的发情进程，使其在预定时间内集中发情，以便于有计划地组织配种的一种技术。

二、同期发情的意义

(1) 有利于推广人工授精。人工授精技术在生产实践中往往受畜群过于分散的限制。如果能在短时间内使生产地区的畜群集中发情，则可以根据预定的日程巡回进行定期配种，以利于人工授精的普及和推广。

(2) 便于组织批量生产。控制母畜同期发情，可使母畜配种、妊娠、分娩及仔畜的培育在时间上相对集中，便于成批生产，从而有效地进行饲养管理，节约劳动力和费用。

(3) 提高繁殖率。同期发情不但能用于周期性发情的母畜，而且能使处于乏情状态的母畜出现周期性性活动。例如，卵巢静止的母畜经过孕激素处理后，多数出现发情；因黄体存在持久而长期不发情的母畜，用前列腺素处理后，由于黄体消散，生殖机能随之恢复。

(4) 同期发情是胚胎移植的基础环节。当胚胎的保存问题尚未解决时，同期发情就是人们经常采用的方法，而在鲜胚移植过程中，同期发情则是必不可少的环节。

三、机制

母畜的发情周期从卵巢的功能和形态变化方面可分为卵泡期和黄体期两个阶段。卵泡期是在周期性黄体退化、孕激素水平下降以后，卵泡生长发育成熟并排卵的时期。卵泡破裂并发育成黄体，即进入黄体期。在黄体期内，卵泡发育受到黄体分泌的孕激素的抑制，母畜不表现为发情。总的来讲，较高的孕激素水平可抑制卵泡发育和动物发情。由此可见，黄体是发情周期正常运转的关键因素。因此，控制黄体寿命，就可以调整发情周期的进程。

目前，控制雌性动物同期发情的途径有以下两种。

Note

1. 延长黄体期 具体做法是对一群待处理的母畜同时施用孕激素，抑制卵泡的发育，经过一定时间同时停药，随之引起同期发情。采用这种方法时，在施药期内，若黄体发生退化，外源性孕激素代替了内源性孕激素（黄体分泌的孕激素），造成人为黄体期，可推迟发情期的到来。

2. 使黄体期提前 使用前列腺素，使黄体溶解，促进垂体促性腺激素的释放，卵巢进入卵泡期，达到同期发情的目的。

四、同期发情的药物和使用方法

1. 孕激素 用法如下。

(1) 阴道栓塞法。将泡沫塑料块或者脱脂棉团灭菌、干燥后浸吸一定量的孕激素，放于子宫颈口附近，放 9～12 日后取出，隔 2～3 日母畜即发情。此法可以使药液缓慢、持续不断地释放至周围组织，只需要一次用药即可。但是使用此法时要注意消毒，防止生殖器感染，要在栓塞物中加入适量杀菌、消炎药物，且要防止阴道栓塞物脱落、丢失。

(2) 内服法。将一定量的孕激素拌于饲料内，连续喂一定天数后停药，不久母畜即发情。此法主要用于舍饲母畜，费时费工，而且剂量不易掌握。

(3) 皮下埋植法。将一定剂量的成型孕激素试剂装入多孔的塑料细管内或硅橡胶乳管内，用套管针或埋植器埋于母畜耳背皮下，经若干天后取出，隔 2～3 日母畜即可发情。此法操作简单易行，不易丢失，用药量也较阴道栓塞法少。

(4) 注射法。对母畜进行皮下或肌内注射一定剂量的孕激素，连续若干天后停药。此法工作量较大，但是施药剂量准确。

2. 前列腺素 使用前列腺素进行同期发情处理，主要有两种做法：肌内注射、子宫内灌注。行子宫内灌注时药物的剂量要小于肌内注射，只是注入小型牛、青年母牛、母羊时有一定难度。

使用前列腺素有一定缺点，就是不同动物对前列腺素的敏感期有所不同。猪在发情周期的第10～16日对前列腺素较为敏感；牛、山羊、马在发情周期的第 5～16 日对前列腺素较为敏感。另外，在前列腺素处理过程中，如能配合应用促性腺激素释放激素或孕马血清促性腺激素进行处理，也可提高母畜发情率及受胎率。

任务三　超数排卵

任务知识

超数排卵是指应用外源性促性腺激素诱导卵巢多个卵泡发育，并排出具有受精能力的卵子的方法。

一、原理

在发情周期的末期，也就是黄体处于消退阶段和卵泡处于进行性交替变化的关键时期，使用适当剂量的促性腺激素进行处理，可提高动物体内促性腺激素水平，使卵巢中有比自然情况下数量多十几倍的卵子，在同一发情周期内发育成熟并集中排卵。

二、超数排卵处理方法

用于超数排卵的药物大体可分为两类：一类促进卵泡生长发育，如孕马血清促性腺激素和促卵泡素；另一类促进排卵，如人绒毛膜促性腺激素、促黄体素和前列腺素。

(1) 孕马血清促性腺激素与促卵泡素。促性腺激素在体内半衰期长，一般一次性肌内注射。另外，孕马血清促性腺激素药效稳定，使用后卵巢体积不会增大，排卵率高，但容易产生抗体。促卵泡素在体内半衰期短，需多次递减注射，每日注射 2 次效果较好。

(2) PGF2α。PGF2α 不仅能使黄体提前消退，还能促进排卵。

(3) 促黄体素、人绒毛膜促性腺激素。在对供体母畜进行超数排卵处理后，母畜出现发情时，静脉注射外源性促排卵激素、促黄体素、人绒毛膜促性腺激素或促性腺激素释放激素，可以增强排卵效果，减少卵巢上残余的卵泡数。

(4) 孕酮。一般在超数排卵处理之前，用孕酮进行预处理刺激，可以有效提高母畜对促性腺激素的敏感性。

三、常见动物的超数排卵方法

1. 牛的超数排卵 目前各国对供体母牛进行超数排卵处理时，在供体母牛发情周期的中期肌内注射孕马血清促性腺激素，以诱导母牛的多个卵泡发育，2 日后肌内注射 PGF2α 以消除黄体，母牛在注射后 2～3 日发情。我国内蒙古自治区制定了超数排卵方法的地方标准(促卵泡素 5 日注射法)：以母牛发情之日作为周期的第 1 日，在母牛发情周期的第 9 日，每日早、晚各注射 1 次，连续 5 日，递减注射。也可以在供体母牛发情周期的第 11～13 日中任意一日肌内注射孕马血清促性腺激素 1 次，用量为 5 IU/kg(体重)，在注射后 48 h 和 60 h，分别注射 PGF2α 0.4～0.6 mg，紧接着在第一次输精的同时注射与孕马血清促性腺激素等剂量的抗孕马血清促性腺激素，以消除副作用。

2. 羊的超数排卵 羊的超数排卵方法主要是利用外源性促性腺激素(如孕激素、促卵泡素和孕马血清促性腺激素等)刺激卵泡发育，从而诱导多个卵泡发育。目前，对羊进行超数排卵的主要药物有孕酮＋促性腺激素＋前列腺素等。

(1) 孕酮＋促性腺激素。将孕酮以栓剂形式放置于阴道内一定时间进行预刺激，再用促性腺激素刺激，然后撤掉孕酮栓，采集卵母细胞。

(2) 促性腺激素。在绵羊发情周期的第 12～13 日一次性注射孕马血清促性腺激素 750～1500 IU，绵羊发情后或在配种当日注射人绒毛膜促性腺激素 500～750 IU。

(3) 促性腺激素＋前列腺素。在绵羊发情周期的第 12～13 日注射促卵泡素，早、晚各 1 次，以递减方式注射，连续 3 日，第 3 日上午注射时，同时肌内注射前列腺素 1 mg。

四、影响超数排卵效果的因素

影响超数排卵效果的主要因素如下：个体情况(不同个体对激素的反应性不同)、年龄与胎次(青年母畜对超数排卵药物敏感，效果好)、超数排卵时间(不同动物对药物的反应时间不同)、品种、季节(如母牛在 27 ℃以上的环境中，超数排卵效果不理想)、泌乳(对泌乳期母牛的超数排卵处理效果要优于干乳期母牛，处于泌乳高峰期的母牛对孕马血清促性腺激素不敏感，一般在分娩后 45～60 日进行超数排卵处理)。因此，要综合考虑多种因素。

课后习题

名词解释

诱导发情　同期发情　超数排卵

项目三　人工授精

学习目标

- 掌握人工授精的方法、步骤及技术要点。
- 掌握精液品质检查的方法及影响精液品质的因素。

任务一　动物配种方法

任务知识

配种是使雌性动物受胎的繁殖技术，包括自然交配和人工授精两种形式。前者是较原始、落后的繁殖方法，而后者具有许多优点，是较先进的繁殖技术。

一、自然交配

在动物生产中，有时限于条件，直接让雄性动物与雌性动物进行交配，这种配种方法称为自然交配，也称为本交。自然交配主要有以下几种方式。

1. 自由交配　在原始游牧条件下，雌、雄性动物常年混群放牧，只要雌性动物一发情，雄性动物即可与其随意交配，故称为自由交配。

2. 分群交配　将雌性动物分成若干小群，每群根据需要放入一头或几头经过选择的雄性动物，任其自然交配。这样既控制了雄性动物的交配次数，又实现了一定程度的选种选配。

3. 圈栏交配　将雌、雄性动物隔离饲养，当雌性动物发情时，将其放入雄性动物栏内与选定的雄性动物交配。这在一定程度上克服了上述配种方式的缺点，并提高了雄性动物利用率，选种选配也更为严格。

4. 人工辅助交配　将雌、雄性动物隔离饲养，只在雌性动物发情时，才按既定选种选配计划，令其与选定的雄性动物交配。对雌性动物做好必要的保定、消毒等配种前处理，在配种时，繁殖员可辅助雄性动物顺利完成交配，然后仍将雌性动物与雄性动物分开。

二、人工授精

人工授精是在人工条件下利用器械将雄性动物的精液采出，经过品质检查、稀释、保存等处理后，再用器械将合格精液输送到雌性动物生殖道内使其受胎的一种配种方法。

（一）人工授精技术发展概况

人工授精技术是对自然交配的重大突破，目前已成为现代畜牧业动物繁殖领域的重要技术之一。

1. 国外人工授精技术发展简况　人工授精技术的发展经历了 3 个阶段。

（1）实验阶段。1780 年，意大利生物学家斯帕兰兹尼（Spallanzani）用犬做实验，把处于正常体

Note

温的精液给一只母犬人工授精，62日后母犬产出3只仔犬。1899年，俄国学者伊万诺夫开始研究马的人工授精，并于20世纪初获得成功，随后又成功地进行了牛和绵羊的人工授精。1914年，罗马科学家研制出世界上第一个用于犬采精的假阴道，俄国科学家随后仿制出马、牛、绵羊用假阴道。1937年，丹麦的兽医开发了母牛的直肠把握输精法，输精技术的改进进一步提高了人工授精的受胎率，推动人工授精由实验阶段进入应用阶段。

（2）应用阶段。20世纪40—60年代，假阴道采精方法的确定、卵黄缓冲液的应用、精液检查方法和输精器械的研究成功及配种时间的确定等，使人工授精技术得到突飞猛进的发展，人工授精进入全面推广应用阶段，成为动物改良的重要手段。

（3）冷冻精液阶段。20世纪50年代，英国的史密斯(Smith)和波尔吉(Polge)研究牛精液冷冻保存方法获得成功，并于1951年产出世界上第一头冷冻精液牛犊，为如今冷冻精液技术的发展和普及奠定了基础。20世纪60年代中期以后，冷冻精液在生产中大量应用。至20世纪70年代末，在美国、英国、澳大利亚等十几个国家，牛的冷冻精液人工授精普及率高达100%，且取得与新鲜精液输精同等的受胎效果。人工授精技术和冷冻精液的应用，使奶牛的产乳量不断提高，促进了养牛业的快速发展。

2. 我国人工授精技术发展历史和现状 我国马的人工授精始于1935年的江苏句容种马场，但1951年以后才得到推广。1958—1960年，在全国范围内开展牛的人工授精，对改良本地黄牛的效果明显。20世纪70年代，牛的冷冻精液配种技术得到大力推广。20世纪80年代，猪的人工授精技术得到推广，之后由于笼养鸡的快速发展，鸡的人工授精技术也得到普及和应用。半个世纪以来，我国人工授精技术在发展速度、应用范围、动物种类以及经济收益等方面，均取得了巨大的成就，目前奶牛冷冻精液人工授精普及率达98%以上，大家畜人工授精数量居世界第一。但是，我国人工授精技术的普及率、人工授精技术水平、管理水平与畜牧业发达国家相比差距仍较大，且发展不平衡，因此，不断提高人工授精技术水平，促进我国现代畜牧业的发展，是一项长期而艰巨的任务。

（二）人工授精技术的优越性

人工授精技术是家畜繁殖技术的重大革新，是对自然交配的重大突破，在牛、羊、猪生产中应用较为普遍。与自然交配相比，该技术具有以下几个方面的优势。

（1）提高良种公畜的利用率，增加配种母畜头数。人工授精技术不仅有效改变了动物交配方式，更重要的是增加了母畜的配种头数，如采用冷冻精液，公牛可常年采精，一头成年公牛每年可生产冻精2万～2.5万份，每年可配母牛2万多头次。

（2）降低饲养管理费用，节约成本。利用人工授精技术，可以减少饲养种公畜的头数，因而生产费用大为降低，既节省了人力、物力，又提高了经济效益。

（3）加速品种改良，加快育种进程。由于人工授精技术大大提高了优秀种公畜的配种效能，使其优秀后代的比例在群体中不断扩大，因而加速了品种的改良。此外，利用冷冻精液进行人工授精，可对小公牛进行后裔鉴定和选留，加快了牛的改良及育种进程。

（4）有利于提高母畜受胎率。对人工授精的母畜，事先要经过准确的发情鉴定，每次输精使用的精液都经过严格检查，保证质量，而且选择最合适的输精时间，将精液输入最恰当的输精部位，母畜就有最大的受胎机会，提高了母畜的受胎率。

（5）可避免疾病（特别是生殖道传染病）的传播。采用人工授精技术，公畜和母畜的生殖器官不直接接触，避免了某些因交配而感染的传染病的传播，如传染性流产、颗粒性阴道炎、子宫炎、滴虫病等。

（6）克服杂交改良和配种时的困难。人工授精可为黄牛和牦牛等种间杂交提供技术支持。利用人工授精还可以克服公、母畜体型大小悬殊而不易进行交配的缺点，或母畜生殖道因某些异常而不易受胎的困难。

（7）配种不再受地域、时间及种公畜生命的限制。冷冻精液解决了精液长期保存的问题。精液可进行长途运输，在任何时间、任何地区都可选用某头公畜配种。由于配种不再受时间和地域的限

Note

制，更易于做到国内及国际间优良种公畜精液的交流，促进了人工授精技术的普及与发展。

(8) 人工授精技术也是其他繁殖技术的配套措施。在推广应用胚胎移植、同期发情技术过程中，人工授精是必不可少的技术环节。

任务二　采　　精

任务知识

人工授精的第一个重要环节就是采集公畜(禽)精液(采精)。采精的基本要求是，使用的器械简单，操作方便，不影响公畜正常的性行为，使射精顺利，精液量大而不被污染。

一、采精前的准备

(一) 器材的清洗与消毒

采精用的所有人工器材均应力求清洁无菌，在使用之前要严格消毒，每次使用后必须洗刷干净。传统的洗涤剂是2%～3%碳酸氢钠溶液或1%～1.5%碳酸钠溶液。基层单位常采用肥皂或洗衣粉代替，但安全性不及前者。器材用洗涤剂洗刷后，务必立即用清水多次冲洗干净而不残留洗涤剂，然后经过严格消毒方可使用。消毒方法因各种器材质地不同而异。

(二) 假阴道的准备

假阴道(图7-3-1)是模仿母畜阴道内环境条件而设计制成的一种人工阴道。虽然各种家用的假阴道在形状、大小等方面不尽相同，假阴道的类型也多种多样，但设计原理和基本构造是相同的。假阴道由外筒(又称外壳)、内胎、集精杯(瓶、管)、气嘴和固定胶圈等基本部件组成。

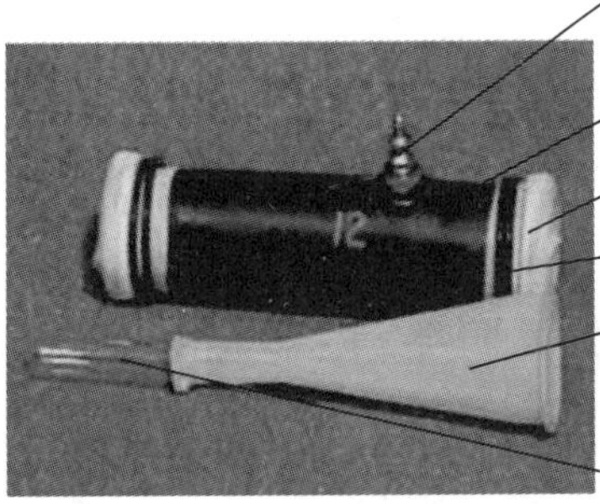

图 7-3-1　假阴道

(三) 采精场所的准备

采精要有良好、固定的场所与环境，以便公畜建立起稳定的条件反射，同时保证人畜安全和防止精液被污染。为此，采精场所应该宽敞、平坦、安静、清洁和固定。供保定台畜的采精架和供公畜爬跨射精的假台畜，必须牢固结实，安放的位置要便于公畜进出和采精人员操作。采精场所的地面既要平坦，又不能过于光滑，最好能铺上橡皮垫以防打滑。采精前要将采集场所打扫干净，并配备喷洒消毒液和紫外线照射灭菌设备。

采精虽然可在室外露天进行，但一般条件较好的人工授精站，都有半敞开式采精棚或室内采精室(大型家畜采精室的面积一般为10 m×10 m左右)并紧靠精液处理室。

(四) 台畜的准备

采精用的台畜有真假之分，且各有利弊。所谓真台畜(即活台畜，简称台畜)，是指与公畜同种的母畜、阉畜或另一头种公畜。真台畜应选择健康无病(包括性病、体外寄生虫病等)、体格健壮、大小适中、性情温顺而无踢腿等恶癖的同种家畜。一般来说，应用具备上述条件的发情母畜最为理想。

近来各国制作的假台畜（即采精台）产品已多样化，但其基本结构都是模仿母畜体形，选用钢管或木料等做成一个具有一定支撑力的支架，然后在架背上铺以适当厚度的竹绒、棉絮或泡沫塑料等有适当弹性的填充物，其表面再包裹一层麻袋、人造革等。

公畜适应爬跨假台畜必须经过一段时间的调教训练。调教方法很多，可根据具体情况选择采用。例如，在假台畜的后躯，涂抹发情母畜阴道黏液或尿液，也可用其他公猪的尿液或精液来代替，或者使用其他公猪已经爬跨采精过的假台畜。

（五）种公畜的准备

种公畜采精前的准备包括体表的清洁消毒和诱情准备两个方面。这与精液的质量和数量都有密切关系。采精前，应擦洗公畜下腹部，用0.1%高锰酸钾溶液等洗净其包皮并抹干，挤出包皮腔内积尿和其他残留物并抹干。

（六）操作人员的准备

采精员应技术熟练，动作敏捷，对每一头公畜的采精条件和特点了如指掌，操作时要注意人畜安全。操作前，要求采精员脚穿长筒靴，着紧身工作服，避免与公畜及周围物体钩挂而影响操作，指甲剪短磨光，手臂要清洗消毒。

二、采精方法

采精的方法很多，目前公认的适用于各种家畜的常用方法是假阴道采精法。采集公猪的精液时，常用手握法，此外还有筒握法。对难以训练或拒绝假阴道采精的公畜（经常是在放牧条件下）或特种经济动物，可采用电刺激法。对于家禽和犬可采用按摩法。

（一）假阴道法

采精者一般应立于公畜的右后侧。当公畜爬上台畜时，要沉着、敏捷地将假阴道紧靠于台畜臀部，并将假阴道角度调整好，使之与公畜阴茎伸出方向一致，同时用左手托住公畜阴茎基部，使其自然插入假阴道。射精完毕后，假阴道不要强行抽出，待阴茎自然脱离后立即竖立假阴道，使集精杯（瓶）一端在下，迅速打开气嘴阀门放掉空气，以充分收集滞留在假阴道内胎壁上的精液。

（二）手握法和筒握法

猪的手握法又称拳握法，指用手掌代替假阴道采精，是目前广泛采用的一种方法。与假阴道法相比，手握法具有设备简单、操作容易和便于选择性收集“浓份精液”等优点。

手握法的操作步骤如下。

采精前一定要做好种公猪和假台猪的清洗消毒工作（特别是公猪包皮附近），并用消毒毛巾擦干。采精员应洗净手掌且消毒擦干，并戴上消毒过的医用外科手套，尽量减少精液被污染的机会。

当公猪开始爬跨假台猪并逐步伸出阴茎时，采精员应将手掌握成空拳使公猪阴茎导入其内，待公猪阴茎在空拳内来回抽转一段时间，并且螺旋状阴茎龟头已伸露于手掌外时，应由松到紧并带有弹性节奏地收缩、握紧阴茎，不再让其转动和滑脱。待阴茎继续充分勃起向前伸展时，应顺势牵引向前将其带出（注：千万不要强拉），同时不让阴茎转动和滑脱，手掌继续做有节奏的一紧一松的弹性调节，直至公猪射精。

猪的筒握法是将假阴道改短并接一个集精胶漏斗，用手隔着漏斗握住阴茎对龟头施加弹性压力，如同手握法一样采集精液。此法具有假阴道法和手握法的双重优点，故具有较大的实用价值，但其在实际应用中仍然不如手握法普遍。

（三）电刺激法

此法在近年来有所发展，已应用于牛、羊、猪、兔和特种经济动物等，并已有与电刺激法相适应的各种电刺激采精器，其中以羊和特种经济动物使用效果较好，此法也较多地用于性欲差、肥胖、爬跨

Note

困难或不易用假阴道调教采精的种公牛。电刺激法是通过电流刺激有关神经而引起公畜射精的方法。在采精时，先将公畜侧卧或站立保定，必要时大家畜（如牛，特别是马、鹿等野生动物）可使用静松灵、氯琥珀胆碱、氯胺酮等药物镇静。剪去包皮附近被毛，用生理盐水等冲洗并拭干，然后持直形电极探针由肛门慢慢插入直肠内，牛、鹿的插入深度为 15～20 cm，羊约为 10 cm，小动物（兔）约为 5 cm，将直形电极探针紧贴直肠底壁置于靠近输精管壶腹部处。如果对牛采用指环式电极探针，则可将指环式电极探针套在以胶皮手套隔绝的拇指和食指上，插入直肠并固定于腰荐部神经处。接着通过旋钮启动和调节电刺激发生器，接通电源，选好频率，控制电压，由低电压开始，按一定时间通电及间歇，在一定范围内逐步增加电压和电流刺激强度，直至公畜排出精液。一般副性腺的分泌物排出起始于低电压，而射精则发生于高电压。用电刺激法采得的精液量较大而精子密度较小。

（四）按摩法

此法适用于牛、犬和家禽。

对公牛按摩采精时，先将其直肠内宿粪排出，再将手伸入直肠内约 25 cm 处，轻轻按摩精囊腺，以刺激精囊腺的分泌物自包皮排出。然后将食指放在输精管两膨大部中间，中指和无名指放在膨大部外侧，拇指放在另一膨大部外侧，同时由前向后轻轻施以压力，反复进行滑动按摩，即可引起精液流出，由助手接入集精杯（管）内。为了使公牛阴茎伸出以便于助手收集精液，应尽量减少细菌污染，也可按摩 S 形弯曲处。按摩法比假阴道法所采得的精液的精子密度更低，并且细菌污染程度较高，生产中较少采用。

三、采精频率

公畜的采精频率对维持公畜正常性功能、保持健康体质及最大限度地提高采精数量和质量都有十分重要的影响。采精频率要根据睾丸在一定时间内产生精子的数量、附睾的储精量、每次射精量和公畜饲养管理水平等因素来确定。睾丸的发育和精子产生数量除受遗传因素影响外，还与饲养管理水平密切相关。因此，饲养管理得当者，可以适当提高采精频率。公牛每周可采精 2～3 次，每次连续采精 2 次，往往第 2 次采得的精液，无论是数量还是质量都较第 1 次好，可将其混合使用。如果饲养管理水平较高，短期内每周采精 6 次也不会影响性功能。青年公牛产生精子的数量较成年公牛少 1/3～1/2，故采精频率应当酌减。

公猪因射精量大，采精次数一定要适当控制。经常采精时，成年公猪的采精频率最好不高于隔日 1 次；青年公猪（1 岁左右）和老龄公猪（4 岁以上）以每 3 日采精 1 次为宜。

任务三　精液的品质检查

任务知识

一、精液外观检查

精液外观检查指不用仪器而凭人的感觉对公畜精液的一般性状，如颜色、气味、射精量等进行初步评定。

1. 射精量　所有公畜采精后应立即直接观察射精量。猪、马、驴的精液因含有胶状物，还应用消毒过的纱布或细孔尼龙纱网等过滤后再检查射精量。射精量因家畜种类、品种、个体不同而异。

2. 颜色　正常的精液一般为乳白色或灰白色，而且精子密度越大，乳白色程度越深，透明度也就越低。

3. 气味　公畜的精液略带腥味。如有异常气味，可能是因为混有尿液、脓液、尘土、粪渣或其他异物，应弃掉。颜色和气味检查可以结合进行，使鉴定结果更为准确。

二、精液实验室检查

精液实验室检查主要是指在实验室内借助显微镜和其他仪器对精子的活力、密度、畸形率及其他生理指标进行检查和测定。

（一）精子活力检查

精子活力又称活率，是指精液中做直线前进运动的精子的含量。精子活力是精液检查的重要指标之一，在采精后、稀释前后、保存和运输前后、输精前都要进行检查。

（二）精子密度检测

1. 估测法 对精子密度进行检查的最简单的方法是取 1 滴精液置于显微镜下观察，凭经验粗略地将精子密度分为"密""中""稀"几个等级，这只是粗略的划分方法，因为公畜精子密度的差异很大。

2. 血细胞计数法 较精确的方法是用血细胞计数板进行计数。对于牛、羊的精液，用红细胞吸管吸取原精液至刻度 0.5（稀释为 200 倍）或 1.0（稀释为 100 倍）处，然后吸入 3% NaCl 溶液至刻度 101 处，对于猪、马的精液，用白细胞吸管吸至刻度 0.5（稀释 20 倍）或 1.0（稀释 10 倍）处，随后吸入 3% NaCl 溶液至刻度 101 处，NaCl 溶液的作用是杀死精子和稀释精子，以便于观察。

3. 光电比色法 此方法为现今各国普遍应用于测定牛、羊精子密度的方法。此法快速、准确、操作简便。其是根据精液透光性强弱进行测定的，精子密度越大，透光性就越差。测定精液样品时，将精液稀释 80～100 倍，用光电比色计测定其透光值，查表得精子密度。

（三）精子畸形率的检查

对精子进行染色后，可用显微镜观察精子的头部、颈部和尾部的形态，测定或估计畸形精子的比例。不同类型的畸形精子不仅对受精有影响，也是睾丸和精子输出管道生理功能的客观反映，精子畸形率以不超过 20% 为宜。

有时还要对精液的酸碱度（pH）、渗透压或其他生理指标进行检查。

任务四 精 液 稀 释

任务知识

所谓精液稀释，就是在采得的精液中添加一定数量、按特定配方配制、适宜精子存活并保持受精能力的溶液。在生产实践中，为了扩大精液容量，提高一次射精量可配母畜头数，必须将精液稀释；同时也只有在稀释处理后，精液才能进行有效的保存和运输。因此精液稀释是充分体现和发挥人工授精优势的重要技术环节。

一、稀释液的主要成分和作用

1. 营养剂 营养剂主要是提供营养，以补充精子在代谢过程中消耗的能量。精子代谢过程只是单纯的分解过程，不是通过同化作用将外界物质转化为自身成分。因此，为了补充精子所消耗的能量，只能使用最简单的能量物质，一般采用葡萄糖、果糖、乳糖等糖类。

2. 稀释剂 稀释剂主要用于扩大精液容量，所选用的药液必须与精液具有相同的渗透压。凡是向精液中添加的稀释剂都具有扩大精液容量的作用，均属稀释剂的范畴，但各种添加剂各有其主要作用，一般用来单纯扩大精液容量的物质有等渗的 0.9% 氯化钠溶液、5% 葡萄糖溶液等。

3. 保护剂 保护剂主要用于保护精子免受各种不良外界环境因素的危害，可含有多种成分。

（1）缓冲剂：用于使精液保持适当的 pH。储存于附睾中的精液呈弱酸性，有利于抑制精子的活动和代谢。常用作缓冲剂的物质有柠檬酸钠、酒石酸钾钠、磷酸二氢钾和磷酸氢二钠等。近年来在

Note

各种家畜精液稀释液中常采用三羟甲基氨基甲烷(Tris),这是一种碱性缓冲剂,对精子代谢性酸中毒和酶活动反应具有良好的缓冲作用。

(2) 非电解质和弱电解质:具有降低精液中电解质浓度的作用。副性腺分泌物的电离度比附睾中的精液高 10 倍,因此射出的精液中电解质浓度很大。在稀释液中加入适量的非电解质或弱解质可以降低精清中电解质的浓度。

(3) 防冷刺激物质:具有防止精子冷休克的作用。在保存精液时,常需进行降温处理,尤其是从 20 ℃以上急剧降至 0 ℃时,冷刺激会使精子发生冷休克而丧失活力。在低温保存的稀释液中添加的防冷休克物质中以卵磷脂的效果较好。

(4) 抗冻物质:具有抗冷冻危害的作用。精液在冷冻保存过程中,精子内、外环境中的水分,必将经历从液态到固态的转化过程,从而导致精子遭受冻害而死亡。而添加抗冻物质有助于减轻或消除这种危害。一般常用的抗冻物质有甘油、二甲基亚砜(DMSO)、三羟甲基氨基甲烷、N-三(羟甲基)甲基-2-氨基乙磺酸(TES)等。

(5) 抗菌物质:具有抗菌作用。在人工授精过程中,即使努力改善环境卫生条件和严格遵守操作规程,也很难做到无菌,因此,在稀释液中有必要添加一定数量的抗菌物质。常用的有青霉素、链霉素和氨苯磺胺等。近年来国外又将数种新的广谱抗生素和磺胺类药物试用于精液的稀释保存,取得了较好的效果。

4. 其他添加剂 其他添加剂的主要作用在于改善精子所处环境的理化特性以及母畜生殖道的生理功能,以利于增加受精机会,促进受精卵发育。

二、稀释液的配制原则

(1) 配制稀释液的各种药物原料品质要纯净,一般应选择化学纯或分析纯试剂,同时要使用分析天平或普通天平按配方准确称量。

(2) 配制和分装稀释液的一切用具,事先都必须刷洗干净并严格消毒。

(3) 配制稀释液的各种药物原料用水溶解后要进行过滤,以尽可能除去杂质。

(4) 配制好的稀释液如不现用,应注意密封保存使之不受污染。卵黄、乳类、抗生素等必需成分应在临用时添加。

(5) 要认真检查已配制好的稀释液成品。经常进行精液的稀释、保存效果的测定,发现问题及时纠正。不符合配方要求或者超过有效储存期的变质稀释液都应弃掉。

三、稀释方法和稀释倍数

1. 稀释方法 精液稀释应在采精后尽快进行(一般要求不超过半小时),并尽量减少与空气和其他器皿的接触。稀释时要求稀释液的温度调整至与精液相同。在稀释时,将稀释液沿杯(瓶)壁缓缓加入精液中,然后轻轻摇动或用灭菌玻棒搅拌,使之混合均匀。如做 20 倍以上的高倍稀释,则应分两步进行。稀释后,静置片刻再做活力检查。如果稀释前后活力一样,则可进行分装与保存。

2. 稀释倍数

(1) 确定稀释倍数的主要依据有以下几个。

第一,家畜种类不同,精液稀释倍数不相同。

第二,不同配方的稀释液,稀释倍数也不相同。

第三,精液的保存方法及稀释后的保存时间要求不同。

第四,精液稀释结果,要保证不同种类母畜正常受胎率,满足每个输精量所需有效精子数的要求。

(2) 稀释倍数:精液的稀释倍数主要根据原精液的质量、密度、输精剂量和每个剂量中含有的有效精子数(以做直线运动的精子为依据)而定,另外也与稀释液的种类和保存的方法有关,当精子密度大、活率高时,可适当增加稀释倍数。

以确定公牛精液稀释倍数的计算方法举例如下。

射精量为 8 mL，精子密度为 12 亿/mL，精子活率为 0.7，每毫升原精液含有效精子数为 12(亿)×0.7=8.4 亿。

每毫升稀释精液中要求含有效精子 3000 万(即 0.3 亿)，所以，稀释倍数=8.4 亿/0.3 亿=28(倍)。

以上计算结果表明，8 mL 牛精液可以稀释成 8 mL×28=244 mL，每个输精量需稀释后的精液 1 mL，所以 8 mL 原精液稀释后可供 200 余头母牛输精之用。

任务五　精液保存与冷冻精液制作

任务知识

精液在稀释后即可保存。现行保存精液的方法，按保存温度可以分为常温保存(15～25 ℃)、低温保存(0～5 ℃)、冷冻保存(－79 ℃或－196 ℃)三种。前两种保存方法中精液都以液态形式存在，故统称为液态精液保存。

各种精液保存方法的理论根据在于暂时抑制或停止精子运动，降低其代谢速度，减缓其能量消耗，以便达到延长精子存活时间而不至于丧失受精能力的目的。为了抑制精子活动，降低代谢水平，基本途径通常有两条：其一，降低保存温度，减弱精子的运动和代谢，甚至使精子处于一种休眠状态，但不丧失生命力；其二，控制稀释液的 pH，使精子处于弱酸性环境下，既不会危害精子，又能有效抑制精子的运动。在以上两种情况下保存的精子，一旦环境中温度和 pH 恢复到正常生理状态，精子又将重新恢复至正常运动和代谢水平。

一、常温保存

常温保存时的温度为 15～25 ℃，由于保存温度不十分恒定，故又称室温保存。在这一温度范围内，由于稀释液提供的弱酸性环境，精子的运动和代谢只是受到一定程度的抑制，因此只能在一定时间内延长精子的存活时间和使精子保持受精能力。常温保存不需特殊控温和制冷设备，处理手续简便，特别适用于公猪精液的保存，效果比低温保存还好。

二、低温保存

低温保存是将稀释后的精液置于 0～5 ℃的低温条件下保存。一般是放在冰箱内或装有冰块的广口保温瓶中冷藏。在这种低温条件下，精子运动完全消失而处于一种休眠状态，代谢降到极低水平，而且混入精液中的微生物滋生与危害受到限制，故精液的保存时间一般较长。

三、冷冻保存

冷冻保存是利用液氮(－196 ℃)、干冰(－79 ℃)或其他冷源，将精液经过适当处理后，保存在超低温下，以达到长期保存精液目的的方法。

1. 冷冻保存原理　在冷冻状态下，精子的活动完全消失，生命以相对静止状态保存下来，一旦温度回升，又能复苏活动。因此，从理论上讲，冷冻精液的有效保存时间是无限的。然而在目前的冷冻保存方法中，精液内只有部分精子能够经受冷冻，升温后可以复活，而另一部分精子由于在冷冻过程中发生了不可逆转的变化而死亡。

2. 冷冻保存稀释液　冷冻保存稀释液的成分从理论上而言，一般应含有低温保护剂(如卵黄、牛乳)、防冻保护剂(如甘油等)、维持渗透压物质(如糖类、柠檬酸钠等)、抗生素以及其他添加剂。由此可见，冷冻保存稀释液一般是在原有低温保存稀释液的基础上，再添加一定的防冻物质(表 7-3-1)。

表 7-3-1 冷冻保存稀释液配制成分表

成分	基础液	Ⅰ液	Ⅱ液
蔗糖/g	12	—	—
葡萄糖/g	7.5	—	—
乳糖/g	11	—	—
二水柠檬酸钠/g	—	—	—
蒸馏水/mL	100	—	—
基础液占比/(%)	—	80	86
卵黄占比/(%)	—	20	—
甘油占比/(%)	—	—	14
青霉素含量/(IU/mL)	—	1000	—
双氢链霉素含量/(IU/mL)	—	1000	—

根据配制的要求和稀释的需要，精液冷冻保存稀释液可分别配制成以下三种溶液，以便于在生产中应用：①基础液：将糖类、盐类等可经高温消毒的药品成分，成批地配制成溶液，装入瓶内密封保存；②Ⅰ液：根据每次采精量，计算所需冷冻保存稀释液量，在一定量基础液中按配方比例加入一定量的卵黄和抗生素等，由此配制成的Ⅰ液，用作精液的第一次稀释液；③Ⅱ液：取需要量的Ⅰ液，按配方比例加入经灭菌的甘油，由此制成的Ⅱ液，用作精液的第二次稀释液。

3. 冷冻保存精液剂型 凡行冷冻保存的精液均需按头份进行分装。目前已有塑料细管、玻璃安瓿、颗粒、塑料薄膜(袋)、载片及胶囊等剂型分装方法，通用的是前三种，并以塑料细管型为主。

塑料细管型分装方法：将长 125～133 mm，容积为 0.25 mL、0.5 mL 或 1.0 mL 的各种颜色聚氯乙烯复合塑料细管，通过吸引装置分装稀释、降温、平衡后的精液，用聚乙烯醇粉末、钢球或超声波静电压封口，置于液氮蒸气上冷冻，再浸入液氮中保存。

4. 冷冻保存技术工艺流程 在各种家畜中，牛精液冷冻技术已形成一套完整定型的工艺流程，其他家畜精液冷冻技术正在不断改进完善中。现简单介绍牛精液冷冻技术的基本流程。

(1) 采精及精液品质检查。做好采精前的各项准备工作，特别是应尽可能做到精液品质纯净且不被污染，同时要认真、熟练地进行采精操作，力争采得的精液质高量大。特别是精子活力要高，密度要大，因为精液品质与冷冻效果密切相关。

(2) 精液稀释和降温。冷冻保存精液剂型不同，所采取的稀释液配方、稀释倍数和次数也不尽相同，一般采用一次或两次稀释法。

(3) 稀释精液的平衡。将含甘油稀释液稀释后的精液，放入冰箱，在恒定的温度(4～5 ℃)环境下放置一段时间(2～4 h)，主要是使甘油充分渗入精子内部，达到渗透活性物质的平衡，产生抗冻保护作用。含甘油稀释液对精液产生这一作用的过程，称为平衡过程。平衡过程中注意保持温度不变。平衡过程还可能有助于精子完成离子平衡，精子在稀释后重建离子平衡也可能需要一定的时间，而低温下的离子平衡也可以增强精子耐冻性，为下一步超低温冷冻做好准备，减少在冷冻过程中冰晶化危险温度区对精子的损害。

(4) 精液的分装。稀释与平衡后的精液，可按畜禽种类、冷源、设施条件等具体情况，选用不同冻精剂型进行分装。这里要特别强调的是，如果是在平衡温度下进行精液分装，则必须注意防止精液温度的回升。

(5) 精液的冷冻。

①精液冷冻温度曲线：由冷冻温度和降温速度构成，是通过低温温度计测定精液在冷冻容器中冷冻面的温度变化来反映精液温度的变化的曲线。

Note

精液冷冻温度曲线的构成：

a. 始冻温度：冷冻容器中冷冻面的最初温度，即精液刚刚接触冷冻环境的开始温度。

b. 热平衡温度：精液和冷冻面接触后温度迅速下降，而冷冻面温度则随之急剧上升达到一定温度并维持一段时间。热平衡温度从理论上讲，为精液的冰点温度。

c. 入氮温度：完成冷冻结晶的精液与冷冻面的温度同步下降，最后浸入液氮前的精液温度。

②干冰冷冻精液法：也称干冰埋藏法，可分为颗粒型冷冻精液法、细管型冷冻精液法、安瓿型冷冻精液法和袋装型冷冻精液法。

颗粒型冷冻精液法是将干冰置于木盒中，铺平压实，用模板在干冰上压孔（孔径 0.5 cm、深度 2～3 cm）。用预冷滴管将经降温平衡至 5 ℃的精液，按一定量（0.1 mL 或 0.2 mL）滴入干冰压孔内，然后用干冰封埋，经 2～4 min，收集所有冻精颗粒装入灭菌纱布袋或小瓶内，放入液氮罐提筒或埋藏于干冰中储存。

细管型冷冻精液法、安瓿型冷冻精液法和袋装型冷冻精液法是将分装的精液平铺于压实的干冰面上，并迅速用干冰覆盖，经 2～4 min，将冻精移入液氮罐提筒或埋藏于干冰中储存的方法。

③液氮冷冻精液法：也称液氮熏蒸法。液氮熏蒸法制作冻精，主要通过调节精液与液氮面的距离和时间来控制降温速度。液氮冷冻精液法可分为以下几种。

a. 颗粒型冷冻精液法：在装有液氮的广口保温瓶（或其他广口液氮容器）上，放置一块钢筛网或铝薄板等作为冷冻板，如果是采用聚四氟乙烯塑料凹板，则冷冻效果更好，可事先将其浸泡在液氮中几分钟，然后用泡沫塑料垫底，使其悬浮在液氮面上。冷冻板与液氮表面的距离保持在 0.5～1.5 cm（最多不超过 3 cm），并使其温度保持在 −195 ℃以下。待冷冻板充分冷却后，用预冷后的玻璃滴管吸取经降温平衡后的精液，定量和连续不断地滴在冷冻板上或聚四氟乙烯塑料凹板的每个凹窝中。经 3～5 min，待精液颗粒充分冻结，颜色变白发亮时，从冷冻板上轻轻铲下或翻倒聚四氟乙烯塑料凹板的凹窝，收集精液颗粒并分装于纱布袋或小瓶内，加上标签移入液氮罐提筒中保存。用这种方法制作的颗粒冻精，解冻后精子活率往往不一致，主要原因是冷冻时的温度变化不定，最初温度与最终温度差异过大。

b. 细管型冷冻精液法：事先在大口径（80 cm 以上）的冻精专用液氮罐中，灌入占罐腔 1/2 容积的液氮，调整罐中冷冻支架和液氮面的距离，使冷冻支架上的温度维持在 −135～−130 ℃。先将精液细管平铺在梳齿状的冷冻屉上，注意彼此不得相互接触，然后把冷冻屉搁置于冷冻支架上，以液氮蒸气迅速降温 10～15 min，使细管精液遵循一定的降温曲线。当温度降至 −130 ℃以下并维持一定时间后，即可收集细管冻精装入液氮罐提筒置罐内储存。更先进的细管精液冷冻方法是使用控制液氮喷量的自动记温速冻器，效果更好。

c. 安瓿型冷冻精液法：基本操作与上述细管型冷冻精液法相同，是将封好的精液安瓿置于一平面支架上，放入广口冷冻液氮罐中并保持与液氮面一定距离，熏蒸一定时间后，使安瓿中精液温度下降至 −130～−120 ℃，并维持一定时间，即可收集冷冻精液并浸入液氮罐中储存。国外曾设计安瓿冻精专用设备，是将安瓿精液分散放置于冷冻容器中，冷冻容器底部有一风扇装置，可使冷冻容器内各处温度保持一致。冷冻容器一侧有一可调阀门与液氮封闭容器相连接，通过控制阀门的大小来调节通入冷冻容器中的液氮蒸气量，从而控制冷冻容器温度的下降速度。

（6）冻精的库储。

①质量检测：各种剂型冷冻精液成品，每批需抽样 2～3 支细管，解冻后按照有关规定项目进行精液质量检测。不合格的冷冻精液应弃掉。

②分装：各种剂型的冷冻精液须在液氮中计数分装。细管型冻精可每 10 支装入小塑料筒中，或按 50～100 支装入纱布袋中。颗粒型冷冻精液可按一定数额分装于塑料盒、玻璃瓶或纱布袋等各种小容器内。安瓿型冷冻精液则需包装在特制的安瓿卡或包装袋中。

Note

③标记：冷冻精液的包装上，需明确标记公畜品种、编号、冻精生产日期以及冷冻精液精子活率

等质量指标，然后按照公畜品种及编号分类装入液氮罐提筒内，浸入液氮罐内储存。不得使不同品种或编号公畜的冷冻精液混杂储存。

④储存：储存冻精的液氮罐应放置在干燥、凉爽、通风和安全的专用室内。由专人负责保管，并每隔 5～7 日检查 1 次液氮量，当只剩余液氮罐容积 2/3 的液氮时，应及时补充；要经常检查液氮罐状况，如发现罐体外壳有小水珠或盖塞挂霜，或发觉液氮消耗过快时，说明液氮罐部件可能发生破损而使其保温性不佳，应及时更换与修理。长期储存的冷冻精液，每半年左右应抽样检测精子活率。如发现有异常情况，应随机抽检，以确保储库冷冻精液质量符合国家标准要求。

⑤分发、转移：冷冻精液的分发或转移，应在 5 L 广口液氮罐或其他容器内的液氮中进行。冷冻精液离开液氮的时间一次不得超过 5 s。取用零星冷冻精液时，储精提筒不得超过液氮颈管的下缘，一次开罐时间为 3～5 s，最长不得超过 10 min。

⑥记录：每次入库、分发、转移、取用、耗损、废弃的冷冻精液数量，均需及时记录，每月结算一次。

(7) 冷冻精液的解冻。冷冻精液的解冻是使用冷冻精液的重要环节，因为解冻温度、解冻方法和解冻液的成分都直接影响着解冻后精子的活力。

对冷冻精液进行解冻时，冷冻精液必须迅速通过精子冰晶化的危险温度区，才不致对精子细胞造成损伤。目前的解冻温度有低温冰水解冻（0～5 ℃）、温水解冻（30～40 ℃）和高温解冻（50～70 ℃）等。在生产实践中以温水解冻较为实用，因为比较安全、稳妥，解冻效果也较好。

任务六 输 精

任务知识

一、输精前的准备

(1) 母畜要保定，以利于安全操作。

(2) 输精人员的手掌和手臂、输精用的器械和用具、母畜的外阴部及其周围，都必须洗涤和消毒，以防母畜发生生殖道感染。

(3) 低温和冷冻保存的精液要进行升温或解冻处理，精液要经活力检查，符合输精质量要求（液态保存精液活力不低于 0.6，冷冻保存精液活力不低于 0.3）者才能使用。然后按各种家畜的输精剂量标准，装入输精器中，用毛巾或纱布盖好，以待使用。

二、输精的基本技术要求

输精量和输入有效精子数与母畜的种类、母畜状况（体型大小、胎次、生理状态等）、精液保存方法、精液品质的好坏、输精部位以及输精人员技术水平高低等都有一定关系。例如，猪、马、驴的输精量大于牛、羊等其他家畜。对于体型大、经产、产后配种、子宫松弛或屡配不孕的母畜，应适当增加输精量；对于体型小、初次配种和当年空怀的母畜，可适当减少输精量。

适宜输精时间是根据各种母畜排卵时间，精子和卵子的运行速度和到达受精部位（输卵管壶腹部）的时间，以及它们可能保持受精能力的时间和精子在母畜生殖道内完成获能的时间等综合决定的。

输精次数和间隔时间是依据输精时间与母畜排卵时间的距离、精子在母畜生殖道内保持受精能力的时间长短确定的。一般采用在一个发情期内输精两次为宜，以增加精、卵相遇机会，提高受胎率，两次输精宜间隔 8～10 h。

输精部位与受胎率有关。牛的子宫颈浅部输精比子宫颈深部输精受胎率低；猪、马、驴以子宫内输精为宜，但采取子宫角内输精并不能提高受胎率。

Note

三、常见家畜的输精方法

1. 母牛的输精 母牛的输精方法有以下两种。

(1) 阴道扩张器输精法：操作者一手持涂抹有少量灭菌润滑剂的阴道扩张器，插入阴道使其张开，借助额灯等光源寻找子宫颈外口。然后用另一手将吸有精液的输精器的导管尖端小心插入子宫颈内1～2 cm深处，徐徐注入精液，随之取出输精器，接着取出阴道扩张器。为了防止母牛拱背而使精液倒流，可在输精时和输精后由助手用力按捏母牛背腰部，并稍待片刻，再将母牛缓步牵回牛舍。如果输精过程中母牛左右摆动不定，则应暂停操作，固定好阴道扩张器和输精器，使两者随着母牛摆动的方向一起摆动，以免输精器突然折断。等母牛安定后再继续输精。

此法能直接看到输精管插入子宫颈口内，适用于初学者。但操作烦琐，容易引起母牛骚动，易使阴道黏膜受损，因输精部位浅，精液容易倒流，故受胎率较低。因此，目前已很少采用。

(2) 直肠把握子宫颈输精法。简称直把输精法，也称深部输精法。右手将阴门撑开，左手将吸有精液的输精器，从阴门先倾斜向上插入阴道5～10 cm，即通过阴道前庭避开尿道口后，再向前水平插入，直抵子宫颈外口。随后右手伸入直肠，隔着直肠壁探明子宫颈位置，并将子宫颈半捏于手中，使子宫颈下部紧贴并固定在骨盆腔底上。然后在两手协同配合下，使输精管导管尖端对准子宫颈外口，并边转动边向前插，当感觉穿过子宫颈内横行的2～3个月牙形皱褶时，即可徐徐注入精液。输精完毕后，先抽出输精器，再抽出手臂。在输精过程中，输精器不可握得太死，应随牛的后躯摆动而摆动，以防折断输精器的导管。当输精器插入阴道和子宫颈时，要小心谨慎，不可用力过猛，以防黏膜损伤或穿孔。

此法可将精液注入子宫颈深部，受胎率较高；用具较少，操作安全，阴道不易被感染；母牛无痛感，第一次配种的母牛也可使用。但初学者较难掌握此法，在操作时要特别注意把握子宫颈的手掌位置，不能太靠前，也不能太靠后，否则都不易将输精管插入子宫颈的深部。

2. 母猪的输精 由于母猪阴道和子宫颈接合处无明显界限，因此一般采用输精管插入法。猪的输精器种类较多，一般包括一个输精管(橡皮胶管或塑料管)和一个注入器(注射器和塑料瓶)。

为了防止输精时精液倒流，有些输精管的尖端会模仿公猪的阴茎头设计成螺旋状，有的则在输精管尖端带有一个充气环。

在输精时让母猪自由站立。将精液吸入注入器内，接上输精管，涂抹少量的灭菌润滑剂(或注入少量精液于母猪阴门处作润滑剂)。左手保定注射器，右手持输精管先沿阴道上壁插入，避开尿道口后，即以水平方向边左右旋转边向前推进，抽送2～3次，直至不能再继续前进，此时即插入子宫内，然后向外拉出一点，缓缓注入精液。与此同时，如果轻轻捏摸母猪阴蒂，则可增加母猪快感，从而保持母猪安定，促使输精顺利进行。还可由畜主或饲养员按压母猪背腰部，以免母猪拱背，防止精液倒流。精液温度不要低于25 ℃，否则可能刺激子宫收缩而造成精液倒流。若母猪走动，则应暂停注入，待安抚母猪，使母猪站稳后再继续输精。如遇精液倒流，也应暂停注入，并稍微挪动一下输精管位置以排除障碍，再继续输精。输精完毕后慢慢抽出输精管，按压母猪腰臀部以使母猪静待片刻，不可马上驱赶急行或引诱母猪前肢悬跨栏上，否则都可引起精液倒流。

课后习题

简答题

1. 简述精液冷冻保存的过程及要点。
2. 简述牛人工授精的步骤及技术要点。

Note

项目四　受　精

学习目标

➤ 掌握精子和卵子的运行过程。
➤ 掌握受精的过程。

受精是指两性配子(精子、卵子)结合,形成新的合子的生理过程。受精的实质是把父本精子的遗传物质引入母本的卵子内,使双方的遗传性状在新的生命中得以表现,促进物种的进化和家畜品质的提高。

任务一　受精前配子的运行和准备

任务知识

一、配子的运行

配子的运行是指精子由射精部位(或输精部位)、卵子由排出部位到达受精部位的过程。精子运行的路径比卵子更长、更复杂。在自然交配时,家畜的射精一般可分为阴道射精型和子宫射精型两种类型。

(一) 精子的运行

1. 精子的运行过程　精子的运行指精子由射精部位到达受精部位的过程。进入雌性动物子宫内的精子,必须经过子宫体、子宫角、宫管连接部才能进入输卵管,最终到达输卵管壶腹部与卵子结合受精。雌性动物发情时,尤其在交配时,雌性动物释放的催产素与精液中的前列腺素可增加子宫的活性,使子宫肌层收缩增强,对精子进入子宫和通过子宫到达宫管连接部起重要作用。子宫的收缩波由子宫传向输卵管,推动子宫内液体的流动,进而带动精子到达宫管连接部,最后进入输卵管完成受精过程。

2. 精子运行的动力

(1) 雄性动物的射精力量。雄性动物射精时,尿生殖道肌肉有次序地收缩,将精液推出尿生殖道,这是精子运行的最初动力。

(2) 精子本身的运动能力。精子的尾部可以活动,这种活动能力对精子到达受精部位是不容忽视的。

(3) 雌性动物子宫颈的吸入作用。雌、雄性动物交配时,雄性动物阴茎的抽动和雌性动物阴道的收缩以及雄性动物阴茎球腺的膨大,使雌性动物子宫内形成负压,进而可将精液吸入子宫内。

(4) 雌性动物生殖道内在的自发动力。雌性动物发情时,子宫的蠕动强而有力,雌、雄性动物交配时,雄性动物对雌性动物生殖道的刺激,能反射性地刺激垂体后叶分泌催产素,使子宫收缩加强。这对精子运行到宫管连接部有促进作用。

Note

(5) 雌性动物生殖道内液体的流动。精子随着雌性动物生殖道内液体的流动运行，而液体的流动取决于子宫及输卵管肌肉的收缩活动。

(6) 精液内含有某些能刺激子宫活动的物质，精液进入子宫后，精液内的某些物质（如前列腺素）可以刺激雌性动物生殖道的收缩，促进精子的运行。

3. 精子运行的速度 精子在雌性动物生殖道内的运行速度受精子活力、雌性动物子宫的收缩强度等因素的影响。一般情况下，精子活力高、子宫收缩有力，精子运行的速度就快；经产老龄的雌性动物由于子宫松弛，因此精子运行的速度就慢。其他因素如交配或输精的质量等也会对精子运行的速度产生影响。

4. 精子在雌性动物生殖道内的存活时间与保持受精能力的时间 由于精子缺乏细胞质和营养物质，同时又是一种很活跃的细胞，因此在雌性动物生殖道内的存活时间就比较短暂，有的虽然具有活动能力，但已丧失了受精能力。精子的活动能力和受精能力是有区别的，一般活动能力较受精能力维持的时间长。

确定精子在雌性动物生殖道内的受精寿命，对于确定配种间隔时间，保证有受精能力的精子在受精部位等待卵子很重要。此外，精子在雌性动物生殖道内的存活时间不仅与精子本身的品质有关，还与雌性动物生殖道内的生理环境有关。一般情况下，雄犬的精子在雌犬生殖道内的存活时间为 268 h，而受精寿命为 134 h。

（二）卵子的运行

1. 卵子的运行过程 卵子的运行是指卵子从成熟卵泡排出之后，沿着输卵管伞部的纵行皱褶下行，进入输卵管壶腹部的过程。被输卵管伞部接纳的卵子，沿着输卵管伞部的纵行皱褶通过漏斗口进入壶腹部，在此与获能精子相结合，完成受精过程，然后继续运行到子宫内。

2. 卵子运行的机制 卵子本身无运动能力，卵子在输卵管内运行主要靠输卵管肌层的活动、输卵管上皮纤毛向子宫方向的颤动、输卵管内液体的流动及卵巢激素的调节作用来完成。

3. 卵子维持受精能力的时间 卵子维持受精能力的时间与卵子本身的品质及输卵管的生理状况有关，卵子的品质又与对雌性动物的饲养管理有关。犬的卵子维持受精能力的时间为排卵后的 60～108 h。卵子受精能力的丧失不是突然的，如果延迟配种，卵子可能在接近其受精寿命的末期受精，这样形成的胚胎活力不强，可能在发育的早期被吸收，或者导致胎儿在出生前死亡。卵子过于衰老时，受精就会变得异常，或者完全丧失受精能力。

卵子到达受精部位后，如果没有精子与其结合，则继续运行，此时的卵子已接近衰老，又由于卵子表面包裹了由输卵管分泌物形成的一层隔膜，从而阻碍精子进入，因此在实际工作中，最好在排卵前的某一时刻配种，使受精部位有活力旺盛的精子等待新鲜的卵子，进而提高受精率。

二、配子在受精前的准备

受精前，精子和卵子都要经历一个进一步成熟的阶段，才能顺利完成受精过程，并为受精卵的发育奠定基础，这就是配子在受精前的准备。

1. 精子获能 精子在与卵子结合之前必须先在子宫或输卵管内经历一段时间，并发生一系列生理性、功能性变化，才具有与卵子结合的能力，这种现象称为精子获能。一般认为，精子获能的主要意义在于使精子为顶体反应做好准备，促进精子穿越透明带。

(1) 精子获能的部位及时间。精子获能的部位主要是子宫和输卵管。不同动物精子在雌性动物生殖道内开始获能和完成获能的部位不同。各种动物精子获能所需要的时间有明显的差别。

(2) 去能和再获能。动物精液中存在一种抗受精的物质，即去能因子。去能因子来源于精清，可抑制精子获能，稳定顶体，与精子结合后可抑制顶体水解酶的释放，因此，也被称为顶体稳定因子。经获能的精子若重新放入动物的精清中，则会失去受精能力，这一过程称为去能。而经去能处理的精子，在子宫和输卵管孵育后，又可获能，称为再获能。由此可见，获能的实质就是使精子去掉去能因子或使去能因子失活的过程。

Note

2. 精子的顶体反应 精子获能之后，在受精部位与卵子相遇，顶体开始膨大，精子质膜和顶体外膜开始融合，使精子顶体形成泡状结构，通过空泡间隙释放出透明质酸酶、放射冠穿透酶和顶体酶等，溶解卵丘、放射冠、透明带等，这一过程称顶体反应。

精子获能和顶体反应对于解除对精子顶体酶类的抑制、释放，打通精子入卵的通道以及促进精子与卵子质膜的融合都具有重要的作用(图 7-4-1)。

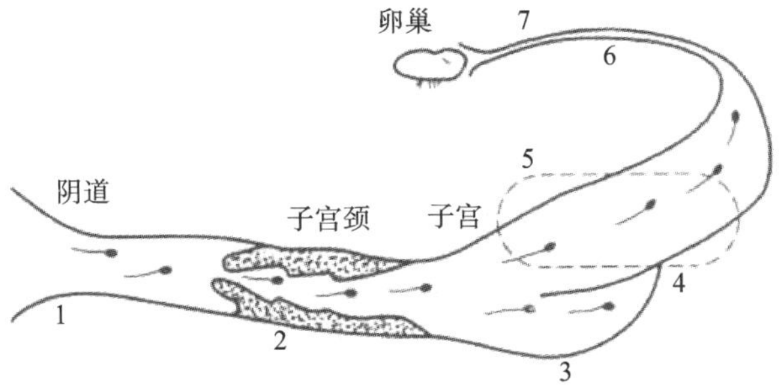

1—射精（射出的精子含高水平的胆固醇、氨基多糖等）；2—子宫颈黏液（去除精清和不活动的精子）；3—子宫分泌物（在雌激素较高时，子宫分泌物有助于去除精子表面各种成分）；4—获能（去除精子表面胆固醇、氨基多糖和其他成分）；5—去能（如将精子重新在精液中孵育，则又恢复其表面覆盖物）；6—输卵管（精子在输卵管峡部储存）；7—在钙离子存在条件下，低水平的胆固醇和氨基多糖为顶体反应提供适宜环境

图 7-4-1 精子在母畜生殖道内运行时发生的与精子获能有关的生理现象

(摘自潘和平，杨晏田. 动物现代繁殖技术[M]. 北京：民族出版社，2004)

任务二 受 精

任务知识

受精过程主要包括以下几个步骤：精子穿越放射冠(卵丘细胞)；精子接触并穿越透明带；精子与卵子质膜融合；雌雄原核的形成；配子结合和合子的形成等。

1. 精子穿越放射冠 卵子周围被放射冠细胞包围，这些细胞以胶样基质粘连；精子发生顶体反应后，可释放透明质酸酶，溶解胶样基质，使精子顺利地通过放射冠细胞而到达透明带的表面。

2. 精子接触并穿越透明带 当精子与透明带接触后，有短期附着和结合过程，有人认为在这段时间内，前顶体素转变为顶体酶，精子与透明带结合具有特异性，在透明带上有精子受体，保证物种的延续，避免种间远缘杂交，顶体酶将透明带溶出一条通道，精子借自身的运动穿过透明带。

精子接触卵黄膜，会激活卵子，同时卵黄膜发生收缩，释放一种物质(皮质颗粒)，迅速传播至卵黄膜表面，扩散到卵黄周隙，引起透明带阻滞后来的精子再进入透明带，这一变化称为透明带反应。

3. 精子与卵子质膜融合 精子头部接触卵黄膜表面，卵黄膜的微绒毛抓住精子头，然后精子质膜与卵黄膜相互融合形成统一膜，覆盖于卵子和精子的表面，精子带着尾部一起进入卵黄。当精子进入卵黄时，卵黄膜立即发生一种变化，具体表现为卵黄紧缩、卵黄膜增厚，并排出部分液体进入卵黄周隙，这种变化称为卵黄膜反应。卵黄膜反应具有阻止多精子进入卵子的作用，又称为卵黄膜封闭作用，可看作在受精过程中防止多精入卵的第二道屏障。

4. 雌雄原核的形成 精子入卵后，引起卵黄膜紧缩，并排出少量液体至卵黄周隙；精子头部膨大，尾部脱落，细胞核出现核仁，核仁增大，并相互融合，最后形成一个比原精子细胞核更大的雄原核；由于精子入卵的刺激，卵子恢复第二次成熟分裂，排出第二极体，卵子出现核膜、核仁，形成雌原核。雌雄原核同时发育，数小时内体积增大约 20 倍。除猪外，其他家畜的雌原核略小于雄原核。

5. 配子结合和合子的形成 两原核形成后，雌雄原核向中心移动，彼此靠近，原核相接触部位

Note

相互交错，松散的染色质高度卷曲成致密染色体。两核膜破裂，染色体合并形成二倍体的核，随后染色体对等排列在赤道部，出现纺锤体，达到第一次卵裂的中期。受精至此结束，受精卵的性别也取决于参与受精的精子的性染色体。

课后习题

一、名词解释

精子运行　精子获能　顶体反应

二、简答题

简述受精的过程。

项目五　妊娠、分娩与助产

学习目标

- 掌握妊娠期的生理变化特点。
- 能判断某一动物是否妊娠。
- 掌握难产的助产技术。

任务一　妊娠生理与妊娠诊断

任务知识

妊娠又称怀孕，是指受精卵第一次卵裂到胎儿成熟娩出的过程。整个过程可分为胚胎早期发育期，胚胎附植期，胎膜、胎盘期。在妊娠早期对母畜进行妊娠诊断，对保胎防流、减少空怀、提高母畜繁殖力具有重要意义。

一、胚胎早期发育期和胚胎附植期

1. 胚胎早期发育期　从受精卵第一次卵裂到原肠胚形成的过程称为胚胎早期发育，受精卵形成后即进行有丝分裂，因此，胚胎的早期发育在输卵管内就开始了。受精卵的发育及其进入子宫的时间有明显的种间差异。根据形态特征，早期胚胎的发育可分为以下几个阶段。

（1）桑葚胚。卵子受精后，受精卵在透明带内开始进行细胞分裂，称卵裂。当卵裂细胞数达到16～32个时，卵裂球在透明带内形成致密的细胞团，形似桑葚，故称桑葚胚。

（2）囊胚。桑葚胚形成后，卵裂球分泌的液体在细胞间隙积聚，最后在胚胎的中央形成一个充满液体的腔——囊胚腔。随着囊胚腔的扩大，多数细胞被挤在囊胚腔的一端，称为内细胞团，将来发育成胎儿。而另一部分细胞构成囊胚腔的壁，称为滋养层，以后发育为胎膜和胎盘。在滋养层和内细胞团之间出现囊胚腔。

（3）原肠胚。囊胚进一步发育，出现两种变化：①内细胞团外面的滋养层退化，内细胞团裸露，成为胚盘；②在胚盘的下方衍生出内胚层，它沿着滋养层的内壁延伸、扩展，衬附在滋养层的内壁上，这时的胚胎称为原肠胚。原肠胚进一步发育，在滋养层（即外胚层）和内胚层之间出现中胚层，三个胚层的建立和形成，为胎膜和胎体各类器官的分化奠定了基础。

2. 妊娠的识别　在卵子受精后、胚泡附植之前，早期胚胎产生激素信号，传给母体，母体产生相应反应，识别胎儿的存在，并与之建立密切联系的生理过程称为妊娠识别。要保证妊娠的维持，必须使周期黄体不退化来分泌孕酮，维持子宫环境的基本稳定。

妊娠识别建立后，母畜即进入妊娠的生理状态。但各种家畜建立妊娠识别的时间不同。猪为配种后10～12日，牛为配种后16～17日，绵羊为配种后12～13日，马为配种后14～16日。

3. 胚胎附植期　囊胚阶段的胚胎又称胚泡。胚泡在子宫内发育的初期处于一种游离状态，由于胚泡的体积不断变大，在子宫内的活动逐步受到限制，位置渐渐固定下来，与子宫内膜发生组织及生理上的联系。这一过程称为附植，也称附着、植入或着床。

(1) 附植的时间。胚泡附植是个渐进的过程，在游离期之后，胚泡与子宫内膜即开始疏松附植；紧密附植的时间是在疏松附植后较长的一段时间，且有明显的种间差异，最终以胎盘建立告终。

(2) 附植的部位。胚泡在子宫内附植时，通常会寻找最有利于胚胎发育的位置即子宫血管稠密的部位；如有两个以上的胚泡附植，胚泡间有适当的距离，为防止拥挤，一般是位于子宫系膜对侧。

二、胎膜、胎盘期

1. 胎膜 胎膜是胎儿的附属膜，是卵黄囊、羊膜、尿膜、绒毛膜和脐带的总称。胎囊是由胎膜形成的包围胎儿的囊腔，一般指卵黄囊、羊膜囊和尿囊。胎膜的作用是与母体子宫黏膜交换养分、气体及代谢产物，对胎儿的发育极为重要。在胎儿出生后，胎膜即被摒弃，所以其是一个暂时性器官。

(1) 卵黄囊。在哺乳动物中，卵黄囊由胚胎发育早期的囊胚腔形成，是胚胎发育初期从子宫中吸收养分和排出废物的原始胎盘，一旦尿膜出现，其功能即被尿膜替代。随着胚胎的发育，卵黄囊逐渐萎缩，最后埋藏在脐带里，成为无功能的残留组织，即脐囊。

(2) 羊膜。羊膜是包裹在胎儿外的最内一层膜，由胚胎外胚层和无血管的中胚层形成。在胚胎和羊膜之间有一充满液体的腔，称为羊膜腔。羊膜腔内充满羊水，能保护胚胎免受振荡和压力的损伤，同时，还为胚胎提供了自由生长的条件。羊膜能自动收缩，使处于羊水中的胚胎呈摇动状态，从而促进胚胎的血液循环。

(3) 尿膜。尿膜是构成尿囊的薄膜。尿囊通过脐带中的脐尿管与胎儿膀胱相连。尿囊中存有尿水，其功能相当于胚胎体外临时膀胱，并对胎儿的发育起缓冲保护作用。当卵黄囊失去功能后，尿膜上的血管分布于绒毛膜，成为胎盘的内层组织。

(4) 绒毛膜。绒毛膜是胚胎最外层的膜，它包围尿囊、羊膜囊和胎儿。绒毛膜表面分布有大量的绒毛，富含血管网，并与母体子宫内膜相结合，构成胎儿胎盘。除马的绒毛膜不和羊膜接触外，其他家畜的绒毛膜均有部分与羊膜接触。

(5) 脐带。脐带是胎儿和胎盘联系的纽带，被覆羊膜和尿膜，其中有两支脐动脉、一支脐静脉（反刍动物有两支脐静脉），还有卵黄囊的残迹和脐尿管。脐动脉含胎儿的静脉血，而脐静脉则来自胎盘，富含氧和其他成分，脐带随胚胎的发育逐渐变长，使胚体可在羊膜腔中自由移动。

2. 胎盘 胎盘通常指由尿囊绒毛膜和子宫黏膜发生联系所形成的一种暂时性的"组织器官"。其中尿囊绒毛膜的绒毛部分为胎儿胎盘，而子宫黏膜部分为母体胎盘。胎儿胎盘和母体胎盘都有各自的血管系统，并通过胎盘进行物质交换。

(1) 胎盘的类型：根据不同动物母体子宫黏膜和胎儿尿囊绒毛膜的结构和融合的程度，以及绒毛膜表面绒毛的分布状态，胎盘可分为以下四种类型。

①弥散型胎盘：动物中存在比较广泛的一种胎盘类型，猪、马和骆驼的胎盘属于此类。这种类型的胎盘绒毛膜的绒毛均匀地分布在整个绒毛膜表面，与绒毛膜相对应的子宫黏膜上形成陷凹，绒毛即插在陷凹中。弥散型胎盘的结构简单，绒毛容易从陷凹中脱出。因此，分娩时胎儿胎盘和母体胎盘分离较快，很少出现胎衣不下，但胎儿和母体胎盘结合不甚牢固，易发生流产。

②子叶型胎盘：多见于牛、羊等反刍动物。胎儿尿囊绒毛膜的绒毛集中形成许多绒毛丛，呈盘状或杯状突起，称胎儿子叶；母体子宫内膜上对应分布有子宫阜（母体子叶）。胎儿子叶上的许多绒毛嵌入母体子叶的许多凹下的陷凹中，称子叶型胎盘。

这种胎盘结构复杂，母胎联系紧密，分娩时不易发生窒息。牛的子宫阜是凸出的饼状物，分娩时胎儿胎盘和母体胎盘分离较慢，多出现胎衣不下；绵羊和山羊的子宫阜是凹陷的，分娩时胎衣容易排出。牛、羊的绒毛和子宫结缔组织相结合，因此，在分娩过程中，当胎儿胎盘脱落时常会带下少量子宫黏膜结缔组织，并有出血现象，又称半蜕膜胎盘。

③带状胎盘：多见于犬、猫等肉食类动物，其特征是绒毛膜上的绒毛聚集在一起形成一宽带（宽 2.5～7.5 cm），环绕在卵圆形的尿囊绒毛膜的中部，子宫内膜也形成相应的母体带状胎盘。由于绒

毛膜上的绒毛直接与母体胎盘的结缔组织相接触，分娩过程中，会造成母体胎盘组织脱落、血管破裂出血，又称半蜕膜胎盘。

④盘状胎盘：多见于啮齿类动物和灵长类动物(包括人)，胎盘呈圆形或椭圆形。绒毛膜上的绒毛在发育过程中逐渐集中，局限于一圆形区域，绒毛直接侵入子宫黏膜下方血窦内，故又称血绒毛型胎盘。分娩会造成子宫黏膜脱落、出血，也称蜕膜胎盘。

(2) 胎盘的功能：胎盘是一个功能复杂的器官，具有物质运输、合成与分解代谢及分泌激素等多种功能，是胎儿的防御屏障。

①胎盘的运输功能：根据物质的性质及胎儿的需要，胎盘采取不同的运输方式。a. 单纯弥散：物质自高浓度区移向低浓度区，直到两方取得平衡。如二氧化碳、氧、水、电解质等都是以此种方式运输的。b. 加速弥散：某些物质的运输率，如以分子质量计算，超过单纯弥散所能达到的速度。细胞膜上特异性的载体，与一定的物质结合，以极快的速度将结合物从膜的一侧带到另一侧。如葡萄糖、氨基酸及大部分水溶性维生素以加速弥散的方式运输。c. 主动运输：胎儿的某些物质浓度较母体高，该物质仍能由母体运向胎儿，是因为胎盘细胞内酶的作用，才使该物质穿越胎盘膜，如无机磷酸盐、血清铁钙及维生素等就是这样运输的。d. 胞饮作用：极少量的大分子物质，如免疫活性物质及免疫过程中极为重要的球蛋白通过胞饮作用穿过胎盘。

②胎盘的代谢功能：胎盘组织内酶极为丰富，所有已知的酶类，在胎盘中均有发现。因此，胎盘组织具有高度生化活性，具有广泛的合成及分解代谢功能。胎盘能以乙酸或丙酮酸为原料合成脂肪酸，以乙酸盐为原料合成胆固醇，也能从简单的基础物质合成核酸及蛋白质。

③胎盘的内分泌功能：胎盘像黄体一样也是一种暂时性的内分泌器官。既能合成蛋白质激素如孕马血清促性腺激素、胎盘促乳素，又能合成甾体激素。这些激素合成并释放到胎儿和母体血液循环中，其中一些进入羊水后被母体或胎儿重吸收，在维持妊娠和胚胎发育中起调节作用。

④胎盘屏障：胎儿为满足自身生长发育的需要，既要与母体进行物质交换，又要保持自身内环境与母体内环境的差异，胎盘的特殊结构是实现这种矛盾对立的生理作用的保障，称为胎盘屏障。在胎盘屏障的作用下，尽管许多物质可以进入和通过胎盘，但是具有严格的选择性。有些物质不经改变就可经过胎盘在母体血液和胎儿血液之间进行物质交换；有些则必须在胎盘分解成比较简单的物质才能进入胎儿血液；还有些物质，尤其是有害物质，通常不能通过胎盘。

三、妊娠的维持和妊娠母畜的变化

1. 妊娠的维持 在维持母畜妊娠的过程中，孕酮和雌激素起重要作用。排卵前后，雌激素和孕酮含量的变化，是子宫内膜增生、胚泡附植的主要动因。而在整个妊娠期内，孕酮对妊娠的维持作用则体现在多个方面：①抑制雌激素和催产素对子宫肌的收缩作用，使胎儿在平静而稳定的环境中发育；②促进子宫颈栓体的形成，防止妊娠期间病原微生物等异物侵入子宫、危害胎儿；③抑制垂体促卵泡素的分泌和释放，抑制卵巢上卵泡发育和母畜发情；④妊娠后期孕酮水平的下降有利于分娩的发动。

雌激素和孕激素的协同作用可改变子宫基质，增强子宫的弹性，促进子宫肌和胶原纤维的增长，以适应胎儿、胎膜和羊水增长对空间扩张的需求。还可刺激和维持子宫内膜血管的发育，为子宫和胎儿的发育提供营养。

2. 妊娠母畜的主要生理变化

(1) 生殖器官的变化。

①卵巢：有妊娠黄体存在，其体积比周期黄体略大，质地较硬。妊娠黄体持续存在于整个妊娠期，分泌孕酮，维持妊娠。在妊娠早期，卵巢偶有卵泡发育，致使孕后发情，但多不能排出而发生退化、闭锁。马属动物的妊娠黄体在妊娠第160日左右便开始退化，到7个月时仅留痕迹，以后靠胎盘分泌的孕酮维持妊娠。

②子宫：附植前，在孕酮的作用下子宫内膜增生，血管增加，子宫腺增长、卷曲，白细胞浸润；附植后，子宫肌层肥大，结缔组织基质广泛增生，纤维和胶原含量增加。子宫扩展期间，自身生长减慢，胎

Note

儿迅速生长，子宫肌层变薄，纤维拉长。在妊娠的早中期，子宫体积的增大主要是子宫肌纤维的增长；在妊娠的中后期，由于胎儿的增大，子宫扩张，子宫壁变薄。

③子宫颈：子宫颈在妊娠期间收缩紧闭，几乎无缝隙。子宫颈内腺体数目增多并分泌浓稠黏液形成栓塞，称子宫栓，有利于保胎。牛的子宫颈分泌物较多，妊娠期间有子宫栓更新现象；马、驴的子宫栓较少见。子宫栓在分娩前液化排出。

④阴道和阴门：在妊娠初期，阴门收缩，阴门裂紧闭，阴道干涩；在妊娠后期，阴道黏膜苍白，阴唇收缩；在妊娠末期，阴唇和阴道水肿、柔软，有利于胎儿产出。在猪、牛中表现尤为突出。在妊娠中后期，阴道长度有所增加，临近分娩时变得粗短，黏膜充血并微有肿胀。

(2) 母体的变化。在妊娠期间，由于胎儿的发育及母体新陈代谢的加强，孕畜体重增加，被毛光亮，性情温驯，行动谨慎。在妊娠后期，胎儿迅速生长发育，母体常不能消化足够的营养物质以满足胎儿的需求，需消耗前期储存的营养物质供应胎儿，往往会造成母畜体内钙、磷含量降低。若不能从饲料中得到补充，则易造成母畜脱钙，出现后肢跛行、牙齿磨损快、产后瘫痪等表现。在妊娠末期，母畜血流量明显增加，心脏负担加重，同时由于腹压增大，静脉血回流不畅，母畜常出现四肢下部及腹下水肿。

3. 妊娠期 妊娠期的长短因畜种、品种、年龄、胎儿因素、环境条件等不同而异。各种家畜的妊娠期如表 7-5-1 所示。

表 7-5-1 家畜妊娠期

单位：日

种类	平均	范围	种类	平均	范围
肉牛	282	276～290	驴	360	350～370
水牛	307	295～315	骆驼	389	370～390
牦牛	255	226～289	犬	62	59～65
猪	114	102～140	猫	68	55～60
绵羊	150	146～157	兔	30	29～33
山羊	152	146～161	大鼠、小鼠	22	20～25
马	340	320～350	豚鼠	60	59～62

(摘自张忠诚.家畜繁殖学[M].4 版.北京:中国农业出版社,2004)

一般早熟品种妊娠期较短。初产母畜、单胎动物怀双胎、怀雌性胎儿以及胎儿个体较大等情况，会使妊娠期相对缩短。多胎动物怀胎数更多时会缩短妊娠期，家猪的妊娠期比野猪短，马怀骡时妊娠期延长，小型犬的妊娠期比大型犬短。

四、妊娠诊断技术

妊娠诊断是繁殖管理的一项重要内容，妊娠诊断的目的是了解和掌握动物配种之后妊娠与否和妊娠月份，以及与妊娠有关的其他情况。有效的早期妊娠诊断，是母畜保胎、减少空怀，增加畜产品量和提高繁殖率的重要技术措施。在临床上，早期妊娠诊断的价值较大，对确诊已妊娠的母畜，可以注意加强饲养管理，提高母畜健康水平，保证胎儿正常发育，防止流产及预测分娩日期。对于未妊娠的母畜，可以及时对母畜进行检查，找出未孕的原因，采取相应的治疗或管理措施，提高母畜繁殖效率。总之，妊娠诊断确诊越早越有意义。常用的妊娠诊断方法可以概括为以下六种。

(一) 外部检查法

外部检查法主要根据母畜的行为变化和外部表现来判断母畜是否妊娠。母畜妊娠后，一般表现为发情停止，食欲更好，营养状况改善，毛色润泽光亮，性情变得温驯，行为谨慎安稳；妊娠中期或后期，腹围增大，向一侧突出(牛、羊为右侧，马为左侧，猪为下腹部)；乳房胀大，有时牛、马腹下及后肢可出现水肿。牛在妊娠 8 个月以后，马、驴在妊娠 6 个月以后可以看到胎动，即胎儿活动所造成的母畜腹壁的颤动。在一定时期（牛妊娠 7 个月后，马、驴妊娠 8 个月后，猪妊娠 2.5 个月以后），隔着右侧（牛、羊）或左侧（马、驴）或最后两对乳头的上方（猪）的腹壁可以触诊到胎儿，在胎儿胸壁、紧贴母体腹壁时，可以听到胎儿的心音，可根据这些外部表现诊断是否妊娠。

外部检查法最大的缺点是不能早期进行诊断，同时，在没有出现某一现象时也不能肯定未孕。此外，不少马、牛在妊娠后，也有再次发情的，依此做出未孕的诊断将会导致判断错误。还有的在配种后没有妊娠，但由于饲养管理、利用不当、生殖器官炎症，以及其他疾病而不再发情，据此做出妊娠的诊断也是不合适的。因此，外部检查法并非一种早期、准确和有效的妊娠诊断方法，常作为早期妊娠诊断的辅助或参考。

（二）直肠检查法

直肠检查法是隔着直肠壁触诊卵巢、子宫、胚泡的形态、大小和变化的方法。此法普遍应用于大家畜的妊娠诊断，而且是最经济可靠的方法。其优点如下：在整个妊娠期间均可应用，也是早期妊娠诊断的可靠方法；诊断结果准确，并可大致确定妊娠时间；可发现假妊娠、假发情（妊娠后发情）、一些生殖器官疾病及胎儿死活等情况；所需设备简单，操作简便。

判定母畜是否妊娠的重要依据是妊娠后生殖器官的变化，在具体操作时要随妊娠时期的不同而有所侧重。在妊娠初期，以卵巢上黄体的状态，子宫角的形状和质地的变化为主；当胚泡形成后，要以胚泡的存在和大小为主；当胚泡下沉入腹时，则以卵巢的位置、子宫颈的紧张度和子宫动脉的妊娠搏动为主。

1. 牛的直肠检查

（1）检查步骤及方法。首先将牛放在牛栏或诊疗架内保定，使其不能跳跃、蹄蹴。检查前检查者应戴上乳胶或塑料薄膜长筒手套。检查时用一只手握住尾巴并将它拉向一侧，另一只手并拢成锥形插入肛门，然后缓缓进入直肠，再将手向直肠深部伸入。在向直肠深部深入时，将手握成拳头，可防止损伤肠壁。当手臂伸到一定深度时，就能感到活动的空间增大，此时即可触摸直肠下壁，检查直肠下面的生殖器官。检查时，若遇到肠管蠕动收缩，则应停止活动，待肠壁收缩波越过手背、肠道松弛时再进行触摸，必要时需随着收缩波后退，待蠕动停止时再向前伸进行检查。

（2）妊娠期间生殖器官的变化。当母牛未妊娠时，子宫角位于骨盆腔内，经产牛的子宫角有时位于耻骨前缘或稍垂入腹腔。角间沟清楚。子宫角质地柔软，触之有时有收缩反应，呈卷曲状态。

配种后约一个发情期（19～22 日），如果母牛仍未发情，可进行第一次直肠检查，但此时子宫角的变化不明显。若卵巢上没有正在发育的卵泡，而在排卵侧有妊娠黄体存在，则可初步诊断为妊娠。

当妊娠 1 个月时，两侧子宫角已不对称，妊娠侧子宫角（孕角）比空角略粗大、柔软、壁薄，卷曲不明显。稍用力触压，子宫内有波动感，对收缩反应不敏感，空角较厚且有弹性。

当妊娠 2 个月时，角间沟不易辨清，孕角与空角的大小明显不同，孕角比空角大 1～2 倍。孕角壁薄而软，波动明显，可摸到整个子宫。

当妊娠 3 个月时，角间沟消失，孕角显著增粗，孕角内有明显波动感，子宫开始沉入腹腔，子宫颈前移至耻骨前缘之上，孕角侧子宫动脉增粗，根部出现妊娠脉搏。

当妊娠 4 个月时，子宫全部沉入腹腔，子宫颈越过耻骨前缘，一般只能摸到子宫背侧的子叶，偶尔可摸到胎儿漂浮于羊水中，孕角侧子宫动脉出现明显的妊娠脉搏。

此后到分娩，子宫进一步扩张，手已无法触及子宫的全部，子叶逐渐增大至胡桃或鸡蛋大小，子宫动脉粗如拇指，双侧都有明显的妊娠脉搏。妊娠后期可触到胎儿肢体。

2. 马的直肠检查

（1）检查步骤及方法。马的直肠检查诊断妊娠的具体方法和步骤与牛基本一样。所不同的是，早在妊娠 20 日时就能确定妊娠与否，而且准确率很高。另外，由于马生殖器官及直肠的解剖结构与牛有所差异，因此检查的顺序和注意事项也不完全相同。马的直肠壁较牛薄，而且直肠往往积有大量粪球，手伸入直肠后，须先将粪球全部掏出，如有可能，可事先应用肥皂水灌肠，促使直肠排空。马的子宫颈比较柔软，不易察觉，因此检查时先从卵巢开始，在第四、第五腰椎横突的左下方，或第三、第四腰椎横突的右下方相应区域找到卵巢并检查后，用手心握住卵巢，沿着阔韧带向下滑动，到达子宫角处进行检查，在此之后用同样的方法依次找到子宫体及另一侧的子宫角和卵巢进行检查。此外还可应用钩底法，即将手指向前伸，越过整个子宫，再将手指向下弯曲并缓慢向后抽回，把子宫体和子宫角勾在手内进行检查。

(2) 妊娠期间生殖器官的变化。当马未妊娠时，两侧子宫角基本匀称、松软，呈扁筒状，角基部宽大，分叉部平滑。

当妊娠 15～20 日时，子宫角收缩成圆柱状，角壁厚，中间有弹性，在子宫角基部可感觉到突出部分，有波动感；空角弯曲、较长，孕角平直或弯曲。

当妊娠 20～25 日时，在子宫角基部有明显突出的圆形胚泡，直径为 2～4 cm，波动明显；子宫角进一步收缩硬化，空角弯曲增大，孕角自胚泡上方开始弯曲，两角的分叉部形成明显的凹沟。

当妊娠 25～30 日时，上述变化明显，胚泡增大，直径可达 4～6 cm，孕角缩短下沉，卵巢随之下降。

当妊娠 30～40 日时，胚泡迅速增大，直径可达 6～8 cm，触之柔软，有波动感。

当妊娠 40～50 日时，胚泡直径可达 10～12 cm，下沉至耻骨前缘，胚泡存在部位子宫壁变薄。

当妊娠 50～70 日时，胚泡直径可达 12～16 cm，呈椭圆形。仍可触及孕角尖端和空角全部，两侧卵巢因下沉而靠近。

当妊娠 70～90 日时，胚泡直径可达 20～25 cm，下沉至耻骨前缘稍下方或腹腔上方，不易摸到胚泡的全部轮廓，两侧卵巢下降明显，距离显著缩短。

在妊娠 90 日以后，胚泡逐渐沉入腹腔，手只能触及部分胚泡，卵巢进一步靠近，致使一只手可以摸到两个卵巢。妊娠 150 日时，孕侧子宫动脉出现妊娠脉搏，并可感觉到胎儿的活动。

3. 直肠检查诊断妊娠时可能造成误诊的一些情况

(1) 干尸化胎儿。有些胎儿死亡后不排出体外，也不被吸收，而是脱水干尸化。胎儿已干尸化的母畜，妊娠足月时也看不出任何外部变化。在进行直肠检查时，可感觉到子宫质地及其内容物硬实，其中没有液体，有时可摸到子宫动脉搏动。月份较大的干尸化胎儿很难自行排出，长时间停留在子宫内会使子宫受到损害。

(2) 子宫内膜炎和子宫积脓(水)。子宫出现炎症反应，白细胞增多，白细胞大量积聚可引起子宫肿胀、子宫体积增大(子宫有弹性并有可塑性)，子宫壁增厚。触诊前可见到阴门流出炎性排泄物，触诊时压迫子宫，流出的分泌物会更多。

(3) 粗大的子宫颈。有些品种牛的子宫颈本来就比其他品种粗大，初学者可能将其误认作胎儿。

(4) 品种。对有些品种牛，通过直肠触摸生殖系统比较容易，乳牛比较容易触诊，但体型大者较困难。触诊肉牛最为困难，如婆罗门牛肠壁特别厚，活动性很小，很难触诊。

(5) 肥胖。过肥的家畜，即使是有经验的检查者也很难触诊清楚，因为手在直肠内活动很困难，而且检查时间稍长，检查者将无力再继续检查。

(三) 阴道检查法

通过阴道检查法判定母畜是否妊娠的主要依据：由于胚胎的存在，阴道的黏膜、黏液、子宫颈发生了某些变化。阴道检查法只适用于牛、马等大型动物，主要观察阴道黏膜的色泽、干湿状况，黏液性状(黏稠度、透明度及黏液量)，子宫颈的形状、位置。这些性状在各种家畜中基本相同，只是稍有差异。一般于配种后、经一个发情周期以后进行检查，此时如果母畜未妊娠，周期黄体作用已消失，阴道不会出现妊娠时的征象。如果母畜已妊娠，在妊娠黄体分泌的孕酮的作用下，一般出现以下变化。

1. 阴道黏膜 一般在妊娠3周后，阴道黏膜由粉红色变为苍白色，表面干涩无光泽，阴道收缩变紧。

2. 阴道黏液 马、牛妊娠1.5～2个月时，子宫颈口处有浓稠的黏液；妊娠3～5个月时，阴道黏液量增多，为灰白色或灰黄色糊状黏液，马的糊状黏液带有芳香味；妊娠6个月后，阴道黏液变得稀薄而透明。羊妊娠20日后，阴道黏液由原来的稀薄、透明变得黏稠，可拉成丝状；若阴道黏液稀薄而量大，颜色呈灰白色脓样，则为未妊娠。

3. 子宫颈 妊娠后子宫颈紧闭，有黏液塞于子宫颈口形成子宫栓。随妊娠的进展，子宫增重向腹腔下沉，子宫颈的位置发生相应的变化。在牛妊娠过程中，子宫栓有更替现象，被更替的黏液排出时，常黏附于阴门下角，并有粪土黏着，是妊娠时的表现之一。

在进行阴道检查时，术前准备、消毒工作与发情鉴定时的阴道检查法相同，必须认真对待。如果消毒不严格，则会引起阴道感染，如果操作粗鲁，还会引起孕畜流产，故务必谨慎。

因个体间差异颇大，阴道检查法难免会造成误诊。例如，当被检查的母畜有异常的持久黄体或有干尸化胎儿存在时，极易与妊娠征象混淆而误判为妊娠。当孕畜患子宫颈及阴道疾病时，孕畜又往往不出现妊娠症状而被判为空怀。阴道检查法不能确定妊娠日期，特别是对早期妊娠不能做出肯定的诊断，因此阴道检查法只可作为判断妊娠的参考。

（四）免疫学诊断法

免疫学诊断法是利用免疫化学和免疫生物学的原理进行妊娠诊断的方法。对家畜妊娠进行免疫学诊断的方法虽然较多，但真正在实践中应用得很少。

对妊娠进行免疫学诊断的主要依据：母畜妊娠后，胚胎、胎盘及母体组织产生某些激素或酶类等，其含量在妊娠过程中具有规律性变化；同时其中某些物质可能具有很好的抗原性，能刺激动物产生免疫反应。如果用这些具抗原性的物质去免疫家畜，家畜体内会产生很强的抗体。将抗体制成抗血清后，只能与其诱导的抗原相同或相近的物质进行特异性结合。抗原和抗体的这种结合可以通过两种方法在体外被测定出来：其一，荧光染料和同位素标记法，可在显微镜下定位；其二，将抗体和抗原结合产生的某些物理性状，如凝集反应、沉淀反应的有无作为妊娠诊断的依据。

目前研究较多的有红细胞凝集抑制试验、红细胞凝集试验和沉淀反应等方法。这些方法在早期妊娠诊断中的准确性和稳定性有待进一步研究。

（五）血清或乳汁中孕酮水平测定法

当母畜妊娠后，由于妊娠黄体的存在，在相当于下一个发情期到来的阶段内，其血清和乳汁中孕酮含量要明显高于未妊娠母畜。采用放射免疫、蛋白竞争结合法等测定妊娠母畜血清或乳汁中孕酮含量，与未妊娠母畜对比做出妊娠诊断。根据被测母畜孕酮水平的实测值很容易做出妊娠或未妊娠的诊断。这种方法适用于早期妊娠诊断，一般准确率为80%～95%。

一些研究还表明，采用孕酮水平测定法还可以有效地对母畜进行发情鉴定，监测持久黄体、胚胎死亡等。

（六）超声波诊断法

超声波诊断法采用超声波妊娠诊断仪对母畜腹部进行扫描，观察胚泡液或心脏搏动的变化。超声波诊断法主要有三种：A型超声诊断法、多普勒超声诊断法和B型超声诊断法。

A型超声诊断仪可对妊娠20日以后的母猪进行探测；妊娠30日以后的准确率可达93%～100%；绵羊最早在妊娠40日才能测出，60日以后的准确率可达100%；牛、马妊娠60日以上才能做出准确判断。可见利用该类型仪器在母畜妊娠中后期才能确诊妊娠。

多普勒超声诊断仪又称D型超声诊断仪，在妊娠诊断中，检测的多普勒信号主要有子宫动脉血流音、胎儿心搏音、脐带血流音、胎儿活动音和胎盘血流音。D型超声适用于妊娠的早期诊断，但是，操作技术和个体差异常造成诊断时间偏长，准确率不高。

B型超声诊断法是根据超声波在家畜体内传播时，由于脏器或组织的声阻抗不同，界面形态不

Note

同，以及脏器间的间隙密度较低，造成各脏器不同的反射规律，形成各脏器各具特点的声像图。用B型超声可通过探查羊水、胎体或胎心搏动以及胎盘来判断母畜妊娠阶段、胎儿数、胎儿性别及胎儿的状态等。但早期诊断的准确率仍然偏低。

从上述诸多方法可知，进行妊娠诊断是以配种后一定时间作为检查依据的，因此，对于一个现代化的规模养殖场，做好配种及繁殖情况记录是极为重要的，它们是繁殖管理科学化的重要依据，必须做好原始资料的记录、保存和整理工作。

任务二　分　　娩

任务知识

母畜妊娠期满，将发育成熟的胎儿和胎膜（胎衣）从子宫中排出体外的生理过程称为分娩。

一、分娩征兆

（一）分娩预测与分娩征兆

1. 预产期　通常根据配种记录和母畜妊娠期推测预产期。推测方法如下。

（1）牛的预产期：配种月份减3，配种日数加1，或者配种月份加9，配种日数加9。

（2）羊的预产期：配种月份加5，配种日数减2。

（3）猪的预产期：配种月份加4，配种日数减6，或者记成“三、三、三”法，即自母猪配种之日起，3个月3周3天后的日期即为预计的分娩日期。

2. 分娩征兆　分娩征兆包括乳房、外阴部、子宫颈、骨盆韧带、行为和体温的变化。

（1）乳房变化：分娩前乳房发育迅速，乳腺膨大，有些动物乳房底部水肿，可从乳头挤出初乳，乳头增大变粗。

（2）外阴部变化：阴唇柔软、肿胀、增大，皮肤皱褶变平，有充血现象。

（3）子宫颈变化：由细变粗，松弛变软。

（4）骨盆韧带变化：柔软松弛，尾根臀部肌肉塌陷，荐椎活动性增强。

（5）行为变化：食欲下降、行动小心谨慎、喜静不喜动、群牧时离群。猪在分娩前6～12 h衔草做窝，羊会用前肢刨地，时起时卧等。

（6）体温变化：母牛从产前1个月开始，体温逐渐升高，到产前7～8日，可缓慢升高到39～39.5 ℃；产前12 h左右（有时为3日），则下降0.4～1.2 ℃；产后又恢复到分娩前的体温。这种变化需要系统观察才能发现。

（二）分娩发动机制

1. 母体激素变化　母畜临近分娩时，体内孕激素分泌减少或停止，孕酮通过降低子宫对催产素、乙酰胆碱等催产物质的敏感性，抗衡雌激素的作用，抑制子宫收缩。雌激素、前列腺素和催产素的分泌增加。雌激素提高了子宫肌的收缩能力，前列腺素可以溶解黄体，刺激子宫肌收缩和刺激垂体后叶释放催产素。催产素使子宫发生强烈阵缩。同时卵巢及胎盘分泌的松弛素能使产道松弛。母体内这些激素的变化，是导致分娩的内分泌因素。

2. 机械刺激和神经反射作用　母畜妊娠末期，由于胎儿生长很快，羊水增多，胎儿运动增强，使子宫不断扩张，承受的压力逐渐升高，从而引起神经反射性子宫收缩和子宫颈舒张。由于子宫壁扩张后，胎盘血液循环受阻，胎儿所需氧气和营养得不到满足，产生窒息性刺激，引起胎儿强烈反射性活动，从而导致分娩。

3. 胎儿因素作用 胎儿发育成熟后，其下丘脑-垂体-肾上腺轴的内分泌功能建立，进而引起母体内分泌变化而发动分娩。胎儿发育成熟时，脑垂体分泌大量促肾上腺皮质激素，同时刺激子宫分泌大量前列腺素。胎儿发育成熟后的激素变化：孕激素含量下降，雌激素、前列腺素、催产素含量升高，导致子宫肌节律收缩加强，发动分娩。

4. 免疫学机制 从免疫学看，胎儿可对母体产生免疫反应。妊娠后期，胎盘发生老化、变性，胎盘屏障受到破坏，胎儿被母体免疫系统识别为“异物”而加以排出，这是一种同质体的排异现象。

二、分娩过程

分娩过程指母畜借子宫和腹肌的收缩，将胎儿及胎膜排出体外的过程。正常分娩过程可分为开口期（从分娩开始到子宫颈口开张）、胎儿产出期（从子宫颈口开张到胎儿产出）和胎膜排出期（胎儿产出到胎膜排出）三个阶段。这个过程的主要产力是阵缩和努责，阵缩指子宫的间歇性收缩，努责指膈肌和腹肌的反射性和随意性收缩。

（一）开口期（第一产程）

从子宫出现阵缩开始，至子宫颈口完全开张的阶段称为开口期。在本期内，母畜表现为阵痛，如神态不安、食欲减退、回头顾腹、徘徊运动、时起时卧、鸣叫、频频举尾，常做排尿姿势，有时可见胎水排出。这一时期主要产力是阵缩。

（二）胎儿产出期（第二产程）

从子宫颈口完全开张至胎儿产出体外的阶段称为胎儿产出期。此期内母畜表现为时起时卧，前肢刨地，最后卧下。呼吸和脉搏加快，母畜侧卧后，四肢伸直，强烈努责，使胎儿各部分从产道中顺次排出体外。这一时期主要产力是努责，阵缩也起作用。

（三）胎膜排出期（第三产程）

从胎儿产出到胎膜完全排出体外的阶段称为胎膜排出期。在本期内，母畜产出胎儿后，表现较为安静，在子宫继续阵缩及轻度努责作用下，胎膜逐渐从子宫内排出体外。

（四）影响分娩的因素

1. 产力 产力是指将胎儿从子宫中排出体外的力量，包括阵缩和努责。

2. 产道 产道是胎儿由子宫排出体外的通道，包括软产道和硬产道。软产道包括子宫颈、阴道、前庭和阴门，分娩时，子宫颈逐渐松弛，直至完全开张。硬产道是指骨盆。骨盆分为入口、骨盆腔、出口和骨盆轴。

3. 胎向 胎向是胎儿纵轴与母体纵轴的关系，有纵向、竖向和横向三种。

(1)纵向：胎儿纵轴与母体纵轴平行。

(2)横向：胎儿纵轴和母体纵轴呈水平垂直，胎儿横卧在子宫内。

(3)竖向：胎儿的纵轴和母体纵轴上下垂直，胎儿的背部和腹部向着产道，称为背竖向或腹竖向。

正常胎向为纵向，竖向和横向是反常的，且分娩时胎向不会改变。

4. 胎位 胎位是胎儿的背部与母体背部的关系，有上位、下位和侧位三种。

(1)上位：胎儿背部朝向母体背部，胎儿俯卧在子宫内。

(2)下位：胎儿的腹部朝向母体的背部，胎儿仰卧在子宫内。

(3)侧位：胎儿的背部朝向母体的腹侧壁。

正常分娩的胎位是上位或轻度侧位，下位和完全侧位是反常的。

5. 胎势 胎势是指胎儿本身各部分之间的相互关系。分娩前胎势是胎儿四肢向腹部屈曲，体躯微弯，头向胸部贴靠；分娩时靠阵缩压迫胎盘血管，胎儿处于缺氧状态，发生反射性挣扎，导致头、颈、躯干、四肢伸展成细长姿势，以有利于分娩。分娩过程中，胎儿由侧位或下位转为上位，胎势由屈曲变为伸展。

任务三　助产与产后护理

任务知识

一、助产技术

在人工饲养的情况下，母畜生产性能得到很大提高，母畜运动减少，饲料成分改变，加上环境因素的干扰，这些都使母畜的自然分娩过程受到影响，所以为了保证母畜和胎儿的安全，提高仔畜成活率，必须做好助产工作。

（一）助产前的准备工作

1. 产房的准备

(1) 设立专用产房：为了分娩安全，应设立专用产房。产房应宽敞、光照充足、通风良好、干燥清洁；产房地面和墙壁要平整，产房内地板上应铺上一层褥草，并根据不同畜种确定褥草适宜的长短和厚度；产房的温度要根据畜种不同进行适当调整，不可使仔畜受到冻害；整个产房要便于进行彻底消毒，包括地面、墙壁和用具，并容易清除粪尿。

(2) 临产母畜应提前送入产房：临产母畜应在预产期前1～2周送入产房，以便让其熟悉产房环境，并随时注意观察分娩征兆。

2. 药械及用品准备

(1) 器械及用品：注射器及针头、常规产科器械、产科绳、止血钳、镊子、剪刀、绷带、体温计、听诊器、棉花、纱布、肥皂、脸盆和毛巾等。另外，助产时的工作服、胶鞋、橡胶手套、铁锹等要备齐，以便使用时随手可取。

(2) 药品：75%乙醇、2%～5%碘酒、0.1%煤酚皂溶液及消炎粉等。

3. 助产人员　产房内应有固定的助产人员，夜间必须值班。助产人员应该受过专门训练，熟悉母畜的分娩规律，有高度的责任心和吃苦精神。对于放牧畜群，助产工作应由放牧人员负责，在分娩季节出牧时，必须带上助产物品。

（二）正常分娩的助产技术

母畜正常分娩时，一般不需人为帮助，助产人员的主要任务是监视分娩情况和护理仔畜。因此，当母畜出现临产征象时，助产人员必须做好临产处理准备，应按照以下方法和步骤实施助产，保证仔畜产出和母畜安全。

1. 对母畜外阴部及周围环境进行消毒　对分娩母畜的外阴部、肛门、尾根和后躯先后使用肥皂水和清水洗净后擦干，对母畜外阴部用乙醇棉球擦拭消毒。母马应用缠尾绷带包扎尾根，并将尾巴拉向一侧。绵羊助产时要戴上橡胶手套，以防感染布鲁氏菌。母牛产前侧卧时，应使其腹侧着地。

2. 检查胎势、胎位是否正常　为了预防难产，当胎儿的前置部分进入产道时，母畜躺卧努责，从阴门内可以看到胎衣排出时，助产人员可将手臂伸入产道检查，看胎势、胎位是否正常，以便及早发现问题，及时矫正。检查时间：马在第一胎囊破裂后；牛在胎膜露出到胎水排出之间。

3. 胎膜处理　牛、羊胎儿产出时不会有完整的胎膜包被，猪的胎膜在分娩时不会在阴门外破裂。马、驴胎儿在产出时，羊膜囊在胎头及前肢排出时破裂，流出羊水，若头部露出阴门而胎膜未破，则助产人员应立即予以撕破，以免胎儿发生窒息，露出胎鼻后应将鼻孔内的黏液擦净，以利于胎儿呼吸。

4. 观察母畜的阵缩和努责状态　母畜在开口期只有阵缩而没有努责，当分娩进入胎儿产出期时，母畜开始闭气努责，这时努责和阵缩同时发生，此时母畜拱背闭气，出现正常努责。助产人员应注意观察努责是否正常，如果发现下述情况，则应及时处理：①母畜努责、阵缩微弱，无力排出胎儿；

Note

②产道狭窄或胎儿过大，产出滞缓；③正生时胎头通过阴门困难；④马、牛倒生时，脐带压在骨盆底下，血流受阻；⑤猪强烈努责时，下一胎儿不能产出。

在出现上述任何一种情况时，助产人员应立即采取适当措施，帮助牵拉出胎儿，牵拉胎儿所必须遵循的原则如下：牵拉时胎儿姿势必须正常；牵拉时要配合母畜努责，还可推压母畜腹部，增加努责力量；按照骨盆轴的方向牵拉，对于马、羊，牵拉两前肢时可水平向后拉，对于牛，则向上、向后牵拉；胎儿臀部将要排出时，须缓慢用力，以免造成子宫内翻或脱出；牛、羊胎儿腹部通过阴门时，要用手握住脐带，与胎儿同时牵拉，以免脐带断在脐孔内；当胎儿肩部通过骨盆入口时，应交替牵拉两前肢，使肩部倾斜以缩小肩宽横径，使胎儿易于拉出。

5. 保护会阴及阴唇 胎儿头部通过阴门时，若阴唇及阴门非常紧张，助产人员应用手搂住阴唇以保护阴唇及会阴，使阴门横径扩大，促使胎儿头部顺利通过，以免阴唇上联合处被撑破或撕裂。

6. 避免脐血管断在脐孔内 当牛、羊胎儿腹部通过阴门时，助产人员应伸手到胎儿的腹下握住脐带根部将其和胎儿一起拉出，以免脐血管断在脐孔内。胎儿排出后，在母畜站起而撕断脐带前，用手沿脐带向胎儿方向捋动片刻，直到脐动脉停止搏动再行断脐。

7. 必要时使用药物促使胎儿产出 当母猪娩出的胎儿较多，产程延长，母猪阵缩无力时，可皮下注射催产素 10～15 IU，以加强子宫的收缩，使胎儿较快排出。

8. 防止新生仔畜摔伤 母畜分娩时大多数采取侧卧姿势，但如果牛、羊、马等家畜以站立姿势分娩，则助产人员必须用手接住新生仔畜，以防摔伤。

（三）仔畜护理

1. 保证呼吸通畅 胎儿产出后，立即擦净其口腔和鼻孔的黏液，观察其呼吸是否正常。若无呼吸，则应立即用草秆刺激其鼻黏膜，或将氨水棉球放在其鼻孔上，诱发仔畜呼吸反射。对于猪、羊，可将仔畜后肢提起抖动，并有节律地轻压胸腹部，以诱发呼吸反射。

2. 脐带处理 牛、羊胎儿娩出时，脐带一般被扯断，马胎儿的脐带则需待脐动脉搏动停止之后，将脐血管中的血液捋向胎儿，以增加体内血液。脐带被剪断之前应在基部涂上碘酒，或以细线在距脐孔 3 cm 处结扎，向下隔 3 cm 再打一线结，在两结之间涂以碘酒后，用消毒剪剪断，也可采用烙铁切断脐带。

3. 擦干仔畜体表 对于出生后的马驹和仔猪，应迅速将其身上的羊水擦干，天气寒冷时尤其要注意做好保温工作。

4. 尽早吮食初乳 待体表被毛干燥后，仔畜即试图站立，此时即可帮助其吮乳。吮乳前先从乳头内挤出少量初乳，擦净乳头，令仔畜自行吮乳。若母畜母性不强，则应辅助仔畜吮乳。

5. 检查排出的胎膜 胎膜排出后，应检查是否完整，并从产房及时移出，防止母畜吞食胎膜。

（四）难产及其救助技术

1. 难产的分类 由于母体异常引起的难产有产力性难产和产道性难产。由于胎儿异常引起的难产称为胎儿性难产，包括胎儿与母畜骨盆大小不相适应（如胎儿过大、双胎等）、胎儿姿势不正、胎儿位置不正（如侧位、下位等）、胎儿方向不正（如竖向、横向）。一般以胎儿性难产较为多见；产道性难产常由子宫扭转、子宫颈狭窄、阴道及阴门狭窄、子宫肿瘤等引起。

2. 难产的临床检查

（1）产道检查：主要是查明产道是否干燥，有无损伤、水肿或狭窄，子宫颈的开张程度，硬产道有无畸形、肿瘤，并注意流出的液体颜色和气味是否正常。

（2）胎儿检查：主要检查胎儿的正生或倒生情况，胎位、胎向和胎势以及胎儿进入产道的程度，从而判断胎儿的死活，以确定助产方法和方式。①正生时，将手指伸入胎儿口腔或者轻轻拉其舌头、轻压其眼球、轻拉其前肢，注意观察其有无生理反应，如口、舌有吸吮、收缩动作，眼球转动，前肢伸缩，则表示胎儿活着，也可触诊颌下动脉或心区有无搏动。②倒生时，最好触到脐带，查明有无搏动，或将手指伸入肛门，或牵拉后肢，注意感受胎儿有无收缩或反应。如胎儿死亡，则助产时不需顾忌胎儿的损伤。

3. 难产的救助原则 ①保护母仔安全，使用器械时应十分小心，避免损伤母畜产道和引起感染，注意保持母畜的繁殖力；②母畜保定，采用横卧保定，尽量使胎儿的异常部位向上，以利于操作；③润滑产道，以便于推回矫正或拉出胎儿；④整复矫正，胎儿姿势异常时，应将胎儿推回子宫，以便于操作。推回时应在母畜阵缩的间歇期操作，配合分娩动力牵拉胎儿时要配合阵缩和努责进行，并注意保护会阴。

4. 难产的助产技术 一般不正常的胎向、胎位和胎势所造成的难产，可采用非手术方法进行矫正。

(1) 头颈侧弯：将产科绳缚在母畜两前肢腕关节上，用器械或产科梃将胎儿推入子宫，然后用产科绳缚住胎儿下颌部或以手握住胎头，拉直头颈。对于死胎儿，可直接用产科钩钩住胎儿下颌部，拉直头颈。

(2) 头颈下弯：可将手掌平伸入骨盆底，握住唇端，将胎儿头颈部推入子宫，必要时套以产科绳或产科钩，将胎头向前拉直，连同两肢一同拉直胎儿。

(3) 头向后仰：用产科梃将胎儿推入子宫，将产科绳缚在胎儿下颌部拉直头颈。

(4) 肩部前置：手伸入产道握住胎儿腕关节或缚以产科绳前拉，使肘关节和腕关节屈曲，再以腕关节屈曲胎势方法矫正。

(5) 臀部前置：先将胎儿推入子宫，然后握住跗关节向后牵拉使跗关节屈曲，再以后肢跗关节屈曲姿势进行矫正。

(6) 下位和侧位：母畜仰卧保定后，将胎儿推入腹腔，当胎儿处于下位时，可用手握住胎儿的右肩或左肩(或股部)，将胎儿沿纵轴转向 90°使其呈侧位，再转向 90°使其呈上位。

(7) 横向：先抬高母畜的臀部，用产科梃向母畜前方抵住胎儿的臀端或肩胸部，将另一端向子宫颈外口方向牵拉，将胎向矫正为纵向的正生或倒生。同时出现其他胎势异常时，也一并进行矫正。

(8) 胎儿过大：先在产道内充分灌入润滑剂，再依次牵拉胎儿前肢，以缩小胎儿肩部的横径，配合母畜阵缩和努责，将胎儿拉出。

(9) 双胎：首先将两个胎儿的身体各部分区分开来，然后用产科绳缚住前面或上面胎儿向前拉，将另一胎儿推入子宫内，再依次拉出。

5. 难产的预防 难产极易引起仔畜死亡，使母畜子宫及软产道受到损伤，影响以后受胎，严重者可危及母畜的生命。因此，积极预防难产，对家畜的繁殖有重要意义。在饲养管理措施上，切勿让未达体成熟的母畜过早配种。母畜妊娠期间应进行合理的饲养，给予充足的营养，以保证胎儿的生长和维持母畜的健康。另外，对妊娠母畜要安排适当的使役和运动，役用家畜应量力使役，产前半个月可做牵遛运动。母畜临产时分娩正常与否要尽早做出诊断，以便采取适当的措施，尽量避免难产的发生。

二、产后护理

母猪分娩时生殖器官发生了显著的变化，机体的抵抗力明显下降。因此，要对产后母猪进行妥善的护理，让其尽早恢复健康，投入正常的生产。母猪产后要随时观察其采食、体温变化，注意有无大出血、产后乳房炎、瘫痪、产后无乳等情况。对人工助产的母猪要清洗产道，并用药物消炎。产后 2～5 天逐渐增加喂料，1 周后达最高用量，能吃多少给多少。断乳前 2～3 天，视母猪膘情适当减料，控制饮水。产后的母猪要从以下几个方面进行检查，做好护理。

1. 检查胎衣 检查胎衣是否完全排出，胎衣数或脐带数是否与产仔数一致。胎衣不下时，肌内注射己烯雌酚 10 mg，等子宫颈扩张后，可每隔 30 min 肌内注射催产素 30 单位，连续注射 2～3 次。确定胎衣完全排出后，向产道深处投放青霉素 80 万～160 万单位。

2. 采取适宜的消炎方法 对于初产母猪、胎儿过大或过多的母猪，难产的母猪，子宫易受损伤及被感染，消炎以 7 天为一个疗程，每千克体重肌内注射青霉素 3 万单位，每天 2 次。同时可向产道深处灌注温的 0.1%高锰酸钾溶液，直至恢复正常。对曾有产后患病史的经产母猪，也按上述方法用药。对正常顺产的经产母猪，每千克体重肌内注射青霉素 2 万单位，每天 2 次，连用 20 天。对母猪产后胎衣不下，也可采取中草药拌料喂服。取新鲜益母草 0.25 kg 加水 1000 mL 煮至 300～400 mL，待稍温后加入红糖 0.2 kg，分早、晚拌料喂服，连续喂 3 天，效果较好。

3. 饲养方面 分娩时母猪体力消耗很大，体液损失多，可表现出疲劳和口渴，因此，要准备足够的、温热的生理盐水，供母猪饮用。母猪分娩后 8 h 内不宜喂料，可给予温水，第 2 天早上再给流食，因为产后母猪消化能力很弱，应逐步恢复饲喂量。如果母猪消化能力恢复得好，仔猪又多，2 天后可以恢复到分娩前的饲喂量。如果母猪少乳或无乳，必须马上采取措施挽救仔猪，可先调制些催乳的饲料，如小米粥、用小鱼和小虾煮的汤、豆浆、牛奶等，1 天喂饲 3 次，泌乳量增加后再逐渐减少直至停喂。如果仍不见效，可用药物催乳。

4. 管理方面 母猪分娩结束后，要及时清除污染物，墙面、地面、栏杆擦干净后，喷洒 2%来苏尔进行消毒，给母猪创造一个卫生、安静、空气新鲜的环境。细心观察分娩后母猪和仔猪的动态。母猪产后其子宫和产道都有不同程度的损伤，病原微生物容易入侵和繁殖，给机体带来危害。对常发病如子宫炎、产后热、乳房炎、仔猪下痢等病症应早发现、早治疗，以免全窝仔猪被传染。

5. 母猪产后常见病的预防

(1) 产后拒食。因产道感染而拒食的母猪，可将青霉素 800 万单位、链霉素 400 万单位混合在 20 mL 安乃近中进行 1 次肌内注射，每天 2 次，连续注射 2 天。因喂料过多、饲料浓度太大造成厌食的母猪，要合理搭配精饲料、饲料、青绿饲料，母猪不宜饲喂得过肥或过瘦。

(2) 产后无乳、少乳。对少乳者用催奶灵 10 片内服，连用 3～5 天，或肌内注射催产素 20～30 单位，1～2 次。将胎衣、死产仔猪洗净，加水、食盐适量煮熟，分数次拌料内服。蚯蚓、河虾、小鱼(特别是鱼)都有催乳作用，可煮服。也可用中药方：当归、王不留行、芦根、通草各 30 g，水煮，拌皮喂服。每天 1 次，连用 3 天。

(3) 产后便秘。可用下列方法防治：加喂青绿饲料；增加饮水量并加入人工补液盐；葡萄糖盐水 500～1000 mL，维生素 C(10 mL) 3 支，一次性静脉注射；复合维生素 B_1 5 mL，青霉素 240 万单位，安痛定 30 mL，分别肌内注射；酵母、大黄苏打片、多酶片、乳酶生各 40 片，共为细末，分 4 次服。

(4) 产后子宫脱出。子宫不全脱出时，可用 0.1%高锰酸钾溶液或生理盐水 500～1000 mL 注入子宫腔，借助液体的压力使子宫复原。子宫全脱者，要先除去附在黏膜上的粪便，用 0.1%高锰酸钾溶液或生理盐水清洗。严重水肿者，用 3%明矾水清洗。整复时，2 人托起子宫与阴道等高，1 人以左手握子宫角，右手拇指从子宫角端进行整复。再把手握成锥状，像翻肠子一样，在猪不努责时用力推压，依次内翻。用此法将两子宫角先后推入子宫体，同时将子宫体推入骨盆腔及腹腔。整复完毕，阴门用粗丝线缝合 2 针，以防再脱出。必要时予以麻醉。整复后给予抗菌药物。

(5) 母猪产后跛行。有外伤时要抗菌消炎，给予安痛定 10 mL、青霉素 320 万单位、维生素 B_1 10 mL，每天 2 次，肌内注射；地塞米松 10 mL，每天 1 次；静脉注射 10%葡萄糖酸钙 150～200 mL，每天 1 次，连用 6～10 天。疼痛严重者，静脉注射时加入 20%水杨酸钠 20 mL，腰椎疼痛处可用普鲁卡因封闭。

(6) 母猪产后瘫痪。将猪骨头或其他新鲜家畜骨头烘干轧碎，拌入饲料，每头母猪每天喂 30 g。病情严重者用 5%～10%氯化钙注射液 40～80 mL 一次性静脉注射。也可用高度白酒涂抹皮肤并进行人工按摩，以促进其血液循环恢复神经机能。另外可适当加大饲料中麦麸的含量。对玉米等含磷较多的饲料，加喂地瓜藤等含钙较多的粗饲料，尽量多喂青绿饲料，对预防母猪产后瘫痪也有良好效果。

课后习题

一、名词解释

妊娠　分娩　胎膜

二、简答题

1. 简述妊娠期母畜的生理变化。
2. 简述分娩的过程及影响分娩的因素。
3. 简述难产的救助技术。

项目六 胚胎生物工程技术

学习目标

➢ 了解国内外先进的胚胎生物工程技术。

➢ 掌握体外受精和胚胎移植技术，并能够运用到实际生产中。

在家畜胚胎移植技术取得迅速发展的同时，人们为了进一步提高配子和胚胎的利用价值，在掌握了大量生物知识和技术的基础上，充分利用胚胎生物工程技术，对卵子、精子和胚胎在体外条件下进行各种操作和处理，从而使体外受精、性别控制及胚胎克隆、核移植、胚胎分割、胚胎嵌合和基因导入等繁殖技术进入了研究高潮。家畜繁殖新技术的研究应用，将会在畜牧业生产中产生深远的影响。

任务一 体外受精技术

任务知识

体外受精技术是胚胎生物工程的一项重要技术，是指通过人为操作使精子和卵子在体外完成受精的过程。体外受精技术不仅对揭示卵母细胞成熟和受精机制具有重要的理论意义，而且在畜牧业的发展中具有广泛的应用前景。其操作如下。

1. 精子采集与获能处理 精子可采用射出的精子或附睾尾精子。精子可在体内子宫中获能，也可在体外获能。

2. 卵母细胞采集与成熟培养 将屠宰动物的卵巢取出，用生理盐水冲洗后，放入盛有生理盐水的保温瓶内运回实验室，用注射器针头抽取卵母细胞。然后将卵母细胞放在培养液中培养 24 h。

3. 精卵体外受精 将成熟培养的卵母细胞先用受精液洗涤 3 次，然后加入获能后的精子，置于培养箱内孵育。

4. 受精的判定 在精子和卵母细胞进行体外受精的过程中，须隔一定时间检查受精情况。如在固定染色的装片上出现精子穿入卵内、精子头部膨大、精子头部和尾部在卵细胞质内存在、第二极体的排出、原核的形成和正常的卵裂等情况即确定为受精。

5. 体外受精卵(早期胚胎)的培养发育 将受精卵移入培养液中继续培养，为了克服早期胚胎体外发育阻滞现象，并获得较高的发育率，多采用与卵丘细胞、输卵管上皮细胞等共同培养的方法，通常发育至桑葚期或囊胚期，即可用于胚胎移植或其他生物工程操作。1981 年 6 月 9 日，世界上第一个体外受精的牛犊在英国产生。

任务二　胚胎移植技术

任务知识

胚胎移植是指从一头优良母畜的输卵管或子宫内取出早期胚胎，将其移植到另一头生理状况相同的母畜的输卵管或子宫，从而产生后代，所以也称作借腹怀胎。提供胚胎的个体为供体，接受胚胎的个体为受体。胚胎移植实际上是产生胚胎的供体和养育胚胎的受体分工合作共同繁殖后代的过程，供体决定着它的遗传特性(基因型)，受体只影响它的体质发育。

一、胚胎移植的意义

1. 充分发挥优良母畜的繁殖潜力　作为供体的优良母畜省去很长的妊娠期，缩短了繁殖周期，更重要的是实行超数排卵处理，一次即可获得多枚胚胎。

2. 缩短世代间隔，及早进行后裔测定　如果使同一品种的供体母畜重复超数排卵，不断移植，那么其后代总数就可以大大增多，这样就可及早对其后代进行后裔测定，及早了解母畜的遗传特性，缩短世代间隔，有利于品系的建立。

3. 增加双胎率　向未配种的母畜移植两枚胚胎，或向已配种的母畜再移植一枚胚胎，可以增加双胎率，从而大大提高生产效率。

4. 保存品种资源　将优良品种母畜的胚胎储存起来，可以避免这一品种因遭受意外灾害而灭绝，而且比保存活畜的费用低得多。冷冻胚胎还可以和冷冻精液共同构成动物优良性状的基因库。

5. 防止疾病传播　采用胚胎移植技术代替剖腹取仔，可以防止疾病传播，是控制疫病的一种措施。

6. 促进胚胎移植技术基础理论研究　为动物繁殖生理学、生物化学、遗传学、细胞学、胚胎学、免疫学、动物育种学和动物进化学等学科开辟了新的试验研究途径。

7. 满足畜牧业生产现代化的需要　在自然繁殖的情况下，家畜每胎妊娠所产的后代达不到生物学最高限度，胚胎移植可以使优良母畜的繁殖效率接近或达到生物学最高限度，并且能够迅速改进家畜的品质。

二、胚胎移植的基本原则

1. 胚胎移植前后供体和受体所处环境的同一性

(1) 在分类学上的同属性：供、受体属于同一物种，或在动物进化史上血缘关系较近。

(2) 生理上的一致性：移植的胚胎与受体在生理上是同步的。在胚胎移植实践中，一般供、受体发情同步差要求在 24 h 以内。

(3) 解剖部位的一致性：胚胎移植前后所处的空间部位要相似，也就是说，胚胎采自供体的输卵管就移植到受体的输卵管，采自供体的子宫角就移植到受体的子宫角。

2. 胚胎发育的期限　胚胎采集和移植的期限(胚胎日龄)不能超过发情周期黄体的寿命，必须在黄体退化之前进行。通常是在供体发情配种后 3～8 天采集胚胎，受体也在同时接受胚胎移植。

3. 胚胎的质量　从供体采到的胚胎必须经过严格的质量鉴定，确认发育正常才能移植。

4. 受体的选择　受体母畜可选用非优良品种个体，但应具有良好的繁殖性能和健康体况。应选择与供体发情周期同步的母畜为受体。

Note

5. 药品和器械的准备

(1) 药品:FSH、PMSG、LH、HCG、PGF、2%普鲁卡因、静松灵、利多卡因、生理盐水、75%乙醇、2%碘酒和青霉素等。

(2) 器械:10 mL 和 1 mL 注射器、手术刀、剪子、镊子、止血钳、创布、缝合针、缝合线、冲胚管、移植胚滴管、显微镜、表面皿、凹玻片和拨胚针等。

6. 供体的超数排卵 超数排卵技术通常用于单胎家畜,其目的是让优良母畜排出大量卵子,充分发挥其繁殖潜力,是胚胎移植中的一个重要环节。

(1) 超数排卵的方法:①应用 PMSG 或 FSH 超数排卵:给供体母畜注射 PMSG 或 FSH,在母畜发情开始后 12~16 h 和 20~24 h 各配种(输精)一次,并于第一次配种后静脉注射 HCG 或 LH,以便排出更多的卵子。激素的应用时间和剂量因家畜种类不同而有差异。②配合应用前列腺素:PGF 的用法通常是在应用 PMSG 后大约 48 h 进行肌内注射。③PMSG 与抗 PMSG 配合使用:抗 PMSG 可以消除 PMSG 的残留作用,明显增加可用胚胎数,提高超数排卵的效果。

(2) 超数排卵效果的评判标准:超数排卵是胚胎移植中最难控制的一个环节,在实践中只要能使一半以上处理母畜达到满意结果,则认为超数排卵是成功的。

7. 受体的同期发情 胚胎移植时,必须对受体进行同期发情处理,使受体母畜和供体的发情同期化,其发情时间差应控制在 24 h 之内,若超过 24 h(牛)或 48 h(绵羊或山羊),则妊娠率急剧下降。当前比较理想的同期发情药物是前列腺素及其类似物,其剂量因前列腺素种类和用法的不同而异。

8. 供体的发情鉴定和配种 超数排卵处理结束后,要密切观察供体的发情征象,正常情况下,供体大多在超数排卵处理后 12~48 h 发情。为确保卵受精,一般在发情后 8~12 h 输精一次,以后间隔 8~12 h 再输精一次,并且要增大输精量。

9. 胚胎采集 在配种或输精后的适当时间,从超数排卵供体回收胚胎,准备移植给受体,称胚胎采集或胚胎回收,简称采胚。

(1) 采胚时间:从配种后第 2 天开始计算采胚天数,根据采集目的不同来决定在第几天采胚。因家畜种类不同,其早期胚胎的发育速度和到达子宫的时间具有差异。

(2) 采胚方法:采胚方法分为手术法和非手术法两种。手术法适用于各种动物,尤其是绵羊、山羊、猪及实验动物;非手术法仅适用于牛、马等大型家畜,且只能在胚胎进入子宫后进行。

10. 胚胎保存 在体外条件下,将胚胎保存起来并使其保持活力。通常有三种保存胚胎的方法,分别为常温保存、低温保存和冷冻保存。

11. 胚胎移植 胚胎移植就是将采集的可用胚胎移植给受体母畜,亦称卵的移植,简称移卵。

(1) 移胚部位:早期胚胎少于 8 细胞时,一般移植于输卵管,多于 8 细胞时移植于子宫角。

(2) 移胚方法:与采胚方法相似,也分为手术法与非手术法两种,前者适用于不能进行直肠操作的中小型家畜,后者适用于大型家畜。

①手术法移胚:与采胚方法相似,对母畜进行保定、麻醉。以山羊为例,先在其乳房一侧做一平行于腹中线的切口,暴露输卵管和子宫角,再将胚胎注入输卵管或子宫角。

a. 子宫内移植:若移入子宫角,则在黄体侧子宫角前 1/3 处,避开血管,先用钝针头刺破子宫角壁,摆动针头,确认针头在子宫腔时,将毛细管从针孔插入子宫腔,注入含胚胎的培养液。

b. 输卵管移植:若移入输卵管,则先把黄体侧的输卵管引出,找到喇叭口,将毛细管的尖端通过输卵管伞插到输卵管壶腹部,注入含有胚胎的培养液 1~2 滴。

②非手术法移胚:只适用于牛、马等大型家畜。与采胚相似,先将母畜保定、麻醉后,再移胚。以牛为例,其方法是先将胚胎吸入塑料细管中,并使含胚管穿过输精细管枪。然后,将人工授精细管枪通过子宫颈,将胚胎注入子宫角内,或者通过阴道穹窿绕过子宫颈将胚胎注入子宫角内。

Note

任务三　胚胎性别鉴定与性别控制技术

任务知识

胚胎性别鉴定是指根据胚胎中存在的染色体类型、雌性胚胎中 X 染色体上相关酶的活性、雄性胚胎存在的 H-Y 抗原以及 SRY 基因等特征对附植前胚胎进行性别鉴定。胚胎性别选择是指结合胚胎移植技术，选择所需性别的胚胎，或将所需性别的胚胎作为核移植的供体细胞，反复克隆，以无性繁殖的方式生产相应性别的胚胎，进而使母畜按人们的意愿繁殖所需性别的后代。

一、胚胎性别鉴定技术

对胚胎的性别进行鉴定，选择（淘汰）某一性别的胚胎，是一种控制后代性别较理想的方法。

（一）细胞学方法

此法主要是通过核型分析对胚胎进行性别鉴定。核型分析常采用切割胚（晚期桑葚胚、囊胚或扩张囊胚），一半用于鉴定性别，另一半用于移植或冷冻。核型分析法大体过程如下。

1. 胚胎分割　在显微操作仪下将胚胎切割成两半。其中一半胚胎装入透明带培养，或用牛的血清琼脂包埋以便冷冻，另一半也装入透明带，用于核型分析。

2. 半胚预培养及有丝分裂阻滞　用于核型分析的一半胚胎先用 TCM-199 培养 15 h，然后加入有丝分裂阻断剂继续培养，使有丝分裂停止在分裂中期。

3. 制作染色体标本　将经有丝分裂阻断剂处理后的一半胚胎用柠檬酸钠溶液处理，使细胞膨胀、染色体分开，然后移到干净无油脂载玻片的一个低渗小滴中，加入固定液，溶解透明带，使细胞分散，37 ℃风干。

4. 染色及镜检　风干后的标本用吉姆萨染色液染色，晾干后用中性树脂封固成永久性标本。各种家畜的染色体标本在显微镜下检查时，染色数目不同，性染色体形态各有特点。在进行性别鉴定时，应严格依据各种家畜性染色体特征认真观察、比较，一旦确定了其中一半胚胎的性别，则另一半胚胎为已知性别的后代。

（二）生物化学微量分析法

此法是通过测定与 X 染色体相关的酶的活性来鉴定雌性胚胎的一种方法。其原理是早期雌性胚胎的两条 X 染色体中必有一条失活，在胚胎基因组的激活与 X 染色体失活之间的短暂时期内，雌性的两条 X 染色体都可以被转移，这反映在雌性胚胎中与 X 染色体相关酶的细胞内浓度及活性是雄性胚胎的 2 倍。此点可作为胚胎性别鉴定的依据。

（三）免疫学方法

此法是利用 H-Y 抗血清或 H-Y 单克隆抗体检测胚胎上是否存在雄性特异性 H-Y 抗原，从而进行胚胎性别鉴定的一种方法。

（四）分子生物学方法

此法是从胚胎上取下少量细胞，将其 DNA 与 Y 染色体特异标记的 DNA 序列（探针）杂交来进行性别鉴定的一种方法。杂交结果如为阳性，则胚胎为雄性；反之，则为雌性。

二、胚胎性别控制技术

（一）X、Y 精子的分离

精子分离的主要依据是 X、Y 精子在 DNA 含量、大小、密度、活力、膜电荷、酶类、细胞表面及移动速度等方面均有差异。精子分离的主要方法有离心沉降法、密度梯度离心法、过滤法、层析法、电泳法及免疫学方法等。

（二）改变受精环境

雄性动物有支配性别的决定权，产生 X 或 Y 精子；而雌性动物有支配性别的选择权，因而改变母畜受精的环境，就可能改变出生仔畜的性别比例。

任务四　胚胎分割技术与胚胎嵌合技术

任务知识

一、胚胎分割技术

胚胎分割是通过对胚胎的显微手术，人工制造同卵双胎或同卵多胎的方法，也是胚胎移植中扩大胚胎来源的一条重要途径和方法。

早期胚胎的每个细胞都具有独立发育成一个个体的能力，这是胚胎分割得以成功的理论依据。胚胎分割有以下两种方法。

1. 2～16 细胞期胚胎　用显微操作仪上的玻璃针或刀片，将每个卵裂球或 2 个卵裂球为一组或 4 个卵裂球为一组进行分割，分别放入一个空透明带内，然后进行移植。

2. 桑葚胚或早期囊胚　与上述方法相同，将桑葚胚或早期囊胚一分为二或一分为四，将每个细胞团移入一个透明带内，然后进行移植。

应用胚胎分割还可以得到纯合二倍体和进行细胞核的调换，这实质上也是动物的一种无性繁殖。

二、胚胎嵌合技术

胚胎嵌合技术又称胚胎融合技术，是近年来继胚胎分割后的一种新的生物技术。胚胎嵌合技术不但对品种改良及新品种培育具有重大意义，而且为不同品种间的杂交改良开辟了新的渠道，对分析胚胎的发生机制和基因表达机制，以及了解性别分化或免疫机制等具有极其重要的价值。

哺乳动物嵌合体的制作方法大致分为着床前胚胎嵌合体的制作和着床后胚胎嵌合体的制作两种。着床前早期胚胎嵌合体的制作方法主要有早期胚胎聚合法、分裂球聚合法和囊胚注入法三种。早期胚胎聚合法制作嵌合体的大致步骤如下：采集胚胎；除去透明带；胚胎聚合；聚合胚胎的培养；嵌合体的移植；嵌合体的鉴定。

拓展阅读

克隆

课后习题

一、名词解释

人工授精　受精

二、简答题

1. 简述人工授精的过程及优越性。
2. 阐述胚胎移植的基本原则和意义。
3. 在畜牧生产中如何推广人工授精技术?
4. 如何看待胚胎移植技术在畜牧生产中的应用?

Note

模块八　动物繁殖管理与繁殖障碍防治

扫码看 PPT

项目一　动物繁殖管理

学习目标

- 了解正常繁殖力的表示及统计方法。
- 掌握常见动物的正常繁殖力。
- 掌握提高繁殖力的措施。
- 掌握动物繁殖障碍及其防治。

任务一　动物正常繁殖力

任务知识

一、动物繁殖力的概念

动物繁殖力是指动物在正常生殖机能条件下生育繁衍后代的能力。本节以家畜为例，重点介绍家畜繁殖力。在生产实践中，家畜繁殖力的高低决定了畜牧业生产力的高低。种公畜的繁殖力主要表现在精液的数量、质量，以及性欲、与母畜的交配能力等。母畜的繁殖力主要是指性成熟的迟早、发情周期(简称情期)正常与否和发情表现、排卵多少和卵子的受精能力、妊娠能力及哺育仔畜的能力等。因而，繁殖力对母畜而言，集中表现在其一生，或一年，或一个繁殖季节中繁殖后代数量多少的能力。

二、正常繁殖力

正常繁殖力是指在正常的饲养管理条件下所获得的最经济的繁殖力。一般情况下，维持家畜正常繁殖力的生理要求可以得到满足，但在一个家畜群体中，不可能使全部有繁殖力的母畜都繁殖。因此，对于不同品种、不同家畜以及不同生活环境条件，必须有正常繁殖力的要求。家畜的正常繁殖力主要反映在受配率、受胎率和繁殖成活率三个方面，亦反映在产仔数及繁殖年限上。

(一) 牛的正常繁殖力

牛的繁殖力常用一个情期受精后的母牛不再发情来表示受胎效果。我国奶牛的繁殖水平：一般成年母牛的情期受胎率为40%～60%，年总受胎率为75%～95%，分娩率为93%～97%，年繁殖率为70%～90%。母牛年产犊间隔为13～14个月，双胎率为3%～4%，母牛繁殖年限为4个泌乳期左右。其他牛的繁殖率均较低。黄牛的受配率一般为60%左右，受胎率为70%左右，母牛分娩及犊牛成活率均在90%左右，因此年繁殖率为35%～45%，繁殖年限为12～15年。

(二) 猪的正常繁殖力

Note

正常情况下，猪的繁殖力很强，繁殖率很高。中国猪种一般每胎产仔10～12头，太湖猪平均每胎产仔 14～17 头，个别可达 25 头以上，年平均产仔窝数为 1.8～2.2 窝。母猪正常情期受胎率为 75%～80%，年总受胎率为 85%～95%，繁殖年限为 8～10 岁。

三、繁殖力的表示指标及其统计方法

母畜的繁殖力是以繁殖率来表示的。自达到适配年龄一直到丧失繁殖力期间的母畜，称为适繁母畜。通常以下列几种主要方法和指标表示家畜繁殖力。

（一）母畜受配率统计

母畜受配率指在本年度内参加配种的母畜数占畜群内适繁母畜数的百分比，主要反映畜群内适繁母畜的发情和配种情况。

$$\text{母畜受配率}=\frac{\text{配种母畜数}}{\text{适繁母畜数}}\times 100\%$$

（二）母畜受胎率统计

母畜受胎率指在本年度内配种后妊娠母畜数占参加配种母畜数的百分比。在生产中为了全面反映畜群的配种质量，在受胎率统计中又分为年总受胎率、情期受胎率、第一情期受胎率和不返情率。

$$\text{母畜受胎率}=\frac{\text{配种妊娠母畜数}}{\text{参加配种母畜数}}\times 100\%$$

(1) 年总受胎率：本年度受胎母畜数占本年度内参加配种母畜数的百分比，反映了畜群中母畜受胎头数的比例。

(2) 情期受胎率：在一定期限内，受胎母畜数占本期内参加配种母畜的总发情周期数的百分比，反映母畜发情周期的配种质量。

(3) 第一情期受胎率：第一个情期配种后，此期间妊娠母畜数占配种母畜数的百分比。第一情期受胎率便于及早做出统计，发现问题，改进配种技术。

(4) 不返情率：在一定期限内，经配种后未再出现发情的母畜数占本期内参加配种母畜数的百分比。

（三）母畜分娩率和母畜产仔率统计

1. 母畜分娩率 母畜分娩率指本年度内分娩母畜数占妊娠母畜数的百分比，反映母畜维持妊娠的质量。

$$\text{母畜分娩率}=\frac{\text{分娩母畜数}}{\text{妊娠母畜数}}\times 100\%$$

2. 母畜产仔率 母畜产仔率指分娩母畜产仔数占分娩母畜数的百分比。

$$\text{母畜产仔率}=\frac{\text{分娩母畜产仔数}}{\text{分娩母畜数}}\times 100\%$$

3. 仔畜成活率 仔畜成活率指在本年度内，断奶成活仔畜数占产出仔畜数的百分比，可以反映仔畜的培育成绩。

$$\text{仔畜成活率}=\frac{\text{断奶成活仔畜数}}{\text{产出仔畜数}}\times 100\%$$

4. 母畜繁殖率 母畜繁殖率指本年度断奶成活仔畜数占本年度畜群适繁母畜数的百分比。

$$\text{母畜繁殖率}=\frac{\text{断奶成活仔畜数}}{\text{适繁母畜数}}\times 100\%$$

根据母畜繁殖过程的各个环节，还有如下几种繁殖力的表示指标。

(1) 产仔窝数：母畜在一年之内产仔的窝数。

(2) 窝产仔数：母畜每胎产仔的头数(包括死胎和死产)。一般用平均数来比较个体和畜群的产仔能力。

(3) 产仔指数：母畜两次产仔所间隔的时间，以平均天数表示，反映不同畜群的繁殖效率。

Note

任务二　提高动物繁殖力

任务知识

动物的繁殖力首先取决于它本身的繁殖潜力，其次是人类采用有效的措施充分发挥其繁殖潜力。我们只有正确掌握动物的繁殖规律，采取先进的技术措施，才能提高其繁殖力。

一、影响繁殖力的因素

动物的繁殖力受遗传、环境和管理等因素影响，其中环境和管理因素包括季节、光照、温度、营养、配种技术等。做好种畜的选育工作和创造良好的饲养管理条件是保证动物正常繁殖力的重要前提。

（一）遗传的影响

遗传因素对动物繁殖力的影响在多胎动物表现比较明显，如有些中国地方品种猪的繁殖力明显强于外国品种猪，特别是太湖猪。太湖猪性成熟早、排卵多、产仔多，许多国家引种太湖猪以提高本国猪的繁殖力。

遗传因素对单胎动物繁殖力的影响也比较明显，如牛虽为单胎动物，但双胎个体的后代产双胎的可能性明显大于单胎个体的后代，需要说明的是，奶牛业中之所以不提倡选留双胎个体，是因为异性孪生母犊大多数没有生育能力。

（二）季节的影响

野生动物为了使其后代在出生后有良好的生长发育条件，其繁殖活动常呈现出季节性。经过人类长期的驯养，有些家畜繁殖的季节性已不明显，如牛、猪等，而另外一些动物（如羊、马等）仍保留着季节性繁殖的特点。季节性繁殖动物只在繁殖季节发情配种，非季节性繁殖动物全年都可以发情配种。

高温和严寒对动物的繁殖有不良影响。一般认为，动物在热应激下垂体前叶释放促肾上腺皮质激素增多，进而刺激肾上腺皮质分泌可的松等糖皮质激素。糖皮质激素有抑制促黄体素分泌的作用，因此母畜的排卵和公畜的性欲都会受影响。另外，动物在高湿环境下散热困难，体温上升，使睾丸生精能力下降，精子获能和受精卵的卵裂也受影响；胚胎在高温影响下不能正确调控前列腺素的合成，使黄体功能难以维持。在生产实践中，严寒的影响相对较小，不过严寒对初生仔畜的威胁较大，应予以重视。

（三）营养的影响

一定的营养水平对维持动物内分泌系统的正常功能是必要的。能量水平不足时，母牛不正常发情、安静发情和不发情的比例增加，排卵率和受胎率降低，即使妊娠也可能造成胚胎早期死亡、死胎或初生体重小、死亡率高。当能量水平过高时，母畜体内脂肪沉积过多，造成卵巢周围脂肪浸润，阻碍卵泡的正常发育，影响受精和着床。营养水平过高可使种公畜过肥，性欲减退，交配困难。

蛋白质是动物繁殖必需的营养物质，蛋白质不足将影响青年公畜生殖器官的发育和精液品质，可使精子活力降低、密度低，配种能力下降。蛋白质不足可造成青年母畜卵巢和子宫幼稚型，初情期推迟，不发情或发情不明显。

脂肪与动物的繁殖也有密切的关系。如果日粮中严重缺乏脂肪，则也会影响精子的形成。脂肪是脂溶性维生素的溶剂，如果日粮中脂肪含量不足，则会影响脂溶性维生素的吸收和利用，从而对繁殖产生不良的影响。

Note

维生素对动物的健康、生长、繁殖具有重要作用。胡萝卜素对牛的繁殖功能有特殊的作用。日粮中缺乏胡萝卜素，可导致公牛繁殖力降低、性欲缺乏、精子密度下降、异常精子增多、精子活力弱等。胡萝卜素与卵巢黄体的正常功能有密切关系。维生素 A、维生素 E 与牛繁殖力密切相关，当日粮中维生素 E 和硒缺乏，能量和蛋白质又不足时，母牛受胎率将明显下降，公牛精液的品质也将下降。

矿物质缺乏或过量时可影响动物的繁殖。当日粮中缺乏钙、磷，或两者比例不当时，可导致母畜卵巢萎缩、性周期紊乱、不发情或屡配不孕，还可能造成胚胎发育停滞、畸形和流产，或产出的仔畜生活力弱。钙、磷比例大于 4∶1 时，母畜繁殖力下降，易发生阴道和子宫脱垂、子宫内膜炎、乳房炎等疾病。实践证明，钙、磷比例以(1.5～2)∶1 为适宜。

某些微量元素在动物繁殖中也不可忽视，其中特别要注意磷、铁、铜、钴、锌和硒等。

（四）配种时间和技术的影响

不同品种及不同个体的母畜在情期中排卵的时间各不相同，而精子和卵子在生殖道内维持受精能力的时间非常有限，因此，配种是否适时，直接影响到母畜的受胎率及多胎动物的产仔数。

在开展人工授精时，人工授精技术的水平对母畜的受胎率等繁殖力指标有很大影响。北京 37 个奶牛场 1984—1988 年统计材料表明，平均年受胎率为 95.01%，平均情期受胎率为 56.01%，平均年空怀率为 4.92%，平均一次配种受胎率为 62.22%，平均繁殖率为 90.47%。不同奶牛场间的差异很大，最高值与最低值之间总受胎率相差 18.38%～28.40%，情期受胎率相差 31.40%～44.88%，空怀率相差 7.31%～15.13%，一次配种受胎率相差 22.53%～35.66%，繁殖率相差 18.94%～33.42%。

（五）年龄和健康状况的影响

雄性动物精液的质量、数量及雌性动物的受胎率受年龄的影响，青年公畜随着年龄增长，其精液的质量逐渐提高，到了一定年龄后精液质量又逐渐下降。种公牛 5～6 岁后繁殖功能开始下降，一般公牛可使用到 7～10 岁，随着年龄的进一步增长，公牛出现性欲减退、睾丸变性、精液质量明显下降，有些公牛甚至出现脊椎和四肢疾病，导致爬跨交配趋于困难而无法采精。

母畜的繁殖力也随年龄而变化。多胎动物(如家兔和猪)一般第一胎产仔数少，以后随胎次增加而增多。如太湖猪，初产母猪平均窝产仔(12.14±0.29)头，经产母猪平均窝产仔(15.30±0.15)头，在一生中以第 3～7 胎产仔数最多，第 8 胎后产仔数减少，同时产死胎数有所增加。

（六）管理的影响

随着科学技术的发展，动物繁殖逐渐在人类控制下进行。人类管理的水平直接影响动物的繁殖力。前述北京 37 个奶牛场间繁殖力的差异就说明了虽同在北京，气候、饲料、使用的公牛精液等都基本相同，但是由于管理水平高低不一，故繁殖管理的成绩相差甚远。

（七）泌乳的影响

母畜产后发情出现的早晚与仔畜的哺乳有关。产后带犊直接哺乳犊牛的奶牛产后发情较迟，而产后母犊分开的奶牛，产后发情出现较早。泌乳量也影响母牛产后发情及配种受胎率。泌乳量高的奶牛，产后发情迟，受胎率低。因为高产奶牛在产后 2 个月左右代谢处于严重的负平衡状态，膘情差、卵巢功能不全，发情不明显或不发情，繁殖力下降。

母猪一般在哺乳期间不发情，即使有少数母猪在带仔期间发情，配种后的受胎率也很低。但如果仔猪提早断乳，则可以使母猪产后提早发情，早配种，可使产仔间隔缩短，平均年产窝数提高。

二、提高繁殖力的措施

（一）加强选种选育，选择繁殖力高的公、母畜作为种畜

繁殖力受遗传因素影响很大，不同品种和不同个体的繁殖力也有差异，尤其是种公畜，其品质对后代群体的影响更大。因此，每年要做好畜群的更新，对老、弱、病、残的母畜应有计划地淘汰，提高适繁母畜的比例(一般是 50%～70%)。

同一品种内不同个体之间的繁殖力有较大的差异，因此必须选择繁殖力高的公、母畜作为种畜。选择公畜时，应参考其祖先的繁殖力，然后对其本身的生殖系统如睾丸的外形、硬度、弹性，阴茎勃起

Note

时能否伸出包皮，性反应时间，性行为序列，射精量，精子密度和活力等进行检查。经上述检查合格者可用于试配，然后根据试配结果再进行选择。

在选择母畜时应注意性成熟的迟早、发情排卵的情况、受精能力的大小。多胎动物应选留排卵数多、产仔数多、哺育能力强的母畜的后代作为种畜。需要指出的是，不应过分追求某些繁殖力指标，如产仔数特别多的母猪往往产出的仔猪个体较小，这种仔猪的抗病能力弱，生长缓慢，不利于企业提高经济效益。有些研究者把初生窝重和断乳窝重作为选择多胎家畜的繁殖力指标，这种做法具有较大的实际意义。

（二）科学的饲养管理

加强种畜的饲养管理是保证种畜正常繁殖的物质基础。营养缺乏会使母畜瘦弱，内分泌活动受到影响，性腺功能减退，生殖机能紊乱，常出现不发情、安静发情、发情不排卵，多胎动物排卵少、窝产仔数减少等。种公畜表现为精液品质低、性欲下降等。

高温季节要做好通风降温工作，严寒季节要做好防寒保暖工作。对于非季节性繁殖动物，避开在高温季节配种可以提高母畜的受胎率和多胎动物的窝产仔数，在高温季节采出的精液一般品质较差，生产中(特别是在奶牛养殖生产过程中)应予以注意。适量运动对提高公畜的精液品质、维持公畜旺盛的性欲有较大的作用，应给公畜准备一定的运动场地。饲养管理人员对动物的态度对动物的繁殖力也有影响，各种可产生疼痛、惊恐的因素均可引起肾上腺素分泌增加，促黄体素分泌减少，催产素释放和转运受阻，进而影响动物的正常繁殖。要注意防治各种影响动物繁殖力的疾病，及时淘汰那些繁殖力低又无治疗意义的患畜。

（三）保证优良的精液品质

繁殖力的高低，公畜、母畜责任各半。优良品质的精液是保证母畜得到理想繁殖力的重要条件。因此，首先要饲养好公畜，保证饲料全价营养，同时还必须合理利用，配种不宜过频，加强公畜运动，定期检查精液品质。

为了获得品质优良的精液，在选种时就应注意选择精液质量好的种畜，还要注意种公畜的饲养管理。

对人工授精使用的精液，要严格进行质量检查，不合格的精液禁止用于配种。

（四）做好发情鉴定和适时配种

发情鉴定是掌握适时配种的前提，是提高繁殖力的重要环节。只有做好发情鉴定，才能确定适宜的配种时间，防止误配和漏配，提高受配率和受胎率。

各种动物有各自的发情特点，通过发情鉴定可以推测它们的排卵时间，然后决定配种时间，以保证已获能的精子与受精力强的卵子相遇、结合，完成受精。

输精部位对母畜的受精率有较大影响，大型动物(如牛、马、驴、猪等)的输精部位以子宫体内为宜，小型动物(如绵羊、山羊、兔等)的输精部位以子宫颈内为宜。输精时的动作不可粗暴，避免损伤母畜的生殖器官引起出血、感染等，导致配种失败。

（五）遵守操作规程，推广繁殖新技术

动物人工授精、冷冻精液、胚胎移植和生殖激素的应用，在提高动物繁殖力方面发挥了很大的作用。随着科学技术的发展，动物繁殖新技术不断研究成功，并逐步应用于生产，在提高动物繁殖力方面将发挥更大的作用。

（六）推广早期妊娠诊断技术，减少胚胎死亡和防止流产

配种后，如能尽早进行妊娠诊断，对于保胎、减少空怀、增加畜产品产量和提高繁殖率是很重要的。经过妊娠检查，确定母畜已妊娠后，加强饲养管理，对役畜小心使役，维持母畜健康，避免流产。如果没有妊娠而又不发情，应根据具体情况及早进行治疗。对妊娠后期的母畜，要注意防止相互挤斗及滑倒，役畜要减少使役时间，防止流产。

Note

（七）做好繁殖组织和管理工作

提高动物繁殖力不单纯依靠技术，还必须有严密的组织措施相配合。

1. 建立一支有事业心的技术队伍 从事繁殖工作的人员既要有技术，又要有责任心，要乐意从事本项工作，认真钻研业务，才能做好工作。

2. 定期培训，及时交流经验 组织有计划的业务培训，不断提高工作人员的理论水平，以指导生产实践，还应组织经验交流活动，相互学习，推广先进技术，不断提高技术水平。

3. 做好各种繁殖记录 对公畜的采精时间、精液质量，母畜的发情、配种、分娩、流产等情况，都应详细地记录，及时分析、整理有关资料，以便发现问题，及时解决问题。

课后习题

一、名称解释

繁殖力　分娩率　成活率

二、简答题

简述如何提高母畜繁殖力？

项目二　动物繁殖障碍防治

学习目标

- 掌握常见的繁殖障碍。
- 了解常见的繁殖障碍的处理方法。

家畜的繁殖过程包括一系列协调有序的环节，从产生正常生殖细胞开始，经过配种、受精、胚泡附植及妊娠，终结于分娩及泌乳。其中任何一个环节遭到破坏，导致家畜繁殖力下降或不能繁殖等异常生理状态，称为繁殖障碍。繁殖障碍严重影响畜群的改良和繁殖，积极防治繁殖障碍对发展畜牧业具有非常重要的实际意义。

一、遗传性繁殖障碍

有些家畜的繁殖障碍是由遗传因素决定的，遗传性繁殖障碍可由上一代遗传给下一代，也可由染色体畸变、异常受精或基因突变而使下一代成为难育或不育的个体。

（一）先天性畸形

初生仔畜存在的生殖系统畸形由染色体畸变所致，通常与性染色体有关。

1. 睾丸发育不全　睾丸小、精子浓度低、畸形精子的比例高，患畜难育。

2. 卵巢发育不全　常见于马，母马外生殖器正常，卵巢小而无活性，从不发情。

3. 嵌合体　与母犊孪生的不育公牛通常为染色体嵌合体（XX/XY），这是由双胎间具有共同的胎膜循环所引起的。

4. 镶嵌体　64XX/65XXY 镶嵌体公马有强烈的雄性行为，阴茎很小，可勃起，能射出不含精子的精液。

（二）遗传性畸变

畸变可能是一个或两个性染色体结构异常、性染色体数目的增减以及同一个体有雌雄两性细胞，这样的个体称为雌雄间性。

（三）杂种的繁殖障碍

两种在分类上接近的物种，如马与驴、黄牛与牦牛杂交产生的后代为杂种。一些可育，一些难育，更多的是不育。

二、母畜繁殖障碍

（一）异常发情

1. 短发情　发情的持续时间和征象不明显，常因未被发觉而错过配种机会。

2. 长发情　发情持续期长达 10～40 天，但不排卵，常见于母马配种季节开始之时。

3. 慕雄狂　常见于乳牛，也见于肉牛及马。牛的慕雄狂是卵巢囊肿的一种症状，表现为持续而强烈的发情行为，产乳量下降；而慕雄狂的母马不接受交配，不允许其他马靠近。

4. 安静发情　排卵而无明显的发情表现，常见于青年母畜或营养不良的母畜。

（二）受精障碍

可能是由于卵母细胞在精子进入之前已经死亡、精子或卵母细胞的结构和功能异常、雌性动物生殖道物理性屏障阻碍配子运行到受精部位等所引起，也可能是由配子衰老或环境温度过高所致。

（三）胚胎和胎儿死亡

营养、遗传和感染等多种因素影响分娩前胎儿发育和分娩进程，引起胚胎和胎儿的死亡。胚胎和胎儿在分娩前死亡可以发生在受精后的任何阶段，但多发生在胚胎早期。

（四）母畜屡配不孕

具有生育能力的母畜同具有使卵子受精的能力的公畜反复交配，仍然不孕的，称屡配不孕母畜，其主要原因是受精障碍和早期胚胎死亡。

（五）流产

流产指已有相当大小但无生活力的胎儿在妊娠期提早产出的现象。流产的表现形式有两种：一种是排出不足月胎儿，又称早产；另一种是排出死亡的胎儿，多发生于妊娠中后期，也是流产中最常见的形式。

（六）胎儿干尸化

胎儿干尸化又称胎儿木乃伊化，其特点是胎儿死亡但不流产，胎水被吸收，造成胎儿及胎膜脱水，常发生于牛和猪。

（七）围产期仔畜死亡和初生仔畜死亡

1. 围产期仔畜死亡　胎儿在正常产期前不久，分娩时或仔畜在分娩后 48～72 h 死亡。母畜的营养、年龄、遗传及感染等是围产期仔畜死亡的主要因素。

2. 初生仔畜死亡　初生仔畜在出生后最初几周内死亡称为初生仔畜死亡，主要与遗传、环境、营养和感染等因素有关。

（八）难产

难产指异常的或病理性的分娩，导致难产的原因如下。①母体因素：子宫收缩无力、子宫颈痉挛或不完全扩张、子宫扭转、子宫颈和阴道狭窄及产道不通等先天性异常。②胎儿因素：胎儿的产式、位置和姿势异常，胎儿发育缺陷、胎儿过大或双胎等。③其他：妊娠后期和分娩代谢失调。

三、母畜不孕症的检查和防治技术

（一）先天性不育

1. 生殖器官幼稚型和畸形　生殖器官发育不全的幼稚型和畸形没有繁殖力。

2. 雌雄间性　即两性畸形，个体同时具有雌雄两性的部分生殖器官。

3. 异性孪生母犊不育症　主要发生于牛，异性孪生不育体指异性孪生的母犊，实际上是雌雄间性的一种。

4. 种间杂种　种间杂交的后代往往无繁殖力。

（二）卵巢机能障碍

1. 卵巢机能障碍类型

(1) 卵巢机能减退、萎缩及硬化：卵巢机能减退是卵巢机能暂时处于静止状态，不出现周期活动；如果卵巢机能长久减退，则可引起卵巢组织的萎缩及硬化。卵巢萎缩多因母畜衰老、体质虚弱和使役过重引起；卵巢硬化多为卵巢炎的后遗症，卵巢肿瘤也可使卵巢变硬。卵巢萎缩和硬化后不能形成卵泡，表现为母畜无发情表现。

(2) 持久黄体：卵巢内有持久黄体时，母畜长时间不发情。母牛的持久黄体一部分呈圆锥状或蘑菇状突出于卵巢表面，比卵巢实质稍硬。持久黄体的成因，主要是子宫疾病使黄体不能消失。

(3) 卵巢囊肿：可以分为卵泡囊肿和黄体囊肿两种，当母畜出现卵巢囊肿时，特别是母猪，应减少精料量，增加多汁饲料量。母牛、母马不能使役过重，有条件者应适当增加放牧时间。

2. 卵巢机能障碍的防治 母畜的先天性卵巢发育不全，无特效治疗方法。

由遗传而来的顽固性卵巢囊肿、慕雄狂母畜应从繁殖种群中淘汰。对于因卵泡或黄体异常所引起的不发情或异常发情，可根据卵巢机能障碍的程度、性质和原因，有针对性地选择下述治疗方法。

(1) 生物学刺激法：即利用公畜来刺激母畜的生殖机能。一般用健康而无种用价值的公畜作为试情公畜放入畜群中，公马可做阴茎后转术，公牛可做输精管结扎术，公羊可戴上试情兜布。

(2) 物理学疗法。①子宫热浴疗法：对母马，尤其是产后母马，用 42～45 ℃溶液(如生理盐水、无菌蒸馏水、1%～2%碳酸氢钠溶液等)冲洗子宫。一般每次用 3000～5000 mL，冲洗后应把冲洗液尽量排尽，勿残留于子宫内。②卵巢按摩法：对马、牛以及 150 kg 以上的母猪，可隔着直肠按摩卵巢，进行机械性刺激，以激发卵巢的机能，每次 3～5 min。这两种方法连日或隔日一次，3～5 次为一个疗程，适用于卵巢发育不全、卵巢萎缩、不发情排卵、安静发情的患畜，子宫冲洗则特别适用于伴有子宫内膜炎的患畜。

(3) 激素疗法：利用激素来治疗卵巢机能障碍是一种快速而有效的方法。可根据不同情况试用不同的激素，也可参照表 8-2-1 试用。

表 8-2-1 激素疗法治疗卵巢机能障碍

激素名称	用量	试用动物	试用症状
促卵泡素(FSH)	200～400 IU 50～100 IU	牛、马 猪、羊	不发情、卵巢发育不全、卵巢萎缩、卵巢硬化及安静发情
促黄体素(LH)	200～400 IU	牛、马	不排卵发情、连续发情、排卵延迟
人绒毛膜促性腺激素(HCG)	1000～2000 IU 500～1000 IU	牛、马 猪	不发情、卵巢发育不全、卵巢萎缩、卵巢硬化及安静发情
孕马血清促性腺激素(PMSG)	1000～2000 IU 200～1000 IU	牛、马 猪、羊	卵巢发育不全、不发情或安静发情
雌激素(E)	10～20 mg 1～3 mg 3～10 mg	牛、马 羊 猪	不发情或发情不明显
孕酮(P)	50～100 mg 12～25 mg	牛、马 猪、羊	卵泡囊肿
前列腺素(PG)	2～8 mg 1～2 mg	牛、马 猪、羊	持久黄体或黄体囊肿

(4) 手术疗法：对母牛的卵泡囊肿，药物治疗无效时，可隔着直肠用手将囊肿挤破。挤破有困难时，可用一只手握住卵巢将它拉至阴道穹隆处，另一只手持带有套管的针头伸进阴道，隔着阴道壁对准囊肿穿刺。为了促进母畜发情，也可选用中草药疗法或电针疗法。

(三) 子宫疾病

1. 子宫内膜炎

(1) 症状及诊断：子宫内膜炎在各种动物中均有发生，以牛、猪、马为多见，根据临床症状及病理变化可将其分为卡他性子宫内膜炎和脓性子宫内膜炎。子宫内膜炎主要是由人工授精时不遵守无菌技术操作程序及消毒不严引起，精液污染时也可能引起。此外，在正常分娩的助产或难产手术中受到感染时也可能发生，还可能继发于胎衣不下、阴道脱出、子宫脱出、子宫颈炎及子宫弛缓等。自然交配时，公畜生殖器官的炎症也能传染给母畜而使母畜发生子宫内膜炎。

Note

①卡他性子宫内膜炎：属于子宫黏膜的浅层炎症，病理变化较轻，一般无全身症状。母畜发情周

期多正常，发情持续期延长。发情时外部表现较明显，黏液流出量较正常时多，常混有絮状物，特别是在趴卧时流出量更大，屡配不孕。直肠检查时感到子宫角略肥大、松软、弹性减弱、收缩反应不灵敏。

②脓性子宫内膜炎：病理变化较重，有轻度的全身反应，如体温升高、精神不振、食欲减退等。症状表现为发情周期紊乱，可见灰白色、黄褐色的脓性分泌物由阴门流出，附于尾根、坐骨结节及臀部形成结痂。阴道检查发现阴道黏膜充血，子宫颈口开张，有脓汁蓄积或流出，如无脓汁流出，可用输精枪或金属棒插入子宫内探查。直肠检查时感到子宫角肿大、下沉，子宫角壁肥厚且不平整，触压有波动感，收缩反应消失。

(2) 治疗：临床上治疗子宫内膜炎多采用子宫冲洗结合灌注抗生素的方法。

①卡他性子宫内膜炎：可用无刺激性的药物(即生理盐水、5%葡萄糖溶液)冲洗子宫。一般用量牛为 1000 mL 左右，马为 1500～2000 mL，加热至 40 ℃，边注入边排出。冲洗液充分排净后，向子宫注入抗生素。

②脓性子宫内膜炎：一般选用 5%盐水、0.1%高锰酸钾、0.05%呋喃西林、0.5%来苏尔等药物冲洗子宫，药液排尽后再用生理盐水冲洗，直至回流液清亮，取青霉素 100 万 IU、链霉素 200 万 IU 溶解后灌入子宫内。

2. 子宫积水、积脓

(1) 病因：子宫积水、积脓常由子宫内膜炎继发，如子宫颈黏膜肿胀或其他原因使子宫颈阻塞或闭合，子宫内的分泌物不能排出，逐渐积累，形成子宫积水或子宫积脓。子宫积水发生于卡他性子宫内膜炎之后，由治疗不及时，炎性分泌物蓄积导致。子宫积脓常发生于脓性子宫内膜炎之后，牛较多见。

(2) 症状及诊断：患畜长期不发情，定期排出分泌物。阴道检查可见子宫颈外口脓肿、开张、有分泌物附着或流出。直肠检查发现子宫显著增大，与妊娠 2～3 个月时的状态相似，收缩反应消失，但摸不到子宫子叶，隔数日复查，症状如初即可诊断。

(3) 治疗：首先应尽力排出子宫内的蓄积物，注射前列腺素类、催产素、雌激素等药物促进子宫颈开张、子宫收缩，然后按脓性子宫内膜炎的治疗方法处理。

子宫疾病的防治首先应从改善饲养管理入手，以提高母畜的抵抗力。治疗时，应以恢复子宫张力，增加子宫血供，促进子宫内容物外流和抑制或消除子宫再感染为主。

(四) 营养性繁殖障碍

饲养管理不当，可引起母畜营养缺乏或过剩，出现繁殖障碍。营养性繁殖障碍在生产中较为常见，但发病程度有所不同，容易被忽视。日粮中的能量水平对卵巢活动有显著作用。能量不足，可使泌乳牛及断乳后的母猪卵巢静止而不发情。蛋白质不足时，母畜瘦弱，可表现为不发情、卵泡发育停止。矿物质和维生素不足可引起不发情或发育受阻。牛和绵羊缺磷会使卵巢机能失调，性成熟晚，发情表现不明显。缺锰可造成母牛和青年猪卵巢机能障碍。缺乏维生素 A 或维生素 E 可造成母畜发情周期紊乱，流产率和胚胎死亡率增高。

饲料营养过剩会引起母畜肥胖，过度肥胖的母畜的内脏器官包括生殖器官有大量脂肪沉积和浸润，卵泡上皮变性，影响卵子的发生及排出，致使卵巢静止。另外，过度肥胖还会引起妊娠母畜胎盘变性，流产率、死胎率、难产率等明显增高。

(五) 环境气候性不孕

母畜的生殖机能与日照、气温、环境、饲料成分的变化等外界因素有密切关系。环境气候对季节性繁殖的动物影响较为显著，如母马在早春和炎热季节卵泡发育较迟缓，而 5—6 月发育速度较快，排卵也正常。在早春遇到寒流时，排卵时间会明显延长；在炎热的夏季，遇雨和气温下降会诱发排卵。配种时要依据这些变化，适时输精。高寒及高原地区在气温较低的月份，牛、猪安静发情较多见。

在应激情况下，如高温、高密度饲养条件下，牛、绵羊、猪的发情受抑制，受精出现障碍。从外地引进的种畜，由于运输应激及饲养管理的突然变化，可能会出现暂时性繁殖抑制。

（六）管理利用性不孕

母畜妊娠期间过度使役，可造成生殖机能减退，容易诱发流产及产道感染。运动不足会影响动物健康，致繁殖力下降，发情特征不明显。由于长期运动不足，动物肌肉紧张性降低，分娩时易发生难产，造成胎衣不下、子宫不能复原等现象。在泌乳期间，如果动物的泌乳量高或仔畜哺乳期长，激素的作用可导致母畜出现乏情。另外，在人工授精工作实施中，技术员的技术水平低、不能适时输精、精液品质差、消毒不严格等，都会引起母畜繁殖障碍。

四、公畜繁殖障碍及其防治

（一）生精功能障碍

1. 隐睾 胚胎发育到一定时期，公畜的睾丸通过腹股沟管降入阴囊内，由于胚胎期腹股沟管狭窄或闭合，睾丸未能沉入阴囊，即形成隐睾，不能产生正常精子。单侧隐睾尚有一定的繁殖力，双侧隐睾则完全丧失了繁殖力。在生产实践中，对公畜可优中选优，凡隐睾的公畜都不能作为种用。

2. 睾丸炎 睾丸炎是由布鲁氏菌、结核分枝杆菌及放线菌等感染所致，还可能由外伤等引起。公畜患睾丸炎后常表现为睾丸肿胀、发热或充血，影响精子生成，精液品质下降，严重时会出现生精障碍。发生睾丸炎后，临床上可采取冷敷、封闭、注射抗生素或磺胺类药物等方法治疗，病症严重、久治不愈者应及时淘汰。

3. 睾丸发育不全 睾丸发育不全是指公牛一侧或双侧睾丸的全部或部分生精小管上皮不完全发育或缺乏生精小管上皮，间质组织可能基本正常。该病多为隐性基因引起的遗传疾病，也可能是由非遗传性的染色体组型异常所致。发生本病的公牛出生后生长发育、第二性征、性欲和交配能力接近正常，但睾丸小、质地软、缺乏弹性，精液呈水样、无精或少精，精子活性低，畸形精子比例高。虽有治愈的病例，但受精率低，受配母畜发生流产和产死胎的比例较高。

（二）副性腺功能障碍

1. 精囊腺综合征 精囊腺综合征继发于尿道炎，常见于公马和公牛。急性病例可出现全身症状，如走动时小心，排粪时疼痛，并频做排尿姿势，直肠检查时可发现精囊腺显著增大，有波动感；慢性病例则表现为精囊腺壁变厚。其炎性分泌物在射精时混入精液内，使精液的颜色呈现浑浊的黄色，或含有脓液，并常有臭味，精子全部死亡。患畜应治愈后再采精。

2. 精囊腺炎 公畜常患精囊腺炎，多由布鲁氏菌感染所致。病症较轻时，临床表现不明显，重症者会出现发热、弓背、不爱走动，排粪或排精时有痛感。牛患精囊腺炎时可见精液中混有絮状物，常伴有出血现象。精囊腺炎可用大量抗生素治疗，如具有传染性，则应立即淘汰。

（三）其他繁殖障碍

1. 性欲不强 性欲不强是公畜常见的繁殖障碍，可能是遗传、神经、内分泌失调及环境等因素造成的。公畜表现为性欲不旺盛、采精时阴茎不能勃起、性反应冷淡等。马和猪较为常见。实践证明，环境突然改变、饲养场所和饲养员更换、饲料中严重缺乏蛋白质和维生素、采精技术不佳、对公畜动作粗暴或进行鞭打、公畜过于肥胖等都会引起公畜性欲不强。

2. 精液品质不良 公畜的精液达不到输精要求，精液视为品质不良。主要表现为无精、少精、畸形精子超标、精子活率过低、精液中混有异物（如血、尿、脓汁）等。造成精液品质不良的因素很多，如饲养管理不当、饲料中缺乏蛋白质和维生素、运动不足、性腺及副性器官疾病、采精技术不佳、采精频率过大等。

3. 交配困难 交配行为（如爬跨、插入和射精）失常均可造成公畜配种失效。爬跨无力是老龄公牛和公猪常见的一种现象。蹄部腐烂、四肢外伤、后躯或脊椎有关节炎等都可造成交配困难；阴茎从包皮鞘伸出不足或阴茎下垂时都不能正常交配或采精。由先天性、外伤性和感染性因素引起的包茎或包皮口狭窄，常会妨碍正常阴茎伸出。

4. 阴囊积水 多发生于年龄较大的公马和公驴。外观上可看到阴囊肿大、紧张、发亮，但无炎性症状，触诊时可以明显感到有液体波动。久病者往往伴有睾丸萎缩、精液品质下降，由于治疗不易见效不宜继续作为种用，特别是年龄大的公马。

5. 包皮炎 包皮炎可见于各种公畜。马常因包皮垢引起；猪则是因包皮憩室的分泌物引起；牛、羊多由于包皮腔中的分泌物腐败分解造成。其临床表现为包皮及阴茎的游离部水肿，发生溃疡甚至坏死。包皮炎虽然对精液本身无影响，但会严重影响交配及采精。

生殖器官患病会使公畜不产生精子或者产生质量较差的精子，从而影响其使母畜受精的能力。

6. 热应激 温度是影响繁殖的重要环境因素之一。在高温和疾病引起发热时，体温升高会使公畜睾丸变性和射出的精液质量下降。

7. 免疫因素 精液中的抗原成分来自睾丸、附睾、输精管和副性腺等的分泌物，精子细胞膜表面也携带许多抗原。精液进入雌性动物生殖道后可诱发雌性动物产生相应抗体，而使精子凝集，失去活力，不能受精。

8. 营养障碍 营养障碍会影响内分泌系统的功能，从而影响精子的产生、降低精液品质和公畜射精量。营养因素包括家畜采食的能量、蛋白质、维生素和矿物质等的量。

拓展阅读

嵌合体

课后习题

简答题

1. 简述影响繁殖力的因素及提高繁殖力的措施。
2. 阐述常见动物繁殖障碍的防治(列举 3 个即可)。
3. 简述正常繁殖力的表示和统计方法。

下篇　育种篇

模块九　品种资源及保护

扫码看 PPT

项目一　品种概述

学习目标

- 掌握品种的概念。
- 了解品种的演变过程。
- 理解品种的分类及特性。

任务一　品种的概念

任务知识

一、种和品种

1. 物种（简称种）　种是具有一定形态、生理特征和自然分布区域的生物类群，是生物分类系统的基本单位。一个种中的个体一般不与其他种中的个体交配，即使交配也不能产生有繁殖力的后代。种是生物进化过程中由量变到质变的结果，是自然选择的产物。种内部分群体的迁移、长期的地理隔离和基因突变等因素，会导致种的基因库发生遗传漂变，从而形成亚种或变种。

2. 品种　品种是指具有一定经济价值，主要性状的遗传性稳定一致的植物群体或家养动物群体，能适应一定的自然环境以及栽培或饲养条件，在产量和品质上比较符合人类的要求，是人类的农业生产资料。品种是人工选择的历史产物。在有些家畜的品种中，还有称为品系的类群，它是品种内的结构形式。有些品种是从某一品系开始，逐渐发展形成的。一个历史很久、分布很广、群体很大的品种，也会由于迁移、引种和隔离等，形成区域性的地方品系。

3. 品系　品系属品种内的一种结构形式，它是指起源于共同祖先的一个群体。它们可以是经自交或近亲繁殖若干代后所获得的在某些性状上具有相当的遗传一致性的后代，也可以是源于同一头种畜（通常为公畜，称为系祖）的畜群，具有与系祖类似的特征和特性，并且符合该品种的标准。具有不同特点的几个品系还可以根据生产需要形成一个新的品系，称为合成系。

二、品种应具备的条件

一个家畜品种应具备较高的经济价值或种用价值，来源相同、性状及适应性相似、遗传性稳定，而且有一定的结构和足够的数量，并被政府或品种协会承认。

1. 来源相同　凡属同一个品种的家畜，都有着基本相同的血统，个体彼此间有着血统上的联系，故其遗传基础也非常相似。这是构成一个"基因库"的基本条件。

2. 性状及适应性相似　同一个品种的家畜在体型结构、生理机能、重要经济性状、对自然环境条件的适应性等方面都很相似，上述内容构成了该品种的基本特征，据此很容易将一个品种与其他品种区别开来。没有这些共同特征也就谈不上是一个品种。

3. 遗传性稳定　品种必须具有稳定的遗传性，才能将其典型的特征遗传给后代，使得品种得以

Note

延续下去，这是纯种家畜与杂种家畜的最根本区别。

4. 一定的结构 在具备共同基本特征的前提下，一个品种的个体可以分为若干各具特点的类群，如品系或亲缘群。这些类群可以是自然隔离形成的，也可以是育种者有意识地培育而成的，它们构成了品种内的遗传异质性，这种异质性为品种的遗传改良和提供丰富多样的畜产品提供了条件。

5. 足够的数量 数量是决定能否维持品种结构、保持品种特性、不断提高品种质量的重要条件，数量不足则不能成为一个品种。只有当个体数量足够多时，才能避免过早和过高的近亲交配，才能保持个体足够的适应性、生命力和繁殖力，并保持品种内的异质性和广泛的利用价值。

6. 被政府或品种协会承认 一个品种必须经过政府或品种协会等权威机构进行审定，确定其是否满足以上条件，并予以命名，只有这样才能正式称为品种。

任务二 品种的演变

任务知识

家畜的出现已有数千年至上万年的历史，但是，家畜的品种不像家畜那样久远。在饲养家畜的实践中和人类的迁移过程中，家畜的数量随着饲养技术的改善而逐渐增多，分布也越来越广。于是，由于各地自然环境条件和社会经济条件的差异，以及因为交通不便等因素所导致的地理隔离，使得向各地迁移的小群体在一定时间后在体型外貌、适应性等方面出现差异，其中既有由于基因漂变造成的差异，也有自然选择和人工选择造成的差异。这时家畜品种的雏形开始出现，人们给这些各有特色的不同产地的家畜群体冠以不同的名称，以示区别，这就是最初的家畜品种。这些品种一般称为原始品种、地方品种或土种。对这些品种继续选择，向某一特定生产方向育种，就形成了生产性能更专一、经济效益更高的品种。

一个品种不是固定不变的，会随着人工选择方向的变化而发生不同的变化。所以我们常常发现不同时代的同一品种无论从体型上、外貌上，还是生产性能上都有很大区别，导致品种发生这些变化的原因主要有社会经济条件和自然环境条件。

1. 社会经济条件 社会需求是形成不同用途品种的主要因素。社会经济条件是影响品种形成和发展的首要因素，在品种的形成和发展过程中，它比自然环境条件更占有主导性地位。市场需求、生产性能水平、集约化程度无不影响着品种的形成和发展，任何一个品种的变化都是绝对的，都有一个形成、发展和消亡的过程。

2. 自然环境条件 任何生命对生存环境都有一定的适应能力，这是生命在自然选择压力下逐渐积累的特性，人工选择产生的品种也不例外。影响品种形成的自然环境因素包括光照、海拔、温度、湿度、空气、水质、土质、植被、食物结构等。

任务三 品种的分类及特性

任务知识

在畜牧业上，比较常用的分类方法主要有三种，即按品种的培养程度、体型和外貌特征、主要用途来分类。

一、按品种的培养程度分类

1. 原始品种 原始品种也称地方品种，是在农业生产水平较低、长期选种选配水平不高，而又

Note

喂养治理粗放情况下所形成的品种。特点：晚熟、个体一般较小；体格协调，生产力低但全面；体质粗壮，耐粗饲耐劳，适应性强，抗病力高等。如蒙古羊、中卫山羊。

2. 培育品种 培育品种或称育成品种，是在集约条件下通过水平较高的育种措施培育而成的品种。特点：生产效益好，但要求较高的饲养条件，如北京黑猪、中国美利奴羊。

二、按体型和外貌特征分类

1. 按体型大小分类 分为大型、中型和小型三种。如马、猪以及家兔。

2. 按角的有无分类 如绵羊和牛，可根据角的有无分为有角和无角品种。

3. 按尾的大小或长短分类 如绵羊有大尾品种（大尾寒羊）、小尾品种（小尾寒羊）以及脂尾品种（乌珠穆沁羊）等。

4. 根据毛色或羽色分类 猪有黑猪、白猪、花斑猪、红猪等品种。某些绵羊品种的黑头是典型的品种特征。鸡的芦花羽、红羽、白羽等也是重要的品种特征。

5. 根据蛋壳颜色分类 如鸡有褐壳（红壳）品种和白壳品种。

6. 根据骆驼的峰数分类 分为单峰驼和双峰驼。

三、按主要用途分类

由于现代培养品种多为定向培养而成，故多用此法分类。可分为专用品种、兼用品种。

猪：依据胴体瘦肉率大小分为脂肪型、鲜肉型、腌肉型。

鸡：蛋用、肉用、兼用、药用、观赏用等。

牛：乳用、肉用、乳肉兼用、役用等。

绵羊：毛用（细毛、半细毛、粗毛、长毛、短毛）、肉用、羔皮用、裘皮用，以及侧重点不同的各种兼用品种等。

山羊：绒用、肉用、乳用、毛皮用及兼用等。

马：挽用、乘用、驮用、竞技用、肉用、乳用及兼用等。

兔：毛用、裘皮用、肉用、兼用等。

鸽：肉用、通信用等。

课后习题

一、名词解释

家畜　品种　品系

二、简答题

1. 品种应具备哪些条件？
2. 导致品种发生变化的因素有哪些？
3. 简述品种的分类及特性。

项目二　品种资源的保存和利用

学习目标

- 了解我国家畜品种资源。
- 理解品种资源保种的意义。
- 掌握保种的原理与方法。
- 掌握品种资源的保存与利用。

任务一　我国品种资源概述

任务知识

在食品和农业生产中，家畜以肉、奶、蛋、毛、畜力和有机肥等形式为人类提供了30％～40％的需求，这些来源于40多个家畜种类的大约4500个品种是人类社会现在和未来不可缺少的重要资源。不可否认，全球畜牧业商品经济的发展以及现代家畜育种理论和方法的应用，使得家畜生产性能得到前所未有的改进。例如，现在一头奶牛的产奶量几乎是25年前的2倍，近十多年来，商品猪的脂肪减少了30％多，肉鸡从出生到上市的时间也缩短了近2周。但是，在取得这种辉煌成就的同时，家畜遗传多样性也受到严重的威胁。千百万年来人类对动物的驯化、饲养、培育，演变出了近代丰富的家畜品种、类群等资源，也遭到了前所未有的破坏，大量生产性能不高、具有一定特色的地方品种或类群濒临灭绝，甚至已经消失。据联合国粮食及农业组织(FAO)1993年统计，大约30％的家畜品种资源处于灭亡状态。这不仅是现有资源丢失的问题，同时也是家畜育种素材的损失，可能给未来的家畜育种带来不可预料的后果。

对家畜遗传资源的保护已得到世界各国的高度重视，1992年6月的联合国环境与发展大会上，包括中国在内的153个国家共同签署了《保护生物多样性公约》，到1993年底，其中的30个国家正式批准公约。我国自“六五”以来，就将家畜遗传资源的发掘、鉴别和保护等方面的研究列为国家科技攻关项目，1994年我国正式颁布了《种畜禽管理条例》，1996年正式成立了国家家畜禽遗传资源管理委员会和下属的各主要畜种的品种专业委员会，1998年正式颁布了《种畜禽管理条例实施细则》，这些工作极大地推动了我国对家畜遗传资源的保护。

任务二　保种的意义和任务

任务知识

家畜遗传多样性保护就是要尽量全面、妥善地保护现有的家畜遗传资源，使之免遭混杂和灭绝，其实质就是使现有的家畜基因库中的基因资源尽量得到全面的保存，无论这些基因目前是否有利用价值。广义而言，家畜遗传多样性保护是指人类管理和利用这些现有资源以获得最大的持续利益，并保持满足未来需求的潜力，它是对自然资源进行保存、维持、持续利用、恢复和改善的积极措施。狭义的家畜遗传多样性保护是广义的家畜遗传多样性保护的一个方面，通过维持一个免受人为影响而保持遗传性不变的保种群来实现，可以是原位保存，即在自然生境条件下维持一个活体家畜群体；也可以是易位保存，即利用冷冻技术保存胚胎、精液、卵子、体细胞以及建立 DNA 文库等。

经过高度选育的家畜品种是现代商品畜牧业的基础，很大程度上依赖于少数几个性能优良的品种或类型，对大多数具有一定特色的地方品种和类型具有极大的威胁。然而，随着人口的增长、人们生活水平的不断提高和人们对自然资源需求的日益提高，人们对家畜保持多样性的要求也越来越迫切，如果家畜遗传多样性大幅度下降，则会严重影响到未来的家畜改良，对满足未来社会各种不可预见的需求会带来很大的限制。有许多这种不可预见的因素会改变人们对畜产品的需求，进而引起家畜生产方式的改变。

为了满足培育新品种和杂种优势利用的需要，无论是地方品种、引入品种还是新育成品种，都需要认真加以保护。一些生产性能低，但抗逆性强、能适应某些特殊生态类型的原始品种也应当妥善保存。此外，基因的优劣是相对的，有些目前认为是没有用的基因，也许将来是有用的，最突出的例子就是鸡的矮小基因。随着人类社会经济的发展，人们对畜产品的要求是不断变化的，为了满足将来的需要，应当尽可能地保存现有的家畜遗传资源。总体而言，对家畜遗传资源的保存主要有经济、科学、文化和历史等方面的意义。

1. 经济意义 现有家畜遗传资源保存具有潜在的重要经济价值是不可否认的，在过去的许多年，面对畜产品消费结构和生产条件的改变，家畜生产者都能够迅速地做出相关的反应，在很大程度上是由于实际家畜群体中存在相当广泛的可利用遗传变异。然而，关于未来变化的性质和程度是难以准确预测的，因而对家畜遗传资源保存的成本和效益进行准确分析是相当困难的，而要维持一个特定保种群的成本是非常大的。但是，这种投入与完全忽视家畜遗传多样性保护，从而导致对未来变化丧失应变能力所带来的损失要低得多。研究表明，采用冷冻技术保存家畜遗传资源的费用相对来说较低，虽然胚胎、精子等的收集和处理费用可能较高，但这些投入是一次性的，而且年储存费用较低，这对遗传资源保存更为有利。

2. 科学意义 家畜遗传多样性是动物遗传育种研究的基础，可以利用群体间以及个体间的遗传变异来研究家畜的发育和生理机制，了解家畜驯化、迁徙进化、品种形成过程以及其他一些生物学基础问题，因而家畜遗传多样性保护对科学研究是很有价值的。特别是，近年来对家畜基因图谱的研究，以及对特定基因（如控制生长、繁殖和疾病的基因）的鉴别和控制技术研究，对特异家畜遗传资源的需求更为迫切。

3. 文化和历史意义 家畜品种是在特定自然生态环境和社会历史条件下，经过人类长期驯化、培育而成的，对这些遗传资源的保存也是为一个国家的文化历史遗产提供了活的见证，与建筑物和地理遗址具有历史价值一样，家畜品种资源同样具有一定的历史价值。对濒危家畜遗传资源的保存，应该像对待一个国家其他文化遗产一样给予高度的重视。

任务三 保种的原理和方法

任务知识

根据家畜遗传多样性在不同层次的特点，可以采取不同的措施和方法进行保种。目前，在品种水平上的基本保存方法是原位保存。随着分子生物学技术的进步，冷冻生殖细胞和胚胎以及建立

Note

DNA 文库等易位保存方法，在家畜遗传资源保存中也得到越来越广泛的应用。除此之外，人们对家畜遗传资源保存理论和方法进行深入研究，针对具体的情况也提出了一些新的观点和看法，为保种实践提供了新的思路。

一、原位保存的群体遗传学基础

原位保存的传统方法要求尽量保存一个群体基因库的平衡，力争使其中的每一个基因都不丢失。为此，根据群体遗传学理论，原位保存要求有一个大的群体，并且实行随机留种和交配，使该群体尽量不受突变、选择、迁移、遗传漂变等的影响。然而，在实际的家畜遗传资源保存中，许多情况下是以保种群的形式实施的，保种群往往是一个闭锁的有限群体，即使没有影响群体遗传结构的系统性因素存在，也会因群体小带来配子的抽样误差，造成群体基因频率的随机遗传漂变使群体中一对等位基因的纯合子出现频率升高、杂合子出现频率下降，甚至可能固定为纯合子，另一个基因丢失。因此，对保种群而言，要尽量降低随机遗传漂变的作用，随机遗传漂变作用的大小是可以依据群体有效含量来预测的，但是其作用方向则是不定的。

为了研究群体遗传漂变的作用，需要一种理想群体，这种理想群体设定群体含量在世代间保持恒定，群体内个体完全随机交配，不出现世代重叠，无其他任何系统性因素影响。群体有效含量就是与实际群体有相同基因频率方差或相同杂合度衰减率的理想群体含量，记为 N_e，它决定了群体平均近交系数增量(ΔF)的大小，反映了群体遗传结构中基因的平均纯合速度，当初始群体的近交系数为零时，世代的近交系数(F_t)与群体平均近交系数增量的关系如下：

$$F_t = 1 - (1 - \Delta F)^t \tag{9-2-1}$$

在实际的保种群中，影响近交系数增量的主要因素有群体规模、性别比例、留种方式、亲本的贡献、交配系统、世代间群体规模的波动以及世代间隔等。

1. 群体规模 群体规模是影响群体平均近交系数增量最重要的因素，小群体中的遗传漂变作用比大群体大，对理想群体而言，两者的关系如下：

$$\Delta F = \frac{1}{2N_e} \tag{9-2-2}$$

2. 性别比例 大多数情况下，家畜群体中种公畜的数量比种母畜的数量要少很多，这使得群体有效含量比实际群体规模要小，若群体中种公畜、种母畜数量分别为 N_m 和 N_f。

由于种公畜数量远少于种母畜数量，因此种公畜数量对群体有效含量的影响远大于种母畜数量，为了在保种群中维持较大的群体有效含量，必须保持有一定数量的种公畜。

3. 留种方式 在实际家畜保种群中，常用的留种方式有两种，即随机留种和家系等量留种，不同的留种方式对保种效果影响很大。下式给出了随机留种和家系等量留种条件下群体平均近交系数增量。

$$\Delta F = \frac{1}{8N_m} + \frac{1}{8N_f} \tag{9-2-3}$$

$$\Delta F = \frac{3}{32N_m} + \frac{1}{32N_f} \tag{9-2-4}$$

显然，如果种母畜数量与种公畜数量相等，那么家系等量留种时的群体平均近交系数增量大约只有随机留种时的一半，这时的群体有效含量约提高 1 倍。

4. 亲本的贡献 实际群体中基因的世代传递是沿着 4 个途径完成的，即种公畜-公畜(mm)、种公畜-母畜(mf)、种母畜-公畜(fm)和种母畜-母畜(ff)。显然，这 4 个途径传递的基因数目是不同的，这反映了亲本对下一代的贡献差异。考虑到各亲本对后代贡献上的差异，群体有效含量计算公式如下：

$$\Delta F = \frac{1}{32N_m}\left[2 + \sigma_{mm}^2 + \frac{2N_m}{N_f}\mathrm{Cov}_{mm,mf} + \left(\frac{N_m}{N_f}\right)^2 \sigma_{mf}^2\right] + \frac{1}{32N_f}\left[2 + \sigma_{ff}^2 + \frac{2N_f}{N_m}\mathrm{Cov}_{ff,fm} + \left(\frac{N_f}{N_m}\right)^2 \sigma_{fm}^2\right] \tag{9-2-5}$$

Note

这里，σ^2_{mm}、σ^2_{mf}、σ^2_{ff}、$Cov_{mm,mf}$和$Cov_{ff,fm}$分别表示种公畜、种母畜在提供公畜和母畜后代数目上差异的方差及协方差。由此可见，群体平均近交系数增量是随上述各方差、协方差增加而提高的。因此，设法减少种畜在提供后代数目上的变异，是降低近交系数增量的重要手段，在家畜保种中就是要求保持各家系含量的恒定，可以近似地得到式(9-2-4)。

5. 交配系统 交配系统的作用不同于留种方式，它也是影响群体近交系数增量的一个重要因素，非同型交配系统可以保持群体的杂合性，降低群体近交系数增量。最简单的方法是在随机交配的基础上，人为地避免全同胞和半同胞等亲缘关系较近的个体间交配。有研究表明，将群体划分为几个不同的亚群，每一亚群内的个体间亲缘关系较近，不同亚群间的亲缘关系较远，在亚群间采用轮回交配，控制交配后的公、母畜在一定世代内不再交配，这种方式能够有效地控制群体平均近交系数增量的增长。但对长期保种的群体而言，其效果仍主要取决于群体规模的大小。

6. 世代间群体规模的波动 如果群体在不同世代的规模是变化的，那么对t个世代来说，平均群体有效含量就是各世代群体有效含量的调和均数。假设连续t个世代的群体有效含量分别为N_1、N_2…N_t，则有

$$\Delta F=\frac{1}{2t}\left(\frac{1}{N_1}+\frac{1}{N_2}+\cdots\frac{1}{N_t}\right) \tag{9-2-6}$$

显而易见，群体平均近交系数增量主要取决于群体有效含量最小的世代群体规模，群体有效含量越小，则群体遗传漂变越严重。如果群体有效含量在某一世代急剧下降，它将对群体遗传结构产生深远影响，即产生所谓的瓶颈效应。这种影响即使在群体恢复原样后仍将持续很长时间。因此，对于遗传资源保存而言，应极力避免这种瓶颈效应。

7. 世代间隔 世代间隔本身并不直接影响群体平均近交系数增量的大小，但是它与一定时间内群体遗传结构变化的速度密切相关。世代间隔的延长对长期的遗传资源保存是有利的，可以有效减缓群体的遗传变化。

二、原位保存的基本方法

根据上述群体遗传学基本原理，为了在整体上保持一个品种的遗传结构稳定，一般应采取以下措施。

(1) 划定良种基地：在良种基地禁止引进其他品种的种畜，严防群体混杂，这是保种的一项重要措施。

(2) 建立保种群：在良种基地建立足够数量的保种群。可根据畜种、资金等因素确定保种群的规模。如要求保种群在100年内近交系数不超过0.1，则猪、羊等中型家畜的群体有效含量应为200头(假设世代间隔为2.5年)，牛、马等大型家畜的群体有效含量应为100头(假设世代间隔为5年)，并且要保证有足够数量的种公畜，以维持一定的性别比例。但是不同的学者对这一问题的看法是不完全一致的。

(3) 实行各家系等量留种：在每一世代留种时，实行每一公畜后代中选留1头公畜，每一母畜后代中选留相同数量的母畜，并且尽量保持每个世代的群体规模一致，减少保种群出现“瓶颈效应”。

(4) 制订合理的交配制度：在保种群中实行避免全同胞、半同胞交配的不完全随机交配制度，或采取非近交的公畜轮回配种制度，可以降低群体近交系数增量。也可以采用划分亚群，结合亚群间轮回交配的方式。

(5) 适当延长世代间隔，也可以降低群体近交系数增量。

(6) 保持外界环境条件相对稳定，控制污染源，防止基因突变。

(7) 在保种群中一般不进行选择，在不得已的情况下，才实行保种与选育相结合的所谓“动态保种”。

显然，要满足这些要求，核心是有强大的财力来保证，对于发展中国家而言，这些保种措施在实际的家畜遗传资源保存中是难以付诸实践的。实际上，即使是发达国家，这些要求也难以在实际的家畜遗传资源保存中全面实施。

任务四 品种资源的开发和利用

任务知识

家畜遗传资源的保存最终都是为了现在和将来的利用，一些目前尚未得到充分利用的家畜品种资源需要不断地发掘其潜在的利用价值，特别是一些独特性能的利用，并且要不断地开拓新的家畜品种资源。例如，我国一些独特的地方品种，如药用的乌鸡、肥肝鸭，制作裘皮用的湖羊，阿尔泰肥臀羊，制作烤鸭用的北京鸭，适于腌制火腿的金华猪等。一般而言，家畜品种资源可以通过直接和间接两种方式利用，但都应该注意保持原种的连续性，在地方品种杂交利用中尤其要注意不能无计划地杂交。

1. 直接利用 一些地方良种以及新育成的品种，一般都具有较高的生产性能，或者在某一性能方面有突出的生产用途，它们对当地的自然生态条件及饲养管理方式有良好的适应性，因此可以直接用于生产畜产品。一些引入的外来良种，生产性能一般较高，适应性也较好，可以直接利用。

2. 间接利用 对于大多数地方品种而言，由于生产性能较低，作为商品生产的经济效益较差，可以在保存的同时，创造条件来间接利用这些资源，主要有以下两种形式。

一是作为杂种优势利用的原始材料。在杂种优势利用中，对母本的要求主要是繁殖力强、母性强、泌乳力高、对当地气候条件和饲养管理条件的适应性强，许多地方良种都具备这些优点。对父本的要求主要是有较快的增重速度和较快的饲料利用率，外来品种一般可用作父本。由于不同品种的杂交效果是不一样的，应进行杂交试验确定最好的杂交组合，配套推广使用。

二是作为培育新品种的原始材料。在培育新品种时，为了使育成的新品种对当地的气候条件和饲养管理条件具有良好的适应性，通常需要利用当地优良品种与外来品种杂交，进行系统选育得到。

课后习题

简答题

1. 简述保种的意义和任务。
2. 简述保种的原理和方法。
3. 简述原位保存的基本方法。

Note

项目三　引种及风土驯化

学习目标

- 理解引种和风土驯化的意义。
- 掌握引种时的要点及引种后的选育管理。

任务一　引种和风土驯化的意义

任务知识

引种是指把外地或外国的优良品种或品系引入当地，直接推广或作为育种材料的工作。可直接引入种畜，也可引入良种公畜的精液或优良种畜的胚胎。

风土驯化是指家畜适应新环境条件的过程，标准是品种在新的环境条件下不仅能生存、繁殖、正常地生长发育，而且能保持其原有的基本特征和特性。风土驯化有两个途径：第一是直接适应，从引入个体本身在新引入地环境条件下直接适应开始，经过后代每一世代个体发育过程中不断对新环境条件的直接适应，到基本适应新环境条件为止，新引入地的环境条件与原产地的条件基本一致；第二是定向地改变遗传基础：新引入地环境条件和原产地环境条件差异大，环境条件的作用使个体定向地改变遗传基础。

任务二　引种时的要点及引种后的选育管理

任务知识

一、引种时的要点

1. 引种时需注意的生态问题

(1) 引种前要研究品种原产地和新引入地之间在海拔、地形、气候、饲养管理条件等方面的差异，考虑新品种逐渐适应新环境的可能性。

(2) 一般从低劣环境引入优良环境容易适应。

(3) 由温暖地带引入寒冷地带宜在春夏季进行。

(4) 性成熟年龄进行引种比较合适，妊娠后期进行引种不合适。

(5) 一般情况下，小型或中型动物的耐受力比大型动物更强，能顺利完成风土驯化。

2. 引种时为解决生态环境问题常用的方法

(1) 让家畜适应环境。

Note

(2) 改变环境以满足家畜需要。

(3) 在生态条件相似的区域内引种。

3. 引入品种的利用

(1) 纯繁：首先要观察该品种在新引入地环境两年内的生长速度、生产力、繁殖力、抗病力等是否能达到在原产地的各种指标。如果某些指标下降且不能恢复，则不宜扩大纯繁。

(2) 杂交：利用引入品种与当地品种进行杂交改良或采用杂交育种的方法培育适应新引入地环境的新品种，这仍是目前常用的方法。

二、引种的注意事项

(1) 引入品种应具有良好的经济价值、育种价值和良好的适应性。

(2) 慎重选择高产个体，注意系谱审查。

(3) 妥善安排调运季节。

(4) 严格执行检疫制度。

(5) 加强饲养管理和适应性锻炼。

(6) 采取必要的育种措施。

三、引种的管理和选育提高

(1) 集中饲养于繁育良种场。

(2) 慎重过渡。

(3) 逐步推广。

(4) 开展品系选育。

四、家畜对新环境适应性的评定

衡量适应性的指标有繁殖存活率、发病率、生长发育情况和生产性能表现。赵有璋等提出用“总适应能力”来衡量羊的适应表现。总适应能力(GA)＝40(R)＋30(P)＋30(E)。式中：R——繁殖力；P——生产力；E——经济效果。

课后习题

一、名词解释

引种　风土驯化

二、简答题

引种时应注意的问题有哪些？

模块十　性状的选择

扫码看 PPT

项目一　质量性状的选择

学习目标

- 掌握质量性状的类型。
- 掌握质量性状选择的方法。

任务一　质量性状的类型

任务知识

家畜的许多重要性状属于质量性状，在动物生产中，特别是在育种中有意义并受到育种者重视的质量性状，可归纳为以下 4 种类型。

1. 表征性状　家畜许多外貌特征，诸如毛色、有无角、鸡的冠型等，均是典型的质量性状。这类性状在育种中的作用主要是反映品种(系)的特征。

2. 血型和血浆蛋白多态性　家畜的血型包括红细胞抗原因子和白细胞抗原因子，两类血型都具有丰富的遗传多态性。此外，家畜的许多血浆蛋白和酶也具有遗传多态性。应用血型和血浆蛋白多态性可以进行畜群内遗传变异分析和畜群间的遗传距离分析等多项重要的遗传分析工作。因此血型和血浆蛋白多态性是一类重要的质量性状。

3. 遗传缺陷　各种家畜中都存在着许多遗传缺陷，绝大部分产生遗传缺陷的原因是一个基因座的隐性有害基因。隐性有害基因的纯合个体均表现出明显的特征，有的表现为形态学、解剖学或组织学上的缺陷；有的遗传缺陷表现出生理学上的代谢功能障碍；有的生活力低，易感染某些疾病；更严重的遗传缺陷可导致在妊娠期胎儿死亡或仔畜出生后不久死亡。因此，遗传缺陷是对动物生产危害性很大的一类质量性状。

4. 伴性性状　家畜的性别取决于性染色体，在性染色体上，除了有决定性别的基因外，还携带着一些控制性状的基因。一般将这类由性染色体携带的基因称为伴性基因，由这类基因决定的性状，总是伴随着性别进行遗传，因此称之为伴性性状。迄今发现的伴性性状多是质量性状，利用其伴性遗传的特点，可简化一些育种操作过程。例如，利用伴性性状进行雏鸡性别鉴定工作，大大提高了性别鉴定的准确性。

任务二　质量性状选择的方法

任务知识

一、基因型频率与基因频率

特定基因型个体数占群体内全部基因型总个体数的比例，称为基因型频率。

$$\text{基因型频率}=\frac{\text{特定基因型个体数}}{\text{群体内全部基因型总个体数}}$$

假定二倍体生物一个常染色体基因座 A_0，具有两个等位基因 A 和 a(设它们的频率分别为 p 和 q)。根据孟德尔遗传定律，该基因座会有三种不同的基因型 AA、Aa 和 aa(设它们的频率分别为 D、H 和 R)。假如群体内 AA 和 Aa 个体的占比分别为 $\frac{1}{5}$ 和 $\frac{1}{4}$，那么，它们相应的基因型频率就分别为 0.20 和 0.25。同一基因座所有基因型频率之和等于 1，即 $D+H+R=1$。

任何基因座上全部等位基因频率之和都应等于 1，即 $p+q=1$。

在二倍体生物中，完全显性时，特定基因座一种等位基因占该基因座全部等位基因总数的比例计算公式为

$$\text{显性基因的频率}=\frac{2\times\text{显性个体数}+\text{杂合个体数}}{2\times\text{总个体数}}$$

$$\text{隐性基因的频率}=\frac{2\times\text{隐性个体数}+\text{杂合个体数}}{2\times\text{总个体数}}$$

基因型与基因频率的关系见表 10-1-1。

表 10-1-1　基因型与基因频率的关系

基　因　型	AA	Aa	aa	总　　数
个体数	n_1	n_2	n_3	N
频率	$D=\frac{n_1}{N}$	$H=\frac{n_2}{N}$	$R=\frac{n_3}{N}$	1
显性基因(A)数	$2n_1$	n_2	0	$2n_1+n_2$
隐性基因(a)数	0	n_2	$2n_3$	$2n_3+n_2$

其中

$$p=\frac{2n_1+n_2}{2N}=\frac{2n_1}{2N}+\frac{n_2}{2N}=D+\frac{1}{2}H$$

$$q=\frac{2n_3+n_2}{2N}=\frac{2n_3}{2N}+\frac{n_2}{2N}=R+\frac{1}{2}H$$

因此

$$p=D+\frac{1}{2}H$$

$$q=R+\frac{1}{2}H$$

由此可知，同一基因座基因频率之和为

$$p+q=D+\frac{1}{2}H+R+\frac{1}{2}H=1$$

二、哈代-温伯格定律

英国数学家哈代(Hardy)和德国医生温伯格(Weinberg)分别于 1908 年和 1909 年各自独立提出了关于群体内基因频率和基因型频率变化的定律。其要点包括：①在随机交配的大群体中，若没有其他因素(如突变、迁移、选择等)的影响，基因频率一代一代下去始终保持不变；②任何一个大群体，无论其基因频率如何，只要经过一代随机交配，一对常染色体基因的频率就达到平衡状态，没有其他因素的影响，以后一代一代随机交配下去，这种平衡状态始终保持不变；③在平衡状态下，基因型频率与基因频率的关系如下：

$$D=p_2,\quad H=2pq,\quad R=q^2$$

哈代-温伯格定律也称遗传平衡定律(law of genetic equilibrium)。所谓遗传平衡是指群体中基因频率和基因型频率从一代到另一代保持不变的现象。哈代-温伯格定律具有一定的前提：①群体无限大；②随机交配；③没有突变；④没有迁移；⑤没有任何形式的自然选择。

Note

三、质量性状选择的方法

（一）等位基因间不完全显性时的选择

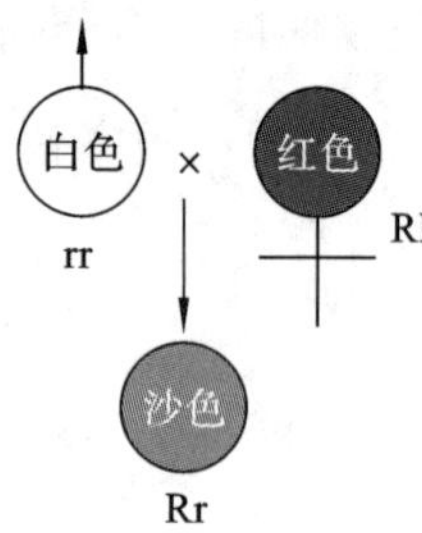

图 10-1-1　短角牛毛色的遗传图谱

控制质量性状的等位基因间存在不完全显性和完全显性的现象。对不完全显性的性状，直接从表型就能够分辨出基因型，那么根据表型选择也就是基因型选择，从而达到了选准的目的。如短角牛毛色的遗传：短角牛毛色有白色(RR)，也有红色(rr)，它们都是纯合子，均能真实遗传。如果让这两种毛色的短角牛交配，它们的后代很特别，其毛色既不是白色，也不是红色，而是沙色(Rr)。这就是等位基因间不完全显性的现象，即 R 与 r 之间既不是完全的显性，也不是完全的隐性，实际上它们都在发生作用。可见，此时的表型选择是准确的(图 10-1-1)。

（二）对隐性基因的选择

对隐性基因的选择实际上是对显性基因的淘汰过程，当显性基因的外显率是 100%，且杂合子与显性纯合子的表型相同时，则可以通过表型鉴别，一次性地将显性基因全部淘汰。但一次性淘汰的做法会使部分“高产基因”随之丢失，明智的育种策略是，在保证生产性能不下降的前提下，逐步完成对隐性基因的选择。首先借助等位基因间的显隐性关系，区分显性个体与隐性个体，然后通过测交进一步识别显性纯合子与显性杂合子，即判断其基因型。设一对等位基因 A、a，它们所组成的基因型为 AA、Aa 和 aa。A 对 a 完全显性，AA 和 Aa 表型相同，为显性性状。若以相同的淘汰率淘汰公畜和母畜中的一部分显性类型；交配方式的确定又与这一对性状无关，即对于这一对性状来说，交配是随机的；以隐性基因频率的变化作为选择进展的标志，并设原始群体的基因型频率为 $D=p^2$，$H=2pq$，$R=q^2$；淘汰率为 s，$(1-s)$即为留种率，于是得到表 10-1-2。

表 10-1-2　部分淘汰显性个体时选择前、后基因型频率的变化

参　数	基　因　型		
	AA	Aa	aa
选择前基因型频率	p^2	$2pq$	q^2
留种率	$1-s$	$1-s$	1
对下一代的贡献	$p^2(1-s)$	$2pq(1-s)$	q^2
选择后基因型频率	$\frac{p^2(1-s)}{1-s(1-q^2)}$	$\frac{2pq(1-s)}{1-s(1-q^2)}$	$\frac{q^2}{1-s(1-q^2)}$

$$选择后基因型频率=\frac{选择前基因型频率\times 留种率}{\sum(选择前基因型频率\times 留种率)}$$

$$\begin{aligned}\sum(选择前基因型频率\times 留种率) &= p^2(1-s)+2pq(1-s)+q^2\\ &=(p^2+2pq)(1-s)+q^2\\ &=(1-q^2)(1-s)+q^2\quad (p^2+2pq+q^2=1)\\ &=1-s(1-q^2)\end{aligned}$$

注：上式中的分子可以理解为选择后各基因型个体数，分母是淘汰率为 s 时的选留总个体数。

选择后实行随机交配。设选择后基因型频率分别为 D'、H'、和 R'，则下一代的基因频率(q_1)为

$$q_1=\frac{1}{2}H'+R'=\frac{1}{2}\times\frac{2pq(1-s)}{1-s(1-q^2)}+\frac{q^2}{1-s(1-q^2)}=\frac{pq(1-s)+q^2}{1-s(1-q^2)}$$

$$=\frac{(1-q)q(1-s)+q^2}{1-s(1-q^2)}=\frac{q-s(q-q^2)}{1-s(1-q^2)}$$

Note

故
$$q_1 = \frac{q - s(q - q^2)}{1 - s(1 - q^2)}$$

利用这个公式，根据对显性类型的淘汰率，就可以计算下一代的隐性基因频率。当 $s=1$ 时(淘汰全部显性个体)，有

$$q_1 = \frac{q - q + q^2}{1 - 1 + q^2} = 1$$

当 $s=0$ 时(没有淘汰显性个体)，有

$$q_1 = q$$

这就是说，当淘汰全部显性个体时，只要没有突变，下一代隐性基因(a)的频率就可达到 1。可见选择隐性基因是相对容易的。但是，不完全淘汰显性个体时，下一代中显性基因 A 还有一定的比例。

1. 只选留隐性纯合子 当条件许可时，为了选择隐性基因，只要将隐性纯合子留作种用，而将显性个体(包括显性纯合子与杂合子)全部淘汰，就能在一代内使整个畜群只表现隐性性状，没有分离，因为畜群中隐性纯合子与显性个体有不同的表型。如：山羊角的选择，山羊的角，无角对有角是显性。为了建立一个有角山羊群，只要把有角山羊留作种用，将无角山羊全部淘汰，则下一代羊群中全部由有角个体组成。控制有角性状的隐性基因频率，经过这样的选择，在一代就可以达到 1，也就是羊群中有角基因的频率为 100%，而显性基因的频率为 0。可见，这种选择可使隐性基因在一代之间就得到固定。

2. 淘汰部分显性个体的随机交配畜群的选择进展 由于种种原因，生产实践中常常不能全部淘汰畜群中的显性类型，此时，选择引起的基因频率变化比较复杂。以最简单的一对基因控制的性状为例来说明选择原理——基因频率的变化和计算。即当 s 不等于 0 时，则

$$q_1 = \frac{q - s(q - q^2)}{1 - s(1 - q^2)}$$

【例 10-1-1】 在一个由 150 只山羊组成的羊群中，有角羊 120 只，无角羊 30 只。若对无角羊的淘汰率为 80%，经一代选择后隐性基因的频率 q 将上升多少?

已知 $s=0.8$；选择前有角羊的频率 $R=120/150=0.8$；选择前有角隐性基因的频率(遗传平衡群体)为 $q^2=R$。

$$q = \sqrt{R} = \sqrt{0.8} \approx 0.8944$$

$$q_1 = \frac{q - s(q - q^2)}{1 - s(1 - q^2)} = \frac{0.8944 - 0.8 \times (0.8944 - 0.8944^2)}{1 - 0.8 \times (1 - 0.8944^2)} \approx 0.9749$$

$$q_2 = q_1 - q = 0.9749 - 0.8944 = 0.0805$$

经一代选择后隐性基因的频率将上升 0.0805。

对两性显性类型淘汰率不同的随机交配畜群动物育种中常有这种情况：对公畜中不符合要求的显性类型淘汰率较高，对母畜的淘汰率较低。如果对于所选的性状来说交配仍然是随机的，那么子代中隐性基因的频率如下：

$$q_1 = \frac{1}{2}\left[\frac{q - s(q - q^2)}{1 - s(1 - q^2)} + \frac{q - s'(q - q^2)}{1 - s'(1 - q^2)}\right]$$

式中：q_1——子代隐性基因的频率；

q——选择前隐性基因的频率；

s——公畜中显性类型的淘汰率；

s'——母畜中显性类型的淘汰率。

这个公式涉及不同质的种群相交配时基因频率变化的一个重要定理：如果相互交配的公畜群与母畜群基因频率不同，那么后代的基因频率为双亲的简单均数。

【例 10-1-2】 某地 648 头黄牛中有 471 头在鼻镜、眼睑或乳房等部位皮肤有黑斑，其中公牛 19 头(早期的选留原则与皮肤有无黑斑无关)中 14 头有皮肤黑斑；母牛 629 头(未经选择)中 457 头有皮肤黑斑。为了改进后代毛色，现淘汰了 11 头有黑斑的公牛和 75 头有黑斑的母牛。就这一性状来

Note

而言，下一代牛群的遗传品质将有什么变化？

已经知道黄牛的皮肤黑斑由一对等位基因决定，无斑基因是隐性基因；所选择的是隐性基因。对于皮肤有无黑斑这一对性状来说，这里的 648 头牛可以看作未经选择的随机群体，其隐性基因频率为

$$q=\sqrt{R}=\sqrt{\frac{648-471}{648}}=0.52$$

黑斑公牛淘汰率 $s=\frac{11}{14}=0.7857$；黑斑母牛淘汰率 $s'=\frac{75}{457}=0.1641$。于是，下一代牛群无斑基因（隐性）的频率为

$$\begin{aligned}q_1&=\frac{1}{2}\left[\frac{q-s(q-q^2)}{1-s(1-q^2)}+\frac{q-s'(q-q^2)}{1-s'(1-q^2)}\right]\\&=\frac{1}{2}\left[\frac{0.52-0.7857\times(0.52-0.52^2)}{1-0.7857\times(1-0.52^2)}+\frac{0.52-0.1641\times(0.52-0.52^2)}{1-0.1641\times(1-0.52^2)}\right]\\&=0.5\times(0.7588+0.5362)=0.65\end{aligned}$$

有斑基因（显性）为 $p_1=1-q_1=1-0.65=0.35$；显性纯合子、杂合子、隐性纯合子三种基因型的频率分别如下：

$$D_1=0.35^2=0.12$$
$$H_1=2\times0.35\times0.65=0.46$$
$$R_1=0.65^2=0.42$$

也就是说，在下一代，牛群中有斑牛约占 58%；无斑牛约占 42%。无斑牛的比例比上一代 $\left(\frac{177}{648}=0.27\right)$ 上升了 0.15。

3. 淘汰全部显性类型公畜的畜群 对于重点选择的性状，更多时候采用淘汰全部显性类型公畜的选择方式。在这种情况下，以群体显性基因频率的下降作为选择进展的标志。此时，下一代显性基因的频率为

$$p_1=\frac{(1-s)(1-q)}{2[1-s(1-q^2)]}$$

式中：q——群体原来隐性基因的频率；

s——对显性类型母畜的淘汰率；

p_1——下一代显性基因的频率。

如果每一代都淘汰全部显性类型的公畜；母畜只在原始群体以淘汰率(s)淘汰显性类型，以后各世代均不作任何淘汰。那么，每一代显性基因的频率都是下一代杂合子基因型的频率，而在下一代，显性基因频率又是杂合子基因型频率的 $\frac{1}{2}$，所以，显性基因的频率每代降低一半。即

$$p_n=\frac{(1-s)(1-q)}{2^n[1-s(1-q^2)]}$$

式中：n——按这样选择所经过的世代数；

p_n——选择到第 n 代时群体的显性基因频率；

q——原来群体显性基因频率；

s——对显性类型母畜的淘汰率。

【例 10-1-3】 某良种黄牛产区外围，由于历史上盲目杂交，曾经出现各种杂色牛，虽经长期淘汰，目前群内仍有部分腹下部、鼠蹊部、尾帚部有白斑的个体。有一个 136 头母牛的牛群，其中 17 头母牛在上述部位有大小不等的白斑，现在淘汰了所有有白斑的公牛，白斑母牛也淘汰了 10 头，下一代牛群的遗传结构分析如下。

由于黄牛腹下部、鼠蹊部、尾帚部的白斑对无白斑是显性性状，所以要选择的是隐性基因。原牛群中隐性基因频率为

$$q=\sqrt{R}=\sqrt{\frac{136-17}{136}}=\sqrt{0.875}=0.935$$

Note

对显性类型母牛的淘汰率为

$$s=\frac{10}{17}=0.59$$

所以，下一代显性基因频率为

$$p_1=\frac{(1-s)(1-q)}{2[1-s(1-q^2)]}=\frac{(1-0.59)\times(1-0.935)}{2\times[1-0.59\times(1-0.875)]}=0.014$$

原来群体的显性基因频率为 1－0.935＝0.065；下一代显性基因频率下降了 0.051；下一代杂合子基因型频率为 2×0.014＝0.028。

也就是说，下一代还有 2.8％的牛腹下部、鼠蹊部或尾帚部有白斑，它们都是杂合子。这种牛在原群中占比为 17/136＝12.5％，而且其中一部分[$(1-0.935)^2=0.0004=0.04\%$]可能是纯合子。可见这样选择的进展很快。

（三）对显性基因的选择

选择显性基因时，由于显性完全时，杂合子在类型上也表现为显性类型，而且一般不能从表型上将它和显性纯合子加以区别；杂合子本身又携带着必须淘汰的隐性基因，所以选择比较困难，隐性基因不易被全部淘汰，选择进展一般比选择隐性基因时慢。

1. 表型选择——淘汰部分隐性类型的畜群 选择显性基因或淘汰隐性基因，往往由于畜群中隐性类型比例很高或者一部分隐性个体具有其他位点的有利性状，而不可能在一代中把隐性类型全部淘汰，只能淘汰一部分。例如，荷斯坦牛育种中必须淘汰牛群中的红白花个体，但高产的红白花牛往往例外。这种选择方式下，隐性基因频率下降的情况如下：

$$q_1=\frac{q(1-sq)}{1-sq^2}$$

式中：q——原畜群隐性基因频率；

q_1——下一代的隐性基因频率；

s——对隐性类型的淘汰率。

设选择前群体各种基因型的频率为 $D=p^2$，$H=2pq$，$R=q^2$，那么以淘汰率 s 对其中的隐性类型进行淘汰后，各种基因型的频率将变为

$$D'=\frac{D}{1-sR}=\frac{p^2}{1-sq^2}$$

$$H'=\frac{H}{1-sR}=\frac{2pq}{1-sq^2}$$

$$R'=\frac{R(1-s)}{1-sR}=\frac{(1-s)q^2}{1-sq^2}$$

隐性基因的频率相应地变为

$$q'=\frac{1}{2}H'+R'=\frac{pq+(1-s)q^2}{1-sq^2}=\frac{(1-q)q+(1-s)q^2}{1-sq^2}=\frac{q-q^2+q^2-sq^2}{1-sq^2}=\frac{q(1-sq)}{1-sq^2}$$

选择后实行随机交配，根据哈代-温伯格定律，下一代基因频率不变，因而下一代的隐性基因频率为

$$q_1=q'=\frac{q(1-sq)}{1-sq^2}$$

这种选择方式，不仅没有淘汰杂合子中的隐性基因，而且隐性纯合子的隐性基因也部分得到保留。对于所选位点来说，选择进展缓慢是不言而喻的。

如果以 Δq 代表两代间隐性基因频率的变化率，那么：

$$\Delta q=q_1-q=\frac{q(1-sq)}{1-sq^2}-q=\frac{q-sq^2-q+sq^3}{1-sq^2}=\frac{-sq^2(1-q)}{1-sq^2}$$

Δq 的大小除取决于淘汰率 s 外，还取决于 q 的大小。例如，若 aa 个体的 $s=0.20$，当 q 不同时，Δq 出现有趣的变化：

令 $q=0.99$ 时，$\Delta q=-0.00244$；

$q=0.80$ 时，$\Delta q=-0.02935$；

$q=0.50$ 时，$\Delta q=-0.02630$；

$q=0.30$ 时，$\Delta q=-0.01283$；

$q=0.01$ 时，$\Delta q=-0.00002$。

当 q 偏中上时，Δq 最大；q 值越小，Δq 也越小。当 s 很小，q 值也很小时，分母接近于 1，那么：$\Delta q \approx -sq^2(1-q)$。当 $q=2/3$ 时，Δq 达到最大值。也就是说，当 q 很小或很大时，Δq 的值极低，这种选择几乎无效。

为了计算从选择前的 q_0 下降到 q_n 所需要的世代数，将 $\Delta q \approx -sq^2(1-q)$ 用微分方程来表示，得出公式：

$$n=\frac{1}{s}\left[\frac{q_0-q_n}{q_0 q_n}+\ln\frac{q_0(1-q_n)}{q_n(1-q_0)}\right]$$

式中：s——隐性基因的淘汰率；

q_0——选择前隐性基因频率；

q_n——选择 n 世代后隐性基因频率；

n——选择的世代数。

【例 10-1-4】 某自然群体对隐性类型的淘汰率为 0.1%，若将隐性类型比例由 40%减少到 5%，需要多少世代？

$$s=0.001;\quad q_0=\sqrt{0.4}=0.6325;\quad q_n=\sqrt{0.05}=0.2236$$

$$n=\frac{1}{0.001}\left[\frac{0.6325-0.2236}{0.6325\times 0.2236}+\ln\frac{0.6325\times(1-0.2236)}{0.2236\times(1-0.6325)}\right]=4679$$

自然选择的速度是十分缓慢的。特别对于隐性不利基因，必须通过人工选择，加大对隐性类型的淘汰率，才能加速动物改良的进展。

【例 10-1-5】 有一个 240 头奶牛的牛群，其中 46 头为红白花个体（隐性纯合），其余全为黑白花个体。现淘汰 23 头红白花牛并实行随机交配，下一代隐性基因频率与红白花牛的比例是多少？

牛群原有隐性类型的比例：

$$R=46/240=0.1917$$

隐性类型的淘汰率：

$$s=23/46=0.50$$

原有隐性基因频率：

$$q=\sqrt{R}=\sqrt{0.1917}=0.44$$

因而：

$$q_1=\frac{q(1-sq)}{1-sq^2}=\frac{0.44\times(1-0.50\times 0.44)}{1-0.50\times 0.1917}=0.38$$

下一代红白花牛比例 $R_1=q_1^2=0.38^2=0.1444$。

2. 表型选择——淘汰全部隐性类型的畜群 为了淘汰隐性基因，根据表型将畜群中的隐性纯合子全部淘汰，这种方法简单易行，但其选择进展缓慢。

$$q_n=\frac{q_0}{1+nq_0}$$

式中：q_0——群体原有隐性基因频率；

q_n——选择 n 代后隐性基因的频率；

n——选择的世代数。

公式变换后，还可以计算出，根据表型从畜群中淘汰全部隐性类型时，隐性基因达到某一频率时所需要的世代数：

Note

$$n=\frac{1}{q_n}-\frac{1}{q_0}$$

【例 10-1-6】 某一群体中隐性个体的比例为$\frac{1}{2500}$，只根据表型淘汰隐性个体，50 代后群体中隐性基因的频率为多少？

隐性基因的频率为 $q_0=\sqrt{R_0}=\sqrt{\frac{1}{2500}}=0.02$，$n=50$，则

$$q_{50}=\frac{q_0}{1+nq_0}=\frac{0.02}{1+50\times 0.02}=0.01$$

群体中隐性个体的比例 $R_{50}=q_{50}^2=0.01^2=\frac{1}{10000}$，也就是说，经过连续 50 代淘汰隐性个体后，10000 头后代中仍有 1 个隐性个体出现。

由此说明，一些隐性有害性状不易从畜群中根除，也说明这种选择方式进展缓慢。

【例 10-1-7】 某一群体中隐性基因频率 $q_0=0.2$，需要多少代才能把隐性基因的频率降到 0.01？

$$n=\frac{1}{q_n}-\frac{1}{q_0}=\frac{1}{0.01}-\frac{1}{0.2}=100-5=95$$

若羊的世代间隔为 2.5 年，那么，约 238（即 95×2.5=237.5）年后群体中的隐性基因频率才能降到 0.01。

公式证明如下：

设 D、H、R 分别代表群体中显性纯合子、杂合子和隐性纯合子的频率，并以其下标数字代表选择经历的代数，如 D_1 代表选择一代后显性纯合子的频率，D_2 代表选择二代后显性纯合子的频率，D_0 代表原始群体显性纯合子的频率。由于根据表型淘汰了原始群体内的隐性纯合类型，所以：

$$q_1=\frac{\frac{1}{2}H_0}{D_0+H_0}=\frac{p_0q_0}{p_0^2+2p_0q_0}=\frac{q_0}{p_0+2q_0}=\frac{q_0}{1+q_0}$$

如果下一代再根据表型淘汰隐性纯合类型，则

$$q_2=\frac{\frac{1}{2}H_1}{D_1+H_1}=\frac{q_1}{1+q_1}=\frac{\frac{q_0}{1+q_0}}{1+\frac{q_0}{1+q_0}}=\frac{q_0}{1+2q_0}$$

隐性类型经过连续 n 代的淘汰之后，则

$$q_n=\frac{\frac{1}{2}H_{n-1}}{D_{n-1}+H_{n-1}}=\frac{q_{n-1}}{1+q_{n-1}}=\frac{\frac{q_0}{1+(n-1)q_0}}{1+\frac{q_0}{1+(n-1)q_0}}=\frac{q_0}{1+n\,q_0}$$

（四）测交淘汰杂合子

显性纯合子与杂合子具有相同的表型，表型选择对杂合子和显性纯合子不易区别，要想从畜群中彻底剔除隐性基因，单纯通过表型选择淘汰隐性个体，其效果很不理想。区别杂合子与纯合子的方法是测交。

测交是用于判断个体某个质量性状的基因型是显性纯合还是杂合的测验性交配。根据被测种畜一定头数的后代中不出现隐性个体来判断其为显性纯合子的概率。后代中一旦出现隐性个体，则可肯定该种畜是杂合子。

被测种畜个体（公）与隐性纯合子交配：用这种方法的前提是，这种性状的隐性纯合子能够存活到成年，而且繁殖力和生活力不降低。

用被测个体与隐性纯合子交配后，计算连续产生表型正常（显性）后代的安全概率，即对被测个体的基因型是 AA 还是 Aa 做出概率判断。

计算每一种畜的安全概率公式为

$$P = p^n = \left(\frac{1}{2}\right)^n$$

式中：P——被测种(公)畜基因型是否纯合的安全概率；

p——被测种(公)畜可能产生表型正常后代的概率；

n——连续产生表型正常后代的与配(母)畜头数。对于单胎动物，可以认为配偶数就等于后代数。

当否定被测种(公)畜的基因型不是Aa的安全概率达到一定标准时，即可肯定该种(公)畜的基因型为AA。通常采用5%或1%的水平。

若被测种(公)畜为杂合子(Aa)，那么当它与1个隐性纯合的配(母)畜交配以后所产生的后代有$\frac{1}{2}$的概率为隐性纯合子(Aa×aa→1 Aa∶1 aa)；同样，1个后代为显性个体的概率也是$\frac{1}{2}$。所以，这种情况下，公式中$p=\frac{1}{2}$。

当这个被测种(公)畜与2个隐性纯合配(母)畜交配，产生的2个后代均为显性个体的概率是$\frac{1}{2}\times\frac{1}{2}=\frac{1}{4}$(概率乘法定律)；

当它有3个后代时，3个后代均为显性个体的概率为$\frac{1}{2}\times\frac{1}{3}=\frac{1}{6}$；

当它有n个后代时，n个后代都为显性个体的概率为$\left(\frac{1}{2}\right)^n$，即$P=\left(\frac{1}{2}\right)^n$。

如果1头种(公)畜与这样配(母)畜交配产生的5头后代中没有1头隐性个体，则该种(公)畜为杂合子的概率就只有$\left(\frac{1}{2}\right)^5=3.125\%$，那么，就有95%以上的把握断定该种(公)畜是一个显性纯合子；如果该种(公)畜的7头后代中没有1头隐性个体，那么，就有超过99%的把握断定该种(公)畜不是一个隐性基因的携带者$\left[\left(\frac{1}{2}\right)^7=0.78\%\right]$，即仅有不到1%的把握断定该种(公)畜的基因型是AA。

一般来说，如果被测个体与隐性纯合子交配，产生的很多后代都是显性个体，1个隐性个体也没有，这样的后代越多，就越增加我们断定该被测个体是一显性纯合子的把握。但是，不管后代数量有多少，只要其中有1个是隐性个体，就可以肯定该被测个体是杂合子。

让被测种(公)畜与已知为杂合子的配(母)畜(Aa)交配，若被测种(公)畜为杂合子(Aa)，那么杂合双亲所生后代的表型或基因型比例如下：

$$\text{Aa}\times\text{Aa}\rightarrow\text{AA}:\text{aa}=3:1$$

即被测种(公)畜可能产生表型正常子女的概率为$\frac{3}{4}$，所以，安全概率公式将变为

$$P = \left(\frac{3}{4}\right)^n$$

当$P=5\%$和1%时，对于单胎动物，n分别为

$$0.05=\left(\frac{3}{4}\right)^{n_{0.05}},\quad 0.01=\left(\frac{3}{4}\right)^{n_{0.01}}$$

$$\lg 0.05=n\lg 0.75,\quad \lg 0.01=n\lg 0.75$$

$$n=11,\quad n=16$$

即采用这种测交，只要该种(公)畜连续产生11头或16头表型正常的后代，就可在5%或1%水平上断定该种畜的基因型是纯合的。

根据约翰逊(Johansson,1963)提出的测交后裔全部免于隐性缺陷的安全概率公式计算n。该公式为

Note

$$P=\left[D+\left(\frac{3}{4}\right)^k H\right]^n=\left[\frac{1-q}{1+q}+\left(\frac{3}{4}\right)^k\cdot\frac{2q}{1+q}\right]^n$$

式中:D——被测种(公)畜配偶中显性纯合子的比例;

H——被测种(公)畜配偶中杂合子的比例;

k——配(母)畜的每胎产仔数;

n——连续产生表型正常后代的与配(母)畜头数(单胎动物中配偶数=后代数);

q——配(母)畜群的隐性基因频率;

P——被测种(公)畜基因型是否纯合的安全概率。

当 $D=0,H=1,k=1$ 时,该公式变为

$$P=\left[0+\left(\frac{3}{4}\right)^1\times 1\right]^n=\left(\frac{3}{4}\right)^n$$

让被测种(公)畜与其子女或另一已知为杂合公畜的子女交配。

假设被测种(公)畜为杂合子;公畜配偶为纯合子或杂合子的机会各半,即 D 和 H 均为 0.5,所以仍可用 Johansson 公式计算 n。

对于单胎动物,$k=1$,当 $P=5\%$时,有

$$0.05=\left[0.5+\left(\frac{3}{4}\right)^1\times 0.5\right]^n$$

$$n=\frac{\lg 0.05}{\lg 0.875}=\frac{-1.3010}{-0.0580}=22.43(\text{近似取 }23)$$

当 $P=1\%$时,同理可得 $n=35$(头)。也就是说,如果种(公)畜与 23 头(35 头)自己的女儿交配,产生的 23 头(35 头)后代中没有一头为隐性个体,就有 95%(99%)的把握断定该种(公)畜不是隐性基因的携带者。

对于多胎动物,设 $k=10$,当 $P=5\%$时,有

$$0.05=\left[0.5+\left(\frac{3}{4}\right)^{10}\times 0.5\right]^n$$

解得 $n=4.6\approx 5$。当 $P=1\%$时,同理可得 $n=7$。

也就是说,如果每胎产 10 仔,当被测种(公)畜与其 5 个(7 个)女儿或已知为杂合公畜的女儿交配,后代未发现隐性个体时,就有 95%(99%)的把握断定被测种(公)畜是显性纯合子。

(五)对杂合子的选择

杂合子只能代代继续选留,才能达到选择提纯的目的。杂合子选择下的基因型频率变化见表 10-1-3。

表 10-1-3 杂合子选择下的基因型频率变化

基因型	AA	Aa	aa
选择前频率	p^2	$2pq$	q^2
留种率	$1-s_1$	1	$1-s_2$
对下一代的贡献	$p^2(1-s_1)$	$2pq$	$q^2(1-s_2)$
选择后频率	$\frac{p^2(1-s_1)}{1-s_1p^2-s_2q^2}$	$\frac{2pq}{1-s_1p^2-s_2q^2}$	$\frac{q^2(1-s_2)}{1-s_2p^2-s_2q^2}$

$$\text{选择后频率的分母}=p^2(1-s_1)+2pq+q^2(1-s_2)=p^2+2pq+q^2-s_1p^2-s_2q^2$$
$$=1-s_1p^2-s_2q^2$$

选择后隐性基因的频率为

$$q_1=\frac{1}{2}H+R=\frac{1}{2}\times\frac{2pq}{1-s_1p^2-s_2q^2}+\frac{q^2(1-s_2)}{1-s_1p^2-s_2q^2}$$
$$=\frac{(1-q)q+q^2(1-s_2)}{1-s_1p^2-s_2q^2}=\frac{q(1-s_2q)}{1-s_1p^2-s_2q^2}$$

Note

选择前后隐性基因频率差：

$$\Delta q = q_1 - q = \frac{q(1-s_2q)}{1-s_1p^2-s_2q^2} - q = \frac{pq(s_1p-s_2q)}{1-s_1p^2-s_2q^2}$$

q 随着 s_1p 和 s_2q 的大小而变化。当 $s_1p=s_2q$ 时，分子为 0，$q=0$，即基因频率在上一代和下一代之间没有改变，此时基因频率达到平衡。由于

$$s_1p = s_2q$$
$$s_1(1-q) = s_2q$$
$$s_1 = q(s_1+s_2)$$

这样，平衡时的基因频率可用下式表示：

$$\hat{q} = \frac{s_1}{s_1+s_2}$$

$$\hat{p} = 1-\hat{q} = 1-\frac{s_1}{s_1+s_2} = \frac{s_2}{s_1+s_2}$$

基因频率何时能达到平衡，完全取决于两种纯合子的淘汰率。如果只选留杂合子，两种纯合子都淘汰，即 $s_1=s_2=1$，则 $p=q=0.5$，$H=2pq=2\times0.5\times0.5=0.5$。多次选择后即达平衡状态。

【例 10-1-8】 卡拉库尔羊中的银灰色羔皮十分名贵，银灰色与黑色主要受一对等位基因影响，银灰色基因为显性基因，但银灰色纯合子不能成活。因此，要想繁殖银灰色卡拉库尔羊，只能代代选择杂合子。

现在选择银灰色羔羊留种，黑色羔羊全部淘汰，银灰色纯合子全部不能成活。这样，无论其原始基因频率如何，下一代的基因频率 $p=q=0.5$。如果每代都是这样，则每代都可得到 50% 的银灰色羔羊。若不计死羔，则银灰色羔羊与黑色羔羊的比例每代可期望达到 2∶1。

课后习题

简答题

1. 家畜质量性状主要表现为哪几类？它们在家畜育种中的意义是什么？
2. 简述经典的质量性状选择方法要点。
3. 简述检测质量性状基因的生化遗传学方法的原理和优缺点。

项目二　数量性状的选择

学习目标

- 掌握数量性状的概念。
- 掌握数量性状选择的方法。
- 了解数量性状选择的相关参数。

任务一　基本概念

任务知识

动物育种中所重视的大多数重要经济性状都是数量性状，例如产奶量、乳脂率、产蛋数、蛋重、瘦肉率、增重速度、饲料转化率等。数量性状是由微效多基因控制的，每个基因作用微小，效应各异，可以累加和倍加，只能通过群体对其进行研究。选择是在一个群体中通过外界的作用，将其遗传物质重新组合，以便在世代的更替中，使群体内的个体更好地适应特定的目标，优良性状只有通过不断的选择才能得到巩固和提高。因此选择就成为进一步改良和提高家畜生产性能的重要手段。阈性状是一类特殊类型的性状，它与数量性状的遗传基础是一致的，对它的选择方法有所不同。

任务二　数量性状选择方法

任务知识

估计遗传参数是数量性状遗传学中较基本的内容之一。从统计学上讲，遗传参数的估计可归结为方差(协方差)组分的估计。方差组分的估计是遗传参数估计的基础，方差组分可用于计算遗传力、重复力等，预测误差方差或遗传评定的可靠性，也可以用于预测期望的遗传改进结果。

一、方差组分估计的方法

提高方差组分估计的准确性是多年来动物遗传育种学家一直所追求的，因而其估计方法在不断发展和改进。1925 年，Fisher 首次提出方差组分估计的方差分析(ANOVA)，这种方法适用于均衡资料的分析，可得到最佳无偏估计值。而育种中的资料大多为非均衡资料，因此 ANOVA 在育种实践中难以推广。1953 年，Henderson 提出了三种适用于非均衡资料的方差组分估计的方法，即所谓的 Henderson 方法Ⅰ、Henderson 方法Ⅱ、Henderson 方法Ⅲ，这三种方法是在均衡资料方差分析基础上推演出来的，故称其为类方差分析法。Henderson 方法的提出，使非均衡资料的方差组分估计进入一个新时代。自此以来，一些方差组分估计的新方法相继出现，其中主要有最大似然法

(MLM)、最小范数二次无偏估计(MINQUE)法、最小方差二次无偏估计(MIVQUE)法。总之,对于连续性状,方差组分估计的方法大致可分为两类:①方差分析及类方差分析(Henderson 方法Ⅰ、Henderson 方法Ⅱ、Henderson 方法Ⅲ),其基本特征是通过对一定的二次型求数学期望,方差组分估计值均为无偏估计值,都有可能出现负值。但 ANOVA 适用于均衡资料,Henderson 方法Ⅰ仅适用于随机模型,对非均衡资料估计误差较大;Henderson 方法Ⅱ仅适用于固定效应和随机效应,没有互作效应的混合模型;Henderson 方法Ⅲ则适用于任何混合模型,比较灵活,但没有考虑个体间的血缘关系。因此这类方法存在一定局限性。②20 世纪 70 年代学者提出的新方法,即 MINQUE 法、MIVQUE 法、最大似然法(MLM)和约束最大似然法(REMLM)等。这些方法均适用于所有混合模型,求解混和模型方程,不仅可以得到方差(协方差)的估计值,而且可以得到随机效应的最佳线性无偏预测(BLUP)值和固定效应的最佳线性无偏估计(BLUE)值。

最大似然法(MLM)最先由 Fisher(1925)提出,随后逐渐发展成为参数估计的经典方法之一。Harley 等(1967)首次将 MLM 应用于一般混合模型的方差组分估计,以后又逐渐被用于家畜育种中。由 MLM 得出的估计值具有一些统计学上的优良特性:①不会出现与定义相悖的参数估计值(如负的方差组分估计值,小于 1 或大于 1 的相关系数估计值);②估计值是充分统计量的函数,即它充分利用了资料提供的信息;③具有一致性;④在大样本时抽样分布为正态分布,方差可知,具有有效性,即具有无偏性和方差最小。MLM 缺陷在于小样本时不具有有效性,即估计值是有偏差的,方差也不是最小的,它必须通过迭代求解,计算上比较困难。另外,有些学者认为 MLM 没有考虑到由于对模型中的固定效应进行估计所损失的自由度,因而其估计值是有偏差的。为此 Patterson 和 Thompson(1971)提出了约束最大似然法(REMLM),REMLM 和 MLM 的不同之处只在于 MLM 是对观测值的整个似然函数求极大值,而 REMLM 只对似然函数中含有固定效应的部分求极大值,因而其估计值不受模型中固定效应的影响,也就是说它校正了由于自由度损失而造成的偏差。

MINQUE 法是由 Rao C. R. (1970)和 La Motte(1970)分别独立提出的。MINQUE 法是通过对二次型求数学期望,但二次型是根据一定的范数或二次型方差最小原则选取的,对资料的先验分布没有特殊要求,不需要迭代计算,但对先验值的依赖性较大,不同的先验值可以得到不同的 MINQUE 值,所以 MINQUE 值不是唯一的,当先验值等于真值,观察值服从正态分布时,估计值具有最小方差,即 MIVQUE 值。MINQUE 法和 MIVQUE 法的优点是显而易见的,即无偏性、方差最小,这正是所需要的。但遗憾的是,它同时也存在一些缺陷:①必须有方差组分的先验值,而估计值在很大程度上受先验值的影响,即不同的先验值将得出不同的估计值,这意味着对于同样的资料,不同的人由于使用不同的先验值将得到不同的结果。而且其方差最小的特性只有在先验值等于真值时才成立,这与现实是矛盾的;②可能会出现负的方差组分估计值,这也是不希望出现的;③若对 MIVQUE 迭代,即将所得到的估计值重新作为先验值再次进行 MIVQUE,并重复此过程直至收敛,其结果将与 REMLM 估计值相同(除去得到负值的情形),因此,如果计算条件允许,似乎没有必要停留在 MIVQUE 上,由于 MIVQUE 的以上缺陷,至目前为止它很少应用在家畜育种实践中。

大量理论和实践证明:REMLM 估计准确性高于传统的 ANOVA 及其改进法,是目前较为理想的方差组分估计方法。对估计值具有许多优良统计学特性,如一致性、有效性、渐进无偏性和渐进正态性。由于 REMLM 计算非常复杂,常规的估计值都是采用最大期望值法(expectation maximization,EM),它必须在每一轮迭代时对混合模型方程组系数矩阵求逆,因而收敛速度很慢。为了加快迭代收敛速度,许多学者对 REMLM 的计算技术进行了大量的探索和研究,Lynn Johnson(1979)提出了共截距逼近法,此法还可以检验迭代是否收敛。由于系数矩阵中零因素比例很大,Tier 和 Smith(1989)提出了稀疏矩阵技术,以提高存储和读写效率。Graser 等(1987)和 Meyer(1989)对非求导的 REMLM 进行了详细论述和公式推导。Meyer(1994)提出了 REMLM 估计的强求导方法,通过对对数似然函数分别求一阶偏导和二阶偏导的方法得到方差、协方差估计值。Thompson Shaw(1991)提出了系谱分析法。后来又出现了平均信息算法(求似然函数一阶和二阶导数,对计算多性状更有效;Johnson Thompson,1995)等。目前在家畜育种中较为流行的方差组分估

Note

计方法是非求导约束最大似然法(DFREMLM),常用的估计方差组分的软件有 MTDFREML、DFREML、ASREML、PEST、VCE、MTGSAM 等。其中 MTDFREML 比较出色,它是一套比较成熟的动物育种通用软件,主要采用动物模型估计方差、协方差组分,它采用 DFREMLM,计算速度较快,给定方差比值后可以对 MME(方差组分估计中代表最大最小特征值法)进行直接求导,估计得到固定效应的 BLUE 值和随机效应的 BLUP 值(包括个体育种效应、第二动物效应、独立随机效应和随机残差效应);也可以先赋予近似初值,再通过反复迭代求解得到各个随机效应的(协)方差和遗传参数估计值。预处理数据可以得到各性状的常规统计数据(有效记录数、平均数、标准差、变异系数、最大值、最小值等)和所有个体的近交系数。

遗传参数估计不论是在数学方法上还是在计算技术上都有了比较优秀的应用软件,可以为家畜育种提供有实际应用价值的参数估计值。

二、遗传力的估计

数量性状的表现既受到个体遗传基础的控制,又受到所处环境条件的影响,而且这两种不同的效应又可以进一步剖分。那么应该如何从量的角度来描述数量性状的遗传规律呢?研究的出发点是设法区分表现型值和遗传效应值。然而,数量性状不像质量性状可以很有把握地直接或间接地由表现型判断出基因型,并确切地掌握它的遗传规律。对于数量性状我们所能做的就是,设法判断出影响一个数量性状表现的遗传效应有多大,环境效应有多大。由于数量性状为连续变异的性状,因此要确定各种因素对它的影响大小,只能借助生物统计学方法估计出各种因素造成的变异大小来衡量,也即进行变量的方差、协方差分析,然后得到相应的定量指标。其中一个这样的指标就是数量遗传学中一个最基本参数——遗传力,它是数量性状遗传的一个基本规律,是从数量性状表型世界进入遗传世界的钥匙,能够揭开套在数量性状表面的环境影响外衣,使研究者见到其遗传真面目。因此遗传力在整个数量遗传学中起着十分重要的作用。

由于遗传力的估计原理和方法在遗传参数估计方面具有代表性,而且其估计方法较多,除传统的常规方法之外,还有不同情况下的一些特殊方法和随着统计技术发展而出现的一些新方法。

1. 遗传力的概念 在数量遗传学早期发展过程中,人们先后从不同角度提出了三种意义的遗传力概念。Lush(1937)从遗传效应剖分这一角度提出了广义遗传力和狭义遗传力的概念,随后 Falconer(1955)从选择反应的角度提出了实现遗传力的概念,它们各有不同的应用价值。

(1) 广义遗传力:数量性状基因型方差占表型方差的比例。通过广义遗传力的估计,可以了解一种性状受遗传效应影响有多大,受环境效应影响有多大。在某些情况下估计是很有意义的,因为有时基因型效应不易剖分,而且所有的基因型效应都可以稳定遗传。

(2) 狭义遗传力:数量性状育种值方差占表型方差的比例。由于育种值是从基因型效应中已剔除显性效应和上位效应后的加性效应部分,在世代传递中是可以稳定遗传的,因此它在育种上具有重要意义。如无特殊说明,一般所说的遗传力指的是狭义遗传力。

(3) 实现遗传力:对数量性状进行选择时,通过在亲代获得的选择效果中,在子代能得到的选择反应大小所占的比值。这一概念反映了遗传力的实质。然而,由于动物遗传育种中的许多选择试验受到的影响因素很多而且复杂,难以控制,用选择反应来估计遗传力尚有很大的偏差。因此一般并不采用这一方法来估计遗传力。

上述三种遗传力概念中,最重要的是狭义遗传力,因而对它的研究较深入,就它的表达方式而言,除上面的基本表述方式外,还可列举下列几种。

(1) 遗传力是育种值对表型值的决定系数:决定系数是通径分析中的一个基本概念,它是相应通径系数的平方,描述了一个原因变量对另一个结果变量的决定程度大小。

(2) 遗传力是育种值对表型值的回归系数:这是从育种值估计的角度阐述的。尽管实质上是育种值决定表型值,但是表型值可以度量得到,而育种值不能直接度量,只能由表型值估计,这实际上是一种反向回归估计。

(3) 遗传力是育种值与表型值的相关指数:该相关指数反映了根据表型值估计育种值的准确度。

Note

需要指出的是，一个数量性状的遗传力不仅仅是性状本身独有的特性，它同时也是群体遗传结构和群体所处环境的一个综合体现，对性状而言，控制它的基因加性效应越大，h_2 就越高；反之 h_2 就越低。对群体而言，控制该性状的遗传基础一致性越强，群体基因纯合度越大，例如，经过长期近交后的群体，遗传变异越小，估计的 h_2 就越低；反之估计的 h_2 就越高。然而，应当注意到这种 h_2 的降低并不意味着性状遗传能力的下降，恰恰相反，群体遗传基础一致性越好，表明群体平均遗传能力越强。对环境而言，在较为稳定的情况下，环境变异较小，相应的遗传变异也较小，估计的 h_2 也较高；反之估计的 h_2 就较低。同样地，这也并不意味着性状遗传能力的改变。因此，一般而言，在谈到遗传力时，除应指明是哪一个品种、哪一个品系的哪一个性状外，还需指明是哪一个群体，以及群体所处的环境。

然而，在实际的家畜遗传育种工作中，如果把这个问题看得太绝对化，就会妨碍数量遗传学理论的推广应用。因为并不是每个畜群都具备估计遗传力的条件，要估计遗传力必须有完整的亲属记录，有足够大的样本含量，有相当稳定的饲养管理条件，以及一定的技术力量和统计学手段。然而，如果认为不能估计遗传力的畜群就不能应用遗传力，那就像认为不能分析饲料营养成分和进行饲养试验的场子就不能应用饲养标准一样错误。任何一个估计参数都不是一成不变的，特别是生物界的参数更是不可能具有很大的确定性。我们得到的遗传力只是性状遗传力的估计值，仅有相对的准确性。从另一个角度来说，控制同一数量性状的遗传基础在同种家畜的不同群体中基本上是相同的。大量的统计分析表明，性状遗传力估计值虽然各有差异，但仍具有相对的恒定性。例如，鸡产蛋量的遗传力估计值一般较低，猪胴体性状遗传力估计值一般较高。这种遗传力的相对恒定性已被近半个世纪以来的家畜育种进展所证实。

因此，只要在统计过程中注意消除固定环境的系统误差和扩大样本含量减少取样误差，一般说来，同一品种或品系的同一性状的遗传力估计值是可以通用的。尽管如此，应尽量使用本群资料估计的遗传力，但必须满足以下三个条件：度量正确、样本含量足够大和统计方法正确（包括没有系统误差）。这三个条件缺一不可，否则与其使用本群估计不正确的遗传力，还不如借用其他类似群体估计正确的遗传力。

作为数量遗传学中最重要的一个基本遗传参数，遗传力的作用是十分广泛的，它是数量遗传学中由表及里、从表型变异研究其遗传实质的一个关键的定量指标。无论是育种值估计、选择指数制定、选择反应预测、选择方法比较，还是育种规划决策等方面，遗传力均起着十分重要的作用。

2. 遗传力的估计原理　由于遗传力是反映数量性状遗传规律的一个定量指标，因此要想由表型变异来估计性状遗传力，必然需要利用在遗传上关系明确的两类个体同一性状的资料。借助于这一确定的遗传关系和它们的表型相关就可以估计出该性状的遗传力，这是所有遗传力估计方法的一个基本出发点。用图 10-2-1 可明确地表示这一基本原理，其中 P_1、P_2、A_1、A_2、R_1、R_2 分别表示两类个体的表型值、育种值、剩余值。

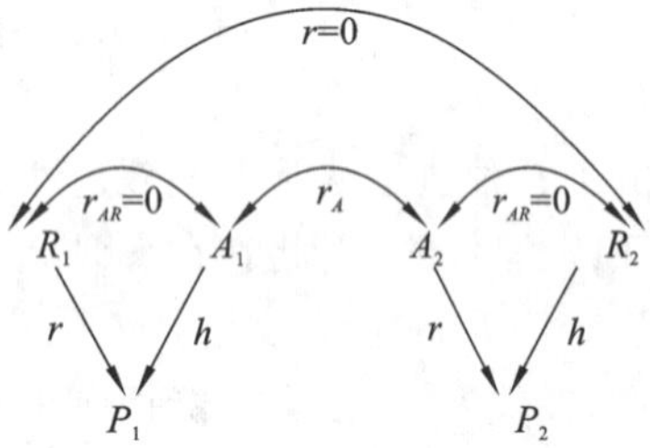

图 10-2-1　遗传力估计原理通径图

依据通径分析原理，两个变量之间的相关系数等于连接它们的所有通径链系数之和，而各通径链系数等于该通径链上的全部通径系数和相关系数的乘积。因此，假定不存在共同环境效应，即 $r_{AR}=0$，那么 P_1 和 P_2 之间的相关系数 r_P 可以计算如下：

$$r_P = hr_Ah = r_Ah^2 \qquad h^2 = \frac{r_P}{r_A}$$

式中，r_A 是两类个体间的遗传相关系数，即个体间的亲缘系数，注意区别于两性状间的遗传相关。通常亲缘系数是可以明确知道的。r_P 是两类个体表型值间的相关系数，在不同情况下可以通过相应的统计分析得到。因此，遗传力的估计实际上可以转化为这两个相关系数的计算。

遗传力的估计方法很多，但总的说来，可从下列两个方面加以归纳分类：从用于遗传力估计的两类个体间的遗传关系来看，有亲子资料、同胞资料及同卵双生资料等；从计算 r_P 的统计方法来看，有方差分析法、回归和相关分析法、最小二乘法、矩阵法、最大似然法及混合模型法等。当然这些估计方法的划分不是绝对的。对于具体的遗传力往往可以有多种估计方法，应灵活地运用这些不同的方法并选择最适宜者。

在动物遗传育种实践中，估计遗传力用得最多的资料类型是亲子资料和同胞资料。除此之外，家畜中还有其他一些资料类型，如祖孙资料、表兄妹资料等，由于这类资料个体的亲缘关系较远，r_A 很低，用来估计遗传力的误差太大，一般不予采用。因为从统计学角度看，一个参数的估计误差与其所乘的系数成平方关系，如果表型相关估计误差相同，由下式可见随 r_A 的减小，参数估计误差增大，即

$$V(h^2)=V\left(\frac{r_P}{r_A}\right)=\frac{1}{r_A^2}V(r_P) \tag{10-2-1}$$

因此，在实际的遗传力估计中，应尽量选用个体亲缘关系较近的资料，以降低遗传力的估计误差。当然，遗传力的估计误差还与表型相关系数的估计误差有关，而后者的大小与样本含量和统计方法本身有很大关系。因此，在评定各种遗传力估计方法优劣时，这两方面应同时考虑。

3. 遗传力的用途 遗传力这个概念在育种工作中引起战略性的观念革新，它唤醒人们对待育种工作中的一些原则问题，如繁育方法、选择方法和建系方法等，不能不顾性状的特点而一律处置，应该根据遗传力的不同分别施以不同的对策。

首先是遗传力不同的性状适合不同的繁育方法。遗传力高的性状在上、下代之间的相关性高，通过对亲代的选择可以在子代得到较大的反应，因此选择效果好。这一类性状宜采用纯繁来提高。早在 20 世纪 20 年代，人们测得鸡日增重的遗传力较高，就预料到通过纯繁选择可以很快提高这个性状，从而出现高效的肉鸡新品种。这个预见已为育种实践所证明。遗传力低的性状一般来说杂种优势比较明显，可通过经济杂交利用杂种优势。但有些遗传力低的性状，品种间的差异很明显，而品种内估测的遗传力却因随机环境方差过大而呈低值，这一类性状可以通过杂交引入优良基因来提高。

遗传力与选择方法也有很大关系。遗传力中等以上的性状可以采用个体表型选择这种既简单又有效的选择方法。遗传力低的性状宜采用均数选择方法，因为个体随机环境效应偏差在均数中相互抵消，平均表型值接近于平均育种值，根据平均表型值选择，其效果接近于根据平均育种值选择。均数选择方法有两种：一种是根据个体多次度量值的均数进行选择，这样能选出好的个体，但耗时较长，影响世代间隔；另一种是根据家系均值进行选择，谓之家系选择，但只能选出好的家系，不能选出好的个体。近几十年来，鸡的产蛋量遗传进展很大，主要是采用家系选择的结果。有少数遗传力又低，受母体效应影响又大的性状可采用家系内选择的方法。

前些年国内对建系方法的优劣颇有争议，有的人认为系谱建系好，有的人认为性状建系好。建系方法的实质是选择方法问题。没有一种对所有品系都好的方法。以遗传力高的性状为特点的品系，如高瘦肉率系，应该采用个体表型选择来组建基础群，也就是宜采用性状建系法。以遗传力低的性状为特点的系，如多羔系，应选择产双羔多的家系或家族来组建基础群，也就是宜采用系谱建系法。

遗传力几乎贯穿整个数量遗传学，而且其概念还在不断发展，如群间差异遗传力、综合指数遗传力、相关遗传力和杂种遗传力等。遗传力除用于以上宏观决策外，还有三种具体用处：一是预测遗传进展，二是估计个体育种值，三是制订综合选择指数。

三、重复力的估计

许多数量性状对于同一个体是可以多次度量的，例如，奶牛各泌乳期产奶量、母猪每胎产仔数、平均窝重等，个体一生就有好几个记录，表现为不同时间的重复度量。测量山羊不同身体部位羊绒的长度和纤维质量，各部位可得到不同的记录，这是在不同空间上的重复度量。因此，在种畜评定时究竟应当依据哪一次记录？一般而言，依据哪一次都可以，但用多次度量资料进行综合评定更为可

靠。因为度量次数越多，信息量越大，取样误差越小，估计就越准确。那么到底需要度量多少次合适？这取决于该性状在个体多次度量值间的相关程度。

1. 重复力的概念和估计原理 Lush(1937)在《动物育种计划》一书中提出了重复力这一概念，用来衡量一个数量性状在同一个体多次度量值之间的相关程度。严格说来，重复力不能作为一个遗传参数，但因为这一概念是在数量遗传学早期提出的，而且它确实也与数量性状遗传规律有一定的联系，所以还是把它作为一个遗传参数。因为这种多次度量值间的相关程度是用组内相关方法估计的，所以需要用组内相关法求重复力。

所谓组内相关系数是指组内有某种特定联系的多组数据两两之间的平均相关系数，可以用个体来分组，每组数据就是一个个体的各次度量值；也可以用家系分组，每组数据就是一个家系内各个体度量值。与两变量简单相关系数计算一样，组内相关系数也是通过计算变量方差和协方差得到的。不过，由于组内不只是一对记录，且不能区分为两类确定的变量，因此每一个数据都要当作两个不同变量使用两次。

一般地，估计重复力的公式如下：

$$r_e = \frac{\text{组间方差}}{\text{组间方差}+\text{组内方差}} = \frac{\sigma_B^2}{\sigma_B^2+\sigma_W^2} \tag{10-2-2}$$

为了更好地理解这一公式的性质，需要清楚对一个个体而言，其合子一经形成，基因型就固定了，因而所有的基因效应都对该个体所有性状产生终身影响。非但如此，个体所处的一般环境（或称持久性环境）也将对性状的终身表现产生相同的影响。所谓持久性环境效应是指时间上持久、空间上非局部效应的环境因素对个体性状表现所产生的效应。除持久性环境因素的影响外，一些暂时的或局部的特殊环境因素只对个体性状的某次度量值产生影响，这种效应称为暂时性环境效应。当个体性状多次度量时，这种暂时性环境效应对各次度量值的影响有大有小、有正有负，可以相互抵消一部分，从而可提高个体性状生产性能估计的准确性。由于个体基因型效应和持久性环境效应完全决定了个体终身生产性能表现的潜力，Lush(1937)将这两部分效应统称为最大可能生产力。

从效应剖分来看，可以将环境效应(E)剖分为持久性环境效应(E_P)和暂时性环境效应(E_T)两个部分，即：$E=E_P+E_T$。因此，$P=G+E=G+E_P+E_T$。假定基因型效应、永久性环境效应和暂时性环境效应之间都不相关，可得到：

$$V(P)=V(G)+V(E_P)+V(E_T) \tag{10-2-3}$$

重复力 r_e 可定义如下：

$$r_e=\frac{V(G)+V(E_P)}{V(P)}=\frac{V(G)+V(E_P)}{V(G)+V(E_P)+V(E_T)} \tag{10-2-4}$$

它反映了一个性状受到遗传效应和持久性环境效应影响的大小。r_e 高说明性状受暂时性环境效应影响小，每次度量值的代表性强，因而所需度量的次数就少；反之，r_e 低说明性状受暂时性环境效应影响大，每次度量值的代表性差，因而所需度量的次数就多。

由重复力的定义就可以知道，重复力实际上就是以个体多次度量值为组的组内相关系数，因而其估计方法与组内相关系数的计算完全一致。

2. 重复力的作用 重复力的作用大致可归纳为以下五个方面。

(1) 重复力可用于验证遗传力估计的正确性：由重复力估计原理可以知道，重复力的大小不仅取决于所有的基因型效应，而且取决于持久性环境效应，这两部分之和必然高于基因加性效应，因而重复力是同一性状遗传力的上限。另外，因重复力估计方法比较简单，而且估计误差比相同性状遗传力的估计误差要小，估计更为准确。因此，如果遗传力估计值高于同一性状的重复力估计值，则一般说明遗传力估计有误。

(2) 重复力可用于确定性状需要度量的次数：由于重复力就是性状同一个体多次度量值间的相关系数，依据它的大小就可以确定达到一定准确度要求所需的度量次数。其应用公式如下：

$$\text{准确度 } Q=\sqrt{\frac{n r_e}{1+(n-1)r_e}}$$

Note

式中，n 为性状度量次数。

(3) 重复力可用于估计个体最大可能生产力：当需要较多个具有不同度量次数的个体的生产性能时，首先应依据各个体的多次度量均值估计出 Lush(1937)提出的最大可能生产力(MPPA)，消除个体暂时性环境影响，以获得更可靠的比较结果。这时可采用线性回归方法用 n 次度量均值估计 MPPA。

(4) 重复力可用于种畜育种值的估计：类似于 MPPA 的估计，个体多次度量均值亦可用于提高个体育种值的估计准确度，这时就需要用到重复力。

(5) 重复力可用于确定各单次记录估计总性能的效率：假定 $r_{P_i\overline{P}_n}$ 表示用第 i 次记录估计所有 n 次记录平均值的准确度，即它们的相关系数。显然 $r_{P_i\overline{P}_n}$ 越高，说明用第 i 次记录估计效果越好。此外，还可以利用重复力确定不同次记录合并估计总均值的效率大小等。

四、遗传相关的估计

生物体作为一个有机的整体，它所表现的各种性状之间必然存在着内在的联系。从数量遗传学这一角度，可以采用遗传相关来描述不同性状之间由于各种遗传原因造成的相关程度大小。这一参数实际上是在研究选择指数理论时提出的，Hazel(1943)在他提出的综合选择指数计算时，需要用到不同性状间的遗传协方差，因而提出了遗传相关这一概念及相应的估计方法。由于遗传相关反映了性状间的遗传关系，因而具有重要的理论意义和实践意义，一经提出即受到广泛重视，并列为一个重要的遗传参数。

1. 遗传相关的概念和估计原理 正如对数量性状表型值剖分一样，研究性状间的相关时也需要区分表型相关和遗传相关。所谓表型相关就是同一个体的两个数量性状度量值间的相关。造成这一相关的原因很多且十分复杂，一般而言，可将这些原因分为两大类：一类是出于基因的一因多效和基因间的连锁不平衡造成的性状间遗传上的相关。不同基因间的连锁造成的遗传相关，由于基因间的互换而丧失，因此随着连续世代的基因互换，基因连锁逐渐消失，由此造成的遗传相关也逐渐减小。除非是基因间高度紧密连锁，一般而言，由基因连锁造成的遗传相关是不能稳定遗传的。但是出于基因一因多效造成的遗传相关则是能够稳定遗传的。此外，即使非连锁基因也能由于它们对个体生活力有类似的效应而造成部分遗传相关。另一类是由于两个性状受个体所处相同环境造成的相关，称为环境相关。另外，由于等位基因间的显性效应和非等位基因间的上位效应所造成的一些相关也不能真实遗传，因此一般并入环境相关之中，统称为剩余值间的相关。在这两类遗传和环境相关原因的共同作用下，两个性状之间呈现出一定的表型相关，如图 10-2-2 所示。

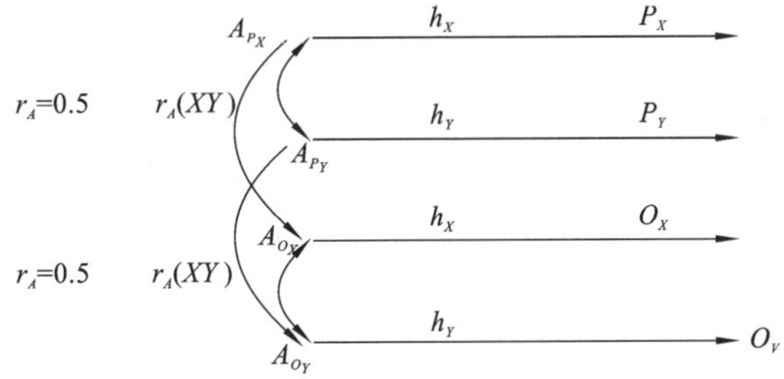

图 10-2-2 亲子两性状的通径关系图

遗传相关的估计方法与遗传力估计方法类似，需要通过两类亲缘关系明确的个体的两个性状表型值间的关系来估计。

2. 遗传相关的用途 遗传相关的作用可归纳为以下三个方面。

(1) 间接选择：遗传相关可用于确定间接选择的依据和预测间接选择反应大小。间接选择是指当一个性状(如 X)不能直接选择或者直接选择效果很差时，借助与之相关的另一个性状(如 Y)的选择来达到对性状 X 的选择目的。间接选择在育种实践中具有很重要的意义，如有些性状只有在屠宰后才能度量，有些性状只能在个体的生命晚期才能度量，有些性状受性别限制不能直接度量，还有些性状直接选择效果不理想，在这些情况下都可以考虑采用间接选择。

（2）不同环境下的选择：遗传相关可用于比较不同环境条件下的选择效果。实际上，不但不同性状可以来估计遗传相关，而且同一性状在不同环境下的表现也可以作为不同的性状来估计遗传相关。这就为解决育种工作中的一个重要实际问题提供了理论依据，即在条件优良的种畜场选育的优良品种，推广到条件较差的其他条件生产场能否保持其优良特性？实质上就是用遗传相关进一步推断同一性状在不同环境下的选择反应是否一致。

（3）多性状选择：一般而言，只要涉及两个性状以上的选择问题，都需要用到遗传相关这一参数制订相关性状的选择指数，这也是遗传相关的主要用途之一。

任务三　数量性状遗传参数

任务知识

理论上，不同条件下、不同群体或同一群体的不同世代的遗传参数都可能有所不同，需要单独估计。但在我国目前畜牧生产工作中，生产性能测定工作不够完善，依靠本场进行遗传参数的估计会因群体规模小、记载不完全、技术条件较差或环境条件不稳定等多方面原因而无法实现。在上一节中，我们叙述了数量性状及其遗传参数的估计，可以看到，数量性状的遗传是有规律可循的，因此，借助前人对数量性状遗传规律的研究文献并总结归纳如下。

一、鸡的数量性状遗传参数

按照生产性能分类，鸡可分为蛋用鸡、肉用鸡、蛋肉兼用鸡和其他类型鸡。其中蛋用鸡和肉用鸡质量是养鸡生产的主要目标。

蛋用鸡最重要的经济性状包括产蛋量、蛋重、开产日龄、饲料报酬、蛋的品质、抗病力、受精率、孵化率等。

肉用鸡最重要的经济性状包括生长速度、饲料报酬、体尺、胴体重、胴体品质等。

1. 遗传力　鸡的主要数量性状的遗传力如表 10-2-1 所示。

表 10-2-1　鸡的主要数量性状的遗传力

性　状	遗　传　力	性　状	遗　传　力
受精率	0.00～0.05	蛋黄色泽	0.10～0.40
孵化率	0.05～0.20	蛋白黏度	0.01～0.75
产蛋率	0.15	蛋白厚度	0.30～0.50
入舍母鸡产蛋量	0.05～0.15	蛋用鸡的饲料报酬	0.50～0.60
母鸡日产蛋量	0.15～0.30	300 日龄产蛋数	0.19～0.23
母鸡年产蛋量	0.20	500 日龄产蛋数	0.24
开产日龄	0.20～0.50	300 日龄蛋重	0.58
蛋重	0.40～0.70	开产体重	0.45
蛋形	020～0.30	初生体重	0.25
蛋壳颜色	0.50～0.60	6 周龄体重	0.25
蛋的品质	0.05～0.15	18 周龄体重	0.75
蛋壳强度	0.30～0.40	300 月龄体重	0.49
蛋壳厚度	0.25～0.60		

Note

续表

性　　状	遗　传　力	性　　状	遗　传　力
72 周龄体重	0.17	腹脂重	0.50
体重	0.30～0.70	腹脂占胴体的比例	0.60
日增重	0.25～0.4	含水量	0.30～0.40
采食量	0.2	蛋白质比例	0.40～0.50
饲料利用率	0.25～0.4	脂肪比例	0.40～0.50
胸宽	0.28	灰分比例	0.20～0.30
龙骨长	0.39	血斑与肉斑	0.10
屠宰率	0.41	马力克抗病力	0.05～0.20
胴体重	0.24～0.35	球虫病抗病力	0.28

2. 遗传相关　鸡的主要数量性状的遗传相关如表 10-2-2 所示。

表 10-2-2　鸡的主要数量性状的遗传相关

性　　状	遗传相关	性　　状	遗传相关
蛋用鸡			
产蛋数与蛋重	−0.50～−0.25	18 周龄体重与 300 月龄体重	0.95
产蛋数与体重	−0.60～−0.20	18 周龄体重与 300 月龄蛋重	0.79
产蛋数与性成熟期	−0.50～−0.15	300 月龄体重与 300 月龄蛋重	0.92
产蛋数与孵化率	−0.20～0.30	300 月龄蛋重与 72 周龄蛋重	0.82
产蛋数与马力克抗病力	0.10～0.30	300 月龄蛋重与 300 天产蛋数	−0.63～−0.08
产蛋数与饲料利用率	0.50～1.00	300 月龄产蛋数与 72 周龄产蛋数	0.62～0.85
早期产蛋量与后期产蛋量	−0.10～0.00	40 周龄产蛋数与 40 周龄蛋重	−0.21
蛋重与体重	0.20～0.69	血斑与性成熟	−0.10
蛋重与蛋壳厚度	−0.40～0.10	血斑与产蛋率	0.08
蛋重与饲料利用率	−0.60～0.20	血斑与蛋重	−0.04
蛋重与孵化率	−0.41～−0.20	初生重与 6 周龄体重	0.42
蛋重与蛋壳重	0.66	初生重与 18 周龄体重	0.39
蛋壳重与生活力	−0.72	6 周龄体重与 18 周龄体重	0.91
体重与产蛋率	−0.58	6 周龄体重与开产体重	0.91
体重与蛋壳重	0.29	6 周龄体重与 300 月龄蛋重	0.84
体重与孵化率	−0.24	6 周龄体重与 72 周产蛋数	0.63
体重与生活力	−0.16	18 周龄体重与开产体重	0.77
产蛋率与蛋重	−0.66～−0.25	18 周龄体重与 300 月龄蛋重	0.79
产蛋率与生活力	−0.16～0.05	开产体重与 300 月龄蛋重	0.86
产蛋率与性成熟	−0.55	开产日龄与 72 周龄产蛋数	−0.66～−0.37
产蛋率与孵化率	−0.15～−0.13	开产日龄与 40 周龄蛋重	0.41
孵化率与生活力	−0.25	开产日龄与 40 周龄产蛋数	−0.11
肉用鸡			
日采食量与日增重	0.74	日采食量与腹脂重	0.27
日采食量与饲料利用率	0.14	日采食量与胴体蛋白率	−0.06
日采食量与 41 日龄体重	0.71		

二、鸭鹅的数量性状遗传参数

1. 鸭 鸭的生产主要关注产蛋和产肉性能。产蛋性能的主要性状是开产日龄、产蛋数、蛋重等,产肉性能的主要性状包括增重、料重比等。

(1)遗传力:鸭的部分数量性状的遗传力如表10-2-3所示。

表10-2-3 鸭的部分数量性状的遗传力

性状	遗传力	性状	遗传力
初生重	0.54	产蛋率	0.36
1月龄活重	0.15	蛋重	0.50
2月龄活重	0.42	受精率	0.17
70日龄体重	0.56	孵化率	0.14
13周龄体重	0.27	开产日龄	0.29～0.38
开产体重	0.34～0.79	开产蛋重	0.23～0.34
300日龄体重	0.49～0.71	240日龄产蛋数	0.52～0.78
0～70日龄日增重	0.37	300日龄产蛋数	0.47～0.57
0～70日龄料重比	0.29	500日龄产蛋数	0.59～0.94
胴体重	0.78	240日龄蛋重	0.19
屠宰率	0.71	300日龄蛋重	0.38～0.52
胫骨长	0.36	500日龄蛋重	0.23
胸肌重	0.88		

(2)遗传相关:鸭的部分数量性状遗传相关如表10-2-4所示。

表10-2-4 鸭的部分数量性状的遗传相关

性状	遗传相关	性状	遗传相关
初生重与42日龄体重	0.71	开产体重与开产日龄	0.37
初生重与70日龄体重	0.89	开产体重与300日龄蛋重	0.56
初生重与84日龄体重	0.91	300日龄产蛋量与300日龄蛋重	−0.62～−0.42
初生重与0～70日龄日增重	0.83	300日龄蛋重与500日龄产蛋量	−0.83
初生重与0～84日龄日增重	0.53	240日龄产蛋数与300日龄产蛋数	0.96
初生重与42日龄料重比	−0.22	240日龄产蛋数与500日龄产蛋数	0.93
初生重与300日龄蛋重	0.95	240日龄蛋重与300日龄蛋重	0.91
21日龄体重与70日龄体重	0.74	300日龄蛋重与500日龄蛋重	0.91
21日龄体重与84日龄体重	0.83	开产日龄与300日龄产蛋数	−0.64
21日龄体重与0～70日龄日增重	0.67	开产蛋重与300日龄蛋重	0.59
42日龄料重比与84日龄体重	−0.73	3000日龄体重与蛋重	0.72
0～70日龄日增重与70日龄体重	−0.91	产蛋率与蛋重	−0.25
84日龄料重比与84日龄体重	−0.39	产蛋率与壳重	−0.25
0～84日龄日增重与84日龄料重比	−0.79	产蛋率与孵化率	0.13
42日龄体重与300日龄蛋重	−0.60	产蛋率与生活力	−0.05
42日龄体重与开产体重	0.69	产蛋率与性成熟	−0.55
0～70日龄日增重与开产日龄	−0.73	蛋重与壳重	0.66

Note

续表

性　　状	遗 传 相 关	性　　状	遗 传 相 关
蛋重与孵化率	−0.15	体重与孵化率	−0.24
蛋重与生活力	−0.16	体重与蛋重	0.69
壳重与孵化率	−0.41	体重与生活力	−0.16

2. 鹅　有关鹅的数量性状遗传规律的研究报道比较少见。相关报道主要针对鹅的产蛋性能和生长性能的有关性状(表 10-2-5)。

表 10-2-5　鹅的部分数量性状的遗传力

性　　状	遗　传　力	性　　状	遗　传　力
肝重	0.42～0.48	孵化率	0.04
产蛋率	0.16	初生重	0.16
产蛋量	0.24～0.40	开产日龄	0.36～0.40
蛋重	0.38～0.67	体重	0.30～0.69
受精率	0.09	成年体重	0.64

三、猪的数量性状遗传参数

猪肉是养猪生产中最主要的产品。因此,养猪生产中,最主要的经济性状是与肉产量和品质相关的性状,包括生长速度、饲料报酬、胴体品质以及母猪的繁殖力与母性等。

1. 遗传力　猪的一些数量性状的遗传力见表 10-2-6。

表 10-2-6　猪的一些数量性状的遗传力

性　　状	遗　传　力	性　　状	遗　传　力
初生重	0.15	体长	0.45～0.60
断奶重	0.10～0.20	椎骨数	0.70
断奶窝重	0.10～0.17	体格类型	0.29
断奶后至出售的日增重	0.25～0.30	后腿比例	0.40
眼肌面积	0.40～0.60	乳头数	0.20
胴体品质	0.46～0.63	胴体侧面膘厚	0.20～0.40
背膘与肌层厚比例	0.50	背膘厚	0.12～0.74
瘦肉与脂肪比例	0.45	腿肉比例	0.30～0.60
断奶后平均日增重	0.45	肉脂比例	0.30～0.70
二月龄断奶体重	0.20～0.25	肉的坚结度	0.20
达 90 kg 日龄	0.30	肉的大理石花纹状	0.20
生长强度	0.55	肉的容水量	0.65
成年体重	0.50	肉的多汁性	0.20
饲料报酬	0.12～0.58	肉的含脂量	0.40
采食量	0.13～0.62	肉的松软度	0.58
屠宰率	0.30～0.35	肉的颜色	0.15～0.57
胴体长	0.55～0.60	性成熟年龄	0.35～0.50
肌肉 pH	0.04～0.41	公猪睾丸大小	0.37～0.44
系水力	0.01～0.43	孕期长短	0.45

Note

续表

性　状	遗　传　力	性　状	遗　传　力
窝产仔数	0.10～0.15	泌乳力	0.06
断奶仔猪数	0.15	怀胎率	0.05

2. 遗传相关　猪的一些数量性状的遗传相关见表 10-2-7。

表 10-2-7　猪的一些数量性状的遗传相关

性　状	遗传相关	性　状	遗传相关
初生重与断奶后日增重	0.65	肥育期增重与饲料利用率	0.50～1.00
断奶重与断奶后增重	0.51	肥育期增重与背膘厚	－0.25～0.30
断奶后增重与达 90 kg 日龄	－0.91	肥育期增重与体长	－0.50～0.10
断奶后增重与饲料利用率	0.80	肥育期增重与肉色	－0.40～－0.20
断奶后增重与背膘厚	－0.05	眼肌面积与背膘厚	－0.35
日增重与饲料消耗	－0.70	眼肌面积与胴体出肉率	0.70
日增重与胴体长	0.35	眼肌面积与屠宰率	0.35
日增重与瘦肉率	0.65	眼肌面积与胴体长	－0.47
日增重与饲养期	－0.92	眼肌面积与肉色	－0.40～－0.20
日增重与眼肌面积	0.20	眼肌面积与总饲料量	－0.11
日增重与瘦肉切块/(%)	0.21	胴体长与背膘厚	－0.07
日增重与背膘厚	0.12	胴体长与总饲料量	－0.16
日增重与采食量	0.65	胴体长与后腿评级	0.30
背膘厚与体长	－0.25～－0.50	72 日龄体重与饲养需要	－0.29
背膘厚与眼肌面积	－0.15～－0.40	72 日龄体重与日增重	0.42
背膘厚与肉色	0.70～0.90	窝的大小与达 90 kg 日龄	－0.13
背膘厚与采食量	0.37	窝的大小与背膘厚	0.10
背膘厚与饲料报酬	0.30	肉的颜色与后腿评级	－0.55

四、绵羊的数量性状遗传参数

绵羊的生产中主要关注毛用、肉用性能。无论毛用、肉用都与体格大小有关，生长发育和抗病力的有关性状在生产中也起到至关重要的作用。与毛用相关的性状包括产毛量、毛束长度、毛细度、毛密度等，与肉用相关的性状包括增重、出肉率、肉的品质相关性状等。

1. 遗传力　绵羊的一些数量性状的遗传力如表 10-2-8 所示。

表 10-2-8　绵羊的一些数量性状的遗传力

性　状	遗　传　力	性　状	遗　传　力
产羔数	0.05～0.15	断奶后增重	0.40～0.45
育羔率/(%)	0.10～0.20	增重率	0.20～0.25
精液浓度	0.05～0.15	脂肪厚度	0.20～0.25
精子活力	0.05～0.15	眼肌面积	0.40～0.50
初生重	0.30～0.40	大理石纹	0.20～0.25
断奶重(50 日龄)	0.30～0.40	嫩度	0.30～0.35

Note

续表

性　　状	遗　传　力	性　　状	遗　传　力
瘦肉产量	0.30～0.40	毛细度	0.45
胴体评级	0.15～0.20	毛密度	0.31
颈部皱褶	0.25～0.30	抗线虫能力	0.11～0.55
面毛	0.40～0.60	抗血矛线虫病能力	0.33～0.14
弯曲度	0.20～0.40	抗体内寄生虫能力	0.27～0.53
体皱褶	0.35～0.40	性成熟年龄	0.1～0.26
净毛重	0.40～0.50	初情期	0.10～0.50
污毛重	0.45～0.50	睾丸大小	0.24～0.75
毛束长	0.40～0.50	瘦肉厚度	0.15～0.46
纤维直径	0.30～0.55	瘦肉宽度	0.32
净毛率/(%)	0.30～0.40	脂肪厚度	0.16～0.68

2. 遗传相关　绵羊的一些数量性状的遗传相关如表 10-2-9 所示。

表 10-2-9　绵羊的一些数量性状的遗传相关

性　　状	遗传相关	性　　状	遗传相关
初生重与断奶重	0.3	体重与毛束长	−0.26～0.04
初生重与 120 日龄体重	0.3	体重与纤维直径	−0.21～0.12
断奶重与每增重 1 磅所耗饲料	0.55	体重与产羔数	0.23
断奶重与污毛重	0.05	体重与羔羊发情周期次数	0.30～0.60
污毛重与净毛重	0.65～0.82	体重与断奶羔数	0.47
污毛重与体重	−0.11～0.26	每平方毫米纤维数与毛束长	−0.36～−0.22
净毛重与体重	−0.12～0.66	每平方毫米纤维数与纤维直径	−0.70～−0.63
净毛重与毛束长	0.22～0.89	每平方毫米纤维数与产羔数	0.37
净毛重与纤维直径	0.16～0.35	毛束长与纤维直径	−0.11～0.44
体重与每平方毫米纤维数	−0.20～0.13	毛束长与每英寸卷曲	−0.75～0.34

五、山羊的数量性状遗传参数

山羊的主要生产类型包括肉用、奶用、毛用、绒用等。肉用性能的性状包括生长性状、产肉性状、肉质性状、饲料报酬等，奶用性能的性状包括产奶量、奶的品质等，毛用和绒用性状包括纤维的长度、细度、产量、强度等。各类型山羊的生产性能还与体尺形态、繁殖性能有关。

1. 遗传力　奶山羊的一些数量性状的遗传力如表 10-2-10 所示。

表 10-2-10　奶山羊的一些数量性状的遗传力

山羊类型	性　　状	遗　传　力	山羊类型	性　　状	遗　传　力
奶用	7 月龄体重	0.16	奶用	7 月龄额宽	0.30
奶用	7 月龄体高	0.11	奶用	12 月龄额宽	0.31
奶用	7 月龄胸围	0.28	奶用	90 月龄产奶量	0.25
奶用	7 月龄头长	0.30	奶用	150 月龄产奶量	0.14
奶用	12 月龄头长	0.37	奶用	300 月龄产奶量	0.33

续表

山羊类型	性状	遗传力	山羊类型	性状	遗传力
肉用	产羔数	0.15	绒用	周岁重	0.17
肉用	初生重	0.43	绒用	初级毛囊密度(*P*)	0.16
肉用	1月龄体重	0.39	绒用	次级毛囊密度(*S*)	0.14
肉用	2月龄体重	0.35	绒用	*S*/*P*	0.53
绒用	初生重	0.20～0.6	绒用	次级毛囊外径	0.58
绒用	断乳重	0.09～0.3	绒用	初级毛囊外径	0.08
绒用	日增重	0.09～0.3	绒用	次级毛囊内径	0.19
绒用	周岁重	0.14～0.2	绒用	初级毛囊内径	0.50
绒用	周岁产绒量	0.44	绒用	次级毛囊深度	0.00
绒用	成年产绒量	0.26	绒用	初级毛囊深度	0.20
绒用	抓绒后体重	0.26	毛用	剪毛量	0.07
绒用	绒厚	0.21	毛用	纤维直径	0.51
绒用	净绒量	0.69	毛用	活重	0.57
绒用	绒长度	0.26	毛用	有髓毛含量	0.39
绒用	绒层高度	0.31	毛用	干死毛含量	0.42
绒用	毛长	0.31	毛用	污毛量	0.54
绒用	绒细度	0.28	毛用	毛丛长	0.79
绒用	绒伸直长度	0.21	毛用	干死毛评分	0.36

2. 遗传相关 山羊的一些数量性状的遗传相关如表10-2-11所示。

表10-2-11 山羊的一些数量性状的遗传相关

性状	遗传相关	性状	遗传相关
绒用山羊			
周岁产绒量与成年产绒量	0.34	产绒量与体重	0.71
产绒量与抓绒后体重	0.77	产绒量与绒直径	0.66
绒伸直长度与抓绒量	0.26	体重与抓绒量	−0.13
绒伸直长度与绒厚	0.91	体重与绒厚度	−0.77～−0.22
绒伸直长度与毛长	0.26	体重与毛长	−0.12
绒厚与抓绒量	0.38	体重与绒细度	−0.11
绒厚与绒细度	0.28	体重与绒伸直长度	−0.24
周岁重与初生重	0.37	体重与初生重	0.84
周岁重与断乳重	0.65	体重与断奶重	0.42
周岁重与日增重	0.82	*S*/*P*的值与产绒量	0.68
日增重与断乳重	0.93	*S*/*P*的值与体重	0.42
抓绒量与毛长	−0.23	*S*/*P*的值与绒直径	−0.34
绒细度与绒伸直长度	−0.02	次级毛囊外径与产绒量	0.45
产绒量与净绒量	0.72	次级毛囊外径与绒直径	0.49
产绒量与绒层高度	0.62		

续表

性　　状	遗传相关	性　　状	遗传相关
毛用山羊			
活重与污毛量	0.10～0.54	污毛量与干死毛含量	−0.01～0.49
活重与纤维直径	0.13～0.48	纤维直径与毛丛长	−0.03～0.28
活重与毛丛长	−0.16～0.28	纤维直径与有髓毛	0.18～0.37
活重与有髓毛	−0.04～0.12	纤维直径与干死毛评分	−0.07～0.71
活重与干死毛评分	−0.01～0.30	纤维直径与干死毛含量	−0.02～0.29
活重与干死毛含量	−0.01～0.29	毛丛长与有髓毛	−0.07～0.10
污毛量与纤维直径	0.14～0.98	毛丛长与干死毛评分	−0.04～0.17
污毛量与毛丛长	−0.24～0.40	毛丛长与干死毛含量	0.05～0.21
污毛量与有髓毛	−0.12～0.24	有髓毛与干死毛含量	0.05～0.72
污毛量与干死毛评分	−0.18～0.06		
奶用山羊			
90日龄产奶量与7月龄体重	0.95	90日龄产奶量与150日龄产奶量	0.97
90日龄产奶量与7月龄体高	0.85	90日龄产奶量与300日龄产奶量	0.71
90日龄产奶量与7月龄体长	0.83	90日龄产奶量与最高日产奶量	0.97
90日龄产奶量与7月龄胸围	0.99	90日龄产奶量与妊娠期	0.88
90日龄产奶量与12月龄头长	0.96	150日龄产奶量与300日龄产奶量	0.53
90日龄产奶量与12月龄头宽	−0.84		
肉用山羊			
产羔数与羔羊初生重	−0.34	羔羊初生重与羔羊1月龄重	0.64
产羔数与羔羊1月龄重	−0.36	羔羊初生重与羔羊2月龄重	0.72
产羔数与羔羊2月龄重	−0.41	羔羊1月龄重与2月龄重	0.78

六、牛的数量性状遗传参数

在养牛生产中，主要关注牛的乳用和肉用生产性能。奶牛的主要数量性状包括体型性状、产奶量与奶的品质相关性状以及奶牛的繁殖性状、抗病性状等。肉牛的主要数量性状包括生长性状、胴体性状、肉的品质、饲料利用率和繁殖性状等。

1. 奶牛

(1) 遗传力：奶牛的一些数量性状的遗传力如表10-2-12所示。

表10-2-12　奶牛的一些数量性状的遗传力

性　　状	遗　传　力	性　　状	遗　传　力
乳房韧带	0.17～0.27	棱角性	0.19～0.31
后乳房宽	0.17～0.27	体强度	0.22～0.29
乳房深	0.23～0.38	体高	0.45～0.60
前乳房附着	0.19～0.33	体深	0.30～0.45
乳头位置	0.30～0.45	耆甲高	0.50～0.70
蹄角度	0.18～0.32	胸围	0.30～0.60
尻角度	0.21～0.39	外形评分	020～0.30
尻宽	0.23～0.33	乳头长	0.60～0.98

续表

性　状	遗　传　力	性　状	遗　传　力
乳头直径	0.38～0.48	体重	0.61
多余乳头	0.23～0.37	公牛射精量	0.06
产奶量	0.20～0.40	精液浓度	0.32
乳脂量	0.25～0.35	母牛初配年龄	0.18
乳脂率	0.30～0.80	初产犊年龄	0.24
乳蛋白量	0.40～0.70	受胎率	0.06
乳蛋白率	0.25～0.60	产后第一次配种间隔天数	0.10
非脂干物质含量	0.40～0.70	产犊间隔	0.05～0.36
乳糖量	0.25	情期受胎率	0.20～0.50
脂肪浓度	0.40～0.55	妊娠期(青年母牛)	0.25～0.45
蛋白浓度	0.40～0.55	双胎	0.01～0.03
乳糖浓度	0.28	难产	0.01～0.05
挤奶流速	0.15～0.80	蹄叶炎	0.22
产奶饲料转化率	0.20～0.48	乳房炎	0.01～0.12
第 1 个泌乳期泌乳量	0.33	酮尿病	0.07
第 2 个泌乳期泌乳量	0.10	乳头损伤	0.14
第 3 个泌乳期泌乳量	0.24	乳房炎抗病力	0.10～0.40
持续泌乳力	0.15～0.30	眼睑肿瘤	0.20～0.40
前乳房产奶比率	0.10～0.50		

(2) 遗传相关:奶牛的一些数量性状的遗传相关如表 10-2-13 所示。

表 10-2-13　奶牛的一些数量性状的遗传相关

性　状	遗 传 相 关	性　状	遗 传 相 关
头胎产奶量与成年产奶量	0.70～0.85	产奶量与胴体脂肪率	−0.05～0.15
产奶量与乳脂率	−0.07～−0.70	产奶量与胴体瘦肉率	−0.15～0.10
产奶量与乳脂量	0.85	产奶量与胴体骨率	0.10～0.40
产奶量与脱脂干物质率	0.00～0.02	产奶量与肉骨比例	−0.40～−0.10
产奶量与乳蛋白率	−0.50～−0.23	乳脂率与脱脂干物质率	0.30～0.70
产奶量与乳蛋白量	0.89	乳脂率与乳蛋白率	0.40～0.70
产奶量与乳糖量	0.96	体重与料乳转化效率	−0.10
产奶量与乳糖浓度	0.01	肥育期增重与屠宰率	0.10～0.40
产奶量与饲料利用率	0.80～0.95	肥育期增重与胴体脂肪率	0.00～0.10
产奶量与泌乳速度	0.20～0.30	肥育期增重与胴体瘦肉率	−0.50～−0.05
产奶量与前乳房泌乳量	−0.20～0.90	肥育期增重与难产	0.20～0.35
产奶量与持久力	0.10～0.20	产奶量与日增重	0.70
产奶量与鬐甲高	0.30～0.70	产奶量与体重	0.79
产奶量与胸围	0.00～0.40	产奶量与胴体重	0.85
产奶量与肥育期日增重	0.00～0.20	产奶量与胴体肥度	−0.05

Note

续表

性　状	遗传相关	性　状	遗传相关
产奶量与脂肪覆盖	0.58	第一泌乳期产奶量与尻角度	0.16
产奶量与屠宰率	0.001	第一泌乳期产奶量与尻宽	−0.35
乳脂率与日增重	−0.12	第一泌乳期产奶量与后乳房宽	0.11
乳脂率与体重	−0.07	第一泌乳期产奶量与乳房韧带	0.07
乳脂率与胴体重	−0.05	第一泌乳期产奶量与乳房深	−0.52
乳脂率与胴体肥度	0.03	第一泌乳期产奶量与前乳房位置	−0.18
乳脂率与脂肪覆盖	0.18	第一泌乳期产奶量与乳头长	0.01
乳脂率与屠宰率	0.14	第一泌乳期乳脂量与体高	−0.06
乳蛋白率与日增重	−0.34	第一泌乳期乳脂量与胸宽	−0.22
乳蛋白率与体重	−0.36	第一泌乳期乳脂量与体深	−0.11
乳蛋白率与胴体重	−0.22	第一泌乳期乳脂量与棱角性	0.25
乳蛋白率与胴体肥度	0.20	第一泌乳期乳脂量与尻角度	0.15
乳蛋白率与脂肪覆盖	−0.11	第一泌乳期乳脂量与尻宽	−0.28
乳蛋白率与屠宰率	0.25	第一泌乳期乳脂量与后乳房宽	0.07
乳脂量与日增重	0.58	第一泌乳期乳脂量与乳房韧带	0.01
乳脂量与体重	0.78	第一泌乳期乳脂量与乳房深	−0.23
乳脂量与胴体重	0.85	第一泌乳期乳脂量与前乳房位置	−0.03
乳脂量与胴体肥度	−0.03	第一泌乳期乳脂量与乳头长	−0.03
乳脂量与脂肪覆盖	0.63	第一泌乳期乳蛋白量与体高	−0.05
乳脂量与屠宰率	0.08	第一泌乳期乳蛋白量与胸宽	−0.31
乳蛋白量与日增重	0.49	第一泌乳期乳蛋白量与体深	−0.10
乳蛋白量与体重	0.65	第一泌乳期乳蛋白量与棱角性	0.32
乳蛋白量与胴体重	0.74	第一泌乳期乳蛋白量与尻角度	0.17
乳蛋白量与胴体肥度	0.06	第一泌乳期乳蛋白量与尻宽	−0.29
乳蛋白量与脂肪覆盖	0.49	第一泌乳期乳蛋白量与后乳房宽	0.02
乳蛋白量与屠宰率	0.14	第一泌乳期乳蛋白量与乳房韧带	0.16
第一泌乳期产奶量与体高	−0.09	第一泌乳期乳蛋白量与乳房深	−0.39
第一泌乳期产奶量与胸宽	−0.17	第一泌乳期乳蛋白量与前乳房位置	−0.11
第一泌乳期产奶量与体深	−0.02	第一泌乳期乳蛋白量与乳头长	0.01
第一泌乳期产奶量与棱角性	0.15		

2. 肉牛

(1) 遗传力:肉牛的一些数量性状的遗传力如表 10-2-14 所示。

表 10-2-14　肉牛的一些数量性状的遗传力

性　状	遗　传　力	性　状	遗　传　力
背膘厚	0.44	屠宰率	0.39

Note

续表

性　状	遗　传　力	性　状	遗　传　力
瘦肉含量	0.55	肉色	0.26
脂肪含量	0.67	肉 pH	0.26
骨头含量	0.62	失水率	0.24
脂肪厚度	0.49	日增重	0.10～0.30
分割肉比率	0.20～0.50	初生重	0.25～0.60
饲料转化率(增重)	0.20～0.40	断奶重	0.24～0.40
胴体脂肪比例	0.20～0.50	成年体重	0.50～0.60
背最长肌面积	0.20～0.50	断奶后日增重	0.30～0.60
胴体评级	0.36	粗饲料利用率	0.32
嫩度	0.26	受胎率	0.00～0.01
肌内脂肪/(%)	0.26	犊牛存活率	0.00～0.10

(2) 遗传相关:肉牛的一些数量性状的遗传相关如表 10-2-15 所示。

表 10-2-15　肉牛的一些数量性状的遗传相关

性　状	遗 传 相 关	性　状	遗 传 相 关
生长速度与饲料利用率	0.79	生长速度与肾脏重量	−0.20
生长速度与眼肌面积	0.68	初生重与断奶重	0.10
生长速度与胴体等级	0.47	初生重与断奶后增重	0.06～0.10
生长速度与肉的大理石纹	0.30	断奶重与断奶后增重	0.22～0.50
生长速度与脂肪厚度	−0.60		

七、马的数量性状遗传参数

马有挽用、乘用等类型。随着农业机械化的发展,马在农业生产中以畜力为主的生产地位逐年下降,代之以肉用和赛马等。近年来,有关马的数量性状遗传规律研究较少。其数量性状的遗传规律主要来自于国外的一些报道,整理如表 10-2-16 所示。

表 10-2-16　马的一些数量性状的遗传力

性　状	遗　传　力	性　状	遗　传　力
肩隆高	0.17～0.78	母马繁殖力	0.17
体重	0.12～0.71	性格	0.23
肚带	0.12～0.43	挽力	0.23～0.29
胸深	0.27～0.70	跑步挽速	0.43
胸围	0.32	慢步挽速	0.41
炮骨周长	0.13～0.53	1 岁时训练能力	0.10
臀宽	0.28～0.34	运动	0.41
臀大小	0.28～0.34	威胁感	0.00～0.25
气质	0.23	障碍负重(赛马)	0.32～0.61
繁殖力	0.05	快步轻驾竞赛速力	0.34～0.39
公马繁殖力	0.31	跑步骑乘竞赛速力	0.19～0.60

续表

性　　状	遗　传　力	性　　状	遗　传　力
步样评分	0.41	奔跑速度	0.30～0.60
竞赛跳高能力	0.16	障碍赛马评分	0.35～0.40
竞赛跳高性能持久力	0.18	快步速度	0.20～0.40
重型马步幅与速度	0.56	跳跃	0.09˚0.33
轻型马步幅与速度	0.94	跳跃技术	0.00～0.21
时间(赛马)	0.06～0.49	三日赛	0.00～0.26
获奖纪录(快走)	0.41～0.68	速度	0.52～0.64
每英里时间(快走)	0.04～0.48	获奖纪录(赛马)	0.38～0.60

任务四　影响数量性状选择效果的因素

任务知识

一、选择差

选择差(S)是由被选择个体组成的留种群数量性状的平均数($\overline{P}_S$)与群体均数($\overline{P}$)之差：

$$S=\overline{P}_S-\overline{P} \tag{10-2-5}$$

选择差表示的是被选留种畜所具有的表型优势。选择差的大小，主要受两个因素的影响，一是畜群的留种率(P)，留种率是指留种个体数占原始畜群总数的百分比。一般来说，群体的留种率越小，所选留个体的平均质量越好，选择差也就越大。在实际的育种工作中，在一个每年都要扩大的畜群中，需要选留的种母畜多，留种率加大，选择差减小。在一个母畜头数年年保持不变的群体中，种母畜的留种率较小，选择差会增大。多胎家畜的选择差要比单胎家畜大，因为可能供选择的后代数目较多。断乳成活率较高的畜群，要比断乳成活率较低的选择差大。公畜的选择差通常都大于母畜，这是因为公畜的留种比例小。对于限性性状的公畜，在选择时，留种的少数公畜，如果选择不那么准确，其实际选择差就会比预期小。二是性状的表型标准差，即性状在群体中的变异程度。同样的留种率，标准差大的性状，选择差也大。由于数量性状的表型值呈正态分布，群体的标准差的大小基本稳定，因此留种率的大小就决定了选择强度的高低。

度量不准确会影响选择差。即使记录准确，但未加利用也会造成选择差减小。若要选用肉用牛的增重速度，有的牛增重率大但外形中等；有的牛增重率中等但外形优异，如选后者，就会造成增重率的选择差减小。

有时也会因育种措施不当而人为地增大留种率。例如，有的羊场在羔羊断奶前后，选择一批当时看来较好的羔羊组成特培群，给予特殊的饲养管理条件，到选种时，由于培育群的条件比其他群优越，以致种羊全部选自特培群。这样就增大了留种率，影响了选择效果。

由于不同性状的度量单位不同，选择差的单位也不同，它们之间的选择差不能进行相互比较。为了便于分析规律，通常将选择差标准化，变成标准化的选择差，即选择强度，选择强度通常用小写字母“i”表示，即

$$i=\frac{S}{\sigma_P} \tag{10-2-6}$$

一般大群体的选择强度可以通过留种率查出，如表 10-2-17 所示。

Note

表 10-2-17　大群体选择的留种率(P)和选择强度(i)

P	i	P	i	P	i	P	i
0.01	3.960	0.48	2.905	4.6	2.097	25	1.271
0.02	3.790	0.50	2.892	4.8	2.08	26	1.248
0.03	3.687	0.55	2.862	5.0	2.063	27	1.225
0.04	3.613	0.60	2.834	5.5	2.023	28	1.202
0.05	3.554	0.65	2.808	6.0	1.985	29	1.180
0.06	3.507	0.70	2.784	6.5	1.951	30	1.159
0.07	3.464	0.75	2.761	7.0	1.918	31	1.138
0.08	3.429	0.80	2.740	7.5	1.887	32	1.118
0.09	3.397	0.90	2.701	8.0	1.858	33	1.097
0.10	3.367	0.95	2.683	8.5	1.831	34	1.078
0.12	3.317	1.00	2.665	9.0	1.804	35	1.058
0.14	3.273	1.2	2.603	9.5	1.779	36	1.039
0.16	3.234	1.4	2.549	10	1.755	37	1.020
0.18	3.201	1.6	2.502	11	1.709	38	1.002
0.20	3.170	1.8	2.459	12	1.667	39	0.948
0.22	3.142	2.0	2.421	13	1.627	40	0.966
0.24	3.117	2.2	2.386	14	1.590	41	0.948
0.26	3.093	2.4	2.353	15	1.554	42	0.931
0.28	3.070	2.6	2.323	16	1.521	43	0.913
0.30	3.050	2.8	2.295	17	1.498	44	0.896
0.32	3.030	3.0	2.268	18	1.458	45	0.880
0.34	3.012	3.2	2.243	19	1.428	46	0.863
0.36	2.994	3.4	2.219	20	1.40	47	0.846
0.38	2.978	3.6	2.197	21	1.372	48	0.830
0.40	2.962	3.8	2.175	22	1.346	49	0.814
0.42	2.947	4.0	2.154	23	1.320	50	0.798
0.44	2.932	4.2	2.135	24	1.295		
0.46	2.918	4.4	2.116				

二、选择反应

选择反应，也称遗传进展，是指某个性状经过一个世代的遗传改进量。它表示通过人工选择，在一定时间内，使得数量性状向着育种目标方向的改进量。选择反应代表了被选留种畜所具有的遗传优势，用 R 表示。其计算公式如下：

$$R = S h_2$$

在遗传力相同的情况下，性状的选择差越大，选择反应也越大；选择差越小，选择反应也就越小。选择差的大小能够直接影响选择反应的大小。

由于遗传力实际上是估计育种值与真实育种值的相关系数，因此，上式也可表示为

$$R = i \cdot \sigma_A \cdot r_{AP} \tag{10-2-7}$$

式(10-2-7)说明选择反应的大小直接与可利用的遗传变异(即加性遗传标准差)、选择强度和育种值估计的准确度三个因素成正比。为了获得较大的选择反应,在制订育种措施和育种方案时,尽可能使这三个因素处于最优组合。

选择反应的前提在于群体中存在可遗传的差异,遗传差异越大,可能获得的选择成效就越大。为了能获得理想的遗传进展,使群体经常保持足够的可利用的遗传变异,可从以下几个方面着手。

(1) 育种初始群体应具有足够的遗传变异。

(2) 育种群应保持一定规模。

(3) 定期进行遗传参数的估计。

(4) 加大群体的遗传变异及引种。

如果在一个群体中进行长期闭锁选择,开始若干世代有选择进展,用同样的方法长期选择下去,直至选择对提高生产性能不再起作用,选择反应近于零。这种现象称为达到"选择极限"。是否存在选择极限,有不同的看法。在有限群体中,经长期选择,如经过 20～30 世代的选择,有可能出现选择极限。但是,可以改变选择方法或通过引种来打破原有极限。因此,在当前正常的育种工作中,不必为选择极限而担忧。

三、世代间隔

在制订家畜育种计划时往往是以年为单位,此时就需要根据选择反应和世代间隔求出年改进量。

$$\text{年改进量} = \frac{\text{选择反应}}{\text{世代间隔}} = \frac{R}{G_i} \tag{10-2-8}$$

式中,G_i为世代间隔。世代间隔是指子女出生时,父母的平均年龄。世代间隔也指家畜繁殖一个世代所需要的时间。世代间隔的长短受许多因素的影响。世代间隔的长短,因家畜种类的不同而不同,并随着产生新一代种畜所采用的育种和管理方法的不同而异。如果从小母猪与同龄公猪所生的第一窝进行选择,猪的世代间隔可缩短到 1 年(公、母猪在 7～8 月龄配种,产仔时平均年龄为 1 岁)。假使母猪和公猪在用来产生种畜以前要进行后裔测定,世代间隔就可能是 2 年,或者更长。牛的世代间隔最短约为 2.5 年,但如果要做后裔测定,或根据母牛性能的记录以决定是否留其后代作为种用,则世代间隔要延长。畜群的年龄组成也能影响世代间隔。畜群的平均年龄大,世代间隔也长。加快畜群周转,减小老龄家畜的比例,这样就能缩短世代间隔,加快改进速度。

从式(10-2-8)可以看出,年改进量的大小与每个世代的选择反应成正比,而与世代间隔成反比。在家畜育种工作中,为了提高年改进量,必须从加大选择反应和缩短世代间隔两个方面采取措施,但在实践中采用加大选择反应的方法比较困难,而采用缩短世代间隔的办法则是可行的。比如,采用适当的早配种早留种,加快畜群的周转速度,减小畜群中老龄家畜的比例等措施,就可以缩短世代间隔,从而加快性状的改良速度。

在计算世代间隔时,不能把畜群中所有初生幼畜的父母的年龄全部计算在内,因为其中有些幼畜未成年时已死亡,它们对后代质量不发生影响。所以只应计算那些成活留种的家畜的父母平均年龄。

设 a_i 为父母的平均年龄;N_i 为父母均龄相同的子女数;n 为组数(父母平均年龄相同的为一组),于是世代间隔为

$$G_i = \frac{\sum_{i=1}^{n} N_i a_i}{\sum_{i=1}^{n} N_i} \tag{10-2-9}$$

设有 5 窝猪,其父本、母本产下的月龄如表 10-2-18 所示。

Note

表 10-2-18　5窝猪其父本、母本产下的月龄

窝　别	母本月龄	父本月龄	留　种　数
1	24	12	3
2	19	12	2
3	21	12	3
4	13	13	1
5	36	13	2

则

$$G_i=\frac{\sum_{i=1}^{n}N_ia_i}{\sum_{i=1}^{n}N_i}=\frac{\frac{3(24+12)}{2}+\frac{2(19+12)}{2}+\frac{3(21+12)}{2}+\frac{(13+13)}{2}+\frac{2(13+36)}{2}}{11}$$

$$=\frac{54+31+49.5+13+49}{11}=17.86$$

另一种算法是，设 P_i 是父亲年龄相同的子女数；a_i 是父亲的年龄；M_i 是母亲年龄相同的子女数；b_i 是母亲的年龄；n 为同父龄组数；m 为同母龄组数；N_i为留种的子女总数。

则有

$$G_i=\frac{\frac{1}{2}(\sum_{i=1}^{n}P_ia_i+\sum_{i=1}^{m}M_ib_i)}{\sum_{i=1}^{n}N_i}=\frac{\frac{1}{2}\times(8\times12+3\times13+3\times24+2\times19+3\times21+13+2\times36)}{11}$$

$$=\frac{54+31+49.5+13+49}{11}=17.86$$

课后习题

一、名词解释

数量性状　育种值　重复力　遗传力

二、简答题

1. 简要叙述哈代-温伯格定律的内容。
2. 影响群体遗传结构的因素有哪些？
3. 简要叙述微效多基因假说的主要论点。
4. 简要阐述基因型和表现型的关系。
5. 数量性状有何特点？其遗传基础是什么？为什么绝大多数数量性状表现为正态分布？

模块十一　种畜选择与选配

扫码看 PPT

项目一　家畜的表型测定

学习目标

- 了解家畜的生长发育。
- 了解家畜的体质和外形在生产中的应用。
- 了解家畜的生产力。

任务一　家畜的生长发育

任务知识

一、家畜生长的概述

1. 生长动物的定义　从出生到开始繁殖为止的这一生理阶段(哺乳期和育成期)的动物。哺乳期:家畜从出生到断奶的时期。不同的家畜哺乳期长短不一。一般猪的哺乳期为 2 个月,山羊为 2 个月,绵羊为 4 个月,黄牛为 8 个月,水牛为 6 个月。育成期:从断奶到开始繁殖(产毛、产蛋、泌乳等)为止的时期。

2. 生长的含义　包含生长和发育两个概念。生长的实质:家畜体重与体积增加,是以细胞的增大和分裂为基础的量变过程。发育的实质:家畜内在特性的变化,是以细胞的分化为基础的质变过程。

3. 家畜生长的衡量指标　一般用生长速度、绝对生长、相对生长作为衡量的指标。

(1)生长速度:一般用日增重表示,即在一定时期内的增重量除以饲养天数。

(2)绝对生长:一定时期内的总增重。

(3)相对生长:以原体重为基数的增重量,用增重的倍数或含量表示。

二、家畜的生长规律

(一) 生长发育的一般规律及其与营养的关系

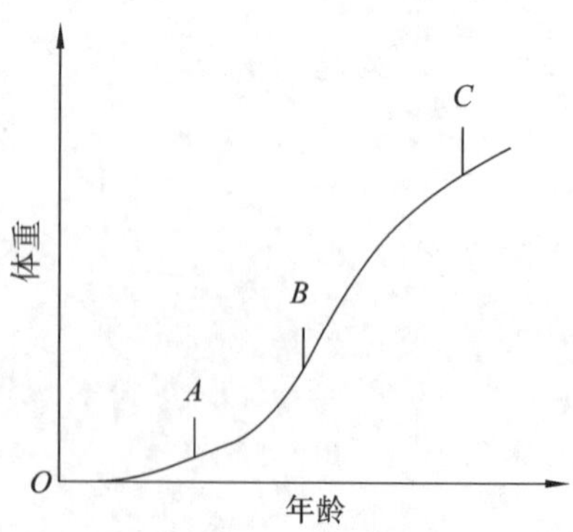

图 11-1-1　生长曲线

1. 生长曲线　家畜随年龄增长,其体重变化呈一条缓慢的 S 形曲线。如图 11-1-1 所示,*A* 点为出生时年龄;*B* 点为生长转缓点;*C* 点为成年时年龄;*A*—*B* 阶段为生长递增期:此阶段绝对增重小,相对增重大;*B*—*C* 阶段为生长递减期:此阶段绝对增重大,相对生长速度减慢;一般成年后停止增长。

注意:一般将 *B* 点(生长转缓点)对应的年龄或体重作为屠宰的年龄与体重,以利用生长递增期家畜生长速度快、饲料转化率高的特点,加强营养与饲养,充分发挥此阶段的生长优势,获得更高的经济效益。

Note

2. 体组织的生长规律

(1) 生长初期:生长重点为骨骼,此时供给家畜促进骨骼生长的营养物质,即矿物质饲料,例如:食盐、骨粉、贝壳粉等。

(2) 生长中期:生长重点为肌肉,此时供给家畜足量蛋白质及必需氨基酸,例如:大豆及饼粕类饲料。

(3) 生长后期:生长重点为脂肪,此时供给家畜较多糖类及适量脂肪的饲料,例如:玉米、高粱、小麦、大麦、燕麦等。

(4) 骨骼、肌肉、脂肪的增长并非截然分开的,而是相互重叠地同时增长,只是在不同的生长阶段三者的生长重点和生长强度不同,如图 11-1-2 所示。

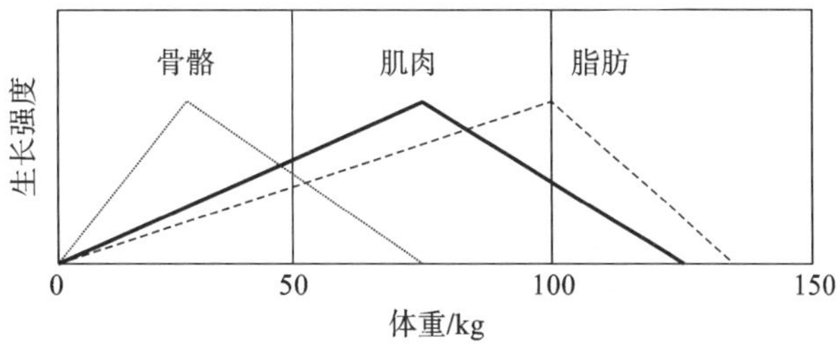

图 11-1-2 体组织的生长规律

俗话说“小猪长骨,中猪长肉,大猪长膘”这话是有一定道理的。我们要根据家畜所处的生长阶段的生长重点不同来供给不同的营养物质。

3. 家畜各部位的生长规律 家畜在生长期间各部位的生长速度不一样。

(1) 幼龄时:头、腿生长发育快,属于早熟部位。

(2) 中期时:体长生长最快时期。

(3) 后期时:体深(胸、腰、臀)生长较快,属于晚熟部位。

4. 体组织化学成分变化的规律 家畜生长期间体组织的化学成分也在不断变化,构成动物体的六种营养物质包括水、粗蛋白质、粗灰分、粗脂肪、粗纤维、无氮浸出物,随年龄、体重增长,六种营养物质在家畜体内的含量也在不断变化。随年龄和体重的增长,体内的水分和蛋白质含量下降,脂肪的含量逐渐增加,灰分略有减少。因为脂肪含能量比蛋白质高,每单位增重所含能量随年龄和体重的增长而提高,所以对生长后期的家畜应提供足够的糖类,以降低饲料成本。

5. 内脏器官的增大规律 家畜内脏器官的生长发育也有一定的规律。例如:犊牛采食植物性饲料后,瘤胃、大肠迅速增大,生长率大于真胃、小肠。仔猪生长期间,胃、小肠、大肠容积增长迅速。生产中可及早对幼畜补饲,锻炼幼畜采食饲料的能力,以促进消化系统的生长发育,提高其成年后利用大量粗饲料的能力。不同的营养阶段供给家畜不同的营养物质,有利于家畜的生长发育。是不是我们供给家畜的营养物质能全部被家畜吸收利用? 不是的。因为家畜生长发育会受到很多因素的影响。

(二) 影响家畜生长发育的因素

1. 家畜的种类与品种 家畜的种类不同,生长发育的速度也不相同。例如:按单位体重计肉仔鸡的生长发育速度最快,其次是猪,牛最慢。按早晚熟品种分,早熟品种的生长速度大于晚熟品种。现代高产系的猪、鸡生长速度快。

2. 性别 性别影响生长速度。一般公畜体重增长率高于母畜。所以在现代饲养中肉仔鸡提倡公鸡、母鸡分开饲养,可充分发挥公鸡、母鸡的生产率,以降低生产成本。

3. 气候条件 在等热区内,家畜的生长发育快。气温过高或过低对家畜生长发育均不利。例如:夏季高温季节,家畜采食量明显下降,生长速度减慢。冬季严寒季节,家畜要维持正常体温,消耗能量高,也会影响其生长速度。

4. 营养水平 营养水平是影响家畜生长发育的重要因素。如饲粮中蛋白质与氨基酸的水平，维生素、矿物质含量等都直接影响畜禽的生长速度。生产中对产蛋鸡实行限制饲养，以防其增重过快、过肥，影响产蛋鸡的产蛋性能。

任务二　家畜的外形和体质

任务知识

一、家畜的外形

外形即外部形态，是指个体的形体外貌及各部位相互间的比例。通过观察研究可以直接度量各外形部位。因此，外形是很具体的概念。中国古代称"相"，"相"作为名词用，也可作为动词用。"畜相"作为名词，是指动物外在的形体外貌、内在的精神气色和举止情态。"相畜"作为动词，是指对动物形体外貌、精神气色和举止情态的观察、分析和判断。外形不仅反映动物的外貌，而且也反映其体质、机能、生产性能和健康状态。外形学说就是通过相畜来研究动物形态与机能之间相互关系的学说。

1. 我国古代动物相学的特点

（1）相关观点：如"肺欲得大，鼻大则肺大，肺大则能奔；心欲得大，目大则心大，心大则猛烈不惊"。

（2）整体观念强：如"相马之道，形骨为先""徒以貌取，失之远矣"，说明鉴定马的要领是先要观察其整体结构和实际能力表现，外貌不能作为鉴定的唯一根据。

（3）抓住各部位要领：如"马头为王欲得方，目为丞相欲得光，脊为将军欲得强，腹、胁为城郭欲得张，四下为令欲得长"。

（4）动静结合：如马"举蹄轻快不起尘者善走"，牛"尿射前脚者快，直下者不快"。说明不仅应该相马、牛的结构，还应结合其行为和机能进行综合分析。

（5）注意鉴定程序：如"先察三羸五驽，乃相其余"（注：三羸即大头小颈，弱脊大腹，小胫大蹄；五驽即大头缓耳，长颈不折，短上长下，大髂（qià）短胁（xié），浅髋（kuān）薄髀（bì）；以上都是外形上的失格），这种方法和现代外形学的鉴定程序是一致的。注意到了有无重要失格，也就保证了选种质量。

2. 体质外形的意义

（1）可以鉴定不同品种与个体间的差异。

（2）可以正确判断家畜的健康状态及对生态条件的适应性，通过皮、毛判断家畜的健康状况。

（3）可以判定家畜的主要用途及生产力方向，如肉用家畜与乳用家畜间的差别。

（4）可以判定家畜的年龄及生长发育情况，如根据角轮数、牙齿状况来推断牛的年龄。

二、体质

（一）体质的概念

体质指在遗传基础和环境条件相互作用下，动物有机体各部分机能和结构协调性的综合表现。体质是一个较抽象的概念，描述的是个体的禀性气质、轮廓结构、健康状况等整体表现。禀性气质指的是个体神经系统对外界刺激的反应方式、表情变化和习性。轮廓结构是个体骨骼系统支撑的比例与连接和协调的整体框架。体质与气质间有一定的联系，一定体质类型的家畜具有一定的气质，气质是家畜有机体的神经系统对外界刺激反应的一种表现，即我们经常所说的"精神气质"。家畜的气质不仅依靠体质特征，而且也依赖于人类对待家畜的态度和训练程度，只要我们能温和地对待家畜，创造家畜所需要的反射条件，会使性情恶劣的家畜变得比较温顺。

体况指动物的肥满度和营养状况，取决于饲养管理及利用性质，又叫"膘情"。体况与体质不同，体质是相对稳定的，而体况在一生中，甚至一年中也不一样，常因外界条件而异（图 11-1-3）。畜牧业中体况可以分为以下几种类型。

（1）种用体况：不能过肥，也不能过瘦，精神饱满，被毛光泽，性欲旺盛，发情正常。

（2）役用体况：稍瘦，坚强结实，可负担繁重的劳动。

（3）肥育体况：皮下及内脏器官脂肪发达，甚至在肌肉层中也充满脂肪。

（4）观赏体况：基本与种用体况相同，不过更加丰满，光洁优美。

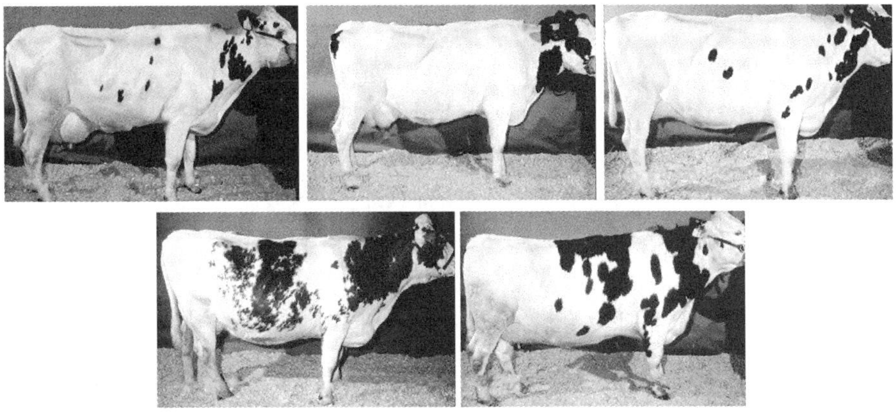

图 11-1-3　奶牛体况

（二）体质的分类

体质的分类方法较多。动物育种中采用库列硕夫分类法进行分类。

（1）根据动物有机体皮肤的厚薄和骨骼的粗细，体质可分为两种相对的类型，即细致型和粗糙型。皮肤的厚薄，可从颈部、耳壳、体侧和乳房等部位进行观察和触摸；而骨骼的粗细，则可从头部、前管部和尾根等部位进行观察和触摸。细致型的典型表现：皮薄而富弹性，血管、筋腱和关节外露明显，颈与乳房上有许多细微皱纹，耳壳较薄，头轻秀，角细小，管骨和尾根较细，角和蹄致密而有光泽，被毛细而柔软。粗糙型则与上述特征相反。

（2）根据皮下结缔组织的多少，以及肌肉骨骼的坚实程度，体质可分为两种相对的类型，即紧凑型和疏松型。疏松型的典型表现：皮下结缔组织极为发达，皮下、内脏及肌肉容易沉积大量脂肪，骨质较松，角和蹄易出现裂纹，皮肤松弛，外形轮廓不清晰，毛稀而长，系部易患湿疹。紧凑型则与上述特征相反。

后人在库列硕夫分类法的基础上，根据生产实践中的实际情况，将体质分为四种混合类型，伊凡诺夫在此基础上进行改进，加上一类结实体质，从而形成较为适用的以下五种体质类型。

（1）细致紧凑型：这类动物的骨骼细致而结实，头清秀，角和蹄致密有光泽，肌肉结实有力，皮薄有弹性，结缔组织少，不易沉积脂肪，外形消瘦，轮廓清晰，新陈代谢旺盛，反应敏感灵活，动作迅速敏捷，如奶牛。

（2）细致疏松型：这类动物的结缔组织发达，全身丰满，皮下及肌肉内易积贮大量脂肪。肌肉肥嫩松软，同时骨细皮薄，体躯宽广低矮，四肢比例小。代谢水平较低，早熟易肥，神经反应迟钝，性情安静，如肉牛或肉猪。

（3）粗糙紧凑型：这类动物的骨骼虽粗，但很结实，体躯魁梧，头粗重，四肢粗大，骨骼间相互靠得较紧，中躯显得较短而紧凑，肌肉筋腱强而有力，皮厚毛粗，皮下结缔组织和脂肪不多。它们的适应性和抗病能力较强，神经敏感程度中等，如役用家畜。

（4）粗糙疏松型：这类动物的骨骼粗大，结构疏松，肌肉松软无力，易疲劳，皮厚毛粗，神经反应迟钝，繁殖力和适应性均较差，是一种最不理想的体质。

Note

(5) 结实型:这类动物体躯各部分协调匀称,皮、肉、骨骼和内脏的发育适度。骨骼坚强而不粗,皮紧而有弹性,厚薄适中,皮下脂肪不过多,肌肉相当发达。外形健壮结实,性情温顺,对疾病抵抗力强,生产性能表现较好。这是一种理想的体质类型。种用家畜应具有这种体质。

任务三　家畜的生产力

任务知识

家畜的生产力包括家畜生产各种畜产品的数量和质量,也包括生产这些产品过程中利用饲料和设备的能力。生产力的种类和重要指标主要有如下几种。

(1) 产肉力:包括经济早熟性、日增重、饲料利用率、屠宰率、膘厚、眼肌面积、肉品质等。

(2) 产乳力:包括产乳量、乳脂率、泌乳均衡性、排乳速度等。

(3) 产毛力:包括剪毛量、净毛率、毛品质、裘皮与羔皮等。

(4) 产蛋力:包括产蛋量、蛋品质、蛋重等。

(5) 繁殖力:包括受胎率和情期受胎率、繁殖率和成活率、增殖率和纯增率等。

课后习题

1. 家畜体质外形在生产生活中有何作用?
2. 简述家畜体质的分类。
3. 家畜的生产力包括哪些重要指标?

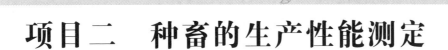

项目二　种畜的生产性能测定

学习目标

- 掌握种畜生产性能测定的原则与方法。
- 掌握生产性能测定的形式。

任务一　生产性能测定

任务知识

在家畜育种中，生产性能测定是指确定家畜个体在有一定经济价值的性状上的表型值的育种措施，其目的在于：①为家畜个体遗传评定提供信息；②为估计群体遗传参数提供信息；③为评价畜群的生产水平提供信息；④为畜牧场的经营管理提供信息；⑤为评价不同的杂交组合提供信息。生产性能测定是家畜育种中最基本的工作，它是其他一切育种工作的基础，没有生产性能测定，就无从获得上述各项工作所需要的各种信息，家畜育种就变得毫无意义。而如果生产性能测定不是严格按照科学、系统、规范化规程去实施，所得到的信息的全面性和可靠性就无从保证，其价值就大打折扣，进而影响其他育种工作的效率，有时甚至会对其他育种工作产生误导。鉴于此，世界各国，尤其是畜牧业发达的国家，都十分重视生产性能测定工作，并逐渐形成了对各个畜种的科学的、系统的、规范化的生产性能测定方法。我国的家畜育种工作的总体水平与世界发达国家相比有较大差距，造成这种差距的主要原因之一就是缺乏严格、科学和规范的生产性能测定，它严重影响了其他育种工作的开展和效率，因而需要格外引起重视。

（一）生产性能测定的一般原则

生产性能测定包括测定性状的选择、测定方法的确定、测定结果的记录与管理以及生产性能测定的实施 4 个方面，所要掌握的一般原则如下。

1. 测定性状的选择

（1）所测定的性状应具有经济意义。

（2）所测定的性状需有一定的遗传基础。

（3）所选择的性状需尽可能地符合生物学规律。

2. 测定方法的确定

（1）所用的测定方法要保证所得的测定数据具有足够的精确性：可靠的数据是育种工作取得成效的基本保证，而可靠的数据来源于具有足够精确性的测定方法。

（2）所用的测定方法要有广泛适用性：育种工作常常并不仅限于一个场或一个地区，因而在确定测定方法时要考虑育种工作所覆盖的所有单位是否都能接受。当然这并不意味着要去迁就那些条件差的单位，一切仍应以保证足够的精确性为前提。

（3）尽可能地使用经济实用的测定方法：在保证足够的精确性和广泛的适用性的前提下，所选择的测定方法要尽可能经济实用，以降低性能测定的成本，提高育种工作的经济效益。

3. 测定结果的记录与管理

（1）对测定结果的记录要做到简洁、准确和完整，要尽量避免由于人为因素所造成的数据的错记、漏记。

（2）标清影响性状表现的各种可以辨别的系统环境因素，如年度、季节、场所、操作人员等，以便于遗传统计分析。

（3）对记录的管理要便于经常调用和长期保存。

4. 生产性能测定的实施

（1）应由一个中立的、有权威的监测机构去组织实施，以保证测定结果的客观性和可靠性。

（2）不要一味追求最好的仪器设备、最完美的组织形式，应考虑投入与产出的最佳比例，以获得最大经济效益为最终目的。

（3）在一个育种方案的范围内，生产性能测定的实施要有高度的统一性，即在不同的育种单位中要测定相同的性状，需用相同的测定方法和记录管理系统。

（4）生产性能测定的实施要有连续性和长期性。

（5）要随着市场的变化和技术的发展调整测定性状，改进测定方法，使用最现代化的记录管理系统。

任务二　生产性能测定的基本形式

任务知识

一、测定站测定与场内测定

1. 测定站测定　测定站测定是将所有待测个体集中在一个专门的生产性能测定站或某一特定的牧场内，在一定的时间内进行生产性能测定。测定站测定具有遗传评定更为可靠，容易做到中立和客观，可对一些需要特殊设备或较多人力的性状进行测定等优势；但也存在着测定成本高，测定规模受到限制、选择强度较低，容易传播疾病，测定结果与生产条件下的结果可能不一致等不足。

2. 场内测定　场内测定是直接在各畜牧场内进行生产性能测定，不要求在统一的时间和条件下进行测定。这种测定具有测定成本低，测定规模大、选择强度高，不易传播疾病，测定条件就是生产条件，结果便于应用等优点；同时，该测定方法也具有遗传评定的准确性相对较低，不易做到客观、中立，对一些需要特殊设备或较多人力的性状不易测定，如果场间缺乏遗传联系，则各场的测定结果不具有可比性等缺点。

二、个体测定、同胞与后裔测定

根据被测定对象与要进行遗传评定的个体的关系，生产性能测定可分为个体测定、同胞测定和后裔测定。个体测定是指测定对象是需要进行遗传评定的个体本身。同胞测定是指测定对象是需要进行遗传评定的个体的全同胞和（或）半同胞。后裔测定是指测定对象是需要进行遗传评定的个体的后裔。

三、系谱测定

系谱是指一个个体的父母亲及其祖先的编号记录，如同人的家谱；目的是追溯个体的祖先。系谱的制作用系谱卡，系谱卡通常以横式系谱（图 11-2-1）方式记录；其规则为后代在左、祖先在右，同代个体中公畜在上、母畜在下。

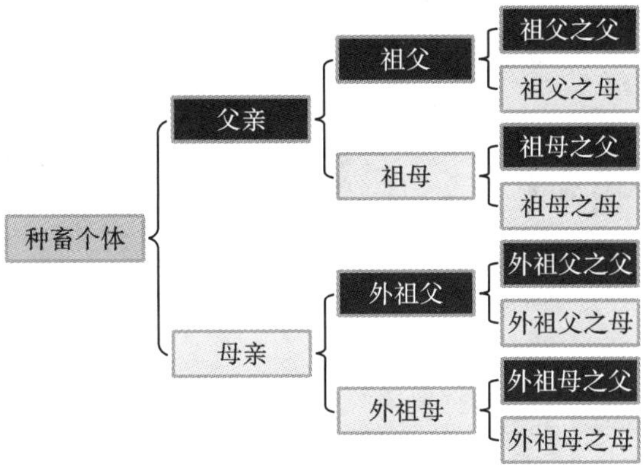

图 11-2-1　横式系谱的基本格式

课后习题

1. 生产性能测定的一般原则是什么？
2. 生产性能测定的方法有哪些？
3. 测定站测定与场内测定的优缺点各是什么？

项目三　种畜选择

学习目标

- 掌握单性状育种值估计。
- 掌握多性状综合遗传评定。
- 了解家畜单性状遗传评定 BLUP 法。

任务一　单性状育种值估计

任务知识

在实际家畜育种中，无论是对单性状还是多性状的选择，都有大量的亲属信息资料可以利用，问题的关键是如何合理地利用各种亲属信息，尽量准确地估计出个体育种值。常用于估计个体育种值的单项表型信息主要来自个体本身、系谱、同胞及后裔共四类，如图 11-3-1 所示。一般只有在个体出生之前、资料不足时加入祖代资料，其他亲属资料与被估个体亲缘关系较远而很少用到。

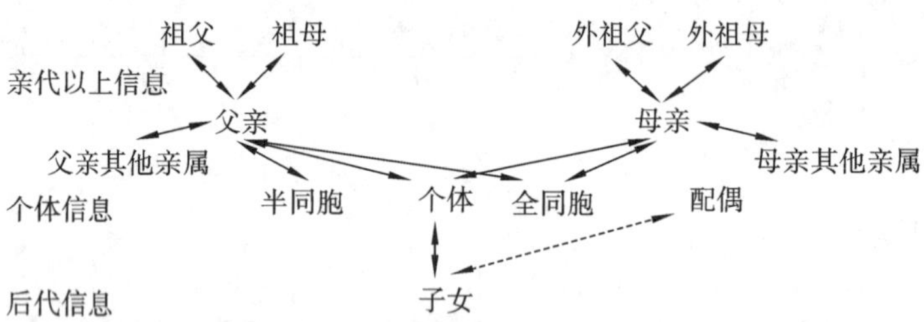

图 11-3-1　估计育种值常用的各种信息关系示意图

在估计某一个体的育种值时，可仅利用其某一类亲属（包括个体本身）的性状测定值，也可同时利用多类亲属的性状测定值。传统习惯上，在单性状选择时，将前者称为个体育种值估计，而将后者称为复合育种值估计。实际上，这种区分没有实质性的意义，为了避免与多性状选择时的综合育种值概念混淆，将这两种情况统称为个体育种值估计。

当仅利用个体本身或其某一类亲属的性状表型值估计个体的育种值时，最简便易行的方法就是通过建立育种值对表型值的回归方程来进行估计，即

$$\mathrm{EBV} = \hat{A} = b_{AP}(P - \overline{P}) \tag{11-3-1}$$

式中：$\hat{A}$ 表示个体估计育种值；b_{AP} 表示个体育种值对信息表型值的回归系数，又称加权系数；P 表示用于评定育种值的信息表型值；$\overline{P}$ 表示与该信息来源处于相同条件下的所有个体的育种值的信息表型值的均值。

显然，这里最为关键的是要计算出 b_{AP}。根据回归系数的计算公式，有

Note

$$b_{AP} = \frac{\mathrm{Cov}(A,P^*)}{\sigma_{P^*}^2} \tag{11-3-2}$$

式中：$\mathrm{Cov}(A,P^*)$为被估计个体育种值与信息表型值的协方差；$\sigma_{P^*}^2$ 为信息表型值方差。

信息表型值可以剖分为决定该表型值的育种值和剩余值，即 $P^*=A^*+R^*$，一般情况下均假设 $\mathrm{Cov}(A,R^*)=0$，得到 $\mathrm{Cov}(A,P^*)=\mathrm{Cov}(A,A^*)=r_A\sigma_A^2$，$r_A$ 是提供信息的亲属个体与被估个体的亲缘系数，σ_A^2 是性状的加性遗传方差。$\sigma_{P^*}^2$ 与信息资料形式有关，常用的资料形式有下列 4 种：个体本身单次度量表型值、个体本身多次度量均值、多个同类亲属单次度量均值，以及多个同类亲属多次度量均值。在实际计算时，最后一种类型作为多信息来源处理更为简便、准确。对于前 3 种资料形式，可得

$$\sigma_{P^*}^2 = \frac{1+(n-1)r_P}{n}\sigma_P^2 \tag{11-3-3}$$

式中：n 为个体本身的度量次数或同类亲属个体数；σ_P^2 为性状的表型方差；r_P 为多个表型值间的相关系数，如果是一个个体多次度量，$r_P=r_e$（重复力），如果是多个同类个体单次度量，$r_P=r_{A^*}h^2$；r_{A^*} 为同类个体间的亲源系数。

将其代入式(11-3-2)，可得

$$b_{AP} = \frac{r_A n h^2}{1+(n-1)r_P} \tag{11-3-4}$$

表 11-3-1 列出了几种主要信息资料类型估计个体育种值时 b_{AP} 的计算公式。

表 11-3-1 不同信息估计个体育种值的回归系数

信息资料类型	一个个体单次度量值	一个个体 k 次度量均值	n 个同类个体单次度量均值
本身	h^2	$\frac{kh^2}{1+(k-1)r_e}$	—
亲本	$0.5h^2$	$\frac{0.5kh^2}{1+(k-1)r_e}$	$\frac{0.5nh^2}{1+0.5(n-1)h^2}$（这时 $n=2$） （非近交，两亲本平均值）
全同胞兄妹	$0.5h^2$	$\frac{0.5kh^2}{1+(k-1)r_e}$	$\frac{0.5nh^2}{1+0.5(n-1)h^2}$
半同胞兄妹	$0.25h^2$	$\frac{0.25kh^2}{1+(k-1)r_e}$	$\frac{0.25nh^2}{1+0.25(n-1)h^2}$
全同胞后裔	$0.5h^2$	$\frac{0.5kh^2}{1+(k-1)r_e}$	$\frac{0.5nh^2}{1+0.5(n-1)h^2}$
半同胞后裔	$0.5h^2$	$\frac{0.5kh^2}{1+(k-1)r_e}$	$\frac{0.5nh^2}{1+0.25(n-1)h^2}$

由式(11-3-4)得到的估计育种值的精确性可用估计育种值与真实育种值的相关系数来度量，其计算公式为

$$r_{A\hat{A}} = r_{AP} = b_{AP}\frac{\sigma_{P^*}}{\sigma_A} = r_A\sqrt{\frac{nh^2}{1+(n-1)r_P}} \tag{11-3-5}$$

这意味着估计育种值的精确性取决于被估个体与提供信息个体的亲缘关系、性状的遗传力、重复力和可利用的信息量。下面对几种主要信息来源估计育种值的特点做进一步讨论。

一、育种值的特点

1. 个体本身信息 利用个体本身信息估计育种值又称个体测定。根据不同性状的特点，个体本身信息可以是单次度量值，也可以是多次度量值。从表 11-3-1 可以看出，在利用单次度量值估计时，加权系数就是性状的遗传力，因此对于同一群体的个体来说，个体育种值估计值的大小顺序与个体表型值是完全一样的。当性状进行多次度量时，可以消除个体一部分特殊环境效应的影响，

Note

从而提高个体育种值估计值的准确性。由表 11-3-1 可知加权系数取决于度量次数和性状的重复力，度量次数越多，给予的加权值也越大；重复力越高，单次度量值的代表性越强，多次度量能提高的效率也就越低。然而，在实际育种工作中应注意到，多次度量带来的选择进展提高，有时不一定能弥补由于延长世代间隔减少的单位时间的选择进展。因此，除非性状重复力特别低，一般是不应该非等到多次度量后再行选择的，而是随着记录的获得，随时计算已获得的 n 次记录的均值以进行选择。

由于个体测定的精确性直接取决于性状遗传力大小，因此遗传力大的性状采用这一信息估计的精确性较高。此外，如果综合考虑选择强度和世代间隔等因素，这种测定的效率可能会更高一些。因此，只要不是限性性状或有碍于种用的性状，一般情况下应尽量充分利用这一信息。

2. 系谱信息 利用系谱信息估计个体育种值也称为系谱测定。系谱信息包括个体的父母及祖先的性状测定信息。在实际测定时首先应注意父母代（亲本），然后关注祖父母代，更远的祖先所提供的信息价值十分有限。根据亲本信息估计育种值有下列 4 种情况：一个亲本单次表型值、一个亲本多次度量均值、双亲单次度量均值，以及双亲各自度量多次均值，其中最后一种情况可以作为两种信息来源处理。由表 11-3-1 可以看出，亲本信息的加权值均只为相应的个体本身信息的一半，当利用双亲单次度量均值估计时其正好就是遗传力，这与前述选择反应估计是一致的。当利用更远的亲属信息估计育种值时，只需在加权值计算公式中将相应的亲缘系数代替亲子亲缘系数即可，只是由于亲缘关系越远，其信息利用价值越低，一般而言祖代以上的信息对估计个体育种值意义不大。

尽管亲本信息的估计效率相对较低，利用亲本信息估计育种值的最大好处是可以做早期选择，甚至在个体出生前，就可根据配种方案确定的两亲本结果来预测其后代的育种值。此外，在个体出生后有性能测定记录时，亲本信息可以作为个体选择的辅助信息来提高个体育种值估计的准确度。

3. 同胞信息 根据同胞信息估计个体育种值又称同胞测定。同胞有全同胞和半同胞之分，同父同母的子女间为全同胞，在没有近交的情况下，全同胞个体间的亲缘系数为 0.5。对于繁殖力高的家畜，例如，在猪和鸡的育种中，可以得到较多的全同胞；同父异母或同母异父的子女间为半同胞，在没有近交的情况下，半同胞个体间的亲缘系数为 0.25。对于繁殖力较低的家畜，例如，在牛和羊的育种中，通过人工授精等技术可以得到大量的同父异母半同胞。

无论是利用全同胞或半同胞信息，都可以有下列 4 种情况：一个同胞单次度量值、一个同胞多次度量均值、多个同胞分别单次度量均值，以及多个同胞各有多次度量均值。各种情况下估计育种值时的加权系数公式列入表 11-3-1，在多个同胞度量均值情况下，计算公式中分子的亲缘系数是这些同胞与被估个体间的亲缘系数；在分母中的多个同胞间表型相关，由同胞资料遗传力估计原理可知，它可以用同胞个体间亲缘相关系数乘性状遗传力得到，但是这一亲缘相关系数与分母中的含义不同，应明确加以区分，它表示的是这些同胞个体间的亲缘相关系数，两者的取值有时也是不一样的，如下面将要谈到的多个半同胞子女信息估计育种值时两者的取值就不相同。

与亲本信息相比，只需将表 11-3-1 公式中的亲子亲缘系数换成相应的同胞亲缘系数即可。可以看出同胞测定的效率除了与性状遗传力和同胞表型相关系数有关外，最主要取决于同胞测定的数量。同胞信息的估计效率在前两种情况下均低于个体选择，并且半同胞信息选择效率低于全同胞。但是由于同胞数可以很大，特别是在猪等产仔数多的家畜中，全同胞、半同胞资料很多，因此在后两种情况下可以较大幅度地提高估计准确度，特别对低遗传力性状的选择，其效率可高于个体选择。在测定数量相同时，全同胞的效率高于半同胞。最后值得注意的是，这里的同胞信息均不包含个体本身记录，如有个体记录，可作为两种不同信息来源进行合并估计。如果是仅根据同胞信息选择，实际上就是家系选择。

用同胞信息估计育种值的好处主要有下列几点：①可做早期选择；②可用于限性性状选择；③由于同胞数目可以很大，能较大幅度地提高估计准确度；④当性状度量需要屠宰家畜个体时，更需要根据同胞信息选择；⑤可用于阈性状选择，例如，达到一定年龄时的死亡率，几乎唯一的选择依据就是同胞的存活率。

4. 后裔信息 利用后裔信息估计个体育种值又称后裔测定。估计个体育种值的最终目的就是希望依据它来选择使后代获得最大的选择进展，因此，一个个体的后代性能表现是评价该个体最可靠的标准。然而，实际上却并非总是如此，最主要的原因就是后代的遗传性能并不完全取决于该个体，而与其所配的另一性别个体的遗传性能好坏也有关，并且数量性状的表型值也受到环境的较大影响，因而只有当后裔数量较大时，才能得到较为可靠的估计育种值。后裔信息估计育种值的最大缺点是延长了世代间隔，缩短了种畜使用期限，而且育种费用大大增加。因此，目前后裔测定只对影响特别大且不能进行个体测定的种畜进行，如奶牛育种中种公牛的选择。

后裔信息也可以分为全同胞子女和半同胞子女两类，一般也有下列 4 种情况：一个子女单次度量值、多个子女单次度量均值、一个子女多次度量均值，以及多个子女各有多次度量均值。各种情况下估计育种值的加权系数公式列入表 11-3-1。在多个半同胞子女度量均值情况下，计算公式中分子的亲缘系数是这些半同胞子女与被测定的种公畜间的亲缘系数，在非近交情况下，亲缘系数等于 0.5。而此时分母中的亲缘系数是这些半同胞子女间的亲缘系数，在非近交情况下，亲缘系数等于 0.25。与全同胞后裔测定相比，当测定数量相等时，由于分母的取值变小，所以半同胞后裔测定的效率高于全同胞后裔，因此在后裔测定中应该尽量采用半同胞后裔测定。

由于后裔测定主要适用于种公畜，因此在实际测定时应注意以下几点：①消除与配母畜效应的影响，可以采用随机交配及统计校正等方法来实现；②控制后裔间的系统环境效应影响，在比较不同种公畜时，应尽量在相似的环境条件下饲养它们的后代，并提供能够保证它们遗传性能充分表现的条件；③保证一定的测定数量。

5. 育种值估计举例 利用单项信息估计个体育种值的关键在于计算 b_{AP}。这可以利用表 11-3-1 给出的公式很容易计算出来，在此基础上可利用各种来源的信息估计个体育种值。下面用一个实际的育种资料加以说明。

【例 11-3-1】 表 11-3-2 给出了 4 头种公羊及其有关亲属的剪毛量(kg)，假设它们都来自同一群体，该群体的均值 $\overline{P}=5.0$，剪毛量的遗传力 h^2 近似为 0.2。试利用各种不同的信息估计该性状种公羊育种值。这里仅以 9-781 号种公羊在两种情况下的育种值估计和估计准确度计算方法为例加以说明。

表 11-3-2 4 头种公羊及其有关亲属的剪毛量(kg)记录

公羊号	本身	父亲	母亲	祖父	祖母	外祖父	外祖母	半同胞兄妹		半同胞子女	
								n	均值	n	均值
9-781	8.2	13.6	5.6	10.4	7.6	10.7	4.3	116	5.73	15	6.08
9-794	7.7	13.6	7.2	10.4	7.6	14.5	5.5	116	5.73	25	5.75
9-770	8.5	11.7	4.6	14.5	6.5	10.2	5.0	64	5.32	17	5.42
9-752	7.4	14.5	7.3	6.0	6.8	8.7	4.6	75	5.61	15	5.54

利用半同胞兄妹信息可以得到

$$b_{AP}=\frac{nr_Ah^2}{1+(n-1)r_{(HS)}h^2}=\frac{116\times0.25\times0.2}{1+(116-1)\times0.25\times0.2}=0.8593$$

$$\hat{A}=b_{AP}(P-\overline{P})=0.8593\times(5.73-5.0)=0.6273$$

$$r_{AP}=r_A\sqrt{\frac{nh^2}{1+(n-1)r_{(HS)}h^2}}=0.25\times\sqrt{\frac{116\times0.2}{1+(116-1)\times0.25\times0.2}}=0.4635$$

利用半同胞子女信息可以得到

$$b_{AP}=\frac{nr_Ah^2}{1+(n-1)r_{(HS)}h^2}=\frac{15\times0.5\times0.2}{1+(15-1)\times0.25\times0.2}=0.8824$$

$$\hat{A}=b_{AP}(P-\overline{P})=0.8824\times(6.08-5.0)=0.9530$$

$$r_{AP}=r_A\sqrt{\frac{nh^2}{1+(n-1)r_{(HS)}h^2}}=0.5\times\sqrt{\frac{15\times0.2}{1+(15-1)\times0.25\times0.2}}=0.6642$$

Note

类似地可以得到其他几种信息的估计结果，计算结果列入后面的表 11-3-5。比较各种信息的育种值估计精确性可知其大小顺序为：子女(0.6642)＞同胞(0.4635)＞个体(0.4472)＞双亲均值(0.3162)＞父亲(0.2236)。可见任何一种单项信息的估计准确度都是有限的，为了提高选种的准确性，应尽可能充分利用所有有关的信息来估计。

6. 同胞及后裔测定的最宜测定规模 由于同胞及后裔测定的效率都与测定规模有关，而测定规模又与育种费用等密切相关，因此有必要针对不同的性状、不同的亲属类型来确定最宜的测定规模。尽管个体育种值的估计准确度与性能测定规模大小密切相关，但估计准确度与测定个体数目并非是线性关系。在遗传力不同的情况下，增加测定数目的效果也是不一样的。因此，在测定容量有限时，确定每一个体测定的同胞或后裔的最宜测定数目，对实际育种工作是十分有意义的。下面以半同胞后裔测定最宜测定数目的确定为例，说明其计算方法。同胞测定的最宜测定数目可以参照此法类似确定。

设测定总容量子女数为 T，若需选留公畜数为 S，则每一公畜可测定的子女数，即测定比 $k=T/S$。若每一公畜的测定子女数为 n，则可测定的公畜数 $S_T=T/n$。因此，公畜的留种率 P 满足

$$P=\frac{S}{S_T}=\frac{n\times S}{T}=\frac{n}{k} \tag{11-3-6}$$

根据选择反应估计原理，可以确定在这一留种率时的预期选择反应，利用求极大值方法可以得到预期选择反应最大时的留种率与测定比的函数关系如下：

$$\frac{k}{a}=\frac{2Pc-z}{2P(z-Pc)} \tag{11-3-7}$$

式中：z 和 c 是与留种率 P 对应的标准正态分布曲线在选择截点处的纵坐标和截点值，$a=\frac{1-r_A h^2}{r_A h^2}$。由于式(11-3-7)中 z 和 c 的取值均与 P 有关，且不能用一般函数表示，必须进行数值积分运算。因此，实际应用时求解式(11-3-7)的最好方法是，根据一定的 P，由正态分布表查出相应的 z 和 c，并由上式计算出相应的 k/a，制成表 11-3-3。利用此表，根据实际的留种公畜数和测定总容量确定出 k，并由遗传力和亲缘系数算出相应的 k/a，从表中查出相应的最佳留种率，然后由式(11-3-7)即可确定每一公畜的测定子女数 n，以及在 T 确定时的测定公畜数 S_T。下面用一个实例说明其计算方法。

表 11-3-3 对应不同 k/a 的留种率 P

k/a	P	k/a	P	k/a	P	k/a	P
0	0.27	1.27	0.20	4.80	0.13	21.76	0.06
0.104	0.26	1.57	0.19	5.78	0.12	29.36	0.05
0.261	0.25	1.93	0.18	7.00	0.11	41.72	0.04
0.415	0.24	2.31	0.17	7.21	0.10	52.63	0.0352
0.588	0.23	2.78	0.16	10.51	0.09	64.24	0.03
0.786	0.22	3.33	0.15	13.12	0.08	114.78	0.02
1.19	0.21	4.00	0.14	16.69	0.07	293.41	0.01

【例 11-3-2】 某奶牛改良中心具有测定 10000 头母牛的能力。若需选留 10 头小公牛作为种公牛，假设产奶量的遗传力 $h^2=0.2$。应该测定多少头小公牛？每一公牛测定多少子女？

由于 $T=10000$，$S=10$，$h^2=0.2$，则有

$$k=\frac{T}{S}=\frac{10000}{10}=1000 \qquad a=\frac{1-r_{(HS)}h^2}{r_{(HS)}h^2}=\frac{1-0.25\times 0.2}{0.25\times 0.2}=19$$

所以

$$\frac{k}{a}=\frac{1000}{19}=52.63$$

Note

由表 11-3-3 可查得与 52.63 对应的 P 约为 0.0352。因此,最宜测定子女数为

$$n = kp = 1000 \times 0.0352 \approx 35$$

应测定的小公牛数 S_T 满足

$$S_T = \frac{T}{n} = \frac{10000}{35} \approx 286$$

因此,在给定条件下的最佳测定决策是,测定 286 头小公牛,每头公牛测定 35 头子女,选留其中 10 头小公牛作为种公牛使用。

二、多种亲属信息育种值估计

在利用各种亲属信息估计个体育种值时,单独利用一项信息总有一定的局限性,不能达到充分利用信息、尽可能提高育种效率的目标。例如,在例 11-3-1 中利用单项信息估计育种值的最大估计准确度仅为利用 15 头子女均值估计时的 0.6642。因此,利用多项信息资料来合并估计育种值就具有十分重要的育种实践意义。

1. 多种亲属信息育种值估计原理 与利用单一亲属信息估计育种值类似,在利用多种亲属信息估计育种值时,可用多元回归的方法,即用如下的多元回归方程来估计育种值:

$$\hat{A} = \sum b_i X_i = \boldsymbol{b}'\boldsymbol{X} \qquad (11\text{-}3\text{-}8)$$

式中:X_i 为第 i 种亲属的表型信息;b_i 为被估个体育种值对 X_i 的偏回归系数;$\boldsymbol{X}$ 为信息表型值向量;$\boldsymbol{b}'$为偏回归系数向量。

因而,现在的问题是如何计算偏回归系数。这可借助通径分析来解决。

为叙述方便,我们将每种亲属的信息归纳为 3 种类型:①一个个体单次度量表型值,记为 P_i;②多次度量表型均值,记为 $\overline{P}_i$,其包含两种情况,即多个个体单次度量表型均值和一个个体多次度量表型均值;③多个个体多次度量均值,记为 $\overline{\overline{P}}_i$。这 3 种类型信息资料是依次取决于前者(图 11-3-2),A_X 为需要估计的个体育种值,P_i、$\overline{P}_i$ 和 $\overline{\overline{P}}_i$ 为用来估计育种值的信息表型值,i=1,2,…显然,这些信息与 A_X 应该是遗传上相关的,其联系桥梁就是决定这些信息表型值的相应育种值 A_i 与 A_X 间的遗传相关 $r_{(iX)}$,$r_{(ij)}$ 为第 i 种亲属与第 j 种亲属的育种值相关系数。

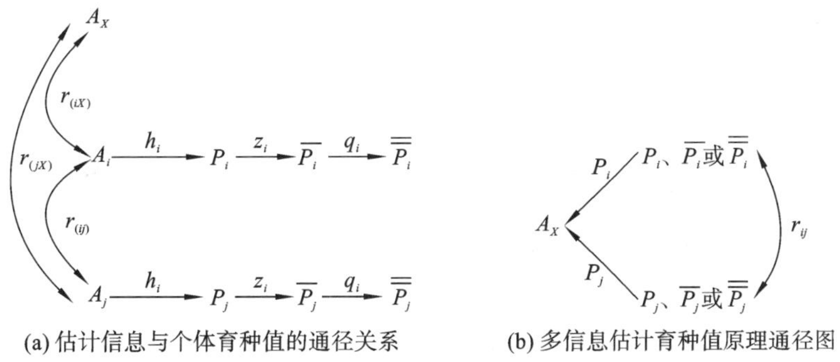

(a) 估计信息与个体育种值的通径关系　　(b) 多信息估计育种值原理通径图

图 11-3-2 多项信息估计个体育种值示意图

图 11-3-2 中关系链:h_i 为个体育种值到个体单次度量表型值的通径系数;z_i 为个体单次度量表型值到个体多次度量表型均值或多个个体单次度量表型均值的通径系数;q_i 为个体多次度量表型均值到多个个体多次度量表型均值的通径系数。

依据通径分析原理,当偏回归系数为 1 时,通径系数等于原因变量标准差与结果变量标准差之比,则有

$$h_i = \frac{\sigma_{A_i}}{\sigma_{P_i}} = \frac{\sigma_A}{\sigma_P} = h \qquad (11\text{-}3\text{-}9)$$

$$z_i = \frac{\sigma_{P_i}}{\sigma_{\overline{P}_i}} = \sqrt{\frac{k}{1+(k-1)r_P}} \qquad (11\text{-}3\text{-}10)$$

Note

$$q_i = \frac{\sigma_{\overline{P}_i}}{\sigma_{\overline{P}_i}} = \sqrt{\frac{n}{1+(n-1)r_A z_i^2 h^2}} \tag{11-3-11}$$

式中，r_P 的含义与式(11-3-10)中的相同。

各种亲属信息与 A_X 的通径关系如图 11-3-2 所示，其中的 $P_i = h_i$、z_i 或 q_i，可根据实际的亲属信息类型，由式(11-3-9)、式(11-3-10)或式(11-3-11)计算。据此，可得到计算偏回归系数的正规方程如下：

$$\boldsymbol{Cb}=\boldsymbol{r} \tag{11-3-12}$$

这里 $\boldsymbol{C}$、$\boldsymbol{b}$ 和 $\boldsymbol{r}$ 的具体形式分别为

$$\boldsymbol{C} = \begin{bmatrix} \cdots & \cdots & \cdots & \cdots & \cdots \\ \cdots & \frac{1}{P_i^2} & \cdots & r_{(ij)} & \cdots \\ \cdots & \cdots & \cdots & \cdots & \cdots \\ \cdots & r_{(ji)} & \cdots & \frac{1}{P_j^2} & \cdots \\ \cdots & \cdots & \cdots & \cdots & \cdots \end{bmatrix} \quad \boldsymbol{b} = \begin{bmatrix} \cdots \\ b_i \\ \cdots \\ b_j \\ \cdots \end{bmatrix} \quad \boldsymbol{r} = \begin{bmatrix} \cdots \\ r_{(iX)} \\ \cdots \\ r_{(jX)} \\ \cdots \end{bmatrix}$$

$\boldsymbol{C}$ 中的对角线元素为各类亲属到被估个体育种值的通径系数的平方的倒数，非对角线元素为各类亲属彼此间的亲缘相关系数，$\boldsymbol{r}$ 中的元素为各类亲属与被估个体间亲缘系数。对于非近交群体，$\boldsymbol{r}$ 和 $\boldsymbol{C}$ 中亲缘相关系数为固定的常量(表 11-3-4)，对有近交的群体，则需要计算出两种亲属间的实际亲缘相关系数。

根据估计育种值信息来源，将有关参数代入方程式并求解，即可得到各偏回归系数。

用式(11-3-7)估计育种值的准确度就等于这一多元回归的亲缘相关系数，即

$$r_{AA} = \sqrt{\boldsymbol{b}'\boldsymbol{r}} = \sum b_{iX} r_{(iX)} \tag{11-3-13}$$

表 11-3-4　随机交配群体中常用亲属间的亲缘相关系数

r_A	S	D	SS	SD	DS	DD	FS	HS	FO	HO	I
个体(I)	0.5	0.5	0.25	0.25	0.25	0.25	0.5	0.25	0.5	0.5	1
父亲(S)		0	0.5	0.5	0	0	0.5	0.5	0.25	0.25	0.5
母亲(D)			0	0	0.5	0.5	0.5	0	0.25	0.25	0.5
祖父(SS)				0	0	0	0.25	0.25	0.125	0.125	0.25
祖母(SD)					0	0	0.25	0.25	0.125	0.125	0.25
外祖父(DS)						0	0.25	0	0.125	0.125	0.25
外祖母(DD)							0.25	0	0.125	0.125	0.25
全同胞兄妹(FS)								0.25	0.25	0.25	0.5
父系半同胞兄妹(HS)									0.125	0.125	0.25
全同胞子女(FO)										0.25	0.5
半同胞子女(HO)											0.5

2. 举例　上述估计方法可用于任意资料组合形式，下面列举两种常见信息资料组合来说明其应用。

(1) 本身单次记录(P_X)+n 个全同胞单次记录均值($\overline{P}_{FS}$)。

由式(11-3-8)和式(11-3-9)得到：$P_1 = h$，$P_2 = zh = \sqrt{\frac{2nh^2}{2+(n-1)h^2}}$。由表 11-3-4 知道 $r_{(12)} = 0.5$，$r_{(1X)} = 1$，$r_{(2X)} = 0.5$。将这些数据代入式(11-3-12)的正规方程，得到

$$\begin{bmatrix} \frac{1}{h^2} & 0.5 \\ 0.5 & \frac{2+(n-1)h^2}{2nh^2} \end{bmatrix} \begin{bmatrix} b_1 \\ b_2 \end{bmatrix} = \begin{bmatrix} 1 \\ 0.5 \end{bmatrix}$$

由此方程可解得

$$b_1 = \frac{[4+(n-2)h^2]h^2}{4+2(n-1)h^2-nh^4} \qquad b_2 = \frac{2nh^2(1-h^2)}{4+2(n-1)h^2-nh^4}$$

育种值估计的精确度为

$$r_{AA} = \sqrt{\boldsymbol{b}'\boldsymbol{r}} = \sqrt{\frac{(4+n-2h^2)h^2}{4+2(n-1)h^2-nh^4}}$$

(2) 父亲单次记录(P_S)+母亲单次记录(P_D)+n 个全同胞单次记录均值($\overline{P}_{FS}$)。

由式(6-10)和式(6-11)得到:$P_1 = h, P_2 = h, P_3 = zh = \sqrt{\frac{2nh^2}{2+(n-1)h^2}}$。由表 11-3-4 可得 $r_{(12)}=0, r_{(13)}=0.5, r_{(23)}=0.5, r_{(1X)}=0.5, r_{(2X)}=0.5, r_{(3X)}=0.5$。将这些数据代入式(11-3-12)的正规方程,得到

$$\begin{bmatrix} \frac{1}{h^2} & 0 & 0.5 \\ 0 & \frac{1}{h^2} & 0.5 \\ 0.5 & 0.5 & \frac{2+(n-1)h^2}{2nh^2} \end{bmatrix} \begin{bmatrix} b_1 \\ b_2 \\ b_3 \end{bmatrix} = \begin{bmatrix} 0.5 \\ 0.5 \\ 0.5 \end{bmatrix}$$

由此方程可解得

$$b_1 = b_2 = \frac{(2-h^2)h^2}{2+(n-1)h^2-nh^4} \qquad b_3 = \frac{n(1-h^2)h^2}{2+(n-1)h^2-nh^4}$$

育种值估计的精确性为

$$r_{AA} = \sqrt{\boldsymbol{b}'\boldsymbol{r}} = \sqrt{\frac{0.5h^2[4+n-(2+n)h^2]}{2+(n-1)h^2-nh^4}}$$

下面引用例 11-3-1 的资料来说明上述多项信息资料合并估计育种值的计算方法。

【例 11-3-3】 利用例 11-3-1 的资料进行多种信息组合的育种值估计,并计算出各种组合的估计育种值的准确度。表 11-3-5 列出了 3 种单项资料和 5 种多项资料组合的估计结果。

下面仅以 9-781 号种公羊的本身表型值(P_X)+父亲表型值(P_S)+同父半同胞均值($\overline{P}_{HS}$)为例来说明具体计算方法。由式(11-3-4)和式(11-3-8)可以得到:$P_1^2 = P_2^2 = h^2 = 0.2$, $P_3^2 = z^2h^2 = \frac{116\times 0.2}{1+(116-1)\times 0.25\times 0.2} = 3.4370$。由表 11-3-4 可得:$r_{(12)}=0.5, r_{(13)}=0.25, r_{(23)}=0.5, r_{(1X)}=1, r_{(2X)}=0.5, r_{(3X)}=0.25$。将这些数据代入式(11-3-12)的正规方程,得到

$$\begin{bmatrix} \frac{1}{0.2} & 0.5 & 0.25 \\ 0.5 & \frac{1}{0.2} & 0.5 \\ 0.25 & 0.5 & \frac{1}{3.4370} \end{bmatrix} \begin{bmatrix} b_1 \\ b_2 \\ b_3 \end{bmatrix} = \begin{bmatrix} 1 \\ 0.5 \\ 0.25 \end{bmatrix}$$

由此方程可解得

$$\begin{bmatrix} b_1 \\ b_2 \\ b_3 \end{bmatrix} = \begin{bmatrix} 0.2090 & -0.0035 & -0.1735 \\ -0.0035 & 0.2416 & -0.4124 \\ -0.1735 & -0.4124 & 4.2955 \end{bmatrix} \begin{bmatrix} 1 \\ 0.5 \\ 0.25 \end{bmatrix} = \begin{bmatrix} 0.1639 \\ 0.0142 \\ 0.6942 \end{bmatrix}$$

所以该个体的估计育种值为

$$\hat{A}=b_1(P_X-\overline{P})+b_2(P_S-\overline{P})+b_3(\overline{P}_{HS}-\overline{P})$$
$$=0.1639\times(8.2-5.0)+0.0142\times(13.6-5.0)+0.6942\times(5.73-5.0)$$
$$=1.1534$$

该个体的估计传递力和相对育种值分别为

$$ETA=\frac{1}{2}\hat{A}=0.5767\qquad RBV=\left(1+\frac{\hat{A}}{\overline{P}}\right)\times100\%=\left(1+\frac{6.1534}{5.0}\right)\times100\%=123\%$$

该估计育种值的准确度为

$$r_{A\hat{A}}=\sqrt{b'r}=\left\{\begin{bmatrix}0.1639 & 0.0142 & 0.6942\end{bmatrix}\begin{bmatrix}1\\0.5\\0.25\end{bmatrix}\right\}^{\frac{1}{2}}=0.5870$$

类似地可以得到表 11-3-5 的几种信息组合的估计结果，从中可以看出，若以估计准确度最高的全部资料组合估计育种值，4 头公羊的估计育种值大小顺序：9-794 号(7.45,0.889)＞9-781 号(7.40,0.845)＞9-752 号(5.95,0.841)＞9-770 号(5.59,0.850)。由于在本例中公羊的半同胞兄妹和半同胞子女数均较多，而且剪毛量的遗传力也不很高，因而同胞测定和后裔测定估计准确度均高于个体选择。随着信息资料组合数的增加，估计准确度也随之提高，当包含个体本身、父母双亲、半同胞兄妹和半同胞子女信息时，估计准确度已超过个体选择的 1.77 倍，与包含 4 个祖代在内的全部资料估计准确度相差不大。

但是，对于实际育种工作而言，信息资料的获取、收集、整理都花费了很多精力，可以充分加以利用。随着现代计算技术和手段的进步，处理这种多元正规方程在实际推广中运用是完全可行的。在跨区域、场间进行种畜个体育种值评定时，必须利用现代统计分析方法消除各种固定环境效应和随机效应的影响，尽量利用各种亲属相关的信息资料进行综合遗传评定，以尽量准确地估计出种畜个体育种值，从而获得最好的选择效果。

表 11-3-5　4 头种公羊的个体育种值估计值、估计育种值准确度及相对效率

信息资料组合		9-781		9-794		9-770		9-752	
		$\hat{A}$	r_{AI}	$\hat{A}$	r_{AI}	$\hat{A}$	r_{AI}	$\hat{A}$	r_{AI}
单信息	本身	5.64	0.447	5.54	0.447	5.70	0.447	5.48	0.447
	半同胞	5.63	0.464	5.63	0.464	5.25	0.439	5.49	0.447
	子女	5.95	0.664	5.85	0.754	5.40	0.687	5.48	0.664
多信息	父亲＋半同胞	5.75	0.465	5.75	0.465	5.41	0.443	5.69	0.449
	双亲＋4 个祖先	6.35	0.370	6.70	0.370	6.14	0.370	6.38	0.370
	本身＋半同胞	6.05	0.586	5.97	0.586	5.79	0.573	5.81	0.577
	本身＋双亲＋半同胞＋子女	7.18	0.791	7.00	0.850	6.43	0.804	6.74	0.790
	全部 9 种资料	7.40	0.845	7.45	0.889	6.59	0.850	6.95	0.841

任务二　多性状综合遗传评定

任务知识

上述的各种选择方法都是针对单个性状选择而言的，但是在实际育种工作中很少仅考虑单个性状选择。一般情况下，各种家畜的育种目标均涉及多个重要的经济性状，如奶牛的产奶量、乳脂率和乳蛋白率，猪的日增重、瘦肉率和产仔数，蛋鸡的产蛋数和蛋重，绵羊的剪毛量、毛长和纤维直径等。因此，多性状选择在实际家畜育种中是不可避免的，关键是如何对多性状进行选择才可以获得最大的遗传经济效益。

一、多性状选择概述

多性状选择方法一般有3种：①顺序选择法；②独立淘汰法；③综合选择指数法。由于综合选择指数法具有很大的优越性，因而迅速在理论和方法上成熟起来，从一般综合选择指数法发展为约束选择指数法、最宜选择指数法、综合估计育种值法及通用选择指数法等。此外，随着现代线性模型技术的发展，最优线性无偏预测(BLUP)法吸收了综合选择指数方法的优点，并且考虑了多种固定环境效应、随机遗传效应等，为不同环境条件下的种畜育种值评定提供了可行的方法。

(1) 顺序选择法：又称单项选择法，指对所选择的 n 个性状，每一个性状选择一代或数代，当第一个性状达到要求后再选择下一个性状，在每代只对其中一个性状进行选择。然而，由于这种选择方法经常是顾此失彼，特别是当性状间有较高的负遗传相关时，它很难达到选择目标。而且由于一次只选择一个性状，总的选育时间更长。因此，目前已很少采用顺序选择法。

(2) 独立淘汰法：指对所选的 n 个性状各自确定一个淘汰标准，一个候选个体的这些表型性状只要有一个低于淘汰标准，则不管其他性状优劣如何都予以淘汰。因此，在每一代都可以对这 n 个性状进行选择。其结果往往是所有性状都刚达到标准的均衡性的个体被选留下来，反而将某一性状未达到标准，但其他方面都很优秀的个体淘汰了。随着同时选择性状数目的增加，中选的个体就越来越少。例如，在选择性状间不相关时，同时选择达到平均数一个标准差以上的三个性状，中选的个体将只有0.41%(=16%×16%×16%)，结果只能是降低各性状的淘汰标准。正因为如此，这一方法除了在外貌评定、遗传缺陷等性状上有所应用之外，其应用范围十分有限。

(3) 综合选择指数法：将需要选择的 n 个性状，依据各自的遗传力、表型方差、经济加权值，以及相应的遗传相关和表型相关等各种参数，制订一个综合指数。然后计算出各个体的指数值，依据其高低进行淘汰和选留。这种方法的好处是，较全面地考虑了各种遗传的、表型的因素及经济效益大小；指数的制订亦较为简单，选择可一次完成；而且从指数角度看，选择也是截断型的。它是目前应用最为广泛的多性状选择方法。

对这3种选择方法相对效率的理论研究表明：①在任何情况下，综合指数选择法的效率不低于独立淘汰法，独立淘汰法的效率不低于顺序选择法。②综合指数选择法优于其他方法的相对效率随性状数增加而提高，但是随各性状的经济加权值差异增加而下降，当经济加权值相同时，其优越性最大；综合指数选择法优于独立淘汰法的相对效率随选择强度增加而提高，但是综合指数选择法优于顺序选择法的相对效率则与选择强度无关。③独立淘汰法优于顺序选择法的相对效率随性状数和选择强度增加而提高，但是随经济加权值差异增加而下降。④当各性状的经济加权值相同时，综合指数选择法优于其他方法的相对效率还受其表型相关的影响较大，当 r_P 很低或为负值时，其相对效率较高；而遗传相关对相对效率的影响只有在经济加权值不同时才明显，其影响大小随着其他参数的变化而改变。

在多性状选择中，必须首先确定综合育种值中的经济加权值，它实际上就是育种目标的数量化，在Hazel最初提出综合选择指数法时应用的经济加权值定义为在其他性状保持不变时，一个性状提高一个单位所增加的收益，这实际上是性状的边际效益。因而确定经济加权值的方法多是经济学方法，影响它的经济因素很多而且复杂。

二、综合选择指数法

由于综合选择指数法在任何情况下均具有最高的选择效率，因此自该方法提出以后，即被广泛应用于家畜育种改良实践，并取得了较大的成就。广义而言，一个选择计划的制订一般应包括下列几个步骤：①性状各种表型参数和遗传参数的估计；②性状经济加权值的确定；③选择强度估计；④综合选择指数法制订和选择效果估计；⑤计算个体指数值，确定选择决策。

然而，传统的综合选择指数要求目标性状与信息性状一致，而且只是利用个体本身的各性状信息，这不符合现代育种学的精神。实际上，对多性状选择在群体遗传基础和环境条件相对一致的情况下，应该充分利用各种信息来源的资料，采用与上一节类似的多元回归方法进行综合遗传评定。这里直接介绍根据多种信息来源计算个体多性状选择的方法，这与传统的选择指数是不完全相同的，应该理解为综合选择指数是个体多性状的一个综合指标，对不同个体由于信息来源有所不同，计算它们的选择指数值所有的回归系数是不完全相同的，只有当信息性状与目标性状完全一致、只有个体本身单次度量值时，这里所介绍的综合选择指数才与传统选择指数等同。

1. 综合选择指数的构造 在多性状选择中，由于各性状在育种上和经济上的重要性差异，因而实际的育种目标对各性状的选育提高要求是不一致的，这些差异一般就用性状经济加权值表示。用它对需要选择提高的性状育种值进行加权就可以得到综合育种值。个体的综合育种值 H 可以利用个体本身和(或)有关亲属的相关性状的表型值 $X_1, X_2, \cdots, X_m$(表示为与相应的群体均值的离差)来估计，这些性状被称为信息性状，而在综合育种值中包含的性状称为目标性状，信息性状与目标性状可以相同，也可以不同，但必须与目标性状有较高的遗传相关。这种估计最简单可行的方法就是建立一个信息性状的线性函数 I，即选择指数，用它来估计 H，即

$$I = \sum_{i=1}^{m} b_i X_i = \boldsymbol{b}'\boldsymbol{X} \tag{11-3-14}$$

式中：$\boldsymbol{X}'$ 为 $[X_1 \quad X_2 \quad \cdots \quad X_m]$；$\boldsymbol{b}'$ 为 $[b_1 \quad b_2 \quad \cdots \quad b_m]$；$b_i$ 为性状 X_i 的加权系数，即偏回归系数。

显然，多性状选择的目的是要获得一个指数，用它可以最准确地估计 H，从而获得最大的综合育种值进展 ΔH，利用求极大值方法可以得到如下多元正规方程组：

$$\boldsymbol{Pb}=\boldsymbol{DAw} \quad 或 \quad \boldsymbol{b}=\boldsymbol{P}^{-1}\boldsymbol{DAw} \tag{11-3-15}$$

式中：$\boldsymbol{P}$ 是信息性状表型值之间的方差-协方差矩阵；$\boldsymbol{A}$ 是各信息性状与目标性状育种值之间的协方差矩阵；$\boldsymbol{D}$ 是提供每一信息性状表型值的个体与被估计个体间的亲缘相关对角矩阵。

其具体形式为

$$\boldsymbol{P} = \begin{bmatrix} \cdots & \cdots & \cdots & \cdots & \cdots \\ \cdots & \sigma^2_{P_i} & \cdots & \mathrm{Cov}_P(i,j) & \cdots \\ \cdots & \cdots & \cdots & \cdots & \cdots \\ \cdots & \mathrm{Cov}_P(j,i) & \cdots & \sigma^2_{P_j} & \cdots \\ \cdots & \cdots & \cdots & \cdots & \cdots \end{bmatrix}$$

$$\boldsymbol{D} = \begin{bmatrix} \cdots & 0 & 0 & 0 & 0 \\ 0 & r_{A(i,I)} & 0 & 0 & 0 \\ 0 & 0 & \cdots & 0 & 0 \\ 0 & 0 & 0 & r_{A(j,I)} & 0 \\ 0 & 0 & 0 & 0 & \cdots \end{bmatrix}$$

$$\boldsymbol{A} = \begin{bmatrix} \cdots & \cdots & \cdots & \cdots & \cdots \\ \cdots & \mathrm{Cov}_A(i,k) & \cdots & \mathrm{Cov}_A(i,l) & \cdots \\ \cdots & \cdots & \cdots & \cdots & \cdots \\ \cdots & \mathrm{Cov}_A(j,k) & \cdots & \mathrm{Cov}_A(j,l) & \cdots \\ \cdots & \cdots & \cdots & \cdots & \cdots \end{bmatrix}$$

$\boldsymbol{P}$ 中的对角线元素为信息性状表型值的方差，非对角线元素为各个信息性状表型值间的协方差；$\boldsymbol{A}$ 中的元素 $\mathrm{Cov}_A(i,k)$ 为第 i 个信息性状与第 k 个目标性状间的育种值协方差，其余的以此类推。当目标性状与信息性状完全相同时，$\boldsymbol{A}$ 与 $\boldsymbol{P}$ 有相同的结构。在性状的表型方差、遗传力、表型相关和遗传相关、提供信息的个体与被估计综合育种值的个体亲缘系数都已知的情况下，可以利用这些参数来确定这三个矩阵。其中 $r_{A(i,I)}$ 表示提供第 i 个信息的个体与被估个体的亲缘系数，例如，当提供信息的是个体本身时，它等于1，如果是个体的半同胞提供信息，则在随机交配情况下亲缘系数

等于 0.25。

2. 综合选择指数效果的度量 综合选择指数也可以看作一个综合的数量性状，制订出综合选择指数后，对它也可以像一般数量性状一样计算各种参数，对它的选择效果进行预测，主要的度量指标有综合育种值估计准确度 r_{HI}、综合育种值选择进展 ΔH 及各性状育种值选择进展 $\Delta \boldsymbol{a}$ 等，各指标可进行如下计算：

(1) 综合育种值估计准确度 r_{HI}：它是选择指数与综合育种值的复相关系数，计算公式如下：

$$r_{HI} = \frac{\mathrm{Cov}(H,I)}{\sigma_H \sigma_I} = \frac{\sigma_I}{\sigma_H} = \sqrt{\frac{\boldsymbol{b}'\boldsymbol{DAw}}{\boldsymbol{w}'\boldsymbol{Gw}}} \tag{11-3-16}$$

这里 $\boldsymbol{G}$ 表示目标性状间的育种值方差-协方差矩阵。

(2) 综合育种值选择进展 ΔH：它度量在给定选择强度(i)的情况下，利用综合选择指数进行选择预期可以获得的综合育种值改进量，当所有候选个体都有相同的信息来源时，即对所有个体 r_{HI} 为常量，群体的综合育种值选择进展为

$$\Delta H = i r_{HI} \sigma_H = i\sigma_I = i\sqrt{\boldsymbol{b}'\boldsymbol{DAw}} \tag{11-3-17}$$

(3) 各性状育种值选择进展 $\Delta \boldsymbol{a}$，在育种中除了要知道总的综合育种值进展外，还需要了解每一个目标性状的遗传进展如何，类似地可以得到其计算公式为

$$\Delta \boldsymbol{a}' = \frac{i\boldsymbol{b}'\boldsymbol{A}}{\sigma_I} = \frac{i\boldsymbol{b}'\boldsymbol{DA}}{\sqrt{\boldsymbol{b}'\boldsymbol{DAw}}} \tag{11-3-18}$$

此外，考虑多性状选择与单性状选择的效果比较，如果所有选择的性状间都不存在相关，而且各性状的表型方差、遗传力和经济加权值都相同，那么可以证明在同样的选择强度下，用综合选择指数同时选择多个性状时，每一个性状的遗传进展只有单独选择该性状时的 $1/\sqrt{n}$。即使当各性状的表型方差、遗传力和经济加权值不相同，性状间也存在相关时，多性状的改进也低于单独选择某一个性状。因此，一般情况下，在选择方案中，尽量不要包括太多的目标性状。

3. 综合选择指数计算步骤和举例 实际制订一个选择指数时，一般可按下述步骤进行。

(1) 将所有性状的遗传力、表型方差、经济加权值、表型相关和遗传相关等参数整理如表 11-3-6 的形式。

(2) 计算出各信息性状的表型方差-协方差矩阵和信息性状与目标性状的育种值协方差矩阵，即 $\boldsymbol{P}=[P_{ij}]_{m\times m}$，$\boldsymbol{A}=[A_{ij}]_{m\times n}$，其中：

$$A_{ij} = r_{(ij)} h_i \sigma_i h_j \sigma_j \tag{11-3-19}$$

式中：$r_{(ij)}$ 为第 i 个信息性状与第 j 个目标性状之间的遗传相关系数；h_i 和 h_j 分别为第 i 个信息性状和第 j 个目标性状的遗传力的平方根；σ_i 和 σ_j 分别为第 i 个信息性状和第 j 个目标性状的表型标准差。P_{ij} 需要根据各信息来源的具体情况确定，在传统综合选择指数中可以用性状表型相关系数和方差计算得到，其他情况可以用式(11-3-8)至式(11-3-10)来确定。

(3) 计算各提供信息的个体与被估计育种值个体的亲缘系数，得到对角矩阵 $\boldsymbol{D}$。

(4) 将各参数代入式(11-3-15)，并求解得到各偏回归系数。

(5) 由式(11-3-16)至式(11-3-18)分析指数的选择效果。

(6) 将各个体性状表型值 X_i 或它的离均差值代入式(11-3-13)计算候选个体的指数值。

下面用一个实例说明综合选择指数的制订和使用。

【例 11-3-4】 某种猪场在选种中定义的综合育种值中包含 3 个目标性状：瘦肉率 X_1(%)、达 100 kg 体重日龄 X_2(天)和背膘厚 X_3(mm)，这些性状的表型、遗传参数及经济加权值列入表 11-3-6。现有某个体本身 X_2 和 X_3 的单次度量值，$X_{2(\mathrm{I})}=160$ 和 $X_{3(\mathrm{I})}=12$，以及它的 4 个半同胞 X_1 和 X_2 的单次度量均值，$\overline{X}_{1(\mathrm{HS})}=58\%$ 和 $\overline{X}_{2(\mathrm{HS})}=164$，试计算该个体的综合选择指数。

Note

表 11-3-6 猪三个性状的表型、遗传参数和经济加权值

性　　状	单位	$\overline{X}$	w	h^2	σ_P^2	X_1	X_2	X_3
瘦肉率(X_1)	%	57	1.2	0.45	49		−0.55	−0.65
达 100 kg 体重日龄(X_2)	天	165	−0.6	0.35	225	−0.35		0.55
达 100 kg 体重背膘厚(X_3)	mm	14	0.0	0.50	1.44	−0.60	0.45	

注:表中右边 3 项的右上角为表型相关系数,左下角为遗传相关系数。

由表中参数可得到三个性状的育种值方差-协方差矩阵为

$$\boldsymbol{G}=\begin{bmatrix} 22.0500 & -14.5847 & -2.3907 \\ -14.5847 & 78.7500 & 3.3885 \\ -2.3907 & 3.3885 & 0.7200 \end{bmatrix}$$

其中

$$G_{11}=h_{X_1}^2\sigma_{X_1}^2=0.45\times 49=22.0500$$

$$G_{12}=\mathrm{Cov}_A(X_1,X_2)=r_{(12)}\sigma_{AX_1}\sigma_{AX_2}=-0.35\times\sqrt{22.0500\times 78.7500}=14.5847$$

其他元素值可用类似的计算方法得到。

两个信息来源共四个表型值间的方差-协方差矩阵为

$$\boldsymbol{P}=\begin{bmatrix} 225.0000 & 9.9000 & -3.6462 & 19.6875 \\ 9.9000 & 1.4400 & -0.5977 & 0.8471 \\ -3.6462 & -0.5977 & 16.3844 & -17.1721 \\ 19.6875 & 0.8471 & -17.1721 & 71.0156 \end{bmatrix}$$

其中:

$$P_{11}=\sigma_{X_1}^2=225.0000$$

$$P_{12}=\mathrm{Cov}(X_{2(\mathrm{I})},X_{3(\mathrm{I})})=r_{23}\sigma_{X_1}\sigma_{X_2}=0.55\times\sqrt{225\times 1.44}=9.9000$$

$$P_{33}=\sigma_{X_1}^2\frac{1+(4-1)\times 0.25\times 0.45}{4}=49\times 0.3344=16.3844$$

$$P_{34}=\mathrm{Cov}(X_{1(\mathrm{HS})},X_{2(\mathrm{HS})})=\frac{1}{4}[\mathrm{Cov}(X_1,X_2)+(4-1)\times r_{A(\mathrm{HS})}\times\mathrm{Cov}_A(X_1,X_2)]$$

$$=\frac{1}{4}\times[-0.55\times\sqrt{49\times 225}+3\times 0.25\times(-0.35)\times\sqrt{49\times 0.45\times 225\times 0.35}]$$

$$=-17.1721$$

$$P_{13}=\mathrm{Cov}(X_{2(\mathrm{I})},X_{1(\mathrm{HS})})=r_{A(\mathrm{I,HS})}\mathrm{Cov}_A(X_2,X_1)$$

$$=0.25\times(-0.35)\times\sqrt{49\times 0.45\times 225\times 0.35}=-3.6462$$

其他元素值可用类似的计算方法得到。

信息性状与三个目标性状的育种值协方差矩阵为

$$\boldsymbol{A}=\begin{bmatrix} -14.5847 & 78.7500 & 3.3885 \\ -2.3907 & 3.3885 & 0.7200 \\ 22.0500 & -14.5847 & -2.3907 \\ -14.5847 & 78.7500 & 3.3885 \end{bmatrix}$$

其中:

$$A_{11}=\mathrm{Cov}_A(X_{2(\mathrm{I})},X_1)=r_{(12)}\sigma_{AX_1}\sigma_{AX_2}=-0.35\times\sqrt{0.45\times 49\times 0.35\times 225}=-14.5847$$

$$A_{12}=\mathrm{Cov}_A(X_{2(\mathrm{I})},X_2)=h_{X_2}^2\sigma_{X_2}^2=0.35\times 225=78.7500$$

其他元素值可用类似的计算方法得到。

亲缘系数矩阵 $\boldsymbol{D}$ 和经济加权值向量 $\boldsymbol{w}$ 分别为

$$D=\begin{bmatrix}1 & 0 & 0 & 0\\ 0 & 1 & 0 & 0\\ 0 & 0 & 0.25 & 0\\ 0 & 0 & 0 & 0.25\end{bmatrix}$$

$$w=[1.2 \quad -0.6 \quad 0]$$

将上述四个矩阵代入式(11-3-15)得到

$$b=P^{-1}DAw$$

$$=\begin{bmatrix}225.0000 & 9.9000 & -3.6462 & 19.6875\\ 9.9000 & 1.4400 & -0.5977 & 0.8471\\ -3.6462 & -0.5977 & 19.3844 & -17.1721\\ 19.6875 & 0.8471 & -17.1721 & 71.0156\end{bmatrix}^{-1}\begin{bmatrix}-14.5847 & 78.7500 & 3.3885\\ -2.3907 & 3.3885 & 0.7200\\ 5.5125 & -3.6462 & -0.5977\\ -3.6462 & 19.6875 & 0.8471\end{bmatrix}\begin{bmatrix}1.2\\ -0.6\\ 0\end{bmatrix}$$

$$=\begin{bmatrix}0.006534 & -0.044725 & -0.002032 & -0.001769\\ -0.044725 & 1.011712 & 0.0036566 & 0.009173\\ -0.002032 & 0.036566 & 0.083112 & 0.020224\\ -0.001769 & 0.009173 & 0.020224 & 0.019353\end{bmatrix}\begin{bmatrix}-64.7516\\ -4.9019\\ 8.8027\\ -16.1879\end{bmatrix}$$

$$=\begin{bmatrix}-0.1931\\ -1.8899\\ 0.3565\\ -0.0657\end{bmatrix}$$

因此得到该个体的综合选择指数为

$$\begin{aligned}I=b'X&=b_1(X_{2(I)}-\overline{X}_2)+b_2(X_{3(I)}-\overline{X}_3)+b_3(X_{1(HS)}-\overline{X}_1)+b_4(X_{2(HS)}-\overline{X}_2)\\ &=-0.1931\times(160-165)-1.8899\times(12-14)\\ &\quad+0.3565\times(58-57)-0.0657\times(164-165)\\ &=5.1675\end{aligned}$$

为了衡量该综合选择指数的效果，可采用式(11-3-16)至式(11-3-18)计算有关指标。由于

$$(DAw)'=[-64.7516 \quad -4.9019 \quad 8.8027 \quad -16.1879]$$

$$b'DA=[9.5393 \quad -24.2039 \quad -2.2838]$$

$$\sigma_I^2=b'Pb=b'DAw=25.9694$$

$$w'Gw=81.1040$$

可计算出综合育种值估计准确度、综合育种值选择进展、各性状育种值选择进展分别为

$$r_{HI}=\sqrt{\frac{b'DAw}{w'Gw}}=\sqrt{\frac{25.9694}{81.1040}}=0.5659$$

$$\Delta H=i\sqrt{b'DAw}=5.0960i$$

$$\Delta a'=\frac{ib'DA}{\sqrt{b'DAw}}=[1.8719 \quad -4.7495 \quad -0.4481]i$$

利用这一方法，可以针对候选个体不同的信息来源计算出个体综合选择指数，以及利用该指数评定个体综合育种值的准确性。因此应该将综合选择指数理解为充分利用各种有关信息对个体多性状进行综合遗传评定的一种方法。

三、约束选择指数与最宜选择指数

在多性状遗传改良中，有时需要对不同性状的改进进行适当的控制，希望在一些性状改进的同时，保持另一些性状不变，即进行约束选择(restricted selection)；或者控制某些性状按设想的方向和大小改进，即进行最宜选择(optimum selection)。例如，在蛋鸡选育中，希望在增加产蛋数的同时，保持蛋重不下降；在奶牛育种中，希望在增加产奶量的同时，保持乳脂率不下降；在猪育种中，希望在增加瘦肉率的同时，保持肉质不变差。

Note

显然，上述的两种选择指数都是通过对性状的改进施加某种限制来达到其目的，实际上都是相同意义上的约束，因而均可看作有约束的选择指数，这里合并一起论述，统称为约束选择。应该指出的是，所谓最宜选择并不是指这种选择是最优的。理论研究表明，对选择性状的任何约束都将导致预期总的综合育种值进展下降，只不过是对所约束的性状而言，可以使其按所要求的进展改变而已。此外，由于性状遗传进展的任何变动都会导致选择指数很大的改变，因此对性状的改进施加约束应慎重考虑，不适当的约束会极大地降低指数的选择效率。

1. 约束选择原理 约束选择可通过约束选择指数进行，它是在上述综合选择指数基础上，通过一定方式施加一些约束条件来实现的。因此，综合育种值(H)和选择指数(I)仍由式(11-3-12)和式(11-3-14)定义。约束选择的目的是在给定的约束条件下使确定的选择指数尽量准确地估计综合育种值，从而获得最大的综合育种值进展。为了对某些性状的遗传进展施加一定的约束，需要引入如下的约束矩阵$\boldsymbol{R}$，即

$$\boldsymbol{R}=\begin{bmatrix} r_{11} & r_{12} & \cdots & r_{1s} \\ r_{21} & r_{22} & \cdots & r_{2s} \\ \cdots & \cdots & \cdots & \cdots \\ r_{n1} & r_{n2} & \cdots & r_{ns} \end{bmatrix}$$

式中：n为目标性状的数目；s为施加约束的性状数；$\boldsymbol{R}$中的每一列向量对应于一个约束性状。在该列向量中，对应于约束性状的元素取值为1，其余元素取值为0，从而使得$\boldsymbol{R}'\boldsymbol{a}$只含有约束性状的育种值向量，实现对其中某些性状施加约束条件。如果限制所约束的性状按比例向量$\boldsymbol{k}'=[k_1 \quad k_2 \quad \cdots \quad k_s]$变化，采用Lagrange乘子法，引入一个不定乘子向量$\boldsymbol{\lambda}$，则可以得出如下的求解方程组：

$$\begin{bmatrix} \boldsymbol{b} \\ \boldsymbol{\lambda} \end{bmatrix}=\begin{bmatrix} \boldsymbol{P} & \boldsymbol{DAR} \\ \boldsymbol{R}'\boldsymbol{A}'\boldsymbol{D} & \boldsymbol{0} \end{bmatrix}^{-1}\begin{bmatrix} \boldsymbol{DAw} \\ \boldsymbol{k} \end{bmatrix} \tag{11-3-20}$$

解此方程组，将得到的$\boldsymbol{b}$代入式(11-3-14)，即得到所需的约束选择指数。应用分块矩阵求逆法容易得到：

$$\boldsymbol{b}=[\boldsymbol{I}-\boldsymbol{P}^{-1}\boldsymbol{DAR}(\boldsymbol{R}'\boldsymbol{A}'\boldsymbol{DP}^{-1}\boldsymbol{DAR})^{-1}\boldsymbol{R}'\boldsymbol{A}'\boldsymbol{D}]\boldsymbol{P}^{-1}\boldsymbol{DAw}+\boldsymbol{P}^{-1}\boldsymbol{DAR}(\boldsymbol{R}'\boldsymbol{A}'\boldsymbol{DP}^{-1}\boldsymbol{DAR})^{-1}\boldsymbol{k} \tag{11-3-21}$$

式中：$\boldsymbol{I}$为单位矩阵。此式即为最宜选择指数的计算公式。

实际上，式(11-3-21)涵盖了本章讨论的全部个体遗传评定方法，具有广泛的适用性，不论是单性状、多性状，还是单信息、多信息，都可以直接利用它进行育种值估计。下面给出在两类特定条件下的简化形式。

(1) 只有个体本身成绩记录，且不含选种辅助性状：这时$\boldsymbol{D}=\boldsymbol{I}$，$\boldsymbol{A}'=\boldsymbol{A}$，这实际上相当于传统意义上的各种选择指数，因此可得到如下指数。

①最宜选择指数($\boldsymbol{b}_{\mathrm{O}}$)：

$$\boldsymbol{b}_{\mathrm{O}}=[\boldsymbol{I}-\boldsymbol{P}^{-1}\boldsymbol{AR}(\boldsymbol{R}'\boldsymbol{AP}^{-1}\boldsymbol{AR})^{-1}\boldsymbol{R}'\boldsymbol{A}]\boldsymbol{P}^{-1}\boldsymbol{Aw}+\boldsymbol{P}^{-1}\boldsymbol{AR}(\boldsymbol{R}'\boldsymbol{AP}^{-1}\boldsymbol{AR})^{-1}\boldsymbol{k} \tag{11-3-22}$$

②约束选择指数($\boldsymbol{b}_{\mathrm{R}}$)：这时$\boldsymbol{k}=\boldsymbol{0}$，即保持所有约束性状不变，因此：

$$\boldsymbol{b}_{\mathrm{R}}=[\boldsymbol{I}-\boldsymbol{P}^{-1}\boldsymbol{AR}(\boldsymbol{R}'\boldsymbol{AP}^{-1}\boldsymbol{AR})^{-1}\boldsymbol{R}'\boldsymbol{A}]\boldsymbol{P}^{-1}\boldsymbol{Aw} \tag{11-3-23}$$

③无约束综合选择指数($\boldsymbol{b}$)，这时$\boldsymbol{k}=\boldsymbol{0}$，$\boldsymbol{R}=\boldsymbol{0}$，因此：

$$\boldsymbol{b}=\boldsymbol{P}^{-1}\boldsymbol{Aw} \tag{11-3-24}$$

(2) 有多种信息来源。

①单性状育种值估计($\boldsymbol{b}_{\mathrm{C}}$)，这时只有各种亲属的一个性状信息，无约束性状，$\boldsymbol{W}=\boldsymbol{I}$、$\boldsymbol{R}=\boldsymbol{0}$，因此：

$$\boldsymbol{b}_{\mathrm{C}}=\boldsymbol{P}^{-1}\boldsymbol{DA} \tag{11-3-25}$$

②多性状综合育种值估计($\boldsymbol{b}_{\mathrm{H}}$)，无约束性状，$\boldsymbol{R}=\boldsymbol{0}$，因此：

$$\boldsymbol{b}_{\mathrm{H}}=\boldsymbol{P}^{-1}\boldsymbol{DAw} \tag{11-3-26}$$

利用类似的方法，还可以定义各种类型的选择指数，但所有这些都是式(11-3-21)的特例。制订出约束选择指数后，度量选择效果的主要指标也有与综合选择指数类似的三个，基本上可以参照式

Note

(11-3-16)至式(11-3-18)计算，只是在计算最宜选择指数时，r_{HI}的计算稍有不同。

2. 约束选择指数计算方法和实例

【例 11-3-5】 采用例 11-3-3 的资料说明约束选择指数的计算方法。假设选择目标有所改变，希望在以后世代的选择中保持背膘厚不继续下降，试制订一个约束选择指数，并计算例 11-3-3 中给出的个体指数值。

显然，这时的约束矩阵为$\boldsymbol{R}'=[0\quad 0\quad 1]$，约束比例向量$\boldsymbol{k}=[0]$。由表 11-3-6 资料及式(11-3-20)可得到

$$\begin{bmatrix}\boldsymbol{b}\\ \boldsymbol{\lambda}\end{bmatrix}=\begin{bmatrix}225.0000 & 9.9000 & -3.6462 & 19.6875 & 3.3885\\ 9.9000 & 1.4400 & -0.5977 & 0.8471 & 0.7200\\ -3.6462 & -0.5977 & 16.3844 & -17.1721 & -0.5977\\ 19.6875 & 0.8471 & -17.1721 & 71.0156 & 0.8471\\ 3.3885 & 0.7200 & -0.5977 & 0.8471 & 0\end{bmatrix}^{-1}\begin{bmatrix}-64.7516\\ -4.9019\\ 8.8027\\ -16.1879\\ 0\end{bmatrix}=\begin{bmatrix}-0.2549\\ 1.4734\\ 0.2783\\ -0.0363\\ -5.9762\end{bmatrix}$$

所以，当需要保持背膘厚不变时，这三个性状的约束选择指数为

$$I=\boldsymbol{b}'\boldsymbol{X}=-0.2549\times(X_{2(\mathrm{I})}-\overline{X}_2)+1.4734\times(X_{3(\mathrm{I})}-\overline{X}_3)$$
$$+0.2783\times(X_{1(\mathrm{HS})}-\overline{X}_1)-0.0363\times(X_{2(\mathrm{HS})}-\overline{X}_2)$$

由此可见，背膘厚约束选择指数不变，指数的结构发生了较大的变化，个体本身的背膘厚加权系数由无约束时的负值变为正值，其他性状的加权系数也做了相应的调整，从而达到约束的目的。为了衡量这一约束选择指数的效果，可以采用式(11-3-16)至式(11-3-18)计算有关指标。由于

$$\boldsymbol{b}'\boldsymbol{A}=[-0.2166\quad 69.7424\quad 0]$$

$$\sigma_I^2=\boldsymbol{b}'\boldsymbol{P}\boldsymbol{b}=\boldsymbol{b}'\boldsymbol{D}\boldsymbol{A}\boldsymbol{w}=12.3214$$

其他有关数据与表 11-3-3 相同，由此可以得到在约束选择情况下：

$$r_{HI}=\sqrt{\frac{\boldsymbol{b}'\boldsymbol{D}\boldsymbol{A}\boldsymbol{w}}{\boldsymbol{w}'\boldsymbol{G}\boldsymbol{w}}}=\sqrt{\frac{12.3214}{81.1040}}=0.3898$$

$$\Delta H=i\sqrt{\boldsymbol{b}'\boldsymbol{D}\boldsymbol{A}\boldsymbol{w}}=3.5102i$$

$$\Delta\boldsymbol{a}'=\frac{i\boldsymbol{b}'\boldsymbol{D}\boldsymbol{A}}{\sqrt{\boldsymbol{b}'\boldsymbol{D}\boldsymbol{A}\boldsymbol{w}}}=[0.5304\quad -4.7895\quad 0]i$$

利用这一指数对例 11-3-3 的个体重新进行综合育种值评定，计算的综合选择指数为

$$I=-0.2549\times(160-165)+1.4734\times(12-14)+0.2783\times(58-57)-0.0363\times(164-165)$$
$$=-1.3577$$

比较约束选择指数与非约束选择指数可以看出，约束后的选择效果大大降低，其估计准确度由 0.5659 降低为 0.3898，综合育种值进展由 5.0960i 降为 3.5102i。而且，计算出的候选个体选择指数也发生了改变。由此可见，对目标性状的约束会导致选择指数发生较大的变化，选择效率有所降低，甚至不同候选个体的综合指数的相对大小顺序也要改变，选择结果不同。特别是一些不适当的约束，例如，对一些负相关性状施加同一方向的约束，会大大降低选择效率。

虽然在利用多信息来源评定个体多性状综合育种值，比传统的个体本身单一信息来源的综合选择指数在计算上要烦琐，但从充分利用各种遗传信息、提高个体综合育种值评定的准确性来考虑，是必须进行这种综合遗传评定的。在实际育种工作中，可以利用已开发的软件，来完成多性状的综合选择。

任务三　BLUP 法

任务知识

传统的育种值估计方法主要是综合选择指数法，它是通过对不同来源的信息(个体本身及各种

Note

亲属)进行适当的加权而合并为一个指数,并将它作为育种值的估计值。这个方法的一个基本假设是,不存在影响观察值的系统环境效应,或者这些效应是已知的,从而可以对观察值进行校正。在这一假设的基础上,由选择指数法得到的估计育种值($\hat{A}$)具有如下性质:

(1) $\hat{A}$ 是真实育种值 A 的无偏估计值,即 $E(A-\hat{A})=0$。

(2) 估计误差 $A-\hat{A}$ 的方差最小,这意味着估计值的精确性(以估计值与真值的相关系数来度量)最大。

(3) 若将群体中所有个体按 $\hat{A}$ 排序,则此序列与按真实育种值排序所得序列相吻合的概率最大。

遗憾的是,这个基本假设几乎在所有情况下都是不能成立的,通常的做法是将个体的表型值减去与其同群同期的所有其他个体的平均数,从而达到对系统环境效应进行校正的目的。但这样做有一个缺陷:如果在不同群体或不同世代之间存在着遗传上的差异,则这种差异也被随之校正,因而所得到的估计育种值就不再是无偏估计值,综合选择指数法的上述理想性也就不再成立。

为克服以上缺陷,美国学者 C. R. Henderson 于 1948 年提出了 BLUP(best linear unbiased prediction)法,即最佳线性无偏预测法。这个方法从本质上是综合选择指数法的一个推广,但它可以在估计育种值的同时对系统环境效应进行估计和校正,因而在上述假设不成立时其估计值也具有以上理想性质。但在当时由于计算条件的限制,这个方法并未被用到育种实践中。到了 20 世纪 70 年代,随着计算机技术的高速发展,使这一方法的实际应用成为可能,Henderson 又重新提出这一方法,并对它进行较为系统的阐述,从而引起了世界各国育种工作者的广泛关注,纷纷开展了对它的系统研究,并逐渐将它应用于育种实践。目前它已成为世界各国(尤其是发达国家)家畜遗传评定的规范方法。下面简要介绍这一方法。

一、BLUP 法的基本原理

BLUP 法的含义是最佳线性无偏预测。预测通常是指对未来事件可能出现结果的推测,在这里预测则是指对取样于某一总体的随机变量的实现值的估计。

设有如下的一般混合模型

$$\boldsymbol{y}=\boldsymbol{Xb}+\boldsymbol{Zu}+\boldsymbol{e} \tag{11-3-27}$$

$$E(\boldsymbol{u})=\boldsymbol{0},\quad E(\boldsymbol{e})=\boldsymbol{0},\quad E(\boldsymbol{y})=\boldsymbol{Xb}$$

$$\mathrm{Var}(\boldsymbol{u})=\boldsymbol{G},\quad \mathrm{Var}(\boldsymbol{e})=\boldsymbol{R},\quad \mathrm{Cov}(\boldsymbol{u},\boldsymbol{e}')=\boldsymbol{0}$$

$$\mathrm{Var}(\boldsymbol{y})=\boldsymbol{ZGZ}'+\boldsymbol{R}=\boldsymbol{V},\quad \mathrm{Cov}(\boldsymbol{y},\boldsymbol{u}')=\boldsymbol{ZG}$$

式中:$\boldsymbol{y}$ 是观察值向量;$\boldsymbol{b}$ 是固定效应向量;$\boldsymbol{u}$ 是随机效应向量;$\boldsymbol{e}$ 是随机误差向量;$\boldsymbol{X}$ 和 $\boldsymbol{Z}$ 分别是 $\boldsymbol{b}$ 和 $\boldsymbol{u}$ 的关联矩阵。

需要对该模型中的固定效应 $\boldsymbol{b}$ 和随机效应 $\boldsymbol{u}$ 进行估计,对随机效应 $\boldsymbol{u}$ 的估计也称为预测。所谓 BLUP 法,就是按照最佳线性无偏的原则去估计 $\boldsymbol{b}$ 和 $\boldsymbol{u}$。线性是指估计值是观察值的线性函数,无偏是指估计值的数学期望等于被估计量的真值(固定效应)或被估计量的数学期望(随机效应),最佳是指估计值的误差方差最小。根据这个原则,经过一系列的数学推导,可得

$$\hat{\boldsymbol{b}}=(\boldsymbol{X}'\boldsymbol{V}^{-1}\boldsymbol{X})^{-}\boldsymbol{X}'\boldsymbol{V}^{-1}\boldsymbol{y} \tag{11-3-28}$$

它就是 $\boldsymbol{b}$ 的广义最小二乘估计值,即

$$\hat{\boldsymbol{u}}=\boldsymbol{GZ}'\boldsymbol{V}^{-1}(\boldsymbol{y}-\boldsymbol{X}\hat{\boldsymbol{b}}) \tag{11-3-29}$$

在式(11-3-28)和式(11-3-29)中涉及了对观察值向量 $\boldsymbol{y}$ 的方差协方差矩阵 $\boldsymbol{V}$ 的逆矩阵 $\boldsymbol{V}^{-1}$ 的计算,$\boldsymbol{V}$ 的维数与 $\boldsymbol{y}$ 中的观察值个数相等,当观察值个数较多时,$\boldsymbol{V}$ 变得非常庞大,$\boldsymbol{V}^{-1}$ 的计算就非常困难乃至根本不可能实现,为此 Henderson 提出了 $\hat{\boldsymbol{b}}$ 和 $\hat{\boldsymbol{u}}$ 的另一种解法——混合模型方程组(mixed model equations,MME)法,Henderson 发现,通过求解方程组

$$\begin{bmatrix}\boldsymbol{X}'\boldsymbol{R}^{-1}\boldsymbol{X} & \boldsymbol{X}'\boldsymbol{R}^{-1}\boldsymbol{Z}\\ \boldsymbol{Z}'\boldsymbol{R}^{-1}\boldsymbol{X} & \boldsymbol{Z}'\boldsymbol{R}^{-1}\boldsymbol{Z}+\boldsymbol{G}^{-1}\end{bmatrix}\begin{bmatrix}\hat{\boldsymbol{b}}\\ \hat{\boldsymbol{u}}\end{bmatrix}=\begin{bmatrix}\boldsymbol{X}'\boldsymbol{R}^{-1}\boldsymbol{y}\\ \boldsymbol{Z}'\boldsymbol{R}^{-1}\boldsymbol{y}\end{bmatrix} \tag{11-3-30}$$

所得到的 $\hat{\boldsymbol{b}}$ 和 $\hat{\boldsymbol{u}}$ 与由式(11-3-28)和式(11-3-29)得到的正好相等。这个方程组不涉及 $\boldsymbol{V}^{-1}$ 的计算,而

Note

需要计算 G^{-1} 和 R^{-1}，G 的维数通常小于 V，对它的求逆常常可根据特定的模型和对 u 的定义而采用一些特殊的算法，R 的维数虽然和 V 相同，但它通常是一个对角阵或分块对角阵，很容易求逆。因而用式(11-3-30)比用式(11-3-28)和式(11-3-29)在计算上要容易得多。

用式(11-3-30)得到的 BLUP 法估计值的方差和协方差可通过对该方程组的系数矩阵求逆得到。

设为混合模型方程组中系数矩阵的逆矩阵(或广义逆矩阵)，其中的分块与原系数矩阵中的分块相对应，则

$$\mathrm{Var}(\hat{\boldsymbol{b}})=\boldsymbol{C}^{XX}$$

$$\mathrm{Var}(\hat{\boldsymbol{u}})=\boldsymbol{G}-\boldsymbol{C}^{ZZ}$$

$$\mathrm{Cov}(\hat{\boldsymbol{b}},\hat{\boldsymbol{u}}')=\boldsymbol{0}$$

$$\mathrm{Var}(\hat{\boldsymbol{u}}-\boldsymbol{u})=\boldsymbol{C}^{ZZ}$$

$$\mathrm{Cov}(\hat{\boldsymbol{b}},\hat{\boldsymbol{u}}'-\boldsymbol{u}')=\boldsymbol{C}^{XZ}$$

二、动物模型 BLUP 法

BLUP 法实际上可看作一个一般性的统计学估计方法，但它特别适合用于估计家畜的育种值。在用 BLUP 法时，首先要根据资料的性质建立适当的模型，目前在育种实践中普遍采用的是动物模型，所谓动物模型是指将动物个体本身的加性遗传效应(即育种值)作为随机效应放在模型中，基于动物模型的 BLUP 育种值估计方法即称为动物模型 BLUP 法。下面我们对家畜在被考察的性状上通过有重复观察值和无重复观察值这两种情形分别讨论动物模型 BLUP 法。

1. 无重复观察值时的动物模型 BLUP 法 如果一个个体在所考察的性状上只有一个观测值，且不考虑显性和上位效应，则该观测值通常可用如下模型来描述：

$$y=\sum_{j=1}^{r}b_j+a+e \tag{11-3-31}$$

式中：b_j 是第 j 个系统环境效应，它们一般都是固定效应；a 是该个体的加性遗传效应(育种值)，它是随机效应；e 是随机残差(主要由随机环境效应所致)。

假设有 n 个个体的观察值，需要对 s 个个体估计育种值($s\geqslant n$)，则对这 n 个观察值可用如下模型来描述：

$$\boldsymbol{y}=\boldsymbol{Xb}+\boldsymbol{Za}+\boldsymbol{e} \tag{11-3-32}$$

式中：$\boldsymbol{y}$ 是所有 n 个观察值的向量；$\boldsymbol{b}$ 是所有(固定)环境效应的向量；$\boldsymbol{X}$ 是 $\boldsymbol{b}$ 的关联矩阵；$\boldsymbol{A}$ 是 s 个个体的育种值向量；$\boldsymbol{Z}$ 是 $\boldsymbol{a}$ 的关联矩阵，当 $\boldsymbol{a}$ 中的所有个体都有观察值时(即 $s=n$)，$\boldsymbol{Z}=\boldsymbol{I}$；可知 $\boldsymbol{a}$ 的协方差矩阵应为

$$\mathrm{Var}(\boldsymbol{a})=\boldsymbol{G}=\boldsymbol{A}\sigma_a^2$$

式中：$\boldsymbol{A}$ 为 s 个个体间的加性遗传相关矩阵；σ_a^2 为加性遗传方差。

$\boldsymbol{e}$ 是随机环境效应向量，通常假设随机环境效应间彼此独立，且具有相同的方差，故有

$$\mathrm{Var}(\boldsymbol{e})=\boldsymbol{R}=\boldsymbol{I}\sigma_e^2$$

对照式(11-3-29)可得与此模型相应的混合模型方程组为

$$\begin{bmatrix}\boldsymbol{X}'\boldsymbol{X}\dfrac{1}{\sigma_e^2} & \boldsymbol{X}'\boldsymbol{Z}\dfrac{1}{\sigma_e^2}\\ \boldsymbol{Z}'\boldsymbol{X}\dfrac{1}{\sigma_e^2} & \boldsymbol{Z}'\boldsymbol{Z}\dfrac{1}{\sigma_e^2}+\boldsymbol{A}^{-1}\dfrac{1}{\sigma_a^2}\end{bmatrix}\begin{bmatrix}\hat{\boldsymbol{b}}\\ \hat{\boldsymbol{u}}\end{bmatrix}=\begin{bmatrix}\boldsymbol{X}'\boldsymbol{y}\dfrac{1}{\sigma_e^2}\\ \boldsymbol{Z}'\boldsymbol{y}\dfrac{1}{\sigma_e^2}\end{bmatrix}$$

或

$$\begin{bmatrix}\boldsymbol{X}'\boldsymbol{X} & \boldsymbol{X}'\boldsymbol{Z}\\ \boldsymbol{Z}'\boldsymbol{X} & \boldsymbol{Z}'\boldsymbol{Z}+\boldsymbol{A}^{-1}k\end{bmatrix}\begin{bmatrix}\hat{\boldsymbol{b}}\\ \hat{\boldsymbol{u}}\end{bmatrix}=\begin{bmatrix}\boldsymbol{X}'\boldsymbol{y}\\ \boldsymbol{Z}'\boldsymbol{y}\end{bmatrix} \tag{11-3-33}$$

解此方程组即得到固定效应($\boldsymbol{b}$)和个体育种值($\boldsymbol{a}$)的估计值。

若令此方程组系数矩阵的逆矩阵(或广义逆矩阵)为

Note

$$\mathrm{Var}(\hat{\boldsymbol{b}})=\boldsymbol{C}^{XX}\sigma_e^2$$
$$\mathrm{Var}(\hat{\boldsymbol{a}})=\boldsymbol{A}\sigma_a^2-\boldsymbol{C}^{ZZ}\sigma_e^2$$

则估计值的方差协方差矩阵为

$$\mathrm{Var}(\hat{\boldsymbol{b}})=\boldsymbol{C}^{XX}\sigma_e^2$$
$$\mathrm{Var}(\hat{\boldsymbol{a}})=\boldsymbol{A}\sigma_a^2-\boldsymbol{C}^{ZZ}\sigma_e^2$$
$$\mathrm{Cov}(\hat{\boldsymbol{b}},\hat{\boldsymbol{a}}')=\boldsymbol{0}$$
$$\mathrm{Var}(\hat{\boldsymbol{a}}-\boldsymbol{a})=\boldsymbol{C}^{ZZ}\sigma_e^2$$
$$\mathrm{Cov}(\hat{\boldsymbol{b}},\hat{\boldsymbol{a}}'-\boldsymbol{a}')=\boldsymbol{C}^{XZ}\sigma_e^2$$

由此可得第 i 个个体的育种值估计值的精确性(估计值与真值的相关)为

$$r_{a_i\hat{a}_i}=\frac{\mathrm{Cov}(a_i,\hat{a}_i)}{\sigma_{a_i}\sigma_{\hat{a}_i}}=\frac{\sigma_{\hat{a}_i}^2}{\sigma_a\sigma_{\hat{a}_i}}=\frac{\sigma_{\hat{a}_i}}{\sigma_a}=\sqrt{(\sigma_a^2-d_{a_i}\sigma_e^2)/\sigma_a^2}=\sqrt{1-d_{a_i}k} \tag{11-3-34}$$

式中:d_{a_i} 为 $\boldsymbol{C}^{ZZ}$ 中与个体 i 对应的对角线元素。

通常将 $r_{a_i\hat{a}_i}$ 的平方 $r_{a_i\hat{a}_i}^2$ 称为育种值估计值的可靠性或重复力。

2. 有重复观察值时的动物模型 BLUP 法 当个体在被考察的性状上有重复观察值时,个体的一个观察值 y 可剖分为

$$y=\sum_{j=1}^{r}b_j+a+p+e \tag{11-3-35}$$

式中:p 为随机永久性环境效应,其余与式(11-3-31)相同,按此式,表型方差可分解为

$$\sigma_y^2=\sigma_a^2+\sigma_p^2+\sigma_e^2$$

对式(11-3-33)用矩阵形式表示,则有

$$\boldsymbol{y}=\boldsymbol{X}\boldsymbol{b}+\boldsymbol{Z}_1\boldsymbol{a}+\boldsymbol{Z}_2\boldsymbol{p}+\boldsymbol{e} \tag{11-3-36}$$
$$\mathrm{Var}(\boldsymbol{a})=\boldsymbol{A}\sigma_a^2,\quad \mathrm{Var}(\boldsymbol{p})=\boldsymbol{I}\sigma_p^2,\quad \mathrm{Var}(\boldsymbol{e})=\boldsymbol{I}\sigma_e^2$$

若令 $\boldsymbol{Z}=(\boldsymbol{Z}_1\quad \boldsymbol{Z}_2),\quad \boldsymbol{u}=\begin{bmatrix}\boldsymbol{a}\\ \boldsymbol{p}\end{bmatrix},\quad \mathrm{Var}(\boldsymbol{u})=\boldsymbol{G}=\begin{bmatrix}\boldsymbol{A}\sigma_a^2 & \boldsymbol{0}\\ \boldsymbol{0} & \boldsymbol{I}\sigma_p^2\end{bmatrix}$

则参照式(7-12)可得相应的混合模型方程组为

$$\begin{bmatrix}\boldsymbol{X}'\boldsymbol{X} & \boldsymbol{X}'\boldsymbol{Z}_1 & \boldsymbol{X}'\boldsymbol{Z}_2\\ \boldsymbol{Z}_1'\boldsymbol{X} & \boldsymbol{Z}_1'\boldsymbol{Z}_1+\boldsymbol{A}^{-1}k_2 & \boldsymbol{Z}_1'\boldsymbol{Z}_2\\ \boldsymbol{Z}_2'\boldsymbol{X} & \boldsymbol{Z}_2'\boldsymbol{Z}_1 & \boldsymbol{Z}_2'\boldsymbol{Z}_2+\boldsymbol{I}k_2\end{bmatrix}\begin{bmatrix}\hat{\boldsymbol{b}}\\ \hat{\boldsymbol{a}}\\ \hat{\boldsymbol{p}}\end{bmatrix}=\begin{bmatrix}\boldsymbol{X}'\boldsymbol{y}\\ \boldsymbol{Z}_1'\boldsymbol{y}\\ \boldsymbol{Z}_2'\boldsymbol{y}\end{bmatrix} \tag{11-3-37}$$

式中:

$$r=(\sigma_a^2+\sigma_p^2)/\sigma_y^2=\text{重复力}$$
$$h^2=\sigma_a^2/\sigma_y^2=\text{遗传力}$$

【例 11-3-6】 设有如下 6 头母猪的窝产仔数资料。

母猪	父亲	母亲	猪场	产仔年份	胎次	产仔数	场-年
3	—	—	1	1	2	10	1
4	1	—	1	1	1	6	1
			1	2	2	7	2
5	2	3	2	1	1	8	3
			2	2	2	13	4
6	—	3	2	1	1	12	3
			1	2	2	10	2
7	2	6	2	2	1	10	4
8	1	3	1	2	1	5	2

现欲估计这些母猪的产仔数的育种值。设已知产仔数的遗传力为 0.10，重复力为 0.20。在这个资料中，影响产仔数的系统环境效应有 3 个：猪场、年份和胎次。在猪场和年份之间通常会有互作效应，因而可将它们合并成一个效应，即场年效应，它被列在上表中的最后一列。

模型

$$y_{ijk} = h_i + l_j + a_k + p_k + e_{ijk}$$

式中：y_{ijk} 为在第 i 个场-年，第 k 头母猪的第 j 胎产仔数；h_i 为第 i 个场-年的效应（固定）；l_j 为第 j 个胎次的效应（固定）；a_k 为第 k 头母猪的育种值；p_k 为对第 k 头母猪的永久性环境效应；e_{ijk} 为对应于 y_{ijk} 的暂时性环境效应（随机误差）。

将所有的观察值均按此模型表示出来，则有

$$\boldsymbol{y}=\boldsymbol{X}\boldsymbol{b}+\boldsymbol{Z}_1\boldsymbol{a}+\boldsymbol{Z}_2\boldsymbol{p}+\boldsymbol{e}$$

参照式(11-3-36)，可得混合模型方程组。这个方程组的系数矩阵不是满秩矩阵，它的第 1、2、3、4 行（列）相加等于第 5、6 行（列）相加，因此，这个方程组没有唯一解，而有无穷多个解。虽然我们可以通过求这个系数矩阵的广义逆矩阵而求得方程组的某一个解，但对这种解很难作出具有实际意义的解释，而且求矩阵的广义逆矩阵具有很大的难度。为此，可采用对方程组的解加约束条件的办法，使系数矩阵成为满秩矩阵，从而得到方程组的唯一解。由于在混合模型方程组中系数矩阵中各行（列）之间的线性相关只存在于固定效应对应的行（列）中，因此，一般是对固定效应的解加约束条件，有几个线性相关就加几个约束条件，在本例中，系数矩阵中与固定效应对应的行（列）中有一个线性相关，故需加入一个约束条件。例如，可令 $\hat{l}_2=0$，这等价于将系数矩阵中与 $\hat{l}_2$ 对应的行和列（第 5 行及第 5 列）消去，同时将方程组的解向量和等式右边的向量中的第 5 个元素也消去，所得到方程组具有唯一解，其解如下：

$\hat{h}_1 = 9.8263$ $\hat{h}_2 = 8.3744$ $\hat{h}_3 = 13.3015$ $\hat{h}_4 = 13.3290$ $\hat{l}_1 = -3.4505$

$\hat{a}_1 = -0.0693$ $\hat{a}_2 = -0.0967$ $\hat{a}_3 = 0.0776$ $\hat{a}_4 = -0.1443$ $\hat{a}_5 = -0.1077$

$\hat{a}_6 = 0.2809$ $\hat{a}_7 = 0.0937$ $\hat{a}_8 = 0.0080$ $\hat{p}_3 = 0.0107$ $\hat{p}_4 = -0.1462$

$\hat{p}_5 = -0.1964$ $\hat{p}_6 = 0.3213$ $\hat{p}_7 = 0.0031$ $\hat{p}_8 = 0.0076$

注意 $\hat{l}_1$ 的估计值为 -3.4505，这意味着第一个胎次要比第二个胎次平均少产 3.450 头猪。

课后习题

1. BLUP 法的基本含义是什么？
2. 与传统的综合选择指数法相比，BLUP 法有何优越性？
3. 什么是动物模型 BLUP 法？

项目四　选配概述

学习目标

- 了解选配的作用及种类。
- 掌握选配计划的拟定。

任务一　选配的作用

任务知识

家畜选配是指人为地、有意识地、有计划地决定公、母畜的配对，其通过有意识地组合后代的遗传基础，以达到培育或利用良种的目的。

对家畜的配对加以人为控制，使优秀个体获得更多的交配机会，并使优良基因更好地重新组合，促进畜群的改良和提高，选配具有以下意义。

(1) 选配可使基因重组，创造出新的变异类型。

(2) 选配可使基因发生互补，出现杂种优势。

(3) 选配可使等位基因纯合，固定理想性状。

(4) 选配能把握变异方向，加强某种变异。

(5) 能够控制近交程度，防止近交衰退。

任务二　选配的种类

任务知识

按选配的对象，选配可分为个体选配和种群选配两大类。个体选配时，主要考虑配对双方的品质对比与亲缘关系；种群选配时，主要考虑配对双方所属种群的特性，以及它们的异同在后代中可能产生的影响。

1. 个体选配　主要考虑交配双方是同质还是异质，是近交还是非近交，以及个体间的亲和力等(图 11-4-1)。

2. 种群选配　根据交配双方是否属于相同的种群而进行的选配(图 11-4-2)。

Note

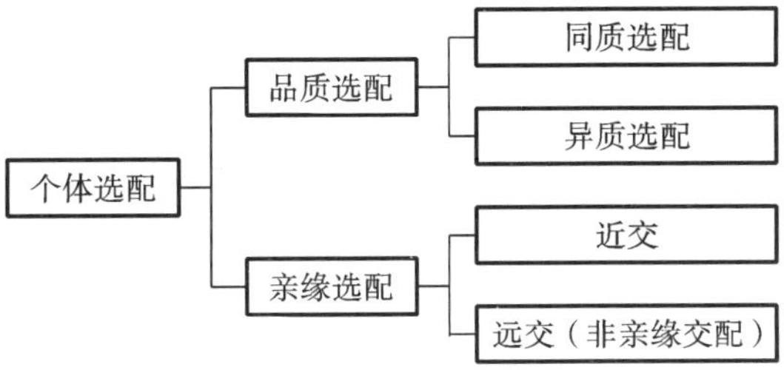

图 11-4-1 个体选配

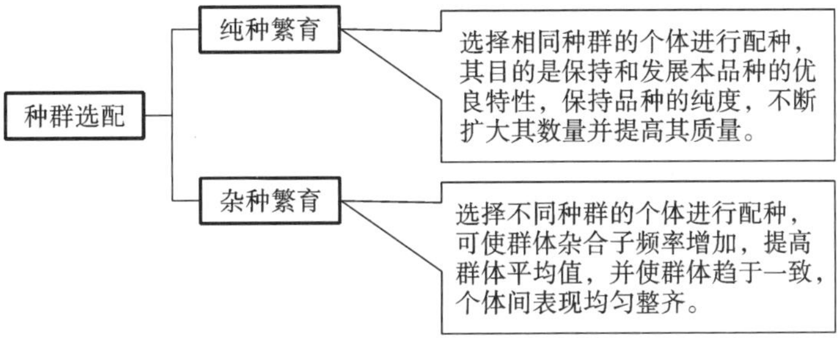

图 11-4-2 种群选配

任务三 选配计划的拟定

任务知识

一、家畜选配过程中要做好选配工作应遵循的原则

(1) 明确育种目标。
(2) 充分利用优秀的选配组合。
(3) 公畜要求高于母畜。
(4) 缺点相同或相反者不能交配。
(5) 正确使用近交。
(6) 用好品质选配。

二、做好选配前的各项准备工作

(1) 应深刻了解整个畜群和品种的基本情况。
(2) 应分析以往的选配结果，效果好的可重复选配。
(3) 应分析即将参加选配的公母畜的个体品质。
(4) 绘制畜群系谱，掌握畜群的亲缘关系。

三、拟定选配方案

在选配方案中一般应包括选配目的、选配原则、亲缘关系、选配方法、预期效果等项目。

综上所述，选配是家畜育种工作中的重要环节，选种的作用必须通过选配才能表现出来，选配所产生的优良后代又为进一步选种提供了丰富的材料。因此，只有科学灵活地运用多种选配方法，并与选种和培育等技术手段密切配合，才能实现预期的育种目标。

课后习题

1. 简述选配的作用及种类。
2. 简述选配计划的原则及方案拟定。

项目五　近交及其应用

学习目标

- 理解近交的概念。
- 掌握近交程度分析。

任务一　近交的概念

任务知识

亲缘选配，就是依据交配双方间的亲缘关系进行选配。遗传学上将有亲缘关系的个体间的交配称为近交。育种学认为，如果双方存在亲缘关系，称为近亲交配，简称近交；如果双方不存在亲缘关系，称为远亲交配，简称远交。并且，其常以随机交配作为基准来区分是近交还是远交。若是交配个体间的亲缘关系大于随机交配下期望的亲缘关系，即称近交；反之则称远交。在畜牧学中，则通常简单地将到共同祖先的距离在6代以内的个体间的交配（其后代的近交系数大于0.78%）称为近交，而把6代及以外个体间的交配称为远交。此外，远交细究起来尚可分为两种情况：①群体内的远交，这种远交是在一个群体内选择亲缘关系远的个体相互交配。其在群体规模有限时有重要意义，因在小群体中，即使采用随机交配，近交程度也将不断增大，此时人为采取远交、回避近交，可以有效阻止近交程度的增大，从而避免近交带来的一系列效应。②群体间的远交，这种远交是指两个群体的个体间相互交配，而群体内的个体间不交配。因为涉及不同的群体，这种远交又称杂交。根据交配群体的类别，其有时进一步分为品系间、品种间的杂交（简称杂交）和种间、属间的杂交（简称远缘杂交）。图11-5-1所示为亲缘关系远近的示意图。远交不论是在群体内还是在群体间，都可同等看待，因为群体间的远交可以看作一个大群体内的两部分亲缘关系很远的个体间的交配，因而效应类似。

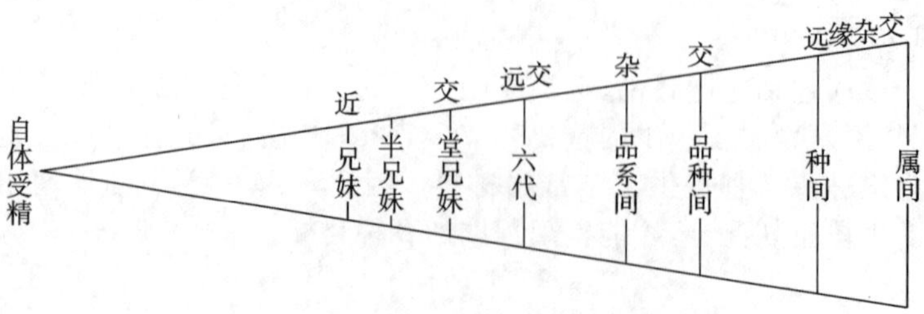

图11-5-1　亲缘关系远近的示意图

Note

任务二　近交程度分析

任务知识

生产中，判断家畜是否为近交个体，可通过查阅系谱中父系和母系是否有重复出现的共同祖先来进行。如有共同祖先，则为近交个体，共同祖先出现的数量越多、代数越近，则近交程度越高。对于个体间的亲缘关系远近，可用其下一代的近交系数予以度量。

1. 近交系数　个体通过双亲从共同祖先得到相同基因的概率，即通过近交使基因纯合的大致百分数。其基本计算公式如下：

$$F_X = \sum \left(\frac{1}{2}\right)^{n_1+n_2+1} \cdot (1 + F_A) \tag{11-5-1}$$

$$F_X = \frac{1}{2}\sum \left(\frac{1}{2}\right)^{N} \cdot (1 + F_A) \tag{11-5-2}$$

$$F_X = \sum \left(\frac{1}{2}\right)^{n_1+n_2+1} \tag{11-5-3}$$

式中，n_1 为父亲到祖先的代数；n_2 为母亲到祖先的代数；F_A 为祖先的近交系数；N 为父亲到祖先的代数与母亲到祖先的代数之和。

式(11-5-1)用于计算某一特定群体的遗传系数，其中 F_X 代表个体的近交系数。公式中“$\sum$”表示对某一系列的所有可能路径进行累加计算，而 $(1/2)^{n_1+n_2+1}$ 则表示在这条路径中，个体之间的关系权重，其中 n_1 和 n_2 为路径中的代数。式(11-5-2)是式(11-5-1)的简化形式，主要在计算相对较少路径时使用，且适用于不需要完全展开所有路径的情况。式(11-5-3)是公式(11-5-1)的变形或简化公式，用于情况较为特殊的遗传分析，主要是在不需要考虑 $(1+F_A)$ 项时使用。

此外，式(11-5-1)和式(11-5-2)，算法结果完全相同，均可运用。式(11-5-1)中的 n_1+n_2，也就等于式(11-5-2)中的 N；式(11-5-1)括号右上方中的 1，也就等于式(11-5-2)括号前的部分。计算时，首先通过系谱，把所给系谱划为箭头式系谱，然后通过此系谱找出父、母到祖先的代数，然后代入公式，即可计算。

2. 近交系数的计算

(1) 绘制箭头式系谱：如图 11-5-2 所示。

(2) 找出连接个体父亲、母亲和共同祖先的所有通径链：找通径链的原则是从父亲开始，先退到共同祖先，后进到母亲，途中最多只能改变一次方向；每一个体在同一通径链中只能出现一次，不能重复。

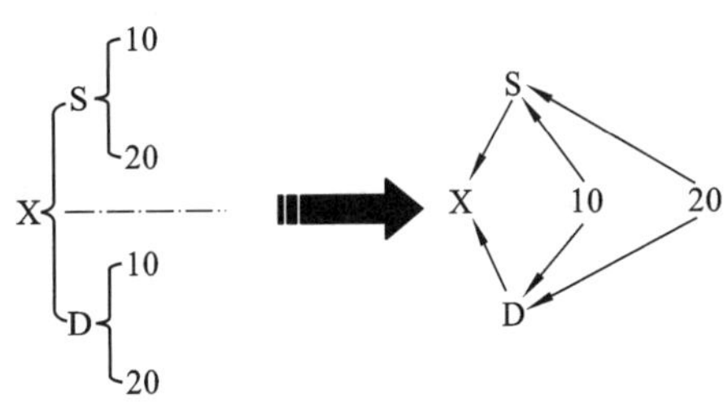

图 11-5-2　绘制箭头式系谱

图 11-5-2 所示中共有 2 条通径链：

$S \leftarrow 10 \rightarrow D, N=3, F_{10}=0$

$S \leftarrow 20 \rightarrow D, N=3, F_{20}=0$

(3) 根据公式，计算出个体的近交系数：

$$F_X = \sum \left(\frac{1}{2}\right)^{N} = \left(\frac{1}{2}\right)^{3} + \left(\frac{1}{2}\right)^{3} = 0.25$$

【例 11-5-1】　289 号公羊的横式系谱如图 11-5-3 所示。先将其改制成箭头式系谱，然后计算 135 号与 181 号间的近交系数。

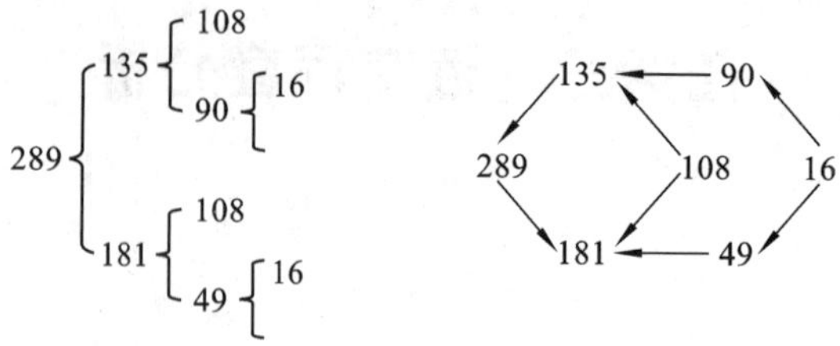

图 11-5-3　289 号公羊的横式系谱

从系谱可以看出，135 号和 181 号之间有 108 号和 16 号两个共同祖先，其通径路线为

$$135 \leftarrow 108 \rightarrow 181$$

$$135 \leftarrow 90 \rightarrow 16 \rightarrow 49 \rightarrow 181$$

可得

$$F_{289}=\left[\left(\frac{1}{2}\right)^{2+2+1}+\left(\frac{1}{2}\right)^{1+1+1}\right]\times(1+0)=0.16$$

3. 亲缘系数的计算

（1）旁系亲属间的亲缘系数，计算公式如下：

$$R_{SD}=\frac{\sum\left[\left(\frac{1}{2}\right)^{N}\cdot(1+F_{A})\right]}{\sqrt{(1+F_{S})(1+F_{D})}} \tag{11-5-4}$$

式中：$N=n_1+n_2$；F_S 为父亲的近交系数；F_D 为母亲的近交系数。如果个体 S、D 和共同祖先 A 都不是近交个体，则公式可简化为

$$R_{SD}=\sum\left[\left(\frac{1}{2}\right)^{N}\right] \tag{11-5-5}$$

【例 11-5-2】 计算例 11-5-1 中 135 号与 181 号间的亲缘系数。

由式(11-5-5)可得

$$R_{(135)(181)}=\left(\frac{1}{2}\right)^{2}+\left(\frac{1}{2}\right)^{4}=0.31$$

（2）直系亲属间的亲缘系数，计算公式如下：

$$R_{XA}=\sum\left(\frac{1}{2}\right)^{N}\sqrt{\frac{1+F_{A}}{1+F_{X}}} \tag{11-5-6}$$

如果祖先 A 和个体 X 都不是近交所生，则公式可简化为

$$R_{XA}=\sum\left(\frac{1}{2}\right)^{N} \tag{11-5-7}$$

【例 11-5-3】 计算例 11-5-1 中 289 号公羊与其祖先 16 号之间的亲缘系数。

从图 11-5-3 所示系谱中可看出，289 号与 16 号之间的亲缘关系有 2 条通径路线，每条通径的代数都是 3，即

$$289 \leftarrow 135 \leftarrow 90 \leftarrow 16$$

$$289 \leftarrow 181 \leftarrow 49 \leftarrow 16$$

此外，289 号公羊是近交后代，其近交系数是 0.16，代入式(11-5-6)后则得

$$R_{(289)(16)}=\left[\left(\frac{1}{2}\right)^{3}+\left(\frac{1}{2}\right)^{3}\right]\sqrt{\frac{1+0}{1+0.156}}=\frac{1}{4}\sqrt{\frac{1}{1.156}}=0.23$$

即 289 号公羊与其祖先 16 号之间的亲缘系数是 0.23。

Note

任务三 近交的应用

任务知识

一、近交的作用

近交有如下作用：①固定优良性状；②揭露有害基因；③保持优良个体的血统；④提高畜群的同质性；⑤培育近交系实验动物。

二、近交衰退及其防止措施

近交衰退是指由于近交而使家畜的繁殖力、生理活动以及与适应性有关的性状，均比近交前有所下降的现象。近交衰退主要表现为繁殖力降低、死胎和畸胎增多、生活力下降、适应性变差、体质变弱、生长缓慢、生产性能降低。防止近交衰退的措施如下。

(1) 严格淘汰：对表现出明显衰退的个体应予以淘汰。

(2) 加强饲养管理：近交个体的生活力较差，对饲养管理条件的要求较高。

(3) 及时进行血缘更新，缓解近交压力。

(4) 做好选种选配工作，防止被迫近交。

一般而言，近交增量维持在3%～4%时，不会出现显著有害后果。

三、影响近交效果的因素

畜种和品种、生产类型、个体差异、性别差异、性状种类等均会影响近交效果。

一般而言，低遗传力性状在近交时衰退严重，而高遗传力性状在近交时衰退不严重。

课后习题

一、名词解释

近交　近交系数

二、简答题

简述防止近交衰退的措施有哪些。

Note

模块十二　品种与品系的培育方法

扫码看 PPT

项目一　本品种选育

学习目标

- 了解本品种选育的意义和作用。
- 了解本品种选育的基本措施。

任务一　本品种选育的意义和作用

任务知识

本品种选育是指在一个品种内部通过选种选配、品系繁育、改善培育条件等措施，来提高品种生产性能的一种方法。本品种选育的类型有培育品种的选育（纯繁）和地方品种的选育。

本品种选育的基础：品种内存在着差异，利用这些差异进行科学选配，可以巩固优秀的性状和变异性状，或者创造出新性状的个体。本品种选育的目的和意义：保持和发展品种的优良特性，增加品种内优良个体的占比，克服该品种的某些缺点，保持品种纯度和提高整个品种质量，进一步提高生产性能。

本品种选育的适用情况：①一个品种的生产性能基本适应市场需求，不用改变生产方向；②具有某种特殊的经济价值，需要保留；③生产性能虽低，但对当地特殊的自然条件和饲养管理条件有高度的适应性。

任务二　本品种选育的基本措施

任务知识

1. 地方品种的特点　体质健壮、耐粗饲、适应性强、抗病能力强。地方品种种类繁多，在生产性能和选育程度上差异很大。

2. 地方品种选育的基本措施

（1）建立选育机构，制订选育计划。

（2）划定选育基地，建立良种繁育体系。

（3）健全性能测定制度，严格选种选配。

（4）科学饲养，合理培育。

（5）开展品系繁育。

课后习题

本品种选育的意义及基本措施有哪些？

项目二　品系繁育

学习目标

- 了解品系繁育的作用。
- 了解品系的类型。
- 掌握建立品系的方法。

任务一　品系繁育的作用和品系的类型

任务知识

一、概述

品系是指一群具有突出优点，并能将这些突出优点相对稳定地遗传下去的种畜群。

品系繁育是指为了培育具有共同优良品质的种畜群而建立的繁育制度。其特点是速度快、目标明确、群体小，因此在现代家畜育种中品系繁育已逐步取代传统的本品种选育。

二、品系繁育的作用

(1) 加速现有品种的改良。

(2) 充分利用杂种优势。

(3) 促进新品种的育成。

三、品系的类型

1. 单系　单系就是从一个优良家系的优秀祖先发展起来的品系。单系一般以优秀种畜祖先，即系祖的名号来命名。

2. 近交系　利用近亲交配，一般应用连续4～6代全同胞或父女、母子交配后，近交系数达到0.5以上的品系称近交系。另外，主要采用较温和的近亲交配，血统趋向某一系祖或几个系祖，近交系数达到0.375以上的品系也归入近交系。

3. 群系　先选择某些性状表型好的个体组成基础群，然后严格闭锁繁育，经过多个世代选种选配，使畜群中的优秀性状迅速集中，并转变成群体所共有的稳定性状，这样综合了优良性状建成的品系，称为群系。

4. 专门化品系　根据畜群的全部选育性状可以分解为若干组的原则(如肉畜的性能可以分解为母畜的繁殖性能及后代的肥育和胴体性能两大组)，建立各具一组性状的品系，分别作为母本和父本，然后通过父、母本系间杂交，获得的优于常规的品系。

5. 合成系　合成系是指两个或两个以上来源不同，但有相似生产性能水平和遗传特征的系群杂交后形成的种群，经选育后可用于杂交配套。合成系育种重点突出主要的经济性状，不追求血统上的一致性，因而育成速度快。把不同来源的种群合成后，有可能将不同位点的高产基因汇集到一个合成系中，从而提高性状的加性基因效应值，增加遗传变异。合成系育种的理论基础是多基因重组，选育的基本方法是杂交、选择和配合力测定相结合。合成系育种的目的不是推广合成系本身，而是作为商品生产繁育体系中的某个亲本。

6. 地方品系 地方品系是采用选择配对和繁殖的方法，在固定的地区内通过人工或自然选择，塑造出适应该地区环境条件，并具有一定经济、社会和环境价值的生物品种。太湖猪有枫泾猪、梅山猪、嘉兴黑猪等；黑白花奶牛有荷系、日系、德系等；大白猪有英系、加系、美系等。

任务二 建立品系的方法

任务知识

品系繁育首先要建立品系，目前在畜牧生产中，主要是建立配套系。建立配套系的目的是进行配套杂交，充分利用杂种优势，提高整个家畜的生产水平。建立配套系的方法有许多，对于不同的配套系，建系方法不同，一般对于近交系，采用近交建系法；专门化品系的建立方法主要有三种，即系祖建系法、闭锁继代选育法和正反交反复选择法。

一、专门化品系的建立

1. 系祖建系法 它适用于建立以低遗传力性状为特点的高产品系。它的特点是从品种或系群中选择出卓越的个体（种公家畜）作为系祖，通过中亲交配的近交形式，使其后代与这一卓越的系祖保持一定的亲缘关系，以保持和积累系祖的优秀品质，使该系祖的优秀品质为群体共同所有。

系祖建系法的优点：①方法灵活，不拘一格，简单易行，可以在小规模畜群中进行；②易于固定某一个或几个个体的优良特性；③便于保持血缘。

系祖建系法的缺点：①系祖难以看准，很不易得到；②以某一系祖为中心组群建系，遗传基础太窄，可能会降低成功率；③系祖继承者需要较大的选择强度，且不易选中，后代一般很难接近更无法超过系祖；④若掌握不好，易于造成近交衰退；⑤品系不易维持，寿命不长。

2. 闭锁继代选育法 又称群体继代选育法、系统选育法、纯系内选育法。其建系的步骤和方法如下。

(1) 明确建系目标：首先，要明确将采用几系配套杂交生产杂优家畜。只有这样，才能确定培育多少个专门化品系，哪一个作为父系，哪一个作为母系。其次，将家畜的重要经济性状分配到不同的专门化品系中作为目标性状，进行集中选择。每个专门化品系突出1～2个重要经济性状，可以加快遗传进展和基因型纯合的速度。

(2) 组建基础群：基础群应符合以下要求。①质量好；②遗传基础广泛；③规模适中。

根据实践，猪的基础群要求公猪数不少于8头，公母比例为1∶5，较常见的群体规模有8公、40母，10公、50母，12公、60母，20公、100母或20公、200母等；鸡的基础群则以1000只母鸡和200只公鸡为宜。例如，我国北京黑猪选育的基础群规模为10公、50母，取得了较好的效果。

(3) 闭锁繁育：基础群选出后，必须严格封闭，以加速理想型基因的纯合，集中和稳定优良性状。在闭锁繁育前期交配体系上，采用避开全、半同胞交配的随机交配，避免高度近交。在闭锁繁育阶段的后期，由于家畜群已逐步趋向同质，则应实行不限制全、半同胞交配的完全随机交配，结合严格的淘汰机制，能加快优良性状基因的纯合，促进品系的建立。

(4) 严格选留：在专门化品系建系过程中，选种目标要始终一致，使基因频率朝着一定方向改变，促使基因型发生显著变化。

基础群经过5～6代的闭锁繁育，平均近交系数达10%～15%，选择的性状符合建系的指标要求，群体遗传性能稳定，专门化品系即建成。

(5) 配合力测定：在培育专门化品系的过程中，一般要求从第三世代开始，每一世代都要进行配合力测定，以检验专门化品系的一般配合力以及专门化品系间的特殊配合力。

通过杂交组合试验，就可以确定某一专门化品系在配套繁育中的地位，同时找到最佳的杂交组合，以便于在生产中推广应用。

3. 正反交反复选择法 正反交反复选择法于1945年首先用于玉米品系培育，从20世纪70年代开始逐步应用于鸡、猪的品系培育。

(1) 正反交反复选择法的步骤：首先组成A、B两个基础群(基础群组建的要求与闭锁继代选育法基本相同)，依性能特征不同，定为A、B两个系，每个系着重选择的性状应不同。这两个系最好事先经测定具有一定的杂交优势；其次，把A、B两系的公母家畜，分为正、反两个杂交组，即A♀×B♂和A♂×B♀，进行杂交组合试验；然后，根据正反杂交结果即根据F1的性能表现鉴定亲本，将其中最好的亲本个体选留下来，其余的和全部后代杂种一起淘汰商品生产用，选留下来的亲本个体必须与其本系的成员交配即分别进行纯繁，产生下一代亲本；最后，将前面繁殖的优秀的A、B两系纯繁种选择出来，再按正反杂交—后裔(性能)测定—选种—纯繁的模式重复进行下去，到一定时间后，即可形成两个新的专门化品系，而且彼此间具有很好的杂交配合力，可正式用于杂交生产。

(2) 改良正反交反复选择法：首先，同时利用纯繁个体和杂种的测定值进行选择，以加强对加性遗传效应的改进，提高纯系本身的生产性能。其次，以同胞选择代替后裔测定，即根据纯繁同胞和杂种半同胞的成绩来选择，以缩短世代间隔。

二、近交系的建立

近交建系法的特点是利用高度近交，如全同胞、半同胞或亲子交配，使优良性状的基因迅速达到纯合。其建系步骤如下。

1. 组建基础群 组建基础群时，首先要考虑数量和质量的要求。一般要求母家畜越多越好，公家畜数量则不宜过多，以免近交后群体中出现的纯合类型过多，从而影响近交系的建成。

2. 实行高度近交 通常采用的是较有规则的近亲繁殖，如全同胞交配、半同胞交配或亲子交配等形式。应分析上一代的近交效果来决定下一代的选配方式。如果近交后效果很好，即后代品质比上一代好，则要继续应用同一选配方式，以迅速巩固其优良品质。

3. 开展配合力测定 因为近交系间杂交时，只有极少数(2%～4%)近交系间具有较好的配合力。因此，在近交建系进行到第三世代以后，基因(或遗传性)逐渐趋于纯合，这时就应做近交系间杂交组合试验，从中选出配合力强的近交系。一旦找到配合力强的近交系，就应放慢近交速度，采用温和的近亲交配方式，将重点放在扩群保系上，以便日后发挥近交系杂交的作用。

课后习题

1. 试简要说明各类品系的优点和不足。
2. 试简要说明配套系建系的方法及实践意义。
3. 试比较系祖建系法、闭锁继代选育法、正反交反复选择法和近交建系法的优缺点。
4. 为什么说品系繁育是较高级的育种方法？

Note

项目三　杂交繁育

学习目标

- 了解引入杂交的应用范围及注意事项。
- 了解改良杂交的应用范围及注意事项。
- 了解杂交育种在家畜生产中的应用。

任务一　引入杂交

任务知识

引入杂交又称为导入杂交、冲血杂交、改良性杂交，指在当地品种培育到一定程度的自群繁育中，引入其他优秀品种进行一次冲血的杂交。一般在当地品种各项生产指标基本满足人们的要求，只是有某些缺点需要改进，用纯种繁育短期难以达到目的的情况下，可引入一个与被改良品种基本相似，但具有与被改良品种的缺点相对的优点的品种进行杂交。为了不改变被改良品种的主要特点，一般只杂交一次。以后在每代杂种中挑选比较优良的公、母家畜分别交配，如所生后代较理想，就可使杂种公、母家畜进行自群繁育。

引入杂交是在保留原有品种基本品质的前提下，从杂种中选出理想的公家畜与原有品种的母家畜回交，理想的杂种母家畜与原有品种的公家畜回交产生含25%外血的杂种，然后进行自群繁育（图12-3-1）。其主要目的是改良家畜群的某种缺陷，并不改变其他特性或特征。其主要方法是选择一个基本与之相同，但具有针对其缺点的优良性能的品种（引入品种），与原品种杂交。

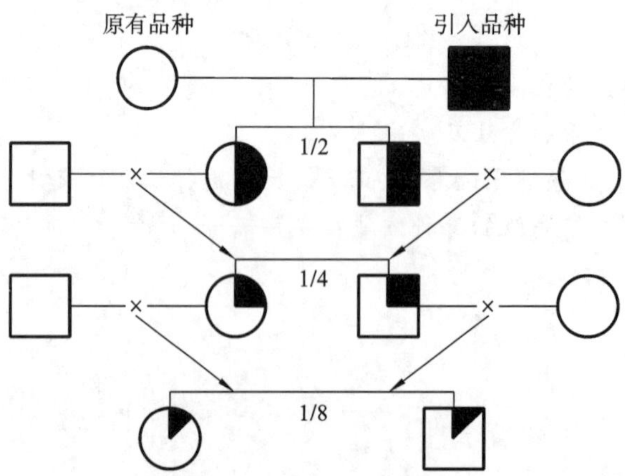

图 12-3-1　引入杂交示意图

Note

一、引入杂交的应用范围

(1) 不需要进行根本改造的品种或家畜群,仅对某种缺陷进行改良。

(2) 需要加强或改善某品种的生产力,而不需要改变其生产方向。

(3) 自然条件和经济条件不能满足外来品种的要求时。

引入杂交只在育种群中应用,切忌在生产或良种群中广泛推广。

二、引入杂交的注意事项

(1) 慎重选择引入品种。引入品种的生产方向应与原品种基本相同,但又有针对其缺点的显著优点。

(2) 严格选择引入公家畜。

(3) 加强原有品种的选育,以本品种选育为主。

(4) 引入外血量要适当,一般不超过 1/4,过多不利于保持原有品种的特性。

(5) 加强杂种选择和培育,注意饲养管理。

(6) 应限定范围进行,只适宜在育种场进行。

任务二 改良杂交

任务知识

改良杂交是指利用优良品种(改良品种)彻底改造另一品种(被改良品种)的生产性能、生产方向或生产力水平的杂交(图 12-3-2)。改良杂交又称改造杂交、吸收杂交或级进杂交,实质是被改良品种逐代向改良品种靠近,最后发生根本变化。

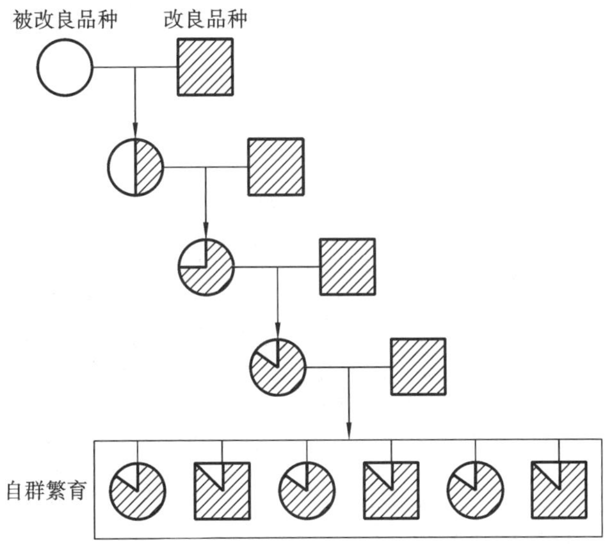

图 12-3-2 改良杂交示意图

选择改良品种的公家畜与被改良品种的母家畜交配,其杂种母家畜又与改良品种的公家畜交配,如此连续几代回交,以使被改良品种得到根本改造。

一、改良杂交的应用范围

(1) 需要获得大量某种特殊用途的家畜品种。

(2) 需要尽快提高家畜的某种生产性能。

(3) 需要经济有效地获得大量“纯种”家畜。

(4) 需要获得大量适应性强、生产力高的家畜。

(5) 需要创造新的家畜品种进行过渡性改良杂交。

(6) 现有的品种已经不能满足社会需要，必须尽快改良生产力和生产方向。

二、改良杂交的注意事项

(1) 明确改良的目标。

(2) 选择合适的改良品种。

(3) 选出优秀的改良品种。

(4) 组织有效的配种工作，做好选配、人工授精工作。

(5) 做好必要的培育工作，如饲养管理条件等。

(6) 总结改良的实际效果。

任务三　杂 交 育 种

任务知识

杂交育种又称育成杂交，是利用多品种间杂交使彼此的优点结合在一起而创造新品种的杂交方法。特点：培育新品种的目标明确、方法灵活多样、杂交的品种没有改良与被改良的区别。原则：有明确的目的、可靠的依据、具体的目标、周密的计划、必要的组织及正确的育种方法。应用前提：如果本地品种有某种优点，但不能满足国民经济的需要，而且又无别的品种可以替代，或者需要将几个品种的优点结合起来育成新品种，可以采用杂交育种的方法。具体方法：用两个或两个以上的品种进行杂交以育成新品种。其中，使用两个品种进行杂交培育新品种时称为简单杂交育种，使用三个或三个以上的品种进行杂交培育新品种时称为复杂杂交育种（图 12-3-3）。杂交育种没有固定的杂交模式，它可以根据育种目标的要求，采用多品种交叉杂交或正反杂交相互结合等方法，以达到育成新品种的目的。

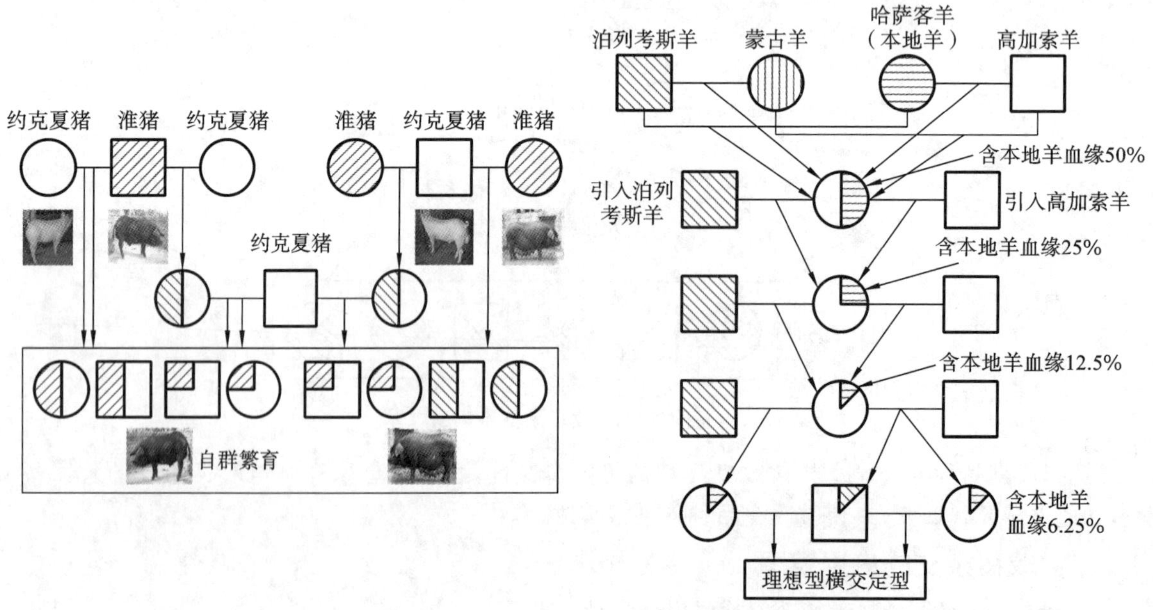

图 12-3-3　简单杂交育种（左）和复杂杂交育种（右）示例

1. 杂交育种的分类

(1) 按所用品种的数量分类:①简单杂交育种:两个品种的杂交。②复杂杂交育种:三个及三个以上品种的杂交。

注意:①分析亲本品种性状特征,筛选父母本;②根据性状遗传参数预测杂交效果;③严格选育,把优秀个体纳入繁育群;④管理所用品种的组合顺序。

(2) 按育种工作的目的分类:包括改变生产方向的杂交育种、提高生产力的杂交育种,以及增进抵抗力的杂交育种。

(3) 按培育工作的基础分类:包括在改良杂交基础上的杂交育种、有计划地从头开始的杂交育种。

2. 杂交育种的步骤 杂交创新—横交定型—扩群提高。

(1) 确定育种目标和育种方案。

(2) 杂交创新阶段:通过杂交使基因重组,改变原有类型的遗传基础,创造新的理想型个体。具体工作包括杂交、选种、选配、培育。该阶段对亲本的选择比较重要,亲本之一最好为当地品种,并且在此阶段完成选配的过程(完成的标志:理想型个体的出现)。

(3) 理想型横交定型阶段:对理想型个体停止杂交,改用杂种群内理想型个体自群繁育,稳定遗传基础以获得固定的理想型,即理想型横交定型。该阶段采用同质选配、近交,可加强选择,也可考虑建立品系。

(4) 扩群提高:迅速增加理想型个体的数量和扩大其分布范围,培育新品系,建立品种整体结构和提高品种品质。

杂交育种是将父母本杂交,形成不同的遗传多样性,再通过对杂交后代的筛选,获得具有父母本优良性状且不带有父母本不良性状的新品种的育种方法。杂交育种可以将双亲不同的优良性状结合于一体,或将双亲中控制同一优良性状的不同微效基因积累起来。杂交只改变生物的遗传组成,不产生新的基因。其通过增加遗传多样性即不同基因组合的数量,产生新的优良性状。其可以将同一物种的两个或多个优良性状集中在一个新品种中,还可以产生杂种优势,获得比亲本品种更强或表现更好的新品种。杂交后代会出现性状分离,育种过程缓慢、复杂。

杂交可以在同一物种的不同品种或品系内进行,也可以在同一属比较近的物种间进行,但不能跨物种进行。杂交育种是培育新品种的主要途径,其通过选用具有优良性状的品种、品系甚至个体进行杂交,繁殖出符合育种要求的杂种群。

课后习题

一、名词解释

引入杂交　改良杂交　杂交育种

二、简答题

1. 引入杂交有哪些注意事项?
2. 改良杂交的应用范围及注意事项有哪些?
3. 杂交育种的分类有哪些?

实 训

实训一　果蝇唾液腺染色体的制备与观察

一、实训目的

（1）练习果蝇幼虫唾液腺的分离技术，学习唾腺染色体的制片方法。

（2）观察了解果蝇唾液腺染色体的形态及遗传学特征。

二、实训原理

双翅目昆虫（摇蚊、果蝇等）幼虫期的唾液腺细胞很大，其中的染色体称为唾液腺染色体。这种染色体比普通染色体大得多，宽约 5 μm、长约 400 μm，相当于普通染色体的 100～150 倍，因而又称为巨大染色体。唾液腺染色体处于体细胞染色体联会配对状态，并且经过多次复制并不分开，每条染色体有 1000～4000 根染色体丝的拷贝，所以又称多线染色体。多线染色体经染色后，出现深浅不同、疏密各别的横纹，这些横纹的数目和位置往往是恒定的，代表了果蝇等昆虫种的特征，染色体缺失、重复、倒位、易位等，很容易在唾液腺染色体上识别出来。唾液腺染色体广泛应用于细胞遗传学、发生遗传学、进化遗传学及分子遗传学的研究中。

三、实训材料

果蝇三龄幼虫活体、生理盐水、45%乙酸溶液、1 mol/L 盐酸、蒸馏水、改良苯酚品红染色液、乳酸-乙酸溶液、解剖镜、解剖针、显微镜、镊子、载玻片、盖玻片、吸水纸等。

四、实训步骤

1. 剥离唾液腺　在一干净的载玻片上滴 1 滴生理盐水，选择行动迟缓、肥大、爬在瓶壁上即将化蛹的果蝇三龄幼虫，或者选择经低温处理的果蝇三龄幼虫置于载玻片上。两手各持一个解剖针，在解剖镜下进行操作。由于果蝇的唾液腺位于幼虫虫体前 1/4～1/3 处，所以左手持解剖针按压住虫体前端 1/3 的部位，固定幼虫，右手持解剖针扎住幼虫头部口器部位，适当用力向右拉出唾液腺。唾液腺是一对透明的棒状腺体，外有白色的脂肪组织（不透明）。去除幼虫其他组织部分，将唾液腺周围的白色脂肪组织剥离干净。

2. 解离　加 1 滴 45%乙酸溶液于腺体上，作用 5～7 s。用滤纸吸干溶液。再在腺体上滴 1 滴 1 mol/L 盐酸，解离 30～40 s，以松软组织，利于染色体的分散。

3. 染色　用吸水纸吸去盐酸，用蒸馏水缓慢冲洗 2～3 次，小心吸干。滴加 1～2 滴改良苯酚品红染色液染色 30 min。

4. 压片　加 1～2 滴乳酸-乙酸溶液于载玻片中央的腺体上，盖上干净的盖玻片，并覆一层滤纸。将玻片放在实验台上，用大拇指用力压住，并横向揉几次。注意不要使盖玻片移动，用力和揉动的方向相同，不能来回揉。

5. 镜检　先用低倍镜进行观察，找到分散好的染色体后，再转用高倍镜进行观察。

五、注意事项

（1）一定要加生理盐水，否则唾液腺易干。

（2）将脂肪组织清除干净。

（3）生理盐水不可太多，否则幼虫会漂浮而且活跃。

（4）染色时间不可过长，否则背景也会着色。

（5）压片时要揉，用力要均匀。

（6）染色完成后，将旧的染色液吸去，加新的染色液，再压片。

(7) 吸水时勿将唾液腺一起吸走。

课后习题

1. 绘制效果较好的唾液腺染色体临时片 1～2 张。
2. 绘制你在高倍镜下所观察到的果蝇唾液腺染色体,仔细描绘各染色体臂末端 5～10 条横纹。

实训二　动物肝脏组织中 DNA 的提取

一、实训目的

（1）学习和掌握使用浓盐法从动物组织中提取 DNA 的原理和技术。

（2）认识遗传信息的载体 DNA。

（3）加深分子生物学理论的认识和实验基本技能的培养。

二、实训原理

脱氧核糖核酸（DNA），又称去氧核糖核酸，是染色体的主要化学成分，同时也是组成基因的原料。DNA 有时也被称为"遗传微粒"，原因是在繁殖过程中，父代会把自己 DNA 的一部分复制传递给子代，从而完成性状的传播。DNA 可被甲基绿染成绿色。DNA 对紫外线（波长 260 nm）有吸收作用，利用这一特性，可以对 DNA 进行定量测定。当 DNA 分子变性时，其吸光度增大，称为增色效应；当变性 DNA 分子重新复性时，吸光度又会恢复到原来的水平。较高温度、有机溶剂、酸碱试剂、尿素、酰胺等都可以引起 DNA 分子变性，即 DNA 双链碱基间的氢键断裂，双螺旋结构解开，也称为 DNA 的解螺旋。在细胞内，DNA 能与蛋白质结合形成染色体，整组染色体统称为染色体组。对于人类而言，正常的体细胞中含有 46 条染色体。染色体在细胞分裂之前会先在分裂间期完成复制，细胞分裂间期又可划分为 G1 期（DNA 合成前期）、S 期（DNA 合成期）、G2 期（DNA 合成后期）。对于真核生物（如动物、植物及真菌）而言，染色体主要存在于细胞核内；而对于原核生物（如细菌）而言，染色体则主要存在于细胞质中的拟核内。染色体上的染色质蛋白，如组织蛋白，能够对 DNA 进行组织并压缩，以帮助 DNA 与其他蛋白质进行交互作用，进而调节基因的转录。使用浓盐法从动物组织中提取 DNA 的原理是核酸和蛋白质在生物体中常以核蛋白（DNP/RNP）的形式存在，其中 DNP 能溶于水及高浓度盐溶液，但在 0.14 mol/L 的盐溶液中溶解度很小，而 RNP 则可溶于低浓度盐溶液，因此可利用不同浓度的 NaCl 溶液将 DNP 和 RNP 从样品中分别抽提出来。将抽提得到的 DNP 用十二烷基硫酸钠（SDS）处理即可分离 DNA 和蛋白质，用氯仿-异戊醇将蛋白质沉淀除去即可得 DNA 上清液，加入冷乙醇即可使 DNA 呈纤维状析出。

三、实训材料

猪肝、分光光度计、匀浆器、量筒、离心机、离心管、试管及试管架、吸管、恒温水浴锅等。

0.1 mol/L NaCl-0.05 mol/L 柠檬酸钠缓冲液（pH 6.8）、0.015 mol/L NaCl 溶液、95%乙醇（AR）、NaCl 固体（AR）、5% SDS 溶液（5 g SDS 溶于 100 mL 水中）、氯仿（AR）、氯仿-异戊醇（20∶1）混合液、二苯胺试剂等。

四、实训步骤

（1）量取肝糜 4 mL 于 10 mL 离心管中，4000 r/min 离心 10 min，在沉淀中再加入 8 mL 0.1 mol/L NaCl-0.05 mol/L 柠檬酸钠缓冲液，4000 r/min 离心 5 min。

（2）弃上清液，取沉淀。

（3）将沉淀用 10 mL 0.1 mol/L NaCl-0.05 mol/L 柠檬酸钠缓冲液完全洗入干净的小烧杯中，加入 5 mL 氯仿-异戊醇混合液、1 mL 5% SDS 溶液，振荡 30 min（保鲜膜封口）。

（4）缓慢加入 NaCl 固体（约 0.9 g），使其最终浓度为 1 mol/L。

（5）将溶液分装到 2 个 10 mL 离心管中，4000 r/min 离心 5 min，取上清液（实训图 2-1）。

（6）在上清液中分别加等体积冷 95%乙醇，边加边用玻璃棒慢慢朝一个方向搅动，将缠绕在玻

Note

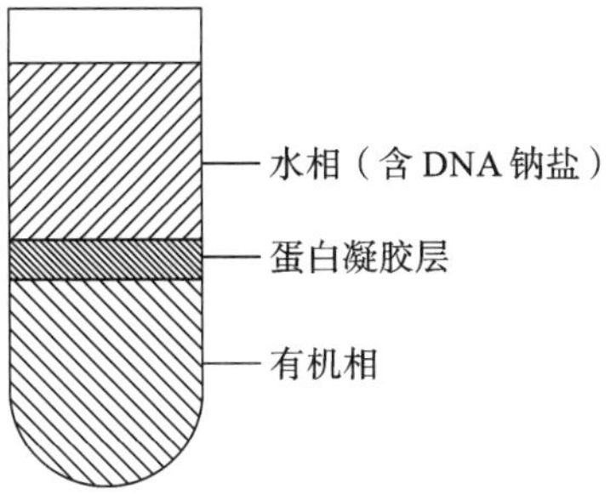

实训图 2-1　分层现象

璃棒上的凝胶状物用滤纸吸去多余的乙醇，即得 DNA 粗品。

（7）用 8 mL 蒸馏水将 DNA 粗品溶于 10 mL 离心管中。

（8）标准曲线的绘制：取 6 支试管，按实训表 2-1 所示加入各种试剂，混匀，置于 60 ℃恒温水浴锅中 45 min，冷却后，在 595 nm 波长处用分光光度计比色测定，以吸光度（A_{595}）对 DNA 浓度作图，制作标准曲线。

实训表 2-1　标准曲线绘制表格

参　数	1	2	3	4	5	6
标准 DNA 溶液/mL	0	0.4	0.8	1.2	1.6	2.0
蒸馏水/mL	2.0	1.6	1.2	0.8	0.4	0
二苯胺试剂/mL	4.0	4.0	4.0	4.0	4.0	4.0
A_{595}						

（9）样品中 DNA 的测定：将 DNA 粗品定容至 25 mL 容量瓶中，再取 DNA 样液 1 mL，加入蒸馏水 1 mL，混匀。然后准确加入二苯胺试剂 4.0 mL，混匀，置于 60 ℃恒温水浴锅中 45 min，冷却后，在 595 nm 波长处用分光光度计比色测定。

根据所测的吸光度对照标准曲线求得 DNA 的质量（μg）。

（10）计算 100 g 猪肝中 DNA 的含量：根据下列公式计算。

$$\omega=\frac{m_1}{m_2}\times 100\%$$

式中，ω 为 DNA 的质量分数（%）；m_1 为样液中测得的 DNA 的质量（μg）；m_2 为样液中所含样品的质量（μg）。

课后习题

1. 绘制标准曲线并计算所测 DNA 的质量分数。
2. 完成实验报告。

实训三　家禽的伴性遗传分析

一、实训目的

利用鸡的性染色体特征和伴性遗传规律，建立自别雌雄品系，然后利用品系间杂交，使雏鸡出壳后即可自别雌雄。伴性遗传在养禽业中的应用，有利于合理安排蛋鸡与肉鸡生产，达到节约人力、物力，提高生产效率的目的。

二、实训原理

伴性遗传(sex-linked inheritance)是指在遗传过程中子代的部分性状由性染色体上的基因控制，即由性染色体上的基因所控制性状的遗传方式，又称性连锁(遗传)或性环连。

人们很早以前就开始对家畜的性别鉴定进行研究，并积累了一定的经验，如根据鸡的外形、鸣声等鉴别雌雄，但这些方法准确度很低。后来人们采用翻肛法来鉴别雌雄，该方法技术性强、准确度低。以近代遗传育种工作来看，利用伴性遗传规律建立自别雌雄品系，可使鉴别的准确度和效率大大提高，目前主要用于鸡和鸽的性别鉴定。其原理如下：家畜体细胞核内有 39 对染色体，其中常染色体 38 对，性染色体 1 对。鸡的性染色体构型公鸡为 ZZ 型，母鸡为 ZW 型，凡是伴性基因都位于 Z 染色体上。因此，伴性性状总是伴随着 Z 染色体的分离和重组而表现出来，例如金色与银色、快羽与慢羽、芦花羽与非芦花羽等性状就是如此。

（一）金银色伴性性状自别雌雄的原理

金色、银色是受伴性基因控制的，银色为显性性状，金色为隐性性状。利用金色公鸡与银色母鸡交配，则后代中所有的金色雏鸡为母雏、银色雏鸡为公雏，其遗传图如实训图 3-1 所示。

P	Z^sZ^s (♂) （金色公鸡）	× ↓	Z^SW (♀) （银色母鸡）
F_1	Z^SZ^s (♂) （银色公雏）		Z^sW (♀) （金色母雏）

实训图 3-1　金银色伴性遗传杂交

（二）快慢羽伴性性状自别雌雄的原理

快羽、慢羽受伴性基因控制，慢羽为显性性状，快羽为隐性性状。利用快羽公鸡和慢羽母鸡交配，则子代中快羽为母鸡、慢羽为公鸡，其遗传图如实训图 3-2 所示。

（三）芦花羽和非芦花羽伴性性状自别雌雄的原理

芦花羽性状由 Z 染色体上显性芦花基因 B 控制，它的等位基因 b 纯合时表现为非芦花羽。若用非芦花公鸡和芦花母鸡交配，则后代中公鸡全部为芦花羽，而母鸡全部为非芦花羽。其遗传图如实训图 3-3 所示。

P	Z^kZ^k (♂) （快羽公鸡）	× ↓	Z^KW (♀) （慢羽母鸡）
F_1	Z^KZ^k (♂) （慢羽公鸡）		Z^kW (♀) （快羽母鸡）

实训图 3-2　快慢羽伴性遗传杂交

P	Z^bZ^b (♂) （非芦花公鸡）	× ↓	Z^BW (♀) （芦花母鸡）
F_1	Z^BZ^b (♂) （芦花公鸡）		Z^bW (♀) （非芦花母鸡）

实训图 3-3　芦花羽伴性遗传杂交

三、实训材料

芦花鸡、罗曼父母代鸡、放大镜、解剖板、孵化器、照蛋灯等。

四、实训步骤

按上述的杂交组合进行杂交，所产蛋进行记录后，将不同的杂交组合分开孵化。实训前孵出雏鸡(杂交前需将公母隔离两周后再进行杂交,雏鸡要分群带翅号)。

将雏鸡放在实验台上,用肉眼观察其特征,根据羽色、羽速或芦花羽与非芦花羽来确定雏鸡的性别。

银色羽与金色羽:银色羽初生雏为白色或银灰色,金色羽初生雏为金黄色。

快羽与慢羽:家畜翅膀上面有主翼羽。在主翼羽上面覆盖的一层称覆主翼羽,在主翼羽后面的称付翼羽,在付翼羽上面覆盖的称为覆付翼羽。快羽和慢羽主要是根据鸡出壳 48 h 内其主翼羽和覆主翼羽的相对长度而定的。快羽的特征:当雏鸡出壳后主翼羽的羽轴已发育得很好,主翼羽明显比覆主翼羽长;慢羽的特征:主翼羽的羽轴发育差,使主翼羽和覆主翼羽等长或断等。

芦花羽与非芦花羽:芦花成鸡的特征是羽毛呈黑白相间的横斑条纹,非芦花成鸡无横斑条纹。芦花雏鸡的绒羽为黑色,头顶有乳白色或黄色斑点;非芦花雏鸡的头顶没有浅色斑块。纯种芦花鸡中由于有显性基因的积加作用,故雏鸡在出壳时也能自别雌雄:雌鸡较雄鸡颜色深,头顶上淡黄色斑块小、呈卵圆形,而在雄鸡中斑块大且边缘不规则。

(1) 将已进行雌雄鉴别的雏鸡进行解剖,观察其生殖腺,以验证利用伴性遗传原理鉴定的准确程度。

(2) 留取一部分雏鸡进行饲养,并带上翅号,做好记录,7 周后观察验证。

课后习题

1. 绘出这三对伴性性状正反交基因型示意图。
2. 完成实验报告。

实训四　家畜生殖系统的观察

一、实训目的

（1）通过观察各种公畜和未孕母畜生殖器官的形态、大小，了解各部分之间的关系，掌握猪、牛、羊、马生殖器官的形态、位置。

（2）观察睾丸、卵巢的组织构造，为学习生殖器官生理和掌握繁殖技术奠定基础。

二、实训原理

公畜的生殖器官由睾丸、附睾、输精管、副性腺（包括精囊腺、前列腺和尿道球腺）、尿生殖道、外生殖器（阴茎和包皮）等部分组成。

（1）睾丸。睾丸是公畜重要的生殖腺体，位于阴囊中，左、右各一，呈长卵圆形，表面光滑。不同家畜睾丸的大小和重量差别较大。这里需要指出的是，在胎儿发育的一定时期，睾丸才由腹腔下降进入阴囊内。阴囊是柔软而富有弹性的袋状皮肤囊，分为左、右两部分，具有保护睾丸、附睾和调节其温度的作用。各种家畜睾丸降入阴囊的时间如下：牛和羊在胎儿期的中期，马在出生前后，猪在胎儿期的后 1/4 时期。

（2）附睾。附睾紧贴于睾丸的一侧，由输出小管及附睾管组成，可分为附睾头、附睾体和附睾尾三部分。

（3）输精管。输精管为附睾尾端的延续，它与通向睾丸的血管、淋巴管、神经和提睾内肌等一同包于睾丸系膜内而组成精索。两条输精管在膀胱的背侧逐渐变粗而形成输精管壶腹（猪无壶腹部），其黏膜内有腺体分布。

（4）副性腺。

①精囊腺：位于输精管末端外侧、膀胱颈背侧，左、右各一。

②前列腺：位于尿生殖道起始部的背侧、精囊腺的后部。一般可分为体部和扩散部。

③尿道球腺：一对，位于尿生殖道骨盆部末端的背面两侧，其导管开口于尿生殖道内。

（5）尿生殖道。尿生殖道为尿液和精液的共同通道，可分为骨盆和阴茎。

（6）阴茎。阴茎是公畜的交配器官，兼有排尿功能。其可分为阴茎根、阴茎体和阴茎头（即龟头）三部分。

（7）包皮。包皮是由皮肤折转而发育形成的管状鞘，有容纳和保护阴茎头的作用。

母畜的生殖器官由生殖腺（卵巢）、输卵管、子宫、阴道、外生殖器官（尿生殖前庭、阴唇和阴蒂）组成。

（1）卵巢。卵巢是成对的实质性器官，是母畜重要的生殖腺体，其形状和大小因畜种、品种不同而异，且随年龄、繁殖周期而出现变化。卵巢借卵巢系膜附着于腰下部两旁。卵巢表面被覆一层单层立方或低柱状的表面上皮，上皮下为致密结缔组织构成的白膜，白膜下为卵巢实质，可分为皮质和髓质两部分。

（2）输卵管。输卵管是一对细长而弯曲的管道，位于卵巢和子宫角之间，是卵子进入子宫必经的通道，可分为漏斗部、壶腹部和峡部三部分。

Note

（3）子宫。子宫是一个中空的肌质性器官，富有伸展性，是孕育胚胎的器官。其借子宫阔韧带附着于腰下部和骨盆腔侧壁，前接输卵管，后接阴道，背侧为直肠，腹侧为膀胱，大部分位于腹腔内，小部分位于骨盆腔内。子宫的形状、大小、位置和结构因畜种、年龄、个体、发情周期和妊娠时期等不同而有较大差异，可分为子宫角、子宫体和子宫颈三部分。

（4）阴道。阴道为母畜的交配器官，也是产道。阴道呈扁管状，位于骨盆腔内。阴道前接子宫，阴道腔前部因有子宫颈突入（猪例外）而形成环形或半环形的隐窝，称阴道穹隆。在尿道外口前方，黏膜形成一横行或环形褶，称为阴瓣。

（5）外生殖器官。

①尿生殖前庭：阴瓣至阴门裂的一段扁管状的短管，与阴道相似，但较短。前端以阴瓣与阴道分开，后端以阴门与外界相通。

②阴唇：母畜生殖器官的最末端，分左、右两片而构成阴门。

③阴蒂：由勃起组织构成，相当于公畜的阴茎，位于阴唇下角的阴蒂凹内，富有神经。

三、实训材料

（1）各种公畜生殖器官标本、模型、挂图、投影机（胶片）及幻灯机（片）。

（2）各种未孕母畜生殖器官标本、模型、挂图、投影机（胶片）及幻灯机（片）。

（3）睾丸、卵巢的组织切片。

（4）解剖刀、剪刀、镊子、探针和搪瓷盘等。

四、实训步骤

1. 公畜生殖器官的观察

（1）睾丸和附睾的形态观察。注意观察睾丸的前、后端及附睾缘。认识附睾头、附睾体和附睾尾。比较各种公畜的睾丸，注意它们各自的特征。

（2）精索、输精管的观察。了解其相互关系和经过路线，注意观察并比较各种公畜输精管壶腹的异同。

（3）副性腺观察。比较各种公畜精囊腺、前列腺、尿道球腺的大小、形状、位置。

（4）阴茎和包皮的观察。观察各种公畜阴茎的外形特征，尤其注意比较各种公畜的龟头形状和尿道突特点。

（5）睾丸组织切片的观察。先用低倍镜观察，分出睾丸白膜、纵隔，进一步观察睾丸纵隔、小叶及许多曲精细管的断面。然后在高倍镜下观察睾丸小叶中曲精细管及间质细胞的形态，选一视野清晰的曲精细管进一步观察复层上皮和致密结缔组织。注意支持细胞和不同发育阶段生精细胞的形态特点。

2. 母畜生殖器官的观察

（1）卵巢的形态观察。注意观察各种母畜的卵巢形状、大小及位置。观察未孕母畜发情周期各时期卵巢的外形。

（2）输卵管的观察。注意观察输卵管与卵巢和子宫的关系。认识输卵管的漏斗部、壶腹部和峡部，特别是要找到输卵管腹腔口和子宫口。

（3）子宫的观察。观察子宫角和子宫体的形状、粗细、长度及黏膜上的特点；观察子宫颈的粗细、长度及其构造特点。

（4）阴道的观察。观察阴道充血情况和表面的平整、光滑情况。

（5）外生殖器官的观察。注意观察不同母畜尿生殖前庭、阴唇及阴蒂的情况。

（6）卵巢组织切片的观察。先用低倍镜观察，找出卵巢的生殖上皮和白膜、皮质部和髓质部。然后在高倍镜下仔细观察不同发育阶段卵泡及黄体的特征。

课后习题

1. 按实训表 4-1 所列项目，将各种公畜生殖器官的观察结果填于表内。

实训表 4-1　各种公畜生殖器官观察记录表

生殖器官		猪	牛	羊	马
睾丸	长轴				
	直径				
	重量				
附睾	管长				
	重量				
输精管壶腹	粗细				
	形状				
精囊腺	大小				
	形状				
前列腺	体部及弥散部				
尿道球腺	大小				
	形状				
阴茎	龟头形状				
	尿道突特点				

2. 按实训表 4-2 所列项目，将各种未孕母畜生殖器官的观察结果填于表内。

实训表 4-2　各种未孕母畜生殖器官观察记录表

生殖器官		猪	牛	羊	马
卵巢	形状				
	大小				
	重量				
子宫角	形状				
	长短				
	粗细				
	有无角间沟				
子宫体	长度				
子宫颈	长度				
	粗细				
	管道特点				
	有无阴道部				

3. 绘制所观察到的睾丸和卵巢的组织切片剖面图。

Note

实训五　常见生殖激素的识别

一、实训目的

（1）掌握生殖激素的分类及主要作用。

（2）掌握生殖激素的使用方法及注意事项。

二、实训原理

生殖激素是指直接作用于生殖活动，如动物的性器官、性细胞、性行为等的发生和发育以及与发情、排卵、妊娠和分娩等生殖活动有直接关系的激素。由于生殖激素由动物内分泌腺体（无管腺）产生，故又称为生殖内分泌激素。

（一）生殖激素按来源分类

（1）下丘脑释放的激素，如促性腺激素释放激素、催乳素释放激素、催乳素抑制素等。

（2）胎盘分泌的促性腺激素，如孕马血清促性腺激素、人绒毛膜促性腺激素。

（3）垂体前叶分泌的促性腺激素，如促卵泡素、促黄体素。

（4）性腺激素，如雌激素、雄激素、孕激素、松弛素。

（5）其他激素，包括前列腺素和外激素等。

（二）常用生殖激素的功能和应用

1. 促性腺激素释放激素　促性腺激素释放激素（GnRH）又名促黄体素释放激素（LH-RH）、促卵泡素释放激素（FSH-RH）。

（1）来源：由下丘脑某些神经核产生，为十肽，可人工合成，人工合成的活性比天然的高许多倍。

（2）作用：能刺激垂体前叶合成及释放促卵泡素和促黄体素，以促黄体素为主。

（3）应用：用于治疗雄性动物性欲减弱、精液品质下降，雌性动物卵泡囊肿和排卵异常等；国内常用促性腺激素释放激素类似物（LRH-A 或 LRH-Az）。母猪和母牛发情配种时或配种后 10 天内注射促性腺激素释放激素或其类似物，可提高配种受胎率。

2. 促黄体素

（1）来源：由垂体前叶嗜碱性细胞分泌的一种糖蛋白激素。

（2）作用：对雌性动物可促进卵巢血流加速，在促卵泡素的协同作用下，促进发育成熟的卵泡排出，并能刺激黄体的产生和分泌孕酮。

（3）应用：

①治疗卵巢疾病。促黄体素对排卵延迟、不排卵和卵泡囊肿有较好的疗效。

②诱导排卵。胚胎移植工作中，为获得更多的胚胎，常在供体配种的同时皮下或静脉注射促黄体素，促进排卵（超数排卵）；对非自发性的排卵动物（兔、猫），可在发情旺期或人工授精时静脉注射促黄体素，一般在 24 h 内排卵。

③预防流产。对于由黄体发育不全引起的胚胎死亡或习惯性流产，可在配种时和配种后连续注射 2～3 次促黄体素，能促进黄体发育和分泌，防止流产。

3. 促卵泡素

（1）来源：由垂体前叶嗜碱性细胞分泌的一种糖蛋白激素。

（2）作用：对雌性家畜主要是刺激卵泡的生长和发育，促进卵泡内膜细胞的分化；在促黄体素的协同作用下，刺激卵泡的最后成熟。

(3) 应用:

①治疗母畜卵巢疾病。促卵泡素对卵巢功能不全、卵泡发育停滞或交替发育有较好的疗效,并能使较大卵泡发育、较小卵泡闭锁,能消除持久黄体,诱发卵泡生长。

②诱导泌乳乏情期母畜发情。猪在产后4周、牛在产后60天以内,由于泌乳而处于乏情状态。对猪可用促卵泡素诱导发情;对牛采用孕酮短期处理并结合注射促卵泡素,可提高发情率和排卵率。

③超数排卵处理。在胚胎移植工作中为获得大量卵子和胚胎,应用促卵泡素对供体动物进行处理,可促使其卵泡大量发育成熟和排卵。

④使家畜的性成熟提早。某些家畜有繁殖季节变化,如出生较晚的绵羊和猪,当性成熟时可能会错过繁殖季节,如对接近性成熟的家畜使用孕酮和促卵泡素,可提早发情配种。

4. 人绒毛膜促性腺激素

(1) 来源:来自人和灵长类家畜胎盘绒毛膜,是一种糖蛋白激素,存在于胎盘和尿液中,在妊娠8～9周达到高峰,21～22周消失。

(2) 作用:其功能与促黄体素很相近。

(3) 应用:用于促进母畜卵泡成熟和排卵,增强超数排卵效果;对排卵迟缓、卵泡囊肿有一定疗效。

5. 雌激素

(1) 来源:主要由卵巢的卵泡内膜产生,睾丸的间质细胞、胎盘、肾上腺皮质等也能分泌少量的雌激素。卵巢分泌的雌激素主要为雌二醇。

(2) 作用:

①促进母畜第二性征的出现,抑制长骨生长。

②促进乳腺管道系统的发育。

③促使母畜发情和生殖道变化,促进母畜生殖器官的发育。

④母畜分娩时雌激素水平升高,是参与分娩发动的激素之一。

(3) 应用:雌激素应用范围广泛,主要用于治疗母畜安静发情;分娩时加强子宫收缩,促进排出子宫内容物;公畜化学去势等。

6. 雄激素

(1) 来源:主要由睾丸间质细胞分泌,肾上腺皮质、卵巢也能少量分泌。其最主要的形式为睾酮。

(2) 作用:

①刺激精子的发生。

②维持附睾的发育,延长附睾精子的寿命。

③促进公畜生殖道、副性腺的发育和功能。

④促进公畜第二性征的出现。

⑤刺激并维持公畜的性行为。

(3) 应用:临床上用于治疗公畜性欲不强、性机能减退和精液品质下降等。

7. 孕激素

(1) 来源:孕激素的主要代表激素是孕酮,主要由卵巢中黄体细胞及胎盘分泌,多数家畜妊娠后期的胎盘为孕酮最主要来源。此外,卵泡颗粒层细胞、肾上腺皮质及睾丸也能少量分泌。

(2) 作用:

①促进生殖道发育。

②调节发情。

③促进乳腺泡系统的发育。

④促进子宫黏膜层增厚,促进子宫颈口收缩,抑制子宫的自发性活动,有利于早期胚胎发育和保胎。

Note

（3）应用：主要用于母畜的同期发情，防止功能性流产，治疗卵泡囊肿、持久黄体，根据血液或乳汁中的孕酮浓度进行早期妊娠诊断或诊断卵巢功能有无紊乱。其最重要的作用是维持妊娠、保胎等。

8. 前列腺素

（1）来源：不是由专一的内分泌腺所产生的，广泛存在于家畜的各种组织中，生殖器官是其主要来源。

（2）作用：

①溶解黄体。前列腺素可使卵巢上的黄体溶解，促进母畜发情。

②促进排卵。前列腺素能促进卵泡壁降解酶的合成，刺激卵泡外膜收缩，导致排卵。

③提高精子通过子宫颈黏液和穿透卵子的能力。

④刺激公畜生殖道收缩，有利于精子的运行和受精。

（3）应用：

①治疗家畜繁殖疾病。

②溶解黄体、诱导发情。

③促进子宫收缩，提高精子的运动能力，提高受胎率。

④诱发分娩，用于人工引产。

9. 外激素

（1）来源：由分布在身体各部、靠近体表的一些腺体分泌，有些家畜的尿液中也有外激素。

（2）作用：

①提早性成熟时间。

②对发情持续期和排卵时间具有重要作用。

③终止乏情期，促进发情。

④促进公畜性行为。

（3）应用：

①公猪的外激素：公猪睾丸中可合成两种有特殊气味的化学物质，即环戊烷多氢菲相似物和睾酮相似物，它们均属于类固醇类激素，储存于公猪脂肪中，并由包皮腺和唾液腺排出体外（公猪肉有一种异味——膻味）。公猪的颌下腺中还可以合成一种具有麝香气味的物质，经唾液排出，可引起母猪的静立反射（等待公猪爬跨，用手按腰部，静立不动）、兴奋，促进母猪发情。用墩布蘸公猪尿液刷在母猪舍墙上或者母猪身上，或者喷洒公猪包皮腺分泌物或提取的外激素，都能引起母猪的兴奋和静立反射。

②母仔识别：母仔识别是通过外激素建立起来的。幼畜产下后，母畜舔仔畜时留下了气味标记，从而使母畜能在群体中根据气味、叫声可以很快地识别出自己的幼仔。

③公羊效应：公羊的气味成分是一种外激素，也称性引诱剂。公羊的气味刺激可使青年母羊提早性成熟，提早结束季节性乏情，出现集中性发情，提早排卵，从而提高母羊的排卵率和产羔率。同样，母羊的气味对公羊也有强烈的刺激，公羊根据母羊的气味可以从羊群中找到发情母羊。若破坏公羊的嗅觉、听觉和视觉器官，均会影响公羊的鉴别能力。

三、实训材料

（1）各种生殖激素制剂。

（2）健康、成年、未孕、发情的母兔或其他动物，每组 2～4 只。

（3）促卵泡素、促黄体素、孕马血清促性腺激素、人绒毛膜促性腺激素及生理盐水等。

四、实训步骤

实训时，由学生进行药物注射，观察实验效果。

（1）事先准备好各种常用生殖激素制剂及实验动物，进行检查、编号，做好记录。

(2) 进行常用生殖激素制剂识别。

(3) 诱导发情注射：给 3 只母兔每天一次分别皮下注射孕马血清促性腺激素 60 IU、120 IU、360 IU，连续注射 2 天。再以同法给另外 1 只母兔注射促卵泡素 25 IU。

(4) 促排卵注射：在诱导发情注射的第 3 天配种，前 3 只母兔注射人绒毛膜促性腺激素 100 IU 及孕马血清促性腺激素 60 IU；后 1 只母兔注射促黄体素 20 IU 和促卵泡素 20 IU，通过耳缘静脉注射。

(5) 剖检观察：促排卵注射 24 h 或 36 h 后，剖检母兔，观察卵巢的变化，统计卵巢上排卵点及未排卵卵泡数。

课后习题

1. 试述生殖激素的种类及其作用。
2. 探究不同生殖激素的注射方式及注射时间。

实训六　精子活率检测

一、实训目的

在实验室内借助显微镜和其他仪器对精子的运动进行检测，并掌握检查精子活率的方法。

二、实训原理

精子活率也称精子活力，是指精液中呈直线运动的精子占全部精子的比例。精子的受精能力与精子活率有密切的关系，因此精子活率检查必须在每次采精后、精液稀释后和输精前各进行一次。

精子活率受温度的影响很大，温度过高时，精子活动激烈，会很快死亡；温度过低时，则精子活动表现不充分，影响评定结果。因此，做精子活率检测时，应将显微镜置于保温箱内（实训图 6-1），检测时的温度以 38～40 ℃为宜。

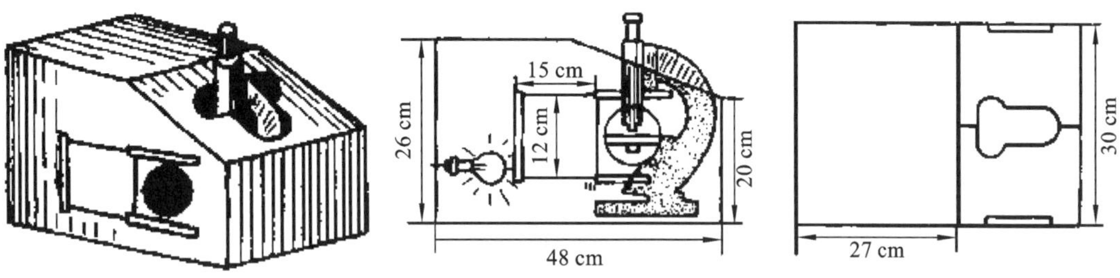

实训图 6-1　显微镜保温箱

1. 精子活率的检测方法

（1）平板压片法：取载玻片一块，用自来水冲洗干净，再用蒸馏水冲洗，晾干。用干净的滴管吸取精液，滴 1 滴于载玻片中央（对于牛、羊、兔精液，同时加 1 滴生理盐水）。取盖玻片一块，小心均匀地盖于整个精液的表面（不应有气泡），制成压片标本并放于显微镜下观察。

（2）悬滴法：取盖玻片一块，洗净、晾干。用干净的滴管吸取精液，滴 1 滴于盖玻片中央（对于牛、羊、兔精液，同时加 1 滴生理盐水）。然后取一凹玻片，将滴有精液的盖玻片反放于凹玻片的凹窝上（实训图 6-2），再将凹玻片置于 400～600 倍显微镜下观察。

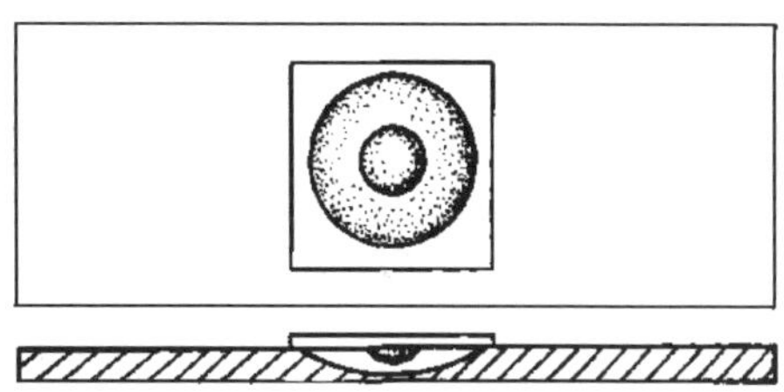

实训图 6-2　精液悬滴法检测示意图

2. 精子活率的评定　可根据显微镜视野中直线运动精子所占的比例评定，通常采用五级评分法。

5 分：视野中 80％以上的精子直线运动，用“5”表示。

4 分：视野中 61％～80％的精子直线运动，用“4”表示。

3 分：视野中 41％～60％的精子直线运动，用“3”表示。

2 分：视野中 21％～40％的精子直线运动，用“2”表示。

1 分：视野中 20％及以下的精子直线运动，用“1”表示。

0 分：视野中无直线运动精子时，用“0”表示。

在评定精子活率时，也可用十级评分法，即按视野中直线运动精子占视野中精子的估计百分数，分为十个等级。如有 80％的精子呈直线运动，就评为 0.8。

三、实训材料

1. 精液 牛、羊、猪、马、犬、兔任意一种动物的新鲜精液。

2. 药械用品 显微镜、显微镜保温箱（或显微镜恒温台）、载玻片、盖玻片、搪瓷盘、温度计、滴管、擦镜纸、纱布、蒸馏水等。

四、实训步骤

（1）用干净滴管吸取适量精液，滴 1 滴到载玻片上，盖上盖玻片，注意不要产生气泡。

（2）将载玻片放到显微镜下进行观察。

课后习题

将本次实训所观察到的结果分别填入实训表 6-1 中。

实训表 6-1　种公畜精液品质检测记录表

畜　别	畜　号	采精时间（年、月、日）	射精量/mL	精子活率

Note

实训七　精子畸形率检测

一、实训目的

(1) 掌握畸形精子的概念。

(2) 学习实验室检测精子畸形率的方法。

二、实训原理

精子的形态正常与否直接影响受胎率。异常精子的种类很多,其中形态不正常的精子称为畸形精子。畸形精子主要有以下几类(实训图 7-1)。

(1) 头部畸形:头巨大、瘦小、细长、圆形、皱缩、缺损及双头等。

(2) 颈部畸形:颈膨大、纤细、屈折、不全、带原生质滴及双颈等。

(3) 中段畸形:膨大、纤细、不全、弯曲、双体等。

(4) 主段畸形:弯曲、屈折、回旋、短小、长大、缺损、双尾等。

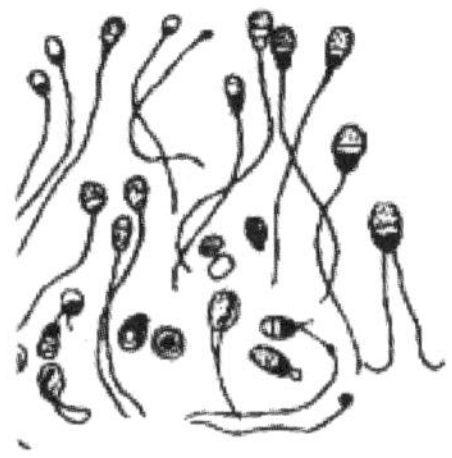

实训图 7-1　畸形精子类型图

精子畸形率的检测方法:取精液 1 滴,均匀地涂在载玻片上,干燥 1～2 min 后,用 96%乙醇固定 2～3 min,再用亚甲蓝或红、蓝墨水染色 1～2 min,然后用蒸馏水轻轻冲洗,干燥后即可镜检。通常计数 300～500 个精子,计算畸形精子的百分率。一般品质优良精液的精子畸形率标准如下:牛精子畸形率小于 18%,羊小于 14%,猪小于 18%,马小于 12%。

三、实训材料

1. 精液　牛、羊、猪、马、犬、兔任意一种动物的新鲜精液及冷冻精液。

2. 药械用品　显微镜、显微镜保温箱(或显微镜恒温台)、载玻片、盖玻片、搪瓷盘、温度计、滴管、擦镜纸、纱布、蒸馏水、红细胞及白细胞稀释管、血(色素)吸管、血细胞计数板、光电比色计、5 mL 试管、1 mL 及 2 mL 吸管、玻璃棒、染色缸、染色架、镊子、3%和生理盐水、2%甲酚皂溶液、1/1000 新洁尔灭溶液、75%乙醇、96%乙醇、畸形精子形态图等。

3. 几种染色液或固定液配方

(1) 0.5%龙胆紫乙醇溶液:龙胆紫 0.5 g,96%乙醇 100 mL。

(2) 乙醇固定液:40%甲醛溶液(福尔马林)12.5 mL,96%乙醇 87.5 mL。

(3) 凡那他氏镀银染色液。

①胡氏固定液:福尔马林 2 mL,醋酸 1 mL,蒸馏水 100 mL。

②染色液:鞣酸 5 g,苯酚 1 g,蒸馏水 100 mL。

③硝酸银溶液:硝酸银 0.25 g,蒸馏水 100 mL。

(4) 瑞氏染色液。

①品红原液:品红 10 g,96%乙醇 100 mL。

②伊红原液：将伊红溶于 85%乙醇中制成饱和溶液。

③苯酚-品红染色液：品红原液 10 mL、5%苯酚溶液 100 mL，取上述混合液 50 mL，加入伊红原液 25 mL。

注：充分混合，至少放置 14 天，经过滤可用于精子染色。

④亚甲蓝原液：亚甲蓝 10 g，96%乙醇 100 mL。

四、实训步骤

(1) 以细玻璃棒蘸取精液 1 滴，滴于载玻片上，如为牛、羊精液，再加 1～2 滴生理盐水。

(2) 使另一载玻片的顶端为 35°角，抵于精液滴上，向另一端拉去，将精液均匀涂抹于载玻片上。

(3) 将涂片置于空气中自然干燥。

(4) 用下列任意一种方法固定染色。

①用 0.5%龙胆紫乙醇溶液染色 3 min，水洗、干燥后即可镜检。

②将涂片置于 96%乙醇固定液中固定 5～6 min，取出冲洗后，阴干或烘干，用蓝墨水染色 3～5 min，再用水冲洗，使之干燥后于显微镜下检查。

③凡那他氏镀银染色法。取自然干燥的涂片，将胡氏固定液滴在涂片上固定 1 min，水洗 10 s，然后将染色液滴在涂片上，慢慢加热至产生蒸汽为止，用水洗 30 s 后，再加入硝酸银溶液 2～3 滴，立即滴上 1 滴氨水，将涂片左右摇动，则出现黄褐色。再将涂片放在酒精灯上慢慢加热，经 20 s，直至产生水蒸气状的"白雾"为止，最后水洗，待干后便可镜检。

④瑞氏染色法：将自然干燥的涂片放入无水乙醇中固定 4 min，然后移入 0.5%氯胺 T 溶液中浸泡 2 min 左右，直至涂片上的黏液物质被除掉而变得清洁。再将涂片分别浸入蒸馏水和 96%乙醇中轻洗几分钟，投入苯酚品红-伊红染色液中停留 10 min，取出后在清水中蘸 2 次，最后移入亚甲蓝原液中停留 5 min，取出干燥后即可在显微镜下进行检查。

(5) 检查。将制好的涂片置于显微镜下，计数不同视野的 500 个精子，计算出其中所含的畸形精子数，求出畸形精子率。

课后习题

1. 试述畸形精子的种类及形态。
2. 试述畸形精子率的检测方法。

实训八　稀释液的配制

一、实训目的

掌握常用稀释液的配制方法，学会对精液进行稀释。

二、实训原理

精液在保存、运输和输精之前都要进行稀释。稀释精液是指在精液中加入一些适于精子存活并保持受精能力的溶液。稀释可以增加精液的容量，扩大配种头数；可以补充精子代谢所需要的营养物质；可以降低或消除副性腺分泌物的有害影响，缓冲精子的酸碱度，给离体精子创造适宜的环境，从而延长精子的存活时间。

1. 稀释液的基本要求

(1) 能供给精子所需养分，延长其存活时间。

(2) 与精液有相同的渗透压。

(3) 与精液酸碱度相同。

(4) 能降低甚至消除副性腺分泌物对精子的有害影响。

(5) 能抑制精液中微生物的生长繁殖。

(6) 成本低，制备简单，易推广。

2. 稀释液的成分及作用

(1) 稀释剂：主要以扩大精液容量为目的。此种物质必须和精液具有相同的渗透压，常用的有乳类、卵黄，等渗的 NaCl、葡萄糖和果糖等。

(2) 营养剂：为精子提供营养物质，补充精子能量消耗。此种物质常用的有乳及乳制品、卵黄、葡萄糖、果糖及其他糖类。

(3) 保护剂：主要对精子起保护作用，免除不良因素对精子的危害。此种物质主要有以下几类。

①降低精液中电解质浓度的物质。此类物质能够延长精子的存活时间，常用的主要有各种糖类、磷酸盐和酒石酸盐等。

②起缓冲作用的物质。此类物质可以缓冲酸性，从而对精子起到保护作用，常用的有柠檬酸钠、酒石酸钾钠、磷酸氢二钠和磷酸二氢钾等。

③防冷休克物质。所谓冷休克，指在短时间内温度急剧下降，造成精子死亡。通过在精液中加入防冷休克物质，能够保护精子的生命力。常用的防冷休克物质有卵黄、乳及乳制品等。

④抗生素。在采精、稀释和保存过程中，精液易受污染。因此，在精液中添加抗生素是必需的。常用的抗生素有青霉素、链霉素和氨苯磺胺等。

⑤抗生素。在精液的冷冻和解冻过程中，精子内外的水分要经历液态和固态的相互转化，对精子造成极大的危害，而加入抗冻物质能够减轻或消除这种危害。常用的抗冻物质有甘油、糖类、二甲基亚砜(DMSO)、三羟甲基氨基甲烷(Tris)和 N-三羟甲基-2-氨基乙磺酸等。

三、实训材料

蔗糖、葡萄糖、奶粉、新鲜鸡蛋、NaCl、二水合柠檬酸钠、青霉素、链霉素、蒸馏水、甘油、75%乙醇、柠檬酸钠、新鲜牛精液、新鲜猪精液等。

四、实训步骤

1. 常用稀释液配方

(1) 公羊精液稀释液。

①生理盐水稀释液:氯化钠 0.85 g,青霉素 1000 IU,蒸馏水 100 mL,链霉素 1000 μg/mL。

②奶粉卵黄稀释液:奶粉 10 g,链霉素 1000 μg/mL,卵黄 10 mL,蒸馏水 100 mL,青霉素 1000 IU/mL。

(2) 猪精液稀释液。

①葡萄糖-卵黄稀释液:葡萄糖 5 g,链霉素 1000 μg/mL,卵黄 10 mL,蒸馏水 100 mL,青霉素 1000 IU/mL。

②葡萄糖-柠檬酸钠-卵黄稀释液:葡萄糖 0.5 g,蒸馏水 100 mL,二水合柠檬酸钠 0.3 g,青霉素 1000 IU/mL,乙二胺四乙酸 0.1 g,链霉素 1000 μg/mL,卵黄 8 mL。

(3) 马精液稀释液。蔗糖奶粉稀释液:11%蔗糖溶液 50 mL,青霉素 1000 IU/mL,10%~12%奶粉液 50 mL,链霉素 1000 μg/mL。

(4) 牛精液稀释液。

①基础液:葡萄糖 7.5 g,蒸馏水 100 mL。

②稀释液:基础液 75 mL,卵黄 20 mL,甘油 5 mL,青霉素 1000 IU/mL,链霉素 1000 μg/mL。

(5) 解冻液:柠檬酸钠 2.9 g,蒸馏水 100 mL(配制后煮沸消毒备用)。

2. 配制方法及要求

(1) 药品用天平准确称量后,放入烧杯中,加入蒸馏水溶解后,用三角抽滤漏斗过滤,用三角烧瓶接滤液,放入水浴锅内,水浴消毒 10~20 min。奶粉在溶解时先加等量蒸馏水,调成糊状,再加入蒸馏水至定量,用脱脂棉过滤。

(2) 卵黄取自新鲜鸡蛋,先将鸡蛋洗净,用 75%乙醇消毒后,用镊子在气室端打一小孔,将蛋清倒净,然后把蛋壳扩开,取出卵黄,用注射器小心抽取一定量,在稀释液消毒冷却到 40 ℃以下时加入。

(3) 将抗生素用一定量的蒸馏水溶解,在稀释液冷却后加入。

3. 精液稀释 选用与精液种类相对应的稀释液,把精液和稀释液分别装入烧杯或三角烧瓶中,置于 30 ℃的水浴锅中,用玻璃棒引流,将稀释液沿着器壁徐徐加入精液中,边加入边搅拌。稀释结束后,镜检精子活力。

4. 牛冷冻精液的制备

(1) 稀释:取活力在 0.8 左右的新鲜牛精液,用等温的稀释液稀释 5~6 倍,保证每个输精量中有效精子数不少于 1500 万。

(2) 平衡:把稀释后的精液放在−5~0 ℃的冰箱或保存瓶中,停留 2~4 h。

(3) 冷冻。

①颗粒冻精。用液氮桶或保温瓶盛满液氮,在液氮桶上放置铜纱网或在保温瓶上放一铝饭盒,距液氮面 1~3 cm。待降温后用滴管将平衡后的精液滴在冷冻板上,每个颗粒的体积为 0.1 mL。当颗粒冻精的颜色由黄变白时,取下冻精,沉入液氮中保存。

②细管冻精。在 2~5 ℃的环境下,用细管分装机将平衡后的精液分装到塑料细管中,经封口后,平置于铜纱网上,在距液氮面 1~2 cm 处熏蒸 5 min 后,沉入液氮中保存。

(4) 保存:颗粒冻精每 50 粒或 100 粒装入一纱布袋中,用细线绳扎紧袋口,抽样解冻后,用白胶布做好标记,贴于袋口处,放入液氮罐的提筒内保存。细管冻精做好标记后,每 50 支装入一纱布袋内,放入液氮罐中。

(5) 解冻。

①颗粒冻精的解冻:在烧杯中盛满 38~40 ℃的温水,将 1 mL 解冻液(2.9%柠檬酸钠溶液)加入一小试管内,置于烧杯中,当解冻液温度与水温相近时,用镊子夹一粒冻精放入小试管中,当有一半

精液融化时即取出，镜检精子活力在0.3以上为合格。

②细管冻精的解冻：在烧杯中盛满温水，温度调至40 ℃。打开液氮罐，将镊子放至罐口预冷，提起提筒，迅速夹取一支冻精，放入烧杯中，轻轻搅拌20 s左右，待冻精融化后取出镜检。

课后习题

1. 稀释液如何配制？
2. 卵黄、柠檬酸钠、奶粉在稀释液中各有什么作用？
3. 评定本次冻精制作的质量，分析存在的问题。

实训九　牛的发情鉴定

一、实训目的

本实训通过观察母畜行为、阴道变化和性欲表现来判断母牛是否发情，基本掌握大家畜直肠检查的方法和技能，并利用直肠检查正确判断母畜的发情和排卵情况。

二、实训原理

发情鉴定是动物繁殖工作中一个重要的技术环节。通过发情鉴定，可以判断动物的发情阶段，预测排卵时间，以便确定配种期，及时进行配种或人工授精，从而达到提高受胎率的目的。另外，发情鉴定还可以发现动物发情是否正常，以便发现问题，及时解决问题。

常用的发情鉴定方法如下。

1. 外部观察法　此法是雌性动物发情鉴定最常用的方法，主要通过观察动物的外部表现和精神状态，判断其是否发情或发情程度。发情动物常表现为精神不安，鸣叫，食欲减退，外阴部充血、肿胀、湿润、有黏液流出，对周围的环境和雄性动物的反应敏感。不同的动物往往还有其特殊的表现，如母猪闹圈、母牛爬跨等。上述特征表现随发情进程由弱到强，再由强到弱，发情结束后消失。

2. 试情法　此法是根据雌性动物对雄性动物的反应程度判断其发情程度的一种方法，适用于各种家畜。往往使用有经验的雄性动物试探雌性动物是否发情。如果发情，雌性动物通常愿意接受爬跨，弓腰举尾，后肢开张，频频排尿，有求配动作等。如果雌性动物不在发情期，则表现为远离雄性动物，不接受爬跨，当雄性动物接近时，往往会出现躲避行为甚至踢、咬等抗拒行为。

3. 阴道检查法　此法主要适用于牛、马、羊等家畜。检查时将阴道开张器或阴道扩张器插入并扩张阴道，借用光源观察阴道黏膜颜色、充血程度，子宫颈松弛状态，子宫颈外口的颜色、充血肿胀程度及开口大小，分泌液的颜色、黏稠度及量的大小，有无黏液流出等来判断发情的程度。要注意的是：检查时，阴道开张器或阴道扩张器要用乙醇全面洗净消毒，以防感染，插入时要小心谨慎，用润滑剂涂抹前端，旋转缓慢插入以免损伤阴道黏膜。此法不能准确地判断动物的排卵时间，因此，目前只作为一种辅助性检查手段。

4. 直肠检查法　此法主要应用于牛、马等大家畜。因其可直接触摸卵巢，在生产上应用广泛。方法是检查者将手臂伸进母畜的直肠内，隔着直肠壁用手指触摸卵巢及卵泡发育情况。卵巢的大小、形状、质地，卵泡发育的部位、大小、弹性，卵泡壁的厚薄以及卵泡是否破裂，有无黄体等情况均可以通过此法查明。通过直肠检查法并结合发情外部特征，可以准确地判断卵泡发育程度及排卵时间，以便准确地判定最佳配种期。但在采用此法时，术者必须经多次反复实践，积累比较丰富的经验，才能正确掌握和判断。

5. 生殖激素检测法　此法是应用激素测定技术（放射免疫测定法、酶联免疫测定法等），通过对雌性动物体液（血浆、血清、乳汁、尿液等）中生殖激素（促卵泡素、促黄体素、雌激素、孕酮等）水平的测定，依据发情周期中生殖激素的变化规律，来判断动物发情程度的一种方法。此法可精确测定出生殖激素的含量，如用放射免疫测定法测定母牛血清中孕酮的含量为0.2～0.48 ng/mL，输精后发情期受胎率可达51%，但这种方法需要的仪器和试剂较贵，目前尚难普及。

6. 仿生学法　此法通过模拟雄性动物的声音和气味刺激雌性动物的听觉和嗅觉器官，通过观察雌性动物受到刺激后的反应情况，判断雌性动物是否发情。

7. 电测法　此法通过用电阻表测定雌性动物阴道黏液的电阻值来进行发情鉴定，以便决定最适宜的输精时间。用电测法探索雌性动物阴道黏液电阻值变化的研究开始于20世纪50年代，经反

Note

复研究证实，黏液和黏膜的总电阻值变化与卵泡发育程度有关，与黏液中的盐类、糖类、酶等含量有关。一般来说，在发情期电阻值降低，而在发情周期其他阶段电阻值则趋于升高。

8. 生殖道黏液 pH 测定法 雌性动物在发情周期中，生殖道黏液 pH 呈现一定的变化规律，一般在发情盛期呈中性或偏碱性，黄体期呈偏酸性。测定生殖道黏液 pH 似乎不能明显区别发情周期的各阶段，但是在一定 pH 范围内输精的受胎率较高，因此，在雌性动物发情周期表现正常、具有发情表现时，测定 pH 更有参考价值。

三、实训材料

母牛、试情公牛、六柱栏或保定架、开膣器、手电筒、保定栏、注射器、水盆、毛巾、肥皂、工作服、纱布、75%乙醇棉球、液体石蜡、消毒液等。

四、实训步骤

步骤如下：在阴道检查前，将母牛用固定铁架固定好，用1%～2%来苏尔溶液消毒外阴部，再用温开水冲洗干净，之后用灭菌布巾擦干。开膣器先用1%～2%来苏尔溶液浸泡几分钟，用时再以温开水将药业冲洗干净。消毒后，涂以灭菌的润滑剂，备用。检查人员洗手消毒后，以右手操作开膣器，左手拇指与食指轻轻拨开阴唇，然后将开膣器慢慢插入，至适当深度之后，将开膣器向下旋转打开阴道，用手电筒光线照射观察阴道变化。

注意事项如下：

(1) 事先准备好实训母牛若干头，教师预先检查，了解每头母牛的生理状况、是否发情。

(2) 行直肠检查和阴道检查之前，教师应重点讲解和示范操作。在实训过程中应防止事故发生。

(3) 应根据实训母牛的多少，将学生分成若干小组，轮流进行练习；也可利用实习牧场，让学生经常参与母牛的发情鉴定，使学生能更好地掌握各种发情鉴定方法。

课后习题

1. 根据观察和检查结果，分析发情症状，确定输精、配种时期。
2. 描述在直肠检查时所触摸到的发情母牛的卵巢变化特征。

Note

实训十　牛的人工授精

一、实训目的

（1）了解人工授精的原理。

（2）熟悉并掌握牛的人工输精过程。

二、实训原理

人工授精是利用器械的方法采取公畜的精液，对精液进行品质检查、稀释保存等适当的处理，再用器械将精液输送到发情母畜生殖器官内，从而使其受孕的一种配种方法。输精就是适时而准确地将一定数量的优质精液输送到发情母畜生殖器官内适当部位的操作，是保证得到较高受胎率的重要环节。输精量和输入的有效精子数与母畜的种类、母畜状况（体型大小、胎次、生理状态等）、精液保存方法、精液品质的好坏、输精部位以及输精人员技术水平等都有一定关系。

三、实训材料

母牛、六柱栏或保定架、开膣器、手电筒、输精器、输精管、保定栏、卡苏输精枪、注射器、水盆、毛巾、肥皂、工作服、纱布、75%乙醇棉球、液体石蜡、稀释液、精液、消毒液等。

四、实训步骤

1. 人工输精前的准备

（1）输精器械的洗涤与消毒。在输精前，所有器械均应严格消毒。金属阴道开张器可用火焰消毒，再用75%乙醇棉球擦拭。塑料及橡胶器材可用75%乙醇棉球消毒，再用稀释液冲洗一遍。

（2）母牛的准备。将母牛牵入保定栏内保定，经发情鉴定，确认已到输精时间，将其尾巴拉向一侧，用毛巾蘸温水清洗外阴部，再用75%乙醇棉球消毒。

（3）准备精液。如使用新鲜精液输精，精子活力应不低于0.6；液态保存的精液，需升温到30 ℃，镜检精子活力应不低于0.5；冷冻精液需用温水解冻，精子活力应在0.3以上。将精液吸入输精器或输精管；细管冻精装入卡苏输精枪中，安上一次性塑料外套，拧紧备用。

（4）术者准备。输精员穿好工作服，指甲剪短磨光，手臂清洗消毒。

2. 输精操作

（1）直肠把握输精法。

①输精员左手戴好长臂手套，涂以润滑剂，手指并拢呈锥形，缓缓插入母牛肛门并伸入直肠，掏尽粪便，触摸检查卵泡发育状况及子宫角、子宫颈状况。

②用右手或请助手用1∶5000的新洁尔灭溶液清洗、消毒母牛外阴部。

③将伸在直肠内的左臂用力向下压或向左侧牵动，使阴门开张，也可以让畜主将母牛外阴部向一侧拉开。

④右手持吸有精液的输精器插入阴道内，注意不要触及外阴部皮肤。

⑤输精器自阴门先向上斜插5～10 cm，再向前插入子宫颈外口处。

⑥左手隔着直肠将子宫颈半握，使子宫颈下部固定在骨盆底上，右手抬高输精器尾部，轻轻向前推进，两手相互配合，边活动边向前插，不可用力过猛，以免损伤阴道壁和子宫颈。当感到穿过数个障碍物时，说明已插入子宫颈或子宫体。

⑦将精液注入子宫颈后缓缓取出输精器，用左手轻轻揉捏子宫颈数次，防止精液倒流，然后拉出左手。如用卡苏输精枪输精，还应检查套嘴中是否有过多的精液残留，以判定输精是否成功。

进行直肠把握输精法时要注意正确把握子宫颈。可以拇指在上、其余四指在下，平直握住子宫颈后端；也可以掌心朝下，拇指和其余四指跨捏子宫颈的两侧，固定子宫颈。母牛努责时，应停止操作，直肠内的手握成拳，助手可按压母牛腰部，使其放松，再进行操作。如母牛努责频繁，应将手从直肠内拿出来，待母牛放松后重新操作。伸入输精枪时一定要避开尿道口，并左右移动，至子宫颈时要稍用力，并上下移动，直肠内的手也要握住子宫颈随着输精枪上下抖动而摆动。动作要协调统一，输精枪每进入一个皱褶都有轻微的震动，出现"噗噗"的声音。

(2) 阴道开张器法。将消毒后的阴道开张器用 40 ℃左右的温水水浴加温，并涂以少量的润滑剂。左手持阴道开张器，伸入阴道内打开，用额灯或手电筒作为光源，找到子宫颈口，右手将吸有精液的输精枪(管)伸入子宫颈内第一个小皱褶和第二个小皱褶处时，缓缓推入精液。输精完毕后，慢慢抽出输精枪(管)，闭合阴道开张器，经左、右转动无阻力时，轻轻撤出。用手在母牛背部按压，防止精液倒流。

课后习题

1. 叙述牛的输精方法及要点。
2. 怎样输精才能提高母畜的受胎率?

实训十一　猪的妊娠诊断

一、实训目的

掌握母畜妊娠诊断的外部检查法，能通过对母畜阴道的观察结合直肠检查正确判断母畜是否妊娠，初步了解其他各种妊娠诊断方法。

二、实训原理

妊娠诊断是繁殖管理的一项重要内容，妊娠诊断的目的是了解和掌握动物配种之后妊娠与否和妊娠月份，以及与妊娠有关的其他情况。有效的早期妊娠诊断，是母畜保胎、减少空怀、增加畜产品和提高繁殖率的重要技术措施。在实践中早期妊娠诊断的价值较大，对确诊已妊娠的母畜，可以注意加强饲养管理，促进母畜健康，保证胎儿正常发育，防止流产以及预测分娩日期。对未妊娠的母畜，可以及时进行母畜科检查，找出未孕的原因，采取相应的治疗或管理措施，提高母畜繁殖率。妊娠诊断的常用方法有以下 6 种。

1. 外部检查法　外部检查法主要根据母畜妊娠后的行为变化和外部表现来判断母畜是否妊娠。母畜妊娠以后，一般表现为发情周期停止、食欲增进、营养状况改善、毛色润泽光亮、性情温驯、行为谨慎安稳；妊娠中期或后期，腹围增大，向一侧突出（牛、羊为右侧，马为左侧，猪为下腹部）；乳房胀大，有时牛、马腹下及后肢可出现水肿。牛妊娠 8 个月以后，马、驴妊娠 6 个月以后可以看到胎动，即胎儿活动所造成的母畜腹壁的颤动。在一定时期（牛妊娠 7 个月后，马、驴妊娠 8 个月后，猪妊娠 2.5 个月以后），隔着右侧（牛、羊）或左侧（马、驴）或最后两对乳房上方（猪）的腹壁可以触诊到胎儿，在胎儿胸壁紧贴母体腹壁时，可以听到胎儿的心音，可根据这些外部表现诊断是否妊娠。

2. 直肠检查法　直肠检查法是隔着直肠壁触诊卵巢、子宫和胚泡的形态、大小和变化。判定母畜是否妊娠的重要依据是妊娠后生殖器官的变化，具体操作时要随妊娠的时间阶段有不同的侧重。妊娠初期，以卵巢上黄体的状态、子宫角的形状和质地的变化为主；当胚泡形成后，要以胚泡的存在和大小为主；当胚泡下沉入腹时，则以卵巢的位置、子宫颈的紧张度和子宫动脉搏动为主。

3. 阴道检查法　阴道检查法判定母畜是否妊娠的主要依据是由于胚胎的存在，阴道的黏膜、黏液、子宫颈发生了某些变化。这种方法只适用于牛、马等大家畜，主要观察阴道黏膜的色泽、干湿状况，黏液性状（黏稠度、透明度及黏液量），子宫颈形状位置。

4. 免疫学诊断法　免疫学诊断法是指根据免疫化学和免疫生物学的原理进行的妊娠免疫学诊断的方法。母畜妊娠后，胚胎、胎盘及母体组织产生某些化学物质、激素或酶类，其含量在妊娠过程中具有规律性的变化；同时其中某些物质可能具有很好的抗原性，能刺激动物发生免疫反应。如果用这些具有抗原性的物质去免疫家畜，会在其体内产生很强的抗体，制成抗血清后，只能与诱导其的抗原相同或相近的物质进行特异性结合。抗原和抗体的这种结合可以通过两种方法在体外被测定出来。

5. 血清或乳中孕酮水平测定法　当母畜妊娠后，由于妊娠黄体的存在，在相当于下一个情期到来的时间阶段内，其血清和乳中孕酮含量要明显高于未妊娠母畜。采用放射免疫测定法、竞争性蛋白结合法等测定妊娠母畜血清或乳中孕酮含量，与未妊娠母畜进行对比，可做出妊娠诊断。实践中，根据被测母畜孕酮水平的实测值很容易做出妊娠或未妊娠的诊断。这种方法适合进行早期妊娠诊断，一般其诊断妊娠的准确率为 80%～95%不等。

6. 超声波诊断法　超声波诊断法是采用超声波妊娠诊断仪对母畜腹部进行扫描，观察胚胞液或心动的变化。

三、实训材料

(1) 妊娠 2.5 个月以上的母猪数头。

(2) 保定器械、听诊器、保定架、多普勒妊娠诊断仪、肥皂、脸盆、毛巾、消毒药液、绳索、鼻捻棒、尾绷带、开膣器、额灯或手电筒、液体石蜡、乙醇棉球等。

四、实训步骤

1. 外部检查

(1) 视诊。妊娠母猪腹围增大,肷部凹陷,乳房增大,出现胎动,但不到妊娠末期难以确诊。母猪妊娠后期,腹部显著增大下垂,但在胎儿少时不明显;乳房皮肤发红,逐渐增大,乳头随之增大。

(2) 触诊。触诊时,对母猪体抓挠使之卧下后,细心触摸妊娠 3 个月的母猪腹部,可在乳房的上方与最后两乳头平行处触摸到胎儿。消瘦的母猪在妊娠后期比较容易触摸。

2. 阴道检查

(1) 置被检母猪于保定架中,或用绳索三角绊保定,用绷带缠扎其尾于一侧。

(2) 检查用具如脸盆、镊子、开膣器等,先用清水洗净后,然后用火焰消毒,或用消毒液浸泡消毒,再用温开水或蒸馏水将消毒液冲净。用温水洗净母猪阴唇及肛门附近。

(3) 在已消毒的开膣器前端涂以灭菌液体石蜡等润滑剂,并用消毒布覆盖备用。

(4) 检查者站立于母猪左后侧,右手持开膣器,右手的拇指和食指将阴唇分开,将开膣器合拢,并使其呈侧向,前端斜向上方缓缓送入阴道。待开膣器完全插入阴道后,轻轻转动开膣器,压拢两手柄,完全张开开膣器,观察阴道及子宫颈变化。

(5) 检查完毕,将开膣器放松但不完全闭合,缓缓抽出。清洗、消毒开膣器。

(6) 判断妊娠的依据。

①母猪阴道黏膜苍白、干燥、无光泽(妊娠末期除外)。

②子宫颈的位置前移(随时间而异),且往往偏向一侧,子宫颈口紧闭,外有浓稠黏液堵塞(牛的黏液在妊娠末期变得润滑)。

③附着于开膣器上的黏液为糊状,呈灰白色。

(7) 注意事项。对于妊娠母猪,开张阴道是一种不良刺激。因此,阴道检查动作要轻缓,以免造成妊娠中断。

3. 超声波检查

(1) 无须保定母猪,令其安静侧卧、爬卧或站立均可。

(2) 先清洗刷净欲探测部位,涂抹液体石蜡,在母猪下腹部左右胁部前的乳房两侧探查,从最后一对乳房后上方开始,随着妊娠日龄的增长,探查部位逐渐前移,直到胸骨后端,亦可沿两侧乳房中间腹白线探查。使多普勒妊娠诊断仪的探头紧贴腹壁,对妊娠初期母猪应将探头朝向耻骨前缘方向或成 45°角斜向对侧上方,要上下前后移动探头,并不断变换探测方向,以便探测胎动、胎心等。

(3) 判定标准。母体动脉的血流音呈现有节律的"啪嗒"声或蝉鸣声,其频率与母体心音一致。胎儿心音为有节律的"咚咚"声或"扑咚"声,其频率约 200 次/分,胎儿心音一般比母体心音快 1 倍以上;胎儿动脉的血流音和脐带脉管血流音似高调蝉鸣声,其频率与胎儿心音相同。胎动音好似无规律的犬吠声,妊娠中期母猪的胎动音最为明显。

课后习题

简述各种妊娠诊断方法的操作要领及其诊断结果和分析。

实训十二　系谱的编制与鉴定

一、实训目的

家畜系谱是种畜的系统资料，它可作为选种选配的重要参考资料。系谱审查（鉴定）是种畜鉴定方法之一，通过系谱鉴定，可对种畜的育种价值做出初步判断。

通过实训，掌握横式或直式系谱的编制方法，初步学会畜群系谱的编制方法，并掌握系谱鉴定的方法。

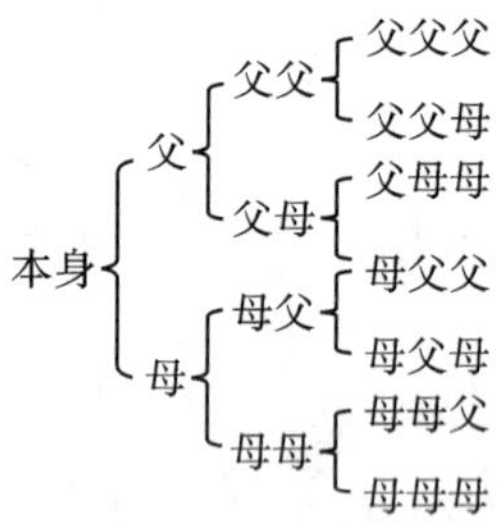

实训图 12-1　横式系谱

二、实训原理

1. 个体系谱

（1）横式系谱：它是按子代在左、亲代在右，公畜在上、母畜在下的格式来填写的。系谱正中可划一横虚线，表示上半部为父系祖先、下半部为母系祖先。横式系谱各祖先血统关系的模式如实训图 12-1 所示。

（2）竖式系谱（直式系谱）：在系谱的右侧登记公畜、左侧登记母畜，上方登记后代、下方登记祖先（实训图 12-2）。

本身							
母				父			
母母		母父		父母		父父	
母	母	母	母	父	父	父	父
母母	母父	父母	父父	母母	母父	父母	父父

实训图 12-2　竖式系谱

简单系谱（不完全系谱）一般只记载祖先的号数或名字。而完全系谱则除记载祖先的号数、名字外，还应登记生产性能记录、体尺、体重、评定等级，以及后代鉴定材料等。

在系谱登记中，产量与体尺可以简记。如奶牛产奶量：1998—Ⅰ—6879—3.6，表示母牛在 1998 年第一个泌乳期产奶量为 6879 kg、乳脂率为 3.6%。同样，对体尺指标也可按 136—151—182—19 的方法简记，意即为体高 136 cm、体长 151 cm、胸围 182 cm、管围 19 cm。

在编制系谱时，如果某个祖先无从考查，应在规定的位置上划线注销，不留空白。

2. 畜群系谱　畜群系谱是为整个畜群统一编制。它是根据整个畜群的血统关系，按交叉排列的方法编制起来的。利用它，可迅速查明畜群的血统关系、近交的有无和程度、各品系的延续和发展情况，从而有助于我们掌握畜群和组织育种工作。

三、实训步骤

编制畜群系谱时，必须以原始记载材料为依据，如种公母畜卡片、配种分娩记录等，然后按下述步骤进行编制。

（1）列出群体母系记录表：根据群内种畜卡片，查明每一个体的出生时间及其各代祖先，并按先后顺序填于母系记录表内（实训表 12-1）。

实训表 12-1　母系记录表

畜号	性别	父	母	母父	母母	母母父	母母母

(2) 绘制草图:公畜用方块"□"表示,母畜用圆圈"○"表示。将母系记录表中最老公母畜找出,母畜放在下面,公畜按其使用先后,由下向上依次排在绘图纸的左侧。由公畜处做横线,母畜处引出与横线相交的纵线,两线相交处即为此公畜和母畜所生的后代(实训图 12-3)。

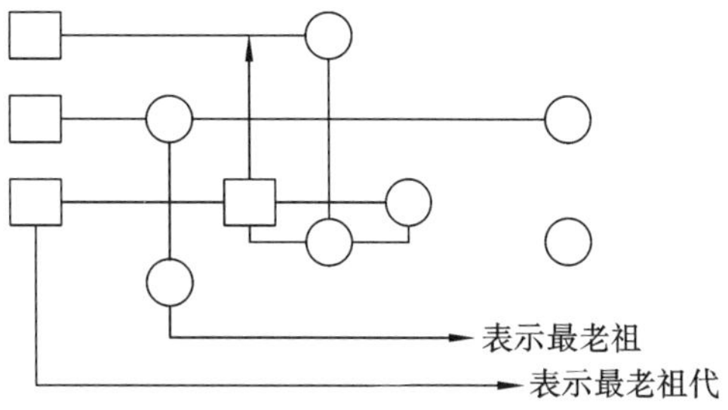

实训图 12-3　畜群系谱绘制草图

(3) 绘制正图:对草图进行查对核对,以绘出准确的清晰图。后代公畜若已在畜群中用作种畜,则在系谱的左侧上方引出畜号,引一横线,并从该公畜所在点向上引箭头与其本身的代表横线相联系,以表示血统关系。若母畜与其父亲反交,则将它们的后代画在离横线不远处,并用双线连接;若与另一公畜交配则不必另列畜号,直接向上做垂线。若有的母畜与其父亲横线下的公畜交配,这样就不能再向上作垂线,此时应将它单独提出来另作一垂线。

四、系谱鉴定

系谱鉴定的方法如下。

(1) 将两个或多个系谱进行比较,重视近代祖先的品质,亲代影响大于祖代、祖代大于曾祖代。

(2) 对祖先的评定,以生产力为主做全面鉴定。要注意应以同年龄、同胎次的产量进行比较。

(3) 如果系谱中祖先成绩一代比一代好,应给予较高评价。

(4) 如果种公畜有后代鉴定材料,则比其本身的生产性能材料更为重要,尤其对奶用公牛和蛋用公鸡来说,意义更大。

课后习题

1. 根据西北农业大学巴克夏猪核心群的部分资料(实训表 12-2),绘出畜群系谱。

实训表 12-2　巴克夏猪核心群数据

畜号	性别	父	母	母父	母母	母母父	母母母
54	♀	41					
48	♂						
57	♂	48	49	41			
87	♀	48	54	41			
88	♀	48	54	41			
59	♂	57	83	48	54	41	
113	♀	57	88	48	54	41	
103	♀	57	87	48	54	41	
137	♀	59	113	57	88		

续表

畜号	性别	父	母	母父	母母	母母父	母母母
122	♀	59	88	48	54	41	
130	♀	59	88	48	54	41	
138	♀	59	103	57	87	48	54
50	♂						
158	♀	50	137	59	113	57	88
151	♀	50	88	48	54	41	
155	♀	50	122	59	88		
150	♀	50	88				
171	♀	50	130	59	88		
173	♀	50	130	59	88		
152	♀	50	138	59	103	57	87
153	♀	50	138	59	103	57	87
265	♀	50	150	50	88	48	54

2. 根据下列资料绘制竖式系谱和横式系谱。

荷兰品种牛 204 号，生于 1998 年 8 月 20 日，其父为 13 号，母亲为 166 号。

13 号的父亲是 12 号，母亲是 123 号；

166 号的父亲是 13 号，母亲是 130 号；

130 号的父亲是 12 号，母亲是 151 号；

12 号的父亲是 70 号，母亲是 151 号。

3. 利用北京市种公牛站的 2 头黑白花公牛的系谱材料进行审查分析，试评定哪一头的种用价值较高，并说明自己的理由。

实训十三　杂种优势率的计算

一、实训目的

学会根据杂交实验结果计算各项性状杂种优势率的方法。

二、实训原理

某性状的杂种优势率是指杂种优势值占双亲本平均值的百分率。而杂种优势值是指杂种平均值超过双亲本平均值的部分。计算公式如下：

杂种优势值(H)

$$H=\overline{F_1}-\overline{P}$$

杂种优势率($H\%$)

$$H\%=\frac{\overline{F_1}-\overline{P}}{\overline{P}}\times 100\%$$

三、实训步骤

1. 两个种群(品种、品系)杂交的杂种优势率计算

(1) 求出杂交实验中双亲本(A 和 B)的平均值。

$$\overline{P}=\frac{\overline{A}+\overline{B}}{2}$$

式中，$\overline{P}$ 为双亲本平均值；$\overline{A}$、$\overline{B}$ 为杂交亲本的平均值。

(2) 求出杂种该性状的平均值，即 $\overline{F}$。

(3) 将双亲本平均值和杂种平均值代入公式，计算杂种优势率。

2. 多个种群(品系、品种)杂交的杂种优势率计算

以三元杂交为例，计算三元杂交亲本平均值，即三个品种的加权平均值。设 A、B 为第一杂交亲本，C 为终端杂交亲本。

$$\overline{P}=\frac{1}{4}(\overline{A}+\overline{B})+\frac{1}{2}\overline{C}$$

式中，$\overline{P}$ 为三元杂交亲本平均值；$\overline{A}$、$\overline{B}$、$\overline{C}$ 为杂交亲本的平均值。

代入公式求三元品种杂交的杂种优势率。

课后习题

1. 设 A 品系与 B 品系杂交实验的结果如实训表 13-1 所示，请计算杂种优势率。

实训表 13-1　A 品系与 B 品系杂交实验结果

组　合	个体表型值
A×B	25　30　31　27　23　24
B×A	29　24　28　23　26
A×A	25　23　24　22　20
B×B	26　22　25　27　24　23

2. 三元品种杂交实验的结果如实训表 13-2 所示，请计算日增重的杂种优势率。

Note

实训表 13-2 三元品种杂交实验结果

组别	头数	始重/kg	末重/kg	平均日增重/g
太谷本地猪×太谷本地猪	6	5.10	75.45	180.54
内江猪×内江猪	4	9.62	77.15	225.10
巴克夏猪×巴克夏猪	4	5.69	75.85	258.85
内江猪×巴本杂种猪	4	9.81	76.63	278.41

参考文献

[1] 侯引绪,李玉冰. 奶牛繁殖技术[M]. 北京:中国农业大学出版社,2007.

[2] 侯放亮. 牛繁殖与改良新技术[M]. 北京:中国农业出版社,2005.

[3] 岳文斌,杨国义,任有蛇,等. 动物繁殖新技术[M]. 北京:中国农业出版社,2003.

[4] 张忠诚. 家畜繁殖学[M]. 4 版. 北京:中国农业出版社,2004.

[5] 张忠诚,朱士恩. 牛繁殖实用新技术[M]. 北京:中国农业出版社,2003.

[6] 冯建忠. 牛羊胚胎移植实用技术[M]. 北京:中国农业出版社,2005.

[7] 杨泽霖. 家畜繁殖员[M]. 北京:中国农业出版社,2006.

[8] 徐晋麟,徐沁,陈淳. 现代遗传学原理[M]. 北京:科学出版社,2001.

[9] 杨业华. 分子遗传学[M]. 北京:中国农业出版社,2001.

[10] 李振刚. 分子遗传学[M]. 北京:科学出版社,2000.

[11] 翟中和,王喜忠,丁明孝. 细胞生物学[M]. 4 版. 北京:高等教育出版社,2011.

[12] R. M. 特怀曼. 高级分子生物学要义[M]. 陈淳,徐泌,译. 北京:科学出版社,2000.

[13] T. D. 盖莱哈特,F. S. 柯林斯,D. 金斯伯格. 医学遗传学原理[M]. 孙开来,译. 北京:科学出版社,2001.

[14] 单荣森,游文凤,杨保胜. 遗传与生殖科学[M]. 郑州:河南医科大学出版社,2000.

[15] 周光炎. 免疫学原理[M]. 上海:上海科学技术文献出版社,2000.

[16] 贺林. 解码生命——人类基因组计划和后基因组计划[M]. 北京:科学出版社,2000.

[17] 谭景莹,董至伟. 英汉生物化学及分子生物学词典[M]. 北京:科学出版社,2000.

[18] 吴乃虎. 基因工程原理(下)[M]. 2 版. 北京:科学出版社,2001.

[19] 翟礼嘉,顾红雅,胡苹,等. 现代生物技术导论[M]. 北京:高等教育出版社,1998.

[20] 李璞. 医学遗传学[M]. 2 版. 北京:中国协和医科大学出版社,2004.

[21] 马建岗. 基因工程学原理[M]. 西安:西安交通大学出版社,2001.

[22] 邱松波,樊俊华. 动物基因转移技术——逆转录病毒载体法研究进展[J]. 黄牛杂志,2000,26(1):59-63.

[23] 马勇江,曹斌云. 哺乳动物体细胞克隆研究进展[J]. 黄牛杂志,2001,27(2):39-41.

[24] 效梅,安立龙,窦忠英,等. ES 细胞克隆动物技术研究进展[J]. 黄牛杂志,2000,26(4):40-44.

[25] 安立龙,效梅,窦忠英,等. 利用动物胚胎干细胞生产转基因动物研究进展[J]. 黄牛杂志,2000,26(6):28-32.

[26] Weaver R F. 分子生物学[M]. 北京:科学出版社,2000.

[27] Griffiths A J F,Gelbart W M,Miller J H,et al. Modern genetic analysis[M]. New York:W H Freeman & Co,1999.

[28] Irwin M R. Comments on the early history of immunogenetics[J]. Animal Blood Groups

Biochemical Genetics,1974,5(2):65-84.

[29] Landergren U, Nilsson M, Kwok P Y. Reading bits of genetic information: methods for sngle-nucleotide polymorphism analysis[J]. Genome Research,1998,8(8):769-776.

[30] Brooker R J. Genetics: analysis and principles [M]. New York: McGraw-Hill Eduction,1999.